彩 图

彩图 1　IVOA 成员

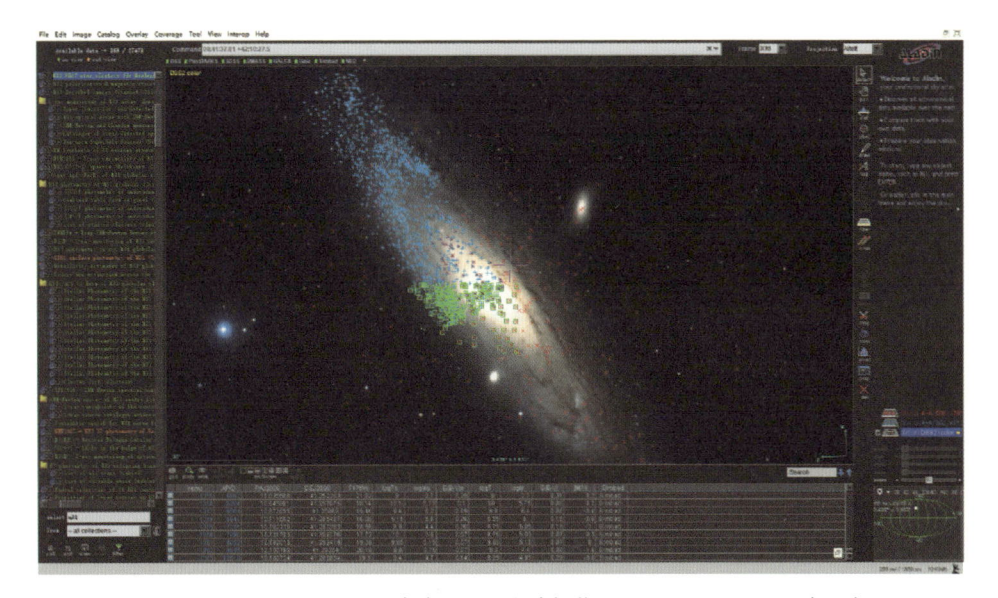

彩图 2　Aladin Desktop 以多个图层的方式加载 DSS2 color 天图及两个星表

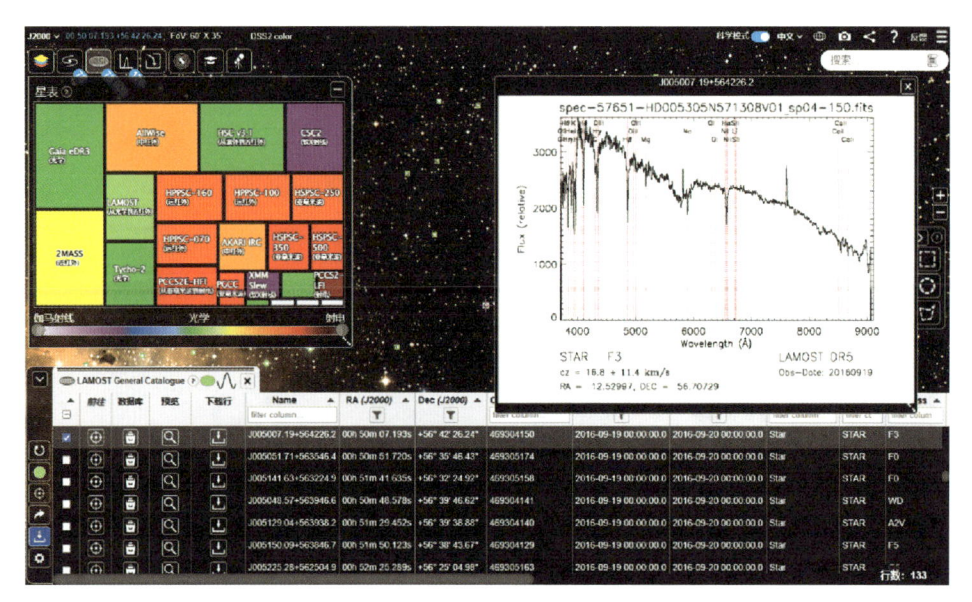

彩图 3 ESASky 对 LAMOST 星表及光谱的在线可视化

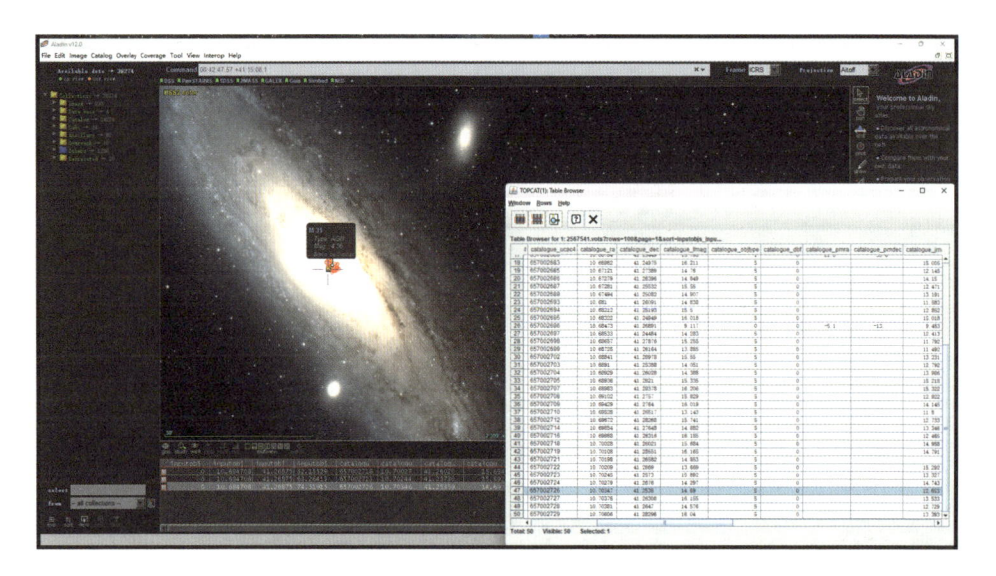

彩图 4 Topcat 与 Aladin 的互操作样例展示

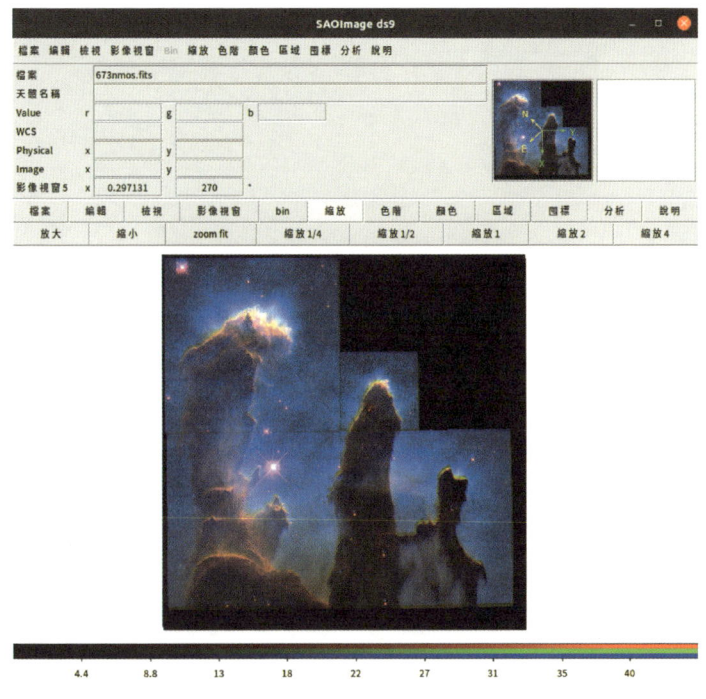

彩图 5　在 RGB 帧中创建真彩色图像

彩图 6　WWT 用户界面

彩图 7　火星探路者号拍摄画面

彩图 8　斯皮策空间望远镜文件夹中部分数据

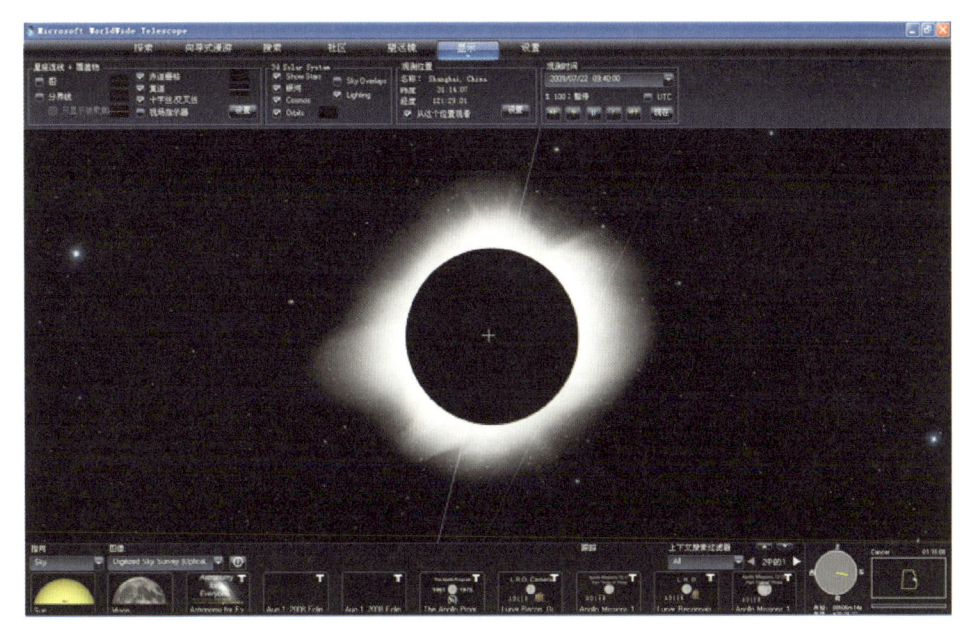

彩图 9　在 WWT 中回顾 2009 年 7 月 22 日的日全食

彩图 10　中国星官苍龙星图在 WWT 中展示

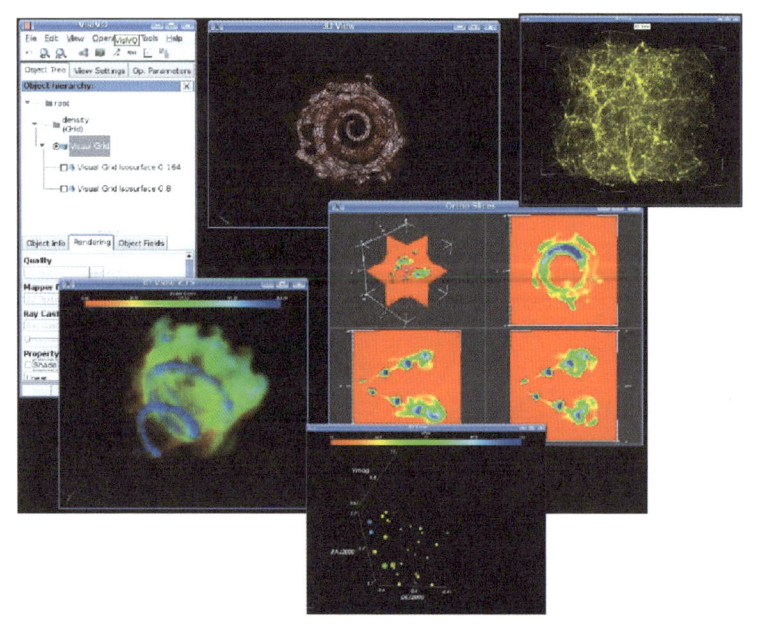

彩图 11　VisIVO 可视化天文数据的界面示意

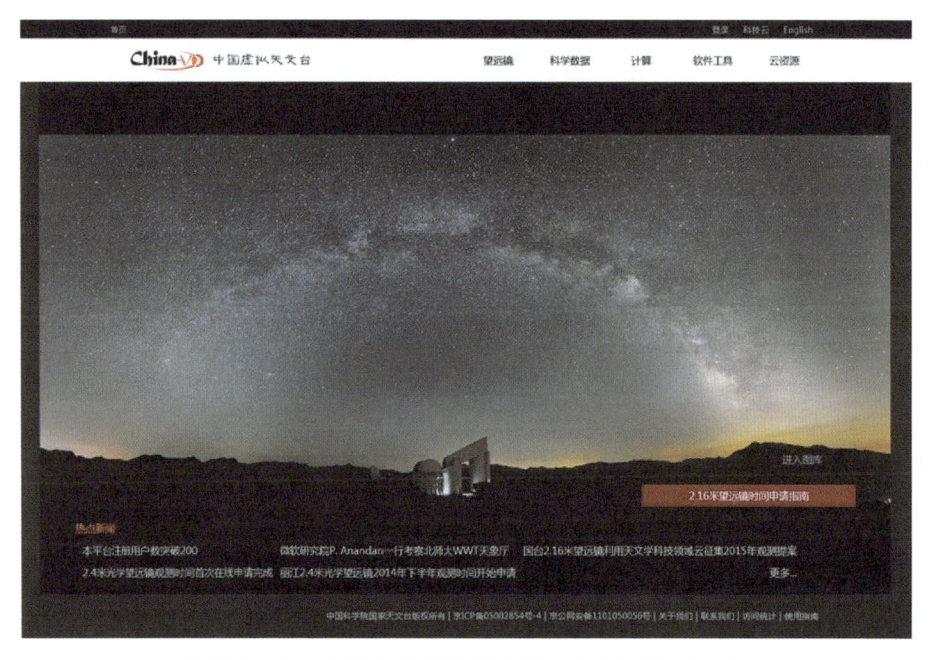

彩图 12　天文学科技领域云网站封面，实现了望远镜、数据、计算、云资源等科技资源的融合和泛在共享

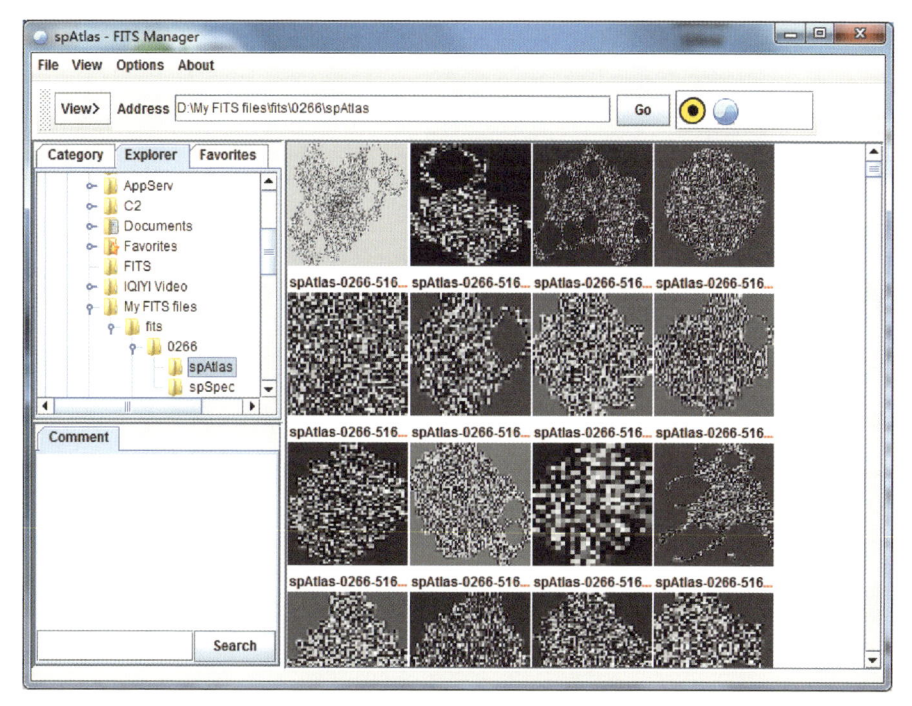

彩图 13　FITS Manager 界面

彩图 14　日食计算器网站

中国科学院国家天文台天体物理技术与方法丛书

天文数据处理与虚拟天文台

赵永恒　崔辰州◎编著

中国科学技术出版社

·北京·

图书在版编目（CIP）数据

天文数据处理与虚拟天文台 / 赵永恒，崔辰州编著.
北京：中国科学技术出版社，2024.9.--（中国科学院国家天文台天体物理技术与方法丛书 / 苏定强主编）.
ISBN 978-7-5236-0827-2

I. P12
中国国家版本馆 CIP 数据核字第 2024E8J636 号

策划编辑	赵　晖
责任编辑	夏凤金
正文设计	中文天地
责任校对	焦　宁
责任印制	徐　飞

出　版	中国科学技术出版社
发　行	中国科学技术出版社有限公司
地　址	北京市海淀区中关村南大街 16 号
邮　编	100081
发行电话	010-62173865
传　真	010-62173081
网　址	http://www.cspbooks.com.cn

开　本	710mm×1000mm　1/16
字　数	399 千字
印　张	28.5
插　页	8
版　次	2024 年 9 月第 1 版
印　次	2024 年 9 月第 1 次印刷
印　刷	北京瑞禾彩色印刷有限公司
书　号	ISBN 978-7-5236-0827-2 / P・238
定　价	138.00 元

（凡购买本社图书，如有缺页、倒页、脱页者，本社销售中心负责调换）

中国科学院国家天文台天体物理技术与方法丛书

编 委 会

主　编：苏定强

副主编：崔向群

编　委（排名不分先后）：

　　　　　甘为群　南仁东　王兰娟

　　　　　阎保平　叶彬浔

丛书序

　　除了太阳系内的天体，过去和现在人类都无法到达那里，对它们的研究是通过望远镜的观测进行的，望远镜的使用开创了现代天文学，为了纪念1609年伽利略开始用望远镜观测天体400年，2009年被定为国际天文年。望远镜口径越大收集的光越多，衍射限制的分辨率也越高。400年来不仅望远镜的口径越做越大，而且在技术和方法方面有一系列重大的进展：从单纯观测天体的像，发展到观测天体的光谱（多色测光相当于低分辨光谱），它可以使我们了解天体的化学成分、物理状态、视向速度，这是天体物理学研究最重要的手段。以光谱观测为主，发展了多种的终端仪器。对天体辐射的接收由肉眼发展到底片，近三十多年又发展到CCD，它的量子效率比底片高得多。20世纪80年代发展的主动光学，使光学红外望远镜的口径突破了5~6米，增大到90年代的8~10米，现正在向30~40米迈进。还发展了自适应光学、斑点干涉和光干涉等高分辨技术。1931年央斯基发现了来自天体的无线电波，第二次世界大战后射电望远镜包括综合孔径、甚长基线干涉仪（VLBI）、接收机技术，以至整个射电天文学蓬勃发展起来了。1957年苏联成功发射了第一颗人造卫星，此后望远镜又从地面发展到空间，波段又从可见光、一些红外窗口和射电发展到整个电磁波段，特别是X、酚波段对高能天体物理学的研究有重要意义。除电磁波外，对来自天体的宇宙线（多种粒子）的探测和研究也是天体物理学的重要内容。还应当指出，利用气球和火箭的观测也取得了一些重大成果。对以上各种观测得到的数据要做许多处理，为此发展了相应的方法和软件。各波段巡天和其他观测所得到的数据量是极大的，将它们处理、归档放到网上，就相当于在网上建立了一个天文台，这就是虚拟天文台。天文望远镜和技术、方法是天体物理学研究的基础。

上世纪 50 年代以来，中国研制了多个望远镜和仪器，对多种天文技术和方法作了研究，这些工作是在十分困难的条件下进行的，改革开放前，绝大多数科技人员没有读研究生和出国学习的机会，当然改革开放后情况是完全变了，不过经费仍然是很少的，只是到了近十年才有了较大的增加，我国的科技人员和工人就是凭着为了科学和民族的振兴在这些领域取得了多项成果，并有不少创新。这里仅举一个近的例子：2008 年建成的大天区面积多目标光纤光谱望远镜（LAMOST），就是我国创新的、世界上口径最大的大视场望远镜，配有 4000 根光纤和 16 台光谱仪，这样大规模的有缝光谱巡天是空前的，当前世界上好几个项目也正在计划沿着这个方向去做。通过 LAMOST 的研制，我国掌握并发展了大望远镜的关键技术——主动光学，基本上具备了研制 30 米级光学红外望远镜的能力。

本丛书的作者都是这三五十年来在我国天文望远镜和技术、方法领域中做了很多工作的专家，丛书最大的特点是大多数作者在书中包括了很多本人和合作者的研究和工作成果，并有许多实例。不过，本丛书各本的情况也是有区别的，有的包括了作者参与的直到当前最前沿的工作，也有的由于作者年龄较高，参与的工作较早，国内外的最新进展包含得较少，另外，本丛书未能包括以上提到的天文望远镜、技术和方法的所有方面，这些是不足的地方。

最后，要感谢各位作者将自己的知识和心得无保留地奉献给了读者，感谢崔向群副主编实际上对本丛书做的大量的组织工作，也向做了很多具体工作的林素女士表示感谢。

苏定强

2012 年 6 月

前 言

这是一份拖了十年才交的作业！天文数据处理和虚拟天文台是发展变化非常快的两个天文技术与方法研究领域，与以云计算、大数据、人工智能为代表的信息技术密切相关。特别是虚拟天文台（简称 VO），作为一个"科学驱动、技术使能"的新兴方向，只要一写成文字发表就意味着"过时"。一直以此为借口迟迟不动笔，丛书主编每催一次就把提纲梳理一稿来应付。直到 2022 年主编下了最后通牒，同时中国科学院天文学院要求给研究生开课，这才最终下定决心完成。

本书包括相对独立的两个部分，即"天文数据处理"和"虚拟天文台"。

第一部分"天文数据处理"由赵永恒研究员独立完成。第 1 章简单介绍天文学与统计学的渊源，推荐了几本天文数据处理的优秀参考书，列举了常用的科学计算与可视化的编程环境；第 2 章介绍天文观测技术的基本知识和常用天文观测图像处理方法；第 3 章讲解包括概率分布、随机变量的产生、KS 检验等在内的一些统计学基础知识；第 4 章介绍数据分析方法基础，包括观测量的不确定性、正态分布的置信区间、观测结果的报道和误差传递几个方面；第 5 章着重介绍了最小二乘法和不同的函数拟合方式；第 6 章便介绍了时间序列的周期分析；第 7、8 章分别介绍了最大似然估计和贝叶斯估计两种常用统计方法；第 9 章首先介绍天文大数据分析的基本任务和机器学习的大致流程，然后具体介绍了主成分分析、核回归、支持向量机、k 近邻、k 均值、高斯混合模型、决策树、随机森林、神经网络等流行的机器学习和深度学习方法。本部分内容结合了大量 Python 程序实例进行讲解。

第二部分"虚拟天文台"由崔辰州研究员主持编写，中国科学院国家天文台虚拟天文台团组多位成员共同完成，共 5 章。第 10 章介绍了虚拟天文台提出的科学背景、发展目标和依赖的技术基础，由崔辰州主笔，许允飞、樊东卫、韩军参与撰写；第 11 章描述了虚拟天文台的架构和技术标准，阐述了互操作的重要性，由崔辰州、何勃亮共同完成；第 12 章首先介绍了虚拟天文台的资源和服务的种类、标准、实现的关系，后台架构与前台服务的关系（何勃亮主笔），进而从桌面工具（樊东卫主笔）、数据服务（许允飞主笔）、应用服务（许允飞、李珊珊、樊东卫、韩军、李长华、何勃亮）、天文科学平台（陶一寒主笔）4 个方面介绍了国际上有代表性的虚拟天文台工具和服务；第 13 章以中国虚拟天文台和国家天文科学数据中心为阐述对象，介绍了其发展历程、目标和定位（崔辰州、米琳莹），20 多年来研究开发的工具和系统（樊东卫）以及积累的数据资源（陶一寒），回顾了学科发展、人才培养、科普教育方面取得的成果（李珊珊、杨涵溪）；第 14 章由崔辰州主笔，从未来角色、无缝天文学、开放科学、程控自主观测、研究范式革新等方面对虚拟天文台和天文信息学进行展望。

陶一寒在本书统稿过程中提供了协助，韦诗睿整理了术语表并校对了书稿，一并表示感谢。

由于作者水平有限，遗漏、错误和不当之处在所难免，请各位同仁和读者批评指正。

赵永恒　崔辰州
2024 年 6 月于北京

术语表

英文全称	英文简称	汉语名称
第 2 章			
Charge-Coupled Device	CCD	电荷耦合器件
Analog-Digital Unit	ADU	模数转换单元
Flexible Image Transport System	FITS	普适图像传输系统
International Astronomical Union	IAU	国际天文学联合会
Large Sky Area Multi-Object Fiber Spectroscopic Telescope; Guo Shoujing Telescope	LAMOST	大天区面积多目标光纤光谱天文望远镜；郭守敬望远镜
parallax second	pc	秒差距
Sloan Digital Sky Survey	SDSS	斯隆数字化巡天
Hubble Space Telescope	HST	哈勃空间望远镜
full width at half-maximum	FWHM	半峰全宽
point spread function	PSF	点扩散函数
machine learning	ML	机器学习
analog-to-digital converter	A/D	模数转换
第 3 章			
kernel density estimation	KDE	核密度估计
Kolmogorov-Smirnov test	KS	科尔莫戈罗夫-斯米尔诺夫检验
第 4 章			
Shapiro - Wilk test	SW test/W test	夏皮罗-威尔克检验
第 7 章			
maximum likelihood estimation	MLE	最大似然估计
第 8 章			
Markov chain Monte Carlo method	MCMC method	马尔可夫链蒙特卡洛方法

续表

英文全称	英文简称	汉语名称
第 9 章		
Five-hundred-meter Aperture Spherical radio Telescope	FAST	500 米口径球面射电望远镜
principal component analysis	PCA	主成分分析
Kernel Principal Component Analysis	KPCA	基于核函数的主成分分析
Support Vector Machine	SVM	支持向量机
Sequential Minimal Optimization	SMO	序列最小优化
k-Nearest Neighbors	kNN	k 近邻
K-Means	k-Means	k 均值
Gaussian mixture model	GMM	高斯混合模型
Decision Tree	DT	决策树
Random Forest	RF	随机森林
Iterative Dichotomiser 3	ID3	迭代二叉树 3 代
Classification And Regression Trees	CART	分类与回归树
Gradient Boosting Decision Tree	GBDT	梯度提升决策树
out-of-bag error	OOB error	袋外错误率/包外错误率
Artificial Neural Network	ANN	人工神经网络
Deep Learning	DL	深度学习
Rectified Linear Unit	ReLU	修正线性单元/整流线性单元
Back Propagation	BP	反向传播
Self-Organizing Feature Map	SOFM	自组织特征映射网
Convolutional Neural Network	CNN	卷积神经网络
Generative Adversarial Networks	GAN	生成对抗网络
第 10 章		
Great Observatories Origins Deep Survey	GOODS	大型天文台起源深空巡天
X-ray Multi-Mirror Mission	XMM-Newton	多镜面 X 射线空间望远镜/XMM 牛顿望远镜
Global Astrometric Interferometer for Astrophysics	Gaia	全天天体测量干涉仪
Laser Interferometer Gravitational-wave Observatory	LIGO	激光干涉引力波观测台
Hipparcos Catalogue		依巴谷星表
cosmic microwave background	CMB	宇宙微波背景
Multi-messenger astronomy	MMA	多信使天文学
Large High Altitude Air Shower Observatory	LHAASO	高海拔宇宙线观测站
fast radio burst	FRB	快速射电暴

续表

英文全称	英文简称	汉语名称
All-Sky Automated Survey	ASAS	自动化全天巡视
Kepler space telescope	Kepler	开普勒空间望远镜
Legacy Survey of Space and Time	LSST	时空遗珍巡天
Zwicky Transient Facility	ZTF	茨威基暂现源设施
e-science	—	科研信息化
data science	—	数据科学
virtual observatory	VO	虚拟天文台
National Virtual Observatory, United States	NVO	美国国家虚拟天文台
International Virtual Observatory Alliance	IVOA	国际虚拟天文台联盟
US Virtual Observatory Alliance	USVOA	美国虚拟天文台联盟
Virtual Observatory United Kingdom	AstroGrid	英国虚拟天文台
Chinese Virtual Observatory	China-VO	中国虚拟天文台
eXtensible Markup Language	XML	可扩展标记语言
hypertext mark language	HTML	超文本标记语言
service-oriented architecture	SOA	面向服务的体系结构
structure query language	SQL	结构查询语言
data definition language	DDL	数据定义语言
data manipulation language	DML	数据操纵语言
data control language	DCL	数据控制语言
common gateway interface	CGI	公共网关接口
Simple Image Access Protocol	SIAP	简单图像访问协议
cone search	—	锥形检索
Grid	—	网格
infrastructure as a service	IaaS	基础设施即服务
platform as a service	PaaS	平台即服务
software as a service	SaaS	软件即服务
International Standards Organization	ISO	国际标准化组织
open system interconnection	OSI	开放系统互连
transmission control protocol/internet protocol	TCP/IP	传输控制协议/互联网协议
asynchronous JavaScript and XML	AJAX	异步 JavaScript 和 XML 技术
JavaScript Object Notation	JSON	JS 对象简谱
Representational State Transfer	REST	表现层状态转换
simple object access protocol	SOAP	简单对象访问协议
document object model	DOM	文档对象模型

续表

英文全称	英文简称	汉语名称
Extensible Stylesheet Language Transformations	XSLT	可扩展样式表语言转换
Simple Application Messaging Protocol	SAMP	简单应用消息协议
Astronomical Data Query Language	ADQL	天文数据查询语言
Table Access Protocol	TAP	表格访问协议
Universal Worker Service Pattern	UWS	通用任务服务模式
Unified Content Descriptor	UCD	统一内容描述符
第 12 章		
Aladin Sky Atlas	Aladin	Aladin 天图系统
Digitized Sky Survey	DSS	数字化巡天
Panoramic Survey Telescope and Rapid Response System	Pan-STARRS	泛星计划
Hierarchical Progressive Survey	HiPS	多层步进巡天 / 层次渐进模式
Tool for OPerations on Catalogues And Tables	Topcat	星表和表格操作工具
Simple Spectral Access Protocol	SSAP	简单光谱访问协议
WorldWide Telescope	WWT	万维望远镜
National Aeronautics and Space Administration	NASA	美国航空航天局
Set of Identifications, Measurements, and Bibliography for Astronomical Data	SIMBAD	辛巴达天文数据库
Centre de Données astronomiques de Strasbourg	CDS	斯特拉斯堡天文数据中心
Catalogue for Stellar Identification	CSI	恒星证认星表
Bibliographical Star Inde	BSI	恒星文献索引
Astrophysics Data System	ADS	天体物理数据系统
High Energy Astrophysics Science Archive Research Center	HEASARC	高能天体物理科学数据库研究中心
Goddard Space Flight Center	GSFC	戈达德航天中心
International Ultraviolet Explorer	IUE	国际紫外探测器
Infrared Processing and Analysis Center	IPAC	红外处理和分析中心
NASA/IPAC Extragalactic Database	NED	美国航天局河外数据库
Mikulski Archive for Space Telescopes	MAST	米库斯基空间望远镜数据库
Infrared Science Archive	IRSA	红外科学档案
spectral energy distribution	SED	光谱能量分布 ; 能谱分布
Two Micron All Sky Survey	2MASS	2 微米全天巡视
Space Telescope Science Institute	STScI	空间望远镜研究所
Transiting Exoplanet Survey Satellite	TESS	凌星系外行星巡天卫星

续表

英文全称	英文简称	汉语名称
James Webb Space Telescope	JWST	韦布空间望远镜
Infrared Astronomical Satellite	IRAS	红外天文卫星
Infrared Space Observatory	ISO	红外空间天文台
Wide-Field Infrared Explorer	WIRE	大视场红外探测器
Midcourse Space Experiment	MSX	太空中途红外实验
digital object identifier	DOI	数字对象标识符
NASA Exoplanet Science Institute	NExScI	NASA 系外行星科学研究所
Euclid space telescope		欧几里得空间望远镜
Exoplanet Follow-up Observing Program	ExoFOP	系外行星随动观测计划
The W. M. Keck Observatory Archive	KOA	Keck 天文观测存档
NN-explore Exoplanet Investigations with Doppler spectroscopy	NEID	多普勒光谱系外行星研究数据
European Space Agency	ESA	欧洲空间局
Visualisation Interface to the Virtual Observatory	VisIVO	虚拟天文台的可视化接口
Istituto Nazionale di Astrofisica	INAF	意大利国家天体物理研究所
American National Standards Institute	ANSI	美国国家标准研究所
World Coordinate System	WCS	世界坐标系
National Optical Astronomy Observatory	NOAO	美国国家光学天文台
Two-degree-field redshift survey	2dF Survey	2 度视场红移巡天
Hierarchical Equal Area isoLatitude Pixelation of a sphere	HEALPix	HEALPix 多级等面积同纬度划分
Multi-Order Coverage map	MOC	多级覆盖图
field of view	FOV	视场
Barycentric Coordinate Time	TCB	质心坐标时
German Astrophysical Virtual Observatory	GAVO	德国天体物理虚拟天文台
第 13 章		
World Data Center	WDC	世界数据中心
European Virtual Observatory	EURO-VO	欧洲虚拟天文台
Australian Virtual Observatory	Aus-VO	澳大利亚虚拟天文台
Japanese Virtual Observatory	JVO	日本虚拟天文台
Russian Virtual Observatory	RVO	俄罗斯虚拟天文台
21 Centimeter Array	21CMA	21 厘米 [射电望远镜] 阵
Chinese VLBI network	CVN	中国甚长基线干涉网

续表

英文全称	英文简称	汉语名称
Chinese Survey Space Telescope	CSST	中国巡天空间望远镜
Einstein Probe	EP	爱因斯坦探针
Space Variable Objects Monitor	SVOM	空间变源监视器
Hard X-ray Modulation Telescope	HXMT	硬 X 射线调制望远镜
k-dimensional tree	KD-Tree	k 维树
Beijing Arizona sky survey	BASS	BASS 巡天
Virtual Observatory Data Access Service	VO-DAS	虚拟天文台数据访问服务
Open Archives Initiative Protocol for Metadata Harvesting	OAI-PMH	OAI 元数据获取协议
Wide-field Infrared Survey Explorer	WISE	广域红外巡天探测者
Antarctica Survey Telescope	AST3	南极巡天望远镜
South Galactic Cap U-band Sky Survey	SCUSS	南银冠 u 波段巡天
FITS Header Archiving System	FitHAS	FITS 头归档入库系统
Popular Supernova Project	PSP	公众超新星搜寻项目
National Astronomical Data Center	NADC	国家天文科学数据中心
Dark Energy Spectroscopic Instrument	DESI	暗能量光谱仪
Chinese Small Telescope ARray	CSTAR	中国之星小望远镜阵
European VLBI Network	EVN	欧洲甚长基线干涉网
Data-driven Astronomy Education And Public Outreach	DAEPO	数据驱动的天文科普教育
Event Horizon Telescope	EHT	事件视界望远镜
Search for Extraterrestrial Intelligence	SETI	地外文明探索
第 14 章		
Square Kilometer Array	SKA	平方千米射电望远镜阵
Nancy Grace Roman Space Telescope	ROMAN	南希·格雷丝·罗曼空间望远镜
Extremely Large Telescope	ELT	特大望远镜
Advanced Telescope for High ENergy Astrophysics	ATHENA	高能天体物理高新望远镜；雅典娜望远镜
X-Ray Imaging and Spectroscopy Mission	XRISM	X 射线成像与光谱任务；克里斯姆计划
Cherenkov Telescope Array	CTA	CTA 切伦科夫望远镜阵
Virgo gravitational wave detector	Virgo	室女座引力波探测器
Laser Interferometer Space Antenna	LISA	空间激光干涉仪
Astrosat	Astrosat	天文号卫星

目录
CONTENTS

彩图
丛书序
前言
术语表

第一部分　天文数据处理

第1章　引言 　　003
  1.1　天文学与统计学 　　003
  1.2　天文数据处理的参考书 　　006
  1.3　科学计算与可视化的编程环境 　　007

第2章　天文观测图像处理 　　009
  2.1　天文观测技术 　　009
    2.1.1　多波段天文学 　　009
    2.1.2　天文观测的信噪比与探测能力 　　011
    2.1.3　CCD图像的数据处理 　　014
    2.1.4　天文数据格式 　　015
  2.2　天体光度测量 　　026
    2.2.1　星等的概念 　　026
    2.2.2　多色测光系统 　　027
    2.2.3　CCD测光 　　029
    2.2.4　大气消光改正 　　031

2.3		天体分光测量	033
	2.3.1	光谱观测的类别	034
	2.3.2	长缝光谱的数据处理	035
	2.3.3	多光纤光谱的数据处理	037
	2.3.4	天体视向速度的测量	043

第3章 统计学基础   046

3.1	随机变量的概率分布		046
3.2	随机变量的期望值和方差		047
3.3	观测样本的统计量		049
3.4	正态分布		051
	3.4.1	中心极限定理	051
	3.4.2	正态分布	051
	3.4.3	多维正态分布	053
3.5	卡方分布		055
3.6	t 分布		057
3.7	随机变量的产生		058
	3.7.1	蒙特卡洛模拟	058
	3.7.2	正态分布	059
	3.7.3	对数正态分布	062
	3.7.4	泊松分布	067
	3.7.5	指数分布	070
	3.7.6	均匀分布	074
	3.7.7	幂律分布	077
	3.7.8	任意概率分布的随机数	081
3.8	KS 检验		084

第4章 数据分析方法   089

4.1	观测量的不确定性	089
4.2	正态分布的置信区间	089
4.3	观测结果的报道	092
4.4	误差传递	099

第 5 章　最小二乘估计　110

5.1　最小二乘法　110
5.1.1　等精度观测样本　110
5.1.2　非等精度观测样本　111
5.1.3　模型拟合　112

5.2　模型拟合　114
5.2.1　常数拟合　114
5.2.2　正比拟合　118
5.2.3　直线拟合　121
5.2.4　多项式拟合　124
5.2.5　非线性拟合　131

5.3　模型拟合评估　138
5.3.1　模型参数的精度估计　138
5.3.2　模型拟合评估　140

第 6 章　周期分析　141

6.1　功率谱分析　141
6.1.1　傅里叶分析　141
6.1.2　周期图　147
6.1.3　加窗的功率谱分析　148
6.1.4　非等时间间隔的功率谱分析　150

6.2　小波分析　154

第 7 章　最大似然估计　157

7.1　最大似然估计　157
7.2　正态分布的最大似然估计　159
7.3　模型参数的最大似然估计　161

第 8 章　贝叶斯估计　177

8.1　贝叶斯统计　177
8.2　贝叶斯估计　178
8.3　基于正态分布的贝叶斯估计　180

8.4	MCMC 方法	187

第 9 章　大数据分析方法　214

9.1	大数据与人工智能	214
	9.1.1　大数据时代的天文学	214
	9.1.2　分类、回归与聚类	216
	9.1.3　监督学习与非监督学习	219
	9.1.4　模型的训练和检验	219
9.2	主成分分析（PCA）	222
	9.2.1　主成分	222
	9.2.2　主成分分析	226
	9.2.3　基于核函数的主成分分析（KPCA）	228
9.3	核回归	231
9.4	支持向量机（SVM）	234
	9.4.1　支持向量机的优化	234
	9.4.2　支持向量机的软间隔	238
	9.4.3　基于核函数的支持向量机（KSVM）	240
9.5	k 近邻（kNN）	241
	9.5.1　k 近邻（kNN）算法	241
	9.5.2　距离的度量	242
	9.5.3　k 值的选择	245
9.6	k 均值（k-Means）与高斯混合模型（GMM）	246
	9.6.1　k 均值	246
	9.6.2　高斯混合模型（GMM）	247
9.7	决策树（DT）和随机森林（RF）	251
	9.7.1　决策树（DT）	251
	9.7.2　信息熵	251
	9.7.3　决策树的特征选择	252
	9.7.4　决策树的生成	254
	9.7.5　决策树的剪枝	255
	9.7.6　分类与回归树（CART）	256
	9.7.7　随机森林（RF）	260

  9.8 神经网络（ANN）与深度学习（DL） 262
    9.8.1 神经元与神经网络 263
    9.8.2 反向传播神经网络（BP神经网络） 265
    9.8.3 自组织特征映射神经网络（SOFM） 267
    9.8.4 卷积神经网络（CNN） 269
    9.8.5 生成对抗神经网络（GAN） 270

第二部分 虚拟天文台

第 10 章 虚拟天文台的推手 275
  10.1 多波段和多信使天文学 275
    10.1.1 多波段天文学 275
    10.1.2 多信使天文学 277
  10.2 时域天文学 280
    10.2.1 代表性研究对象 281
    10.2.2 观测模式 283
    10.2.3 需求和挑战 284
  10.3 科学研究的第四范式：数据密集型科学 286
    10.3.1 数据密集型科学 286
    10.3.2 科研信息化 288
    10.3.3 数据科学和数据科学家 288
  10.4 虚拟天文台发展简史 290
  10.5 技术成就梦想 292
    10.5.1 XML、SQL和Web服务 293
    10.5.2 网格和云计算 296
    10.5.3 微服务、RESTFUL和JSON 299
    10.5.4 Python 300
    10.5.5 容器 301

第 11 章 虚拟天文台的架构和技术标准 303
  11.1 虚拟天文台的体系架构 303

11.2　IVOA 主要标准与规范　　308
　　11.2.1　应用类　　308
　　11.2.2　数据访问　　309
　　11.2.3　数据模型　　309
　　11.2.4　基础设施资源　　310
　　11.2.5　注册服务　　311
　　11.2.6　语义　　311
　　11.2.7　事件　　312

第 12 章　虚拟天文台工具与服务　　313
12.1　VO 资源概述　　313
12.2　桌面工具　　316
　　12.2.1　Aladin　　316
　　12.2.2　Topcat　　319
　　12.2.3　VOSpec　　322
　　12.2.4　DS9　　325
　　12.2.5　万维望远镜（WWT）　　327
12.3　数据服务　　331
　　12.3.1　SIMBAD　　331
　　12.3.2　NED　　333
　　12.3.3　CDS 门户　　334
　　12.3.4　ADS　　335
　　12.3.5　arXiv　　337
　　12.3.6　Open SkyQuery　　338
　　12.3.7　MAST　　340
　　12.3.8　IPAC　　341
　　12.3.9　ESASky　　342
12.4　应用服务　　344
　　12.4.1　VisIVO　　344
　　12.4.2　Montage　　346
　　12.4.3　VO 光谱服务　　348
　　12.4.4　Astrometry.net　　353

12.4.5	HiPS & MOC	354
12.4.6	GAVO 平台	357
12.4.7	AstroPy 与 AstroQuery	358

第 13 章　中国虚拟天文台　362

13.1　发展简史　362
13.2　目标与定位　366
13.2.1　China-VO 研发思路　366
13.2.2　China-VO 研发重点　368
13.2.3　VO 赋能的 LAMOST　369
13.3　研究与开发　372
13.3.1　数据融合研究　373
13.3.2　VO 平台研究　376
13.3.3　LAMOST 数据发布系统　380
13.3.4　FAST 在线信息系统　383
13.3.5　数据访问服务　386
13.3.6　桌面应用　393
13.3.7　其他特色工具和服务　398
13.4　资源与服务　402
13.4.1　核心数据资源　402
13.4.2　数据汇交　408
13.4.3　VOSpace 与 Paperdata　411
13.5　学科发展和人才培养　413
13.5.1　天文信息学与虚拟天文台年会　413
13.5.2　天文信息学学科发展　417
13.5.3　数据驱动的天文科普教育　420

第 14 章　前景与展望　424

14.1　联合巡天处理（JSP）　424
14.2　面向 EB 量级数据的天文科学平台　425
14.3　变革型科学　428

第一部分 天文数据处理

第1章 引言
第2章 天文观测图像处理
第3章 统计学基础
第4章 数据分析方法
第5章 最小二乘估计
第6章 周期分析
第7章 最大似然估计
第8章 贝叶斯估计
第9章 大数据分析方法

第 1 章

引言

现代天文学研究需要具备三个条件：

——现代天文望远镜技术；

——现代天体物理理论；

——先进的数值方法和统计学方法。

统计学：对观测数据进行收集、归纳、分析，基于某种模型假设或分布，提取数据的关键信息，揭示数据潜在的变化规律，并作出决策。

统计学的优势在于有可能对那些存在不确定性的观测进行决策。

1.1 天文学与统计学

"天文学自古代至 18 世纪是应用数学中最发达的领域，观测和数学天文学给出了**建模**及**数据拟合**的例子。在这个意义下，天文学家是**最初一代**的数理统计学家……天文学的问题逐渐引导到**算术平均**，以及参数模型中的种种**估计方法**，以**最小二乘法**为顶峰。"《1750 年以前概率统计及其应用史》（哈尔德，1998，丹麦）

在 1609 年《关于托勒密和哥白尼两大世界体系的对话》中，伽利略对 1572 年超新星距离的**观测误差**进行了早期讨论。在这里，他用非数学语言描述了后来被高斯纳入误差定量理论的误差的许多性质。例如："所有观测值都可以有误差，其来源可归因于观测者、仪器工具以及观测条件。观测误差对称地分布在 0 的两侧。小误差出现得比大误差更频繁。"

第谷和伽利略提倡利用差异观测的平均值来提高精度。开普勒使用了算术平均数、几何平均数和中值。直到 18 世纪，**平均值**的至高无上地位才在天文学中确立。

1750 年，托比亚斯·迈耶（Tobias Mayer）作为哥廷根天文台的负责人，在分析月球的天平动时，开发了一种"平均方法"，用于涉及多个**线性方程组的参数估计**。

1767 年，英国天文学家约翰·米歇尔（John Michell）使用了基于**均匀分布**的显著性检验来证明昴星团是一个物理的而不是偶然的恒星团。

约翰·兰伯特（Johann Lambert）于 18 世纪 60 年代在天文背景下提出了一个复杂的**误差理论**。

伯努利和兰伯特奠定了**最大似然**概念的基础，后来费舍尔在 20 世纪初更彻底地发展了这一概念。

18 世纪 80 年代，拉普拉斯在天文学和大地测量学研究中，以及在 1799—1825 年的巨著《天体力学》中，提出了通过最大残差绝对值的最小化来估计线性模型的参数。勒让德（Legendre）在 1805 年一篇关于彗星轨道的论文的附录中，提出了残差平方和的最小化或**最小二乘法**。他总结道，"从某种意义上说，最小二乘法揭示了观测结果所围绕的中心，因此与该中心的偏差尽可能小"。

拉普拉斯在他的《概率分析理论》中首先将其视为一个**概率**问题。他通过复杂而困难的推理过程证明，这是从天文观测中找到轨道模型参数的最有利方法，由此将确定轨道根数的误差概率的平均值降到最小。**最小二乘法**计算迅速成为天文观测及其与天体力学联系的主要阐释工具。在《概率分析理论》的另一部分中，拉普拉斯将数学家亚伯拉罕·棣莫弗（Abraham De Moivre）关于

中心极限定理的假设从默默无闻中拯救了出来。法国巴黎经度局的天文学家泊松（Siméon Denis Poisson）和柯尼斯堡天文台台长贝塞尔（Friedrich Bessel）做出了改进。今天，中心极限定理被认为是概率论的基础之一。

做过哥廷根天文台台长的高斯建立了他著名的**误差分布**，并在1809年将其与拉普拉斯的最小二乘法联系起来。高斯还介绍了对具有不同（异方差）测量误差的观测值的一些处理方法，并发展了**无偏最小方差估计**理论。贝塞尔在1816年对彗星的研究中引入了"可能误差"的概念，并在1818年证明了高斯分布对经验恒星天文误差的适用性。在整个19世纪，高斯分布被广泛称为"**天文误差函数**"。

虽然基础理论是由拉普拉斯和高斯提出的，但其他天文学家在19世纪后半叶发表了对正态分布和最小二乘估计的理论、精度和适用范围的重要贡献。

比利时皇家天文台的创始人阿道夫·凯特莱（Adolphe Quetelet）和英国Kew天文台（基尤天文台，现国王天文台）的主任弗朗西斯·高尔顿（Francis Galton）对天文学的发展贡献甚微，但他们是将统计分析从天文学扩展到**人文科学**的杰出先驱，他们特别为相关变量之间的回归奠定了基础。最小二乘法在**多元线性回归**中的应用是卡尔·皮尔逊和他的同事在20世纪初在生物统计学背景下提出的。

在20世纪的前几十年里，天文学和统计学之间的联系大大减弱，因为统计学的注意力主要转向了生物科学、人类属性、社会行为以及在人寿保险、农业和制造业等行业的统计方法。20世纪上半叶，最小二乘法在许多天文学应用中得到了应用。在涉及方位天文学和恒星计数的研究中，基于**正态误差**定律的统计方法的应用尤其强大。计算机的出现和贝文顿（Bevington, 1969）的通用的FORTRAN代码包有力地促进了**最小二乘估计**在天文学中的应用。**傅里叶分析**在20世纪后半叶也常用于时间序列分析。

尽管费舍尔在20世纪20年代提出了**最大似然估计**，但具有真正广泛影响的最大似然法研究直到70年代才出现。创新且被广泛接受的方法包括Lynden

Bell（1971）的流量极限样本的光度函数估计、Lucy（1974）的模糊图像重建算法、Cash（1979）的光子计数数据的**参数估计**算法。最大似然估计在河外天文学中变得越来越重要。20 世纪 70 年代还见证了**非参数**科尔莫戈罗夫 - 查普曼（Kolmogorov‑Smirnov）**统计量**在两个样本和拟合优度检验中的首次得到使用并被迅速接受。

直到 20 世纪后半叶，**贝叶斯方法**才出现在天文学中。用于区分恒星和星系的贝叶斯分类器被用于构建大型巡天星表，最大熵图像重建也引起了一些兴趣。但直到 90 年代，贝叶斯方法才在重要研究中得到广泛应用，特别是在河外天文学和宇宙学中。

从 90 年代末开始，天体统计学的现代领域迅速发展。随着时代的发展，对自动分类工具的需求变得越来越重要。天文学中**大数据**的增长，通常来自光学波段的大视场巡天。无论是从帕洛马巡天等天文底片的数字化，还是从斯隆数字巡天等 CCD 数据中，都可以在数 PB 的图像中发现数十亿个暗弱天体。光谱巡天已经覆盖了数千万个天体。当维度（p 个变量）或数据集的大小（n 个天体）较高时，就需要将**先进的数据分析和可视化技术**与人的思维和眼睛检查相结合，以一致的方式做出聚类和分类的科学判断。

1.2 天文数据处理的参考书

《实验的数学处理》：李惕碚著，科学出版社 1980 年版。

《天文学中的概率统计》：陈黎著，科学出版社，2020 年版（采用 MATLAB 编程语言环境）。

Modern Statistical Methods for Astronomy With R Applications：E. D. Feigelson 和 G. J. Babu 著，剑桥大学出版社，2012 年版（采用 R 编程语言环境）。

Statistics, Data Mining, and Machine Learning in Astronomy--A Practical

Python Guide for the Analysis of Survey Data：Željko Ivezić, Andrew J. Connolly, Jacob T. VanderPlas, and Alexander Gray. Princeton University Press, 2014（采用 Python 编程语言环境）。

1.3 科学计算与可视化的编程环境

目前，有不少编程工具可实现科学计算及可视化（表 1.1），这里推荐 Python 编程环境：Anaconda。适用 Linux、Windows、Mac OS 等系统，预装了**足够多**的软件程序包。

表 1.1 科学计算及可视化的编程工具

编程工具	科学计算	可视化绘图	自由软件	领域扩展
BASIC		+		
FORTRAN	Numerical Recipes in FORTRAN	PGPLOT		
sm（supermongo）		++		
MATLAB	++	++	--	
Mathmatics	++	++	--	
C	Numerical Recipes in C	sm, PGPLOT		
Perl		PGPerl		
R	++	++		
Python	numpy, scipy, ++	matplotlib, ++		+++, AI

Anaconda 是一个免费的 Python 科学计算环境，不仅提供了 Python 的解释器、开发环境（如 IPython、Spyder 和 Jupyter-lab 等），还整合了众多科学计算包（如 Numpy、Scipy、Pandas 和 Matplotlib 等）以及天文计算和机器学习等软件包（如 Astropy、Scikit-learn 等），可以让个人用户避免花费大量时间和精力去安装和配置自己的 Python 开发环境。

Anaconda 的特点是：① Python 的一个发行版；②集成 Python 开发工具的平台；③数据科学的利器。Anaconda 是专注于数据分析、能够对包和环境进行管理的 Python 发行版本，其包含了 conda、Python 等 180 多个科学包及其依赖项，可以用于在同一个机器上安装不同版本的软件包及其依赖项，并能够在不同的环境之间切换。

安装 Anaconda，可进入项目网站（https://www.anaconda.com/）或清华镜像网站（https://mirror.tuna.tsinghua.edu.cn/help/anaconda/），下载与计算机操作系统相应的版本，并进行安装即可。

Anaconda 是一个科学计算环境，当在计算机上安装好 Anaconda 以后，就相当于安装好了 Python 以及一些常用的软件包，如 numpy、scipy、matplotlib 等。

如需安装新的软件包，可使用如下命令：

```
conda install <package>
```

第 2 章
天文观测图像处理

2.1 天文观测技术

2.1.1 多波段天文学

天文学是研究天体和宇宙的学科，可以从研究对象、研究方法和研究手段来区分天文学中的研究领域（图 2.1）。

获得天体信息的探测手段包括：

——电磁波：光子；

——直接探测：行星、卫星；

——宇宙线：高能粒子；

——中微子：太阳、超新星；

——引力波：黑洞并合。

当前，天文学的主要探测手段是测量天体的电磁波谱（光子）。

来自光子的信息包括光子的方向、能量、流量。从光子这些信息里，可以得到图像、光谱或能谱和光变曲线。

由于地球大气对电磁波的吸收，在地面上仅能接收到天体在光学和射电波段的辐射。若需探测天体在其他波段的辐射，则需要到大气层外进行探测。

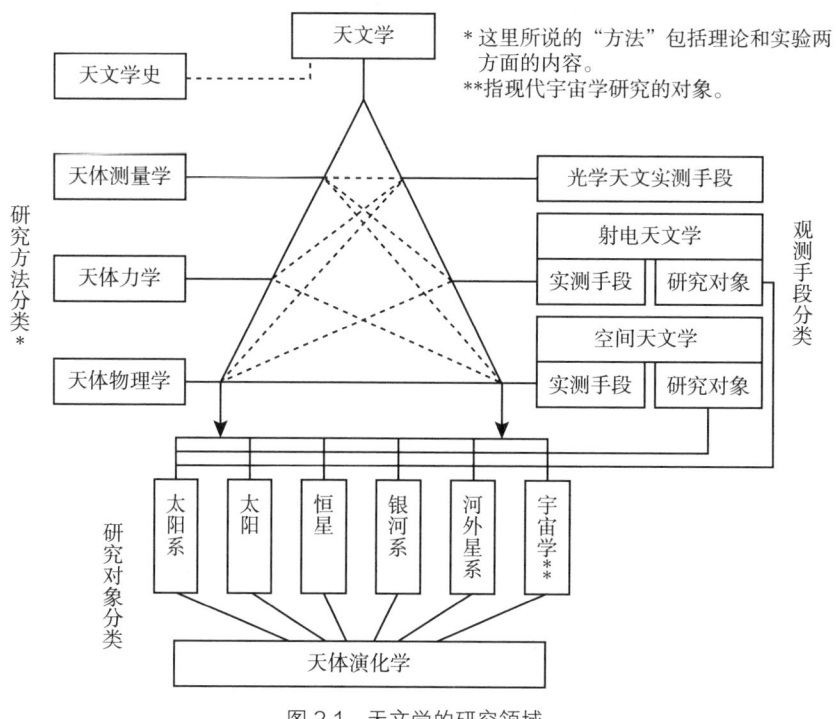

图 2.1 天文学的研究领域

在天文学上，通常将整个电磁波谱分为射电、红外、光学、紫外、X 射线和伽马射线这几个大的波段，有时又根据探测方法的区别而进一步细分波段。

天体辐射的能量是分布在非常广泛的波段上的，从射电到红外、光学到紫外、X 射线甚至到伽马射线，因此每个波段上的观测都带来了有关天体本质的重要信息。即使是在同一个波段，如果新的观测设备能观测到更暗的星体，也将会导致新的天文发现。

因此，每当开辟了一个新的观测波段，或者是观测深度又有了大幅度的提高，天文学家总是要去进行巡天观测，以得到全天的星空图，从中发现大量的新天体，并有可能发现能促进理论突破的特殊天体。

2.1.2 天文观测的信噪比与探测能力

天文观测设备一般是由望远镜、焦面仪器、探测器组成。望远镜的作用是收集光子和聚焦成像；焦面仪器是用于特定测量的设备，如用于光度测量的滤光片、用于分光测量的光谱仪；探测器是将光子信号记录下来，形成观测数据。

1. 信噪比

对于天体信号的探测，信噪比——信号（S）与噪声（N）的比例是一个基本的判断量（图2.2）。

图 2.2　在不同曝光时间下，天体图像的信号与噪声情况

2. 天文望远镜的空间分辨本领

不同口径的望远镜所获得的图像的空间分辨率不同（图2.3）。空间分辨率与望远镜口径的关系由瑞利衍射极限描述：

$$\delta = \frac{1.22\lambda}{\Phi}$$

其中，Φ 为望远镜的口径，即望远镜的物镜的直径；δ 为两个点光源之间的最小角分辨率；λ 是入射光波长。口径为 1 m，波长为 555 nm 时，$\delta_{\text{arcsec}} \approx 0.14$。

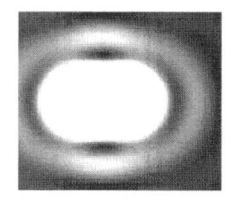

图2.3 望远镜口径对分辨率的影响。由左及右，口径分别为0.15 m、0.51 m、2.39 m、5.08 m

在地面光学观测时，地球大气层的扰动会降低天体图像的空间分辨率（图2.4），称为大气视宁度。

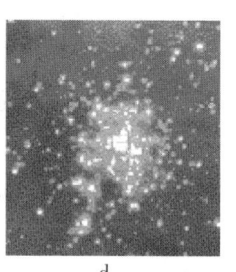

a：地面望远镜图像，b：修理前的哈勃空间望远镜的图像，c：对修理前的哈勃空间望远镜的图像进行图像处理后的结果，d：修理后的哈勃空间望远镜的图像

图2.4 地面和空间望远镜的成像区别

3. 天文望远镜的探测能力

天体光子数：

$$N_{\text{obj}} = f_{\text{obj}} \eta_{\text{atm}} \eta_{\text{tel}} \eta_{\text{dev}} \eta_{\text{ccd}} At = f_{\text{obj}} \eta_{\text{atm}} \eta At = f_{\text{obj}} \eta_{\text{atm}} \eta \frac{\pi}{4} \Phi^2 t$$

背景光子数：

$$N_{sky} = f_{sky}\eta_{tel}\eta_{dev}\eta_{ccd}At = f_{sky}\eta At = n_{sky}\frac{\pi}{4}\delta^2\eta\frac{\pi}{4}\Phi^2 t$$

其中：f_{obj}，天体在大气外的光子流量；f_{sky}，天光背景的光子流量；η_{atm}，大气透过率；η_{tel}，望远镜的光学效率；η_{dev}，焦面仪器的光学效率；η_{ccd}，探测器的量子效率；$\eta = \eta_{tel}\eta_{dev}\eta_{ccd}$，天文设备的总效率；$A = \frac{\pi}{4}\Phi^2$，望远镜的集光面积；$t$，曝光时间；$\delta$，大气视宁度或空间分辨率。

观测噪声的来源：①光子噪声或源噪声；②探测器噪声，如暗流和读出噪声；③数据处理噪声，如平场等。

光子是符合泊松分布的，如光子数为 N，则相应的光子噪声为 $\sqrt{N}$。

关于观测数据的信噪比，如果天体的光子数为 N_{obj}，相应的天光背景的光子数为 N_{sky}。则在观测图像中得到天体所在区域的光子数为 $N = N_{obj} + N_{sky}$，而对应的天光背景的光子数为 $N' = N_{sky}$。

故天体的信号为：$N_{obj} = N - N'$，而噪声的叠加规则为 $\sigma = \sqrt{\sigma_x^2 + \sigma_y^2}$，从而可得到天体的信噪比为：

$$\frac{S}{N} = \frac{N - N'}{\sqrt{N + N'}} = \frac{N_{obj}}{\sqrt{N_{obj} + 2N_{sky}}}$$

对于亮天体，其信噪比为：

$$\frac{S}{N} = \sqrt{N_{obj}} = \Phi\sqrt{f_{obj}\eta_{atm}\eta\frac{\pi}{4}t}$$

对于处于天光极限的暗天体，其信噪比为：

$$\frac{S}{N} = \frac{N_{obj}}{\sqrt{N_{obj} + 2N_{sky}}} = \frac{f_{obj}\eta_{atm}}{\sqrt{2n_{sky}}}\frac{\Phi}{\delta}\sqrt{\eta t}$$

由此可知对观测条件的要求（见表2.1）。

表 2.1 观测参数要求

参数及取向	望远镜	焦面仪器	探测器	台址
口径 Φ ↗	√	—	—	—
效率 η ↗	√	√	√	√
背景 n_{sky} ↘	√	√	√	√
分辨率 δ ↗	√	√	√	√
仪器噪声 n_{dev} ↘	—	—	√	—

2.1.3 CCD 图像的数据处理

CCD 的全称是"电荷耦合器件"（Charge Coupled Device）。20 世纪 70 年代后期，CCD 第一次作为探测器用于天文观测，很快成为在光学波段占统治地位的探测器。到 80 年代，CCD 开始在天文学中得到了广泛的应用。与照相底片相比，CCD 更加灵敏，因而能探测到更暗的天体。CCD 的测光精度也比照相底片的精度高得多。而更重要的是，CCD 所得到的图像就是数字化的，因而可以很方便地利用计算机来进行处理、分析和测量。这样，到 90 年代，世界上几乎没有天文学家使用照相底片了，而完全由 CCD 探测器替代了。

对 CCD 图像需进行的改正：

——线性：CCD 图像的数值与入射光子数成正比，即 $ADU = gQN$，入射光子数为 N，CCD 的量子效率为 Q、增益为 g。

——暗流：随时间增长的热电子。在关闭相机快门时进行长时间曝光，可得到暗流的定标图像（$n_{dark}t$）。如使用的是性能优秀的 CCD 相机，因其暗流很小，可不进行暗流改正。

——Bias（本底）：CCD 图像在读出时加了一个正整数，称为本底。在关闭相机快门时进行 0 秒曝光，就得到了本底图像。由本底图像得到本底的数值，再从观测目标的图像中减去这个本底数值，称为减本底。本底图像的数值的标准误差就是 CCD 相机的读出噪声。如果 CCD 相机是多门读出的，则每一门读出都有各自的本底数值和读出噪声。

——平场：CCD 上不同像素对入射光子的响应是不相同的，因此需要对像素之间的响应进行改正以使之一致。将望远镜对大面积均匀天光或漫反射屏进行曝光，得到的是平场图像。有利用晨昏蒙影时的天光平场，有利用圆顶内的漫反射屏的圆顶平场。将观测目标的图像除以平场图像就可改正像素响应不一致的问题，称为平场改正或除平场。

在观测和数据处理时，对观测到的 CCD 图像进行定标，所需数据包括：

——原始观测图像。

——定标图像：平场图像、暗流图像、本底图像等。

2.1.4 天文数据格式

在天文学领域，广泛使用的观测数据格式是 FITS 格式（可交换图像数据格式），即国际天文联合会（IAU）发布的"the Flexible Image Transport System"，FITS 格式标准由国际天文联合会 FITS 工作组负责维护。FITS 格式规定了用于交换的天文图像数据的通用格式，包括整体结构、基本单元、规范扩展单元、专用记录和关键字记录等，适用于天文图像数据的生产、发布、使用和归档。

FITS 格式以"块"为单元：1 块 =2880 字节。其组成为：① FITS 头：$2880n$ 字节 $= 80×36n$ 字节；以 END 开头的行结尾，其余以" "填充。②数据体：图为二进制，表为 ASCII 或二进制。常用的 FITS 工具有：SAOimage ds9 和 fv（fitstool）等。

例题：读写 FITS 图像文件，并对图像减去 bias。

```
import numpy as np
import matplotlib.pyplot as plt
```

FITS 文件（LAMOST 的一幅 CCD 导星图像）：

```
pcname='image46.fit'
```

读取 FITS 头，占 2 块：$2880 \times 2 = 80 \times 36 \times 2$。再读取数据：2 字节无符号整数。

```
pcfd=open(pcname,'rb')
pchead=np.fromfile(pcfd,dtype='a80',count=72)
pcdata=np.fromfile(pcfd,dtype='>u2')
pcfd.close()
```

显示 FITS 头信息：

```
print(pchead)
[b'SIMPLE   =                    T / NORMAL FITS IMAGE'
 b'BITPIX   =                   16 / DATA PRECISION'
 b'NAXIS    =                    2 / NUMBER OF IMAGE DIMENSIONS'
 b'NAXIS1   =                 2112 / NUMBER OF COLUMNS'
 b'NAXIS2   =                 2048 / NUMBER OF ROWS'
 b'CRVAL1   =                    0 / COLUMN ORIGIN'
 b'CRVAL2   =                    0 / ROW ORIGIN'
 b'CDELT1   =                    2 / COLUMN CHANGE PER PIXEL'
 b'CDELT2   =                    2 / ROW CHANGE PER PIXEL'
 b'OBSNUM   =                   46 / OBSERVATION NUMBER'
 b'IDNUM    =                    3 / IMAGE ID'
 b'IMTYPE   =                    8 / IMAGE READOUT GEOMETRY'
 b'AMPSROW  =                    2 / AMPLIFIERS PER ROW'
 b'AMPSCOL  =                    2 / AMPLIFIERS PER COLUMN'
 b'EXPTIME  =            60.000000 / Exp time (not counting shutter error)'
 b'BSCALE   =             1.000000 / DATA SCALE FACTOR'
 b'BZERO    =         32768.000000 / DATA ZERO POINT'
 b"COMMENT  ='Real Value = FITS*BSCALE+BZERO'"
 b"PROGRAM  =      'NEWCAM' / New Lick Camera"
```

```
b"VERSION =     'lamost' / Data acquisition version"
b'TSEC    =   1356103024 / CLOCK TICK - SECONDS'
b'TUSEC   =       902449 / CLOCK TICK - MICROSECONDS'
b"DATE-OBS =2012-12-21T15:17:04.90'/ UTC DATE AND TIME OF OBSERVATION"
b"DATE-STA ='2012-12-21T23:16:04.0'  / START OF OBSERVATION"
b"DATE-END ='2012-12-21T23:17:04.0'  / END OF OBSERVATION"
b'CAMERAID =           39 / CAMERA ID NUMBER'
b'ERASE   =            1 / NUMBER OF ERASES'
b'NHBESP  =           32 / BINNING FOR SPECIAL ERASE'
b'MERSP   =            2 / CONTROLS SPECIAL ERASE MODE'
b'ERPBIN  =           10 / PARALLEL BINNING DURING ERASE'
b'NSTIME  =            1 / CONTROLS RISING TIME FOR SUBSTRATE'
b'VSUBEX  =            0 / SUBSTRATE VOLTAGE DURING EXPOSURE'
b'VSUBER  =            0 / SUBSTRATE VOLTAGE DURING ERASE'
b'PSKIP   =            0 / CONTROLS POST-IMAGE SKIPPING'
b'PPRERD  =            4 / PRE-IMAGE ROWS'
b'PFREQ   =            2 / PARALLEL CLOCK PERIOD'
b'PADDC   =            0 / PARALLEL CLOCK CAPACITOR SELECTION'
b'CSMP    =            2 / DCS CAP SELECTION'
b'CSELPRD =            0 / PREREAD CLOCK SELECTION'
b'SCLEAN  =            0 / SERIAL CLEANING CLOCK SELECTION'
b'SADDC   =            2 / SERIAL CLOCK CAP SELECTION'
b'REVERASE =           0 / NUMBER OF REVERSE ERASES'
b'BINPRD  =            0 / PREREAD SERIAL BINNING'
b'TCPR2   =            4 / POST-IMAGE SERIAL PIXELS BEFORE OVERSCAN'
b'TCPR1   =            4 / PRE-IMAGE SERIAL PIXELS'
b'TSPRD   =           40 / SAMPLE TIME IN 0.1 MICROSECOND UNITS'
b'TSCLEAN =           40 / SERIAL CLEAN SAMPLE TIME'
b'BINSCLN =            0 / BINNING FOR SERIAL CLEAN'
b'SFREQ   =            2 / SERIAL CLOCK PERIOD'
b'MPP     =            1 / MPP STATE'
b"HA      = '+00:00:00' / HOUR ANGLE"
b"OBJECT  = 'count2 speed-Slow gain0 light-1s bin-1'"
```

```
b'ROVER   =                    0 / NUMBER OF OVERSCAN ROWS'
b'COVER   =                   32 / NUMBER OF OVERSCAN COLUMNS'
b"DEC     = '+00:00:00' / DECLINATION"
b'TEMPCON =            -2.600000 / CONTROLLER TEMPERATURE'
b'NCSHIFT =                    0 / NUMBER OF CHARGE SHUFFLES'
b'RCSHIFT =                    0 / NUMBER OF ROWS IN EACH CHARGE SHUFFLE'
b'TEMPDETE=             0.000000 / EXPOSURE END DETECTOR TEMPERATURE'
b"RA      = '+01:13:10' / RIGHT ASCENSION"
b'READ-SPD=                   10 / DCS READ SPEED'
b'TEMPDET =           -29.500000 / EXPOSURE START DETECTOR TEMPERATURE'
b'GAIN    =                    2 / DCS GAIN INDEX'
b"OBSTYPE ='   OBJECT' / IMAGE TYPE"
b'RBIN    =                    2 / ROW BINNING'
b'CBIN    =                    2 / COLUMN BINNING'
b'CKSUMOK =                    T / CHECKSUMS MATCH'
b'CAMCKSUM=                22890 / CAMERA-COMPUTED CHECKSUM'
b'SFTCKSUM=                22890 / SOFTWARE-COMPUTED CHECKSUM'
b"EXPSTAR T='2012-12-19 11:38:17'   / EXPOSURE STARTING TIME"
b'END'
b'']
```

确定图像行数和列数：

```
naxis1=0
naxis2=0
bzero=0
for i in range(len(pchead)):
    if 'NAXIS1' in str(pchead[i]):
        zz=str(pchead[i]).split('=')
        zz1=zz[1].split('/')
        naxis1=int(zz1[0])
        continue
    if 'NAXIS2' in str(pchead[i]):
        zz=str(pchead[i]).split('=')
```

```
            zz1=zz[1].split('/')
            naxis2=int(zz1[0])
            continue
        if 'BZERO' in str(pchead[i]):
            zz=str(pchead[i]).split('=')
            zz1=zz[1].split('/')
            if 'BZERO' in zz[0]:
                bzero=int(float(zz1[0]))
if naxis1*naxis2<2:
    print("Error in NAXIS1 or NAXIS1")
    exit(1)
```

将一维图像数据转为二维：

```
imglen=naxis1*naxis2
img=np.reshape(pcdata[0:imglen],(naxis2,naxis1))
```

将图像显示（图 2.5）：

```
plt.rcParams['figure.figsize'] = (8.0, 6.0)
plt.imshow(img,origin='lower',cmap='gray')
cbar = plt.colorbar()
```

显示图像数据的直方图（图 2.6）并用上下限来显示图像（图 2.7）：

```
ff=img.flatten()
pp=plt.hist(ff,bins=1000)
plt.xlim(3.3e4,3.5e4)
(33000.0, 35000.0)
plt.imshow(img,vmin=3.35e4,vmax=3.48e4,origin='lower',cmap='gray')
cbar = plt.colorbar()
```

下面采用直方图均衡化（Histogram Equalization）来显示图像。

由直方图计算累积分布（图 2.8）：

```
pxx=pp[1][0:-1]
pt=np.cumsum(pp[0])
pyy=pt/np.max(pt)
plt.plot(pxx,pyy)
plt.xlim(3.3e4,3.5e4)
(33000.0, 35000.0)
```

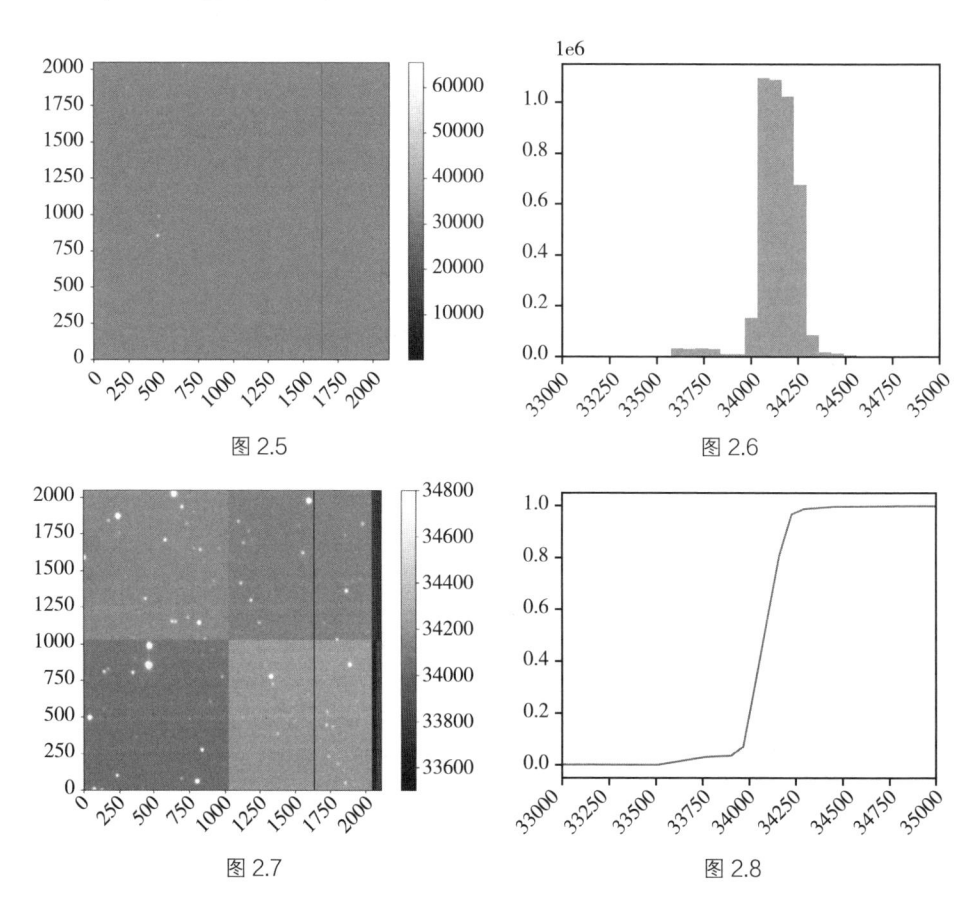

图 2.5

图 2.6

图 2.7

图 2.8

使用样条函数拟合该累积分布,并将图像数据利用累积分布来进行变换（图 2.9）：

```
import scipy.interpolate as spint
spl = spint.splrep(pxx, pyy, s=0.01**2)
```

```
pyf=spint.splev(pxx,spl,der=0)
plt.plot(pxx,pyy,'.')
plt.plot(pxx,pyf)
plt.xlim(3.3e4,3.5e4)
imgn=spint.splev(img,spl,der=0)
```

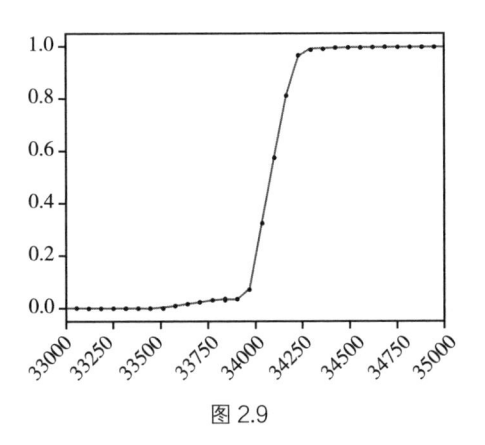

图 2.9

显示变换后的图像（图 2.10）：

```
plt.imshow(imgn,origin='lower',cmap='gray')
cbar = plt.colorbar()
```

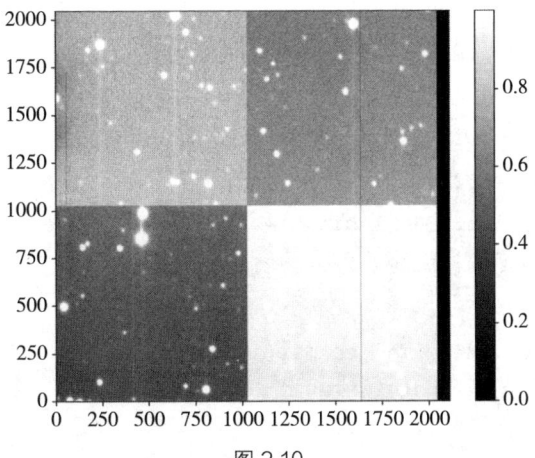

图 2.10

该图像数据的直方图（图 2.11）：

```
pp=plt.hist(imgn.flatten(),bins=1000)
plt.ylim(0,9e4)
(0.0, 90000.0)
```

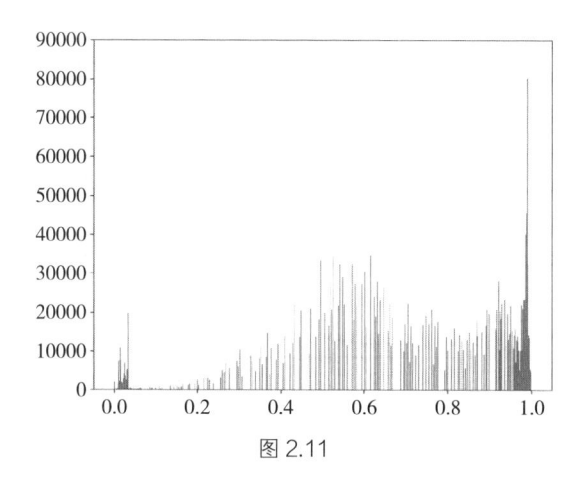

图 2.11

用 Saoimage ds9 软件显示 FITS 图像：

```
ds9 image46.fit
```

利用 overscan 区估计 bias，并从图像数据中减去：

```
# Bias subtraction
bias=np.mean(img[0:1024,2050:2077])-bzero
bias=int(bias)
print(bias,np.min(img),np.max(img))
img[0:1024,0:1028]-=bias
img[0:1024,2048:2080]-=bias
bias=np.mean(img[0:1024,2082:2109])-bzero
bias=int(bias)
print(bias,np.min(img),np.max(img))
img[0:1024,1028:2048]-=bias
img[0:1024,2080:2112]-=bias
```

```
bias=np.mean(img[1024:2048,2050:2077])-bzero
bias=int(bias)
print(bias,np.min(img),np.max(img))
img[1024:2048,0:1028]-=bias
img[1024:2048,2048:2080]-=bias
bias=np.mean(img[1024:2048,2082:2109])-bzero
bias=int(bias)
print(bias,np.min(img),np.max(img))
img[1024:2048,1028:2048]-=bias
img[1024:2048,2080:2112]-=bias

print(np.min(pcdata),np.max(pcdata))
858 40 65415
1044 40 65415
977 40 65415
922 40 65415
2 65521
```

显示新图像（图 2.12）：

```
plt.imshow(img,origin='lower',cmap='gray')
cbar = plt.colorbar()
```

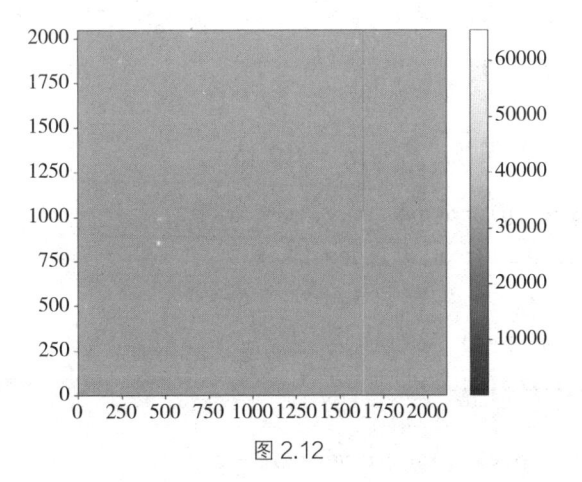

图 2.12

新图像数据的直方图（图 2.13）：

```
ff=img.flatten()
pp=plt.hist(ff,bins=1000)
plt.xlim(3.1e4,3.5e4)
```

(31000.0, 35000.0)

相应的累积分布（图 2.14）：

```
pxx=pp[1][0:-1]
pt=np.cumsum(pp[0])
pyy=pt/np.max(pt)
plt.plot(pxx,pyy)
plt.xlim(3.1e4,3.5e4)
```

(31000.0, 35000.0)

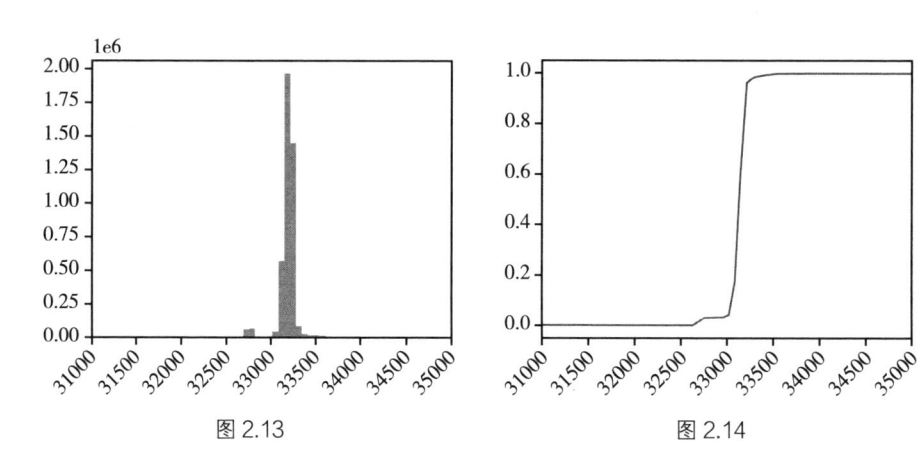

图 2.13

图 2.14

利用累积分布对图像进行变换（图 2.15）：

```
spl = spint.splrep(pxx, pyy, s=0.01**2)
pyf=spint.splev(pxx,spl,der=0)
plt.plot(pxx,pyy,'.')
plt.plot(pxx,pyf)
plt.xlim(3.2e4,3.5e4)

imgn=spint.splev(img,spl,der=0)
```

图 2.15

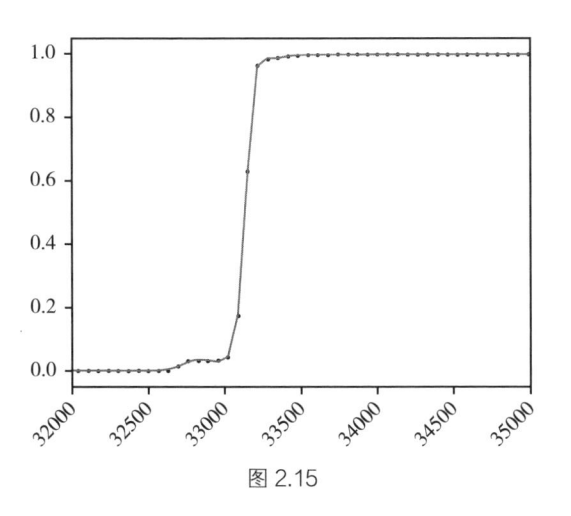

显示变换后的图像（图 2.16）：

```
plt.imshow(imgn,origin='lower',cmap='gray')
cbar = plt.colorbar()
```

显示直方图（图 2.17）：

```
pp=plt.hist(imgn.flatten(),bins=1000)
```

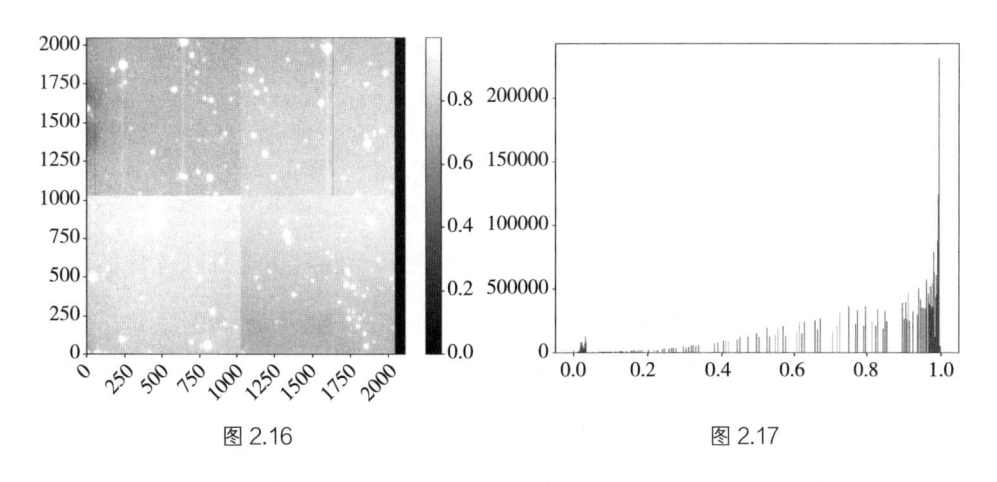

图 2.16   图 2.17

将新图像写入 FITS 文件：

```
# Write FITS file
pcdata[0:imglen]=np.reshape(img,(imglen,))
```

```
print(np.min(pcdata),np.max(pcdata))
pcfd=open('zz.fits','wb')
pchead.tofile(pcfd)
pcdata.tofile(pcfd)
pcfd.close()
2 65521
```
使用 ds9 显示新图像。

```
ds9 zz.fits
```

在 Anaconda 中，可以使用 astropy.io.fits 工具来读写 FITS 数据文件。

2.2 天体光度测量

2.2.1 星等的概念

天体光度测量（简称测光）是用辐射探测器配合望远镜测定天体的照度，常用视星等来表示。

因为人的感官对环境的响应是对数的，所以，星等系统是对数的。当两个天体的流量分别是 f_1 和 f_2 时，与其相应的星等 m_1 和 m_2 存在如下关系：

$$m_2 - m_1 = -2.5\lg\frac{f_2}{f_1}$$

测光得到的是视星等，表征天体的视亮度，不能真实地反映天体的辐射情况。而绝对星等是天体在未受消光条件下在距观测者 10 秒差距（pc）时的视星等，故绝对星等 M 与视星等 m 的关系为：

$$M = m + 5 - 5\lg r - A$$

其中，r 为天体的距离，以秒差距为单位；A 为星际消光值，是 r 的函数。

2.2.2 多色测光系统

测光系统由探测器的光谱响应以及所用望远镜和滤光片的选择特性决定。

测光工作通常是在规定的几个通带分别对天体的辐射进行测量,这样建立的测光系统称为多色测光系统。

令 q_λ 为望远镜的透射(反射)系数,T_λ 为滤光片的透射(反射)系数,R_λ 为探测器的绝对光谱响应,则整个测光系统的分光特性由响应函数 Φ_λ 确定:

$$\Phi_\lambda = q_\lambda T_\lambda R_\lambda$$

则相对响应函数为:

$$\phi_\lambda = \frac{q_\lambda T_\lambda R_\lambda}{q_{\lambda_0} T_{\lambda_0} R_{\lambda_0}}$$

其中,λ_0 为响应函数 Φ_λ 最大时的波长。

测光系统的平均波长为:

$$\lambda_m = \frac{\int \lambda \phi_\lambda \mathrm{d}\lambda}{\int \phi_\lambda \mathrm{d}\lambda}$$

即以 ϕ_λ 为权重的波长 λ 的加权平均。

测光系统的通带半宽(FWHM)为:

$$\Delta\lambda = \lambda_b - \lambda_a$$

是响应函数为最大值的一半处所对应的波长间隔(图 2.18)。

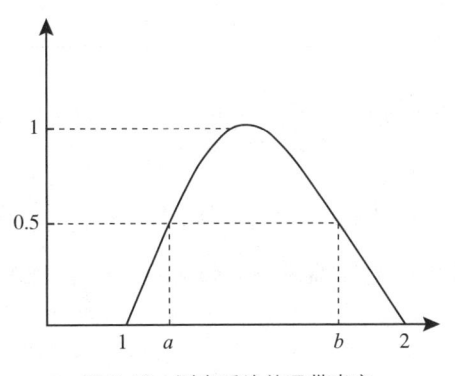

图 2.18 测光系统的通带半宽

测光系统的有效波长为：

$$\lambda_{\text{eff}} = \frac{\int \lambda \phi_\lambda f_0(\lambda) \mathrm{d}\lambda}{\int \phi_\lambda f_0(\lambda) \mathrm{d}\lambda}$$

其中，$f_0(\lambda)$ 为天体在大气外的辐射流量，这里天体一般是指织女星（Vega）或光谱型为 A0 的恒星。

根据通带半宽的不同，通常将测光工作分为三大类：

——宽带测光：$\Delta\lambda > 40\text{nm}$；

——中带测光：$7\text{nm} < \Delta\lambda < 40\text{nm}$；

——窄带测光：$\Delta\lambda < 7\text{nm}$。

常用的多色测光系统 UBVRI+JHK 系统（Johnson 系统）见表 2.2。

表 2.2 UBVRI+JHK 系统

通带	λ_{eff} (μm)	$\Delta\lambda/\lambda$	$m=0$ 时的流量（Jy）
U	0.36	0.15	1810
B	0.44	0.22	4260
V	0.55	0.16	3640
R	0.64	0.23	3080
I	0.79	0.19	2550
J	1.26	0.16	1600
H	1.6	0.23	1080
K	2.22	0.23	670

除此之外，还有 Stromgren 系统 $[u, v, b, y, H_\beta(w), H_\beta(n)]$ 和 SDSS 系统（u, g, r, i, z）等。

测光标准：在特定的测光系统中精确亮度和色指数已知的恒星的总称。测光标准中的恒星称为测光标准星。下列文献列出了 UBVRI 和 uvby 系统的测光标准星：

UBVRI 系统：Astronomical Journal，1992 年 104 卷 339 页。

uvby 系统：Astronomy & Astrophysics，1973 年增刊 11 期 119 页。

2.2.3 CCD 测光

CCD 测光不但需要获得待测天体的图像，同时也需要获得测光标准星的图像以标定待测天体的星等，以及对 CCD 图像进行改正的定标图像：本底图像、暗流图像和平场图像等。

在 CCD 观测图像中，每个天体的参数为：①位置:(x,y)；② FWHM：半强全宽；③峰值流量；④总流量；⑤天光背景噪声；⑥形状：椭率、半长轴、方位角。

其中，天体的位置经过标定后可以得到天体坐标（赤经 α + 赤纬 δ），天体的总流量经过标定后可以得到天体的视星等。

CCD 测光的数据处理流程如下：

1. CCD 图像改正

首先是图像检查，需检查所有观测图像，手动剔除个别有问题的文件，例如，剔除个别存在过曝光问题的天光平场文件。

对所有 CCD 观测图像进行预处理，主要包括：

——去宇宙射线（Cosmic）：在长时间曝光的 CCD 图像中，存在着宇宙射线打在 CCD 上产生的噪声，这些噪声明显高出周围像素的值，并呈随机分布的规律。去宇宙射线的方法一般是用阈值法确定宇宙射线的位置，并用插值方法将宇宙射线替代掉。如在观测时采用多次曝光，则可以比较多幅 CCD 图像，采用中值来去除宇宙射线。

——减本底（Bias）：利用本底图像或观测图像的过扫描（overscan）区得到本底的平均值，将 CCD 图像减去该本底值。

——减暗流（Dark）：将 CCD 观测图像减去暗流图像，这里暗流图像已经减过本底。

——除平场（Flat）：将 CCD 观测图像除以平场图像，这里平场图像已经减过本底和暗流。

2. 孔径测光或 PSF 测光

（1）孔径测光（Aperture photometry）：对 CCD 观测图像中待测天体所在的小天区进行光度测量。孔径测光是以目标源为中心选择一个孔径（通常为圆形区域），计算孔径里面的总流量，然后减去背景（通常以目标源为中心比较干净的圆环区域进行计算）的流量，就可以得到孔径以内目标源的亮度。

如图 2.19 所示，细实线圈内是待测天体，虚线圈和粗实线圈之间的区域为天光背景。将虚线圈和粗实线圈之间的所有像素的值进行平均，得到每个像素上的天光背景的流量，再将细实线圈内所有像素的值减去天光背景的流量后相加来得到待测天体的总流量。

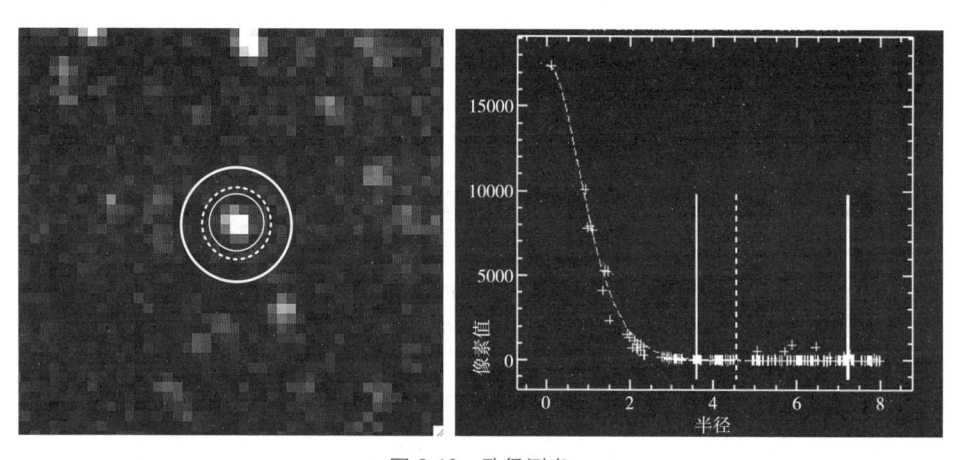

图 2.19 孔径测光

（2）PSF 测光（PSF photometry）：对于密集星场，孔径测光无法使用，因为在待测天体附近很难找到测量天光背景的区域。这时就需要使用点扩展函数（PSF）拟合的方法来得到密集星场中各个天体的总流量值（图 2.20）。PSF 测光是通过拟合目标源的 PSF 轮廓得到目标源的流量。这种方法可以比较准确地测量点源（例如恒星）的流量，特别在处理密集星场数据时格外有效。

PSF 测光

图 2.20　PSF 测光

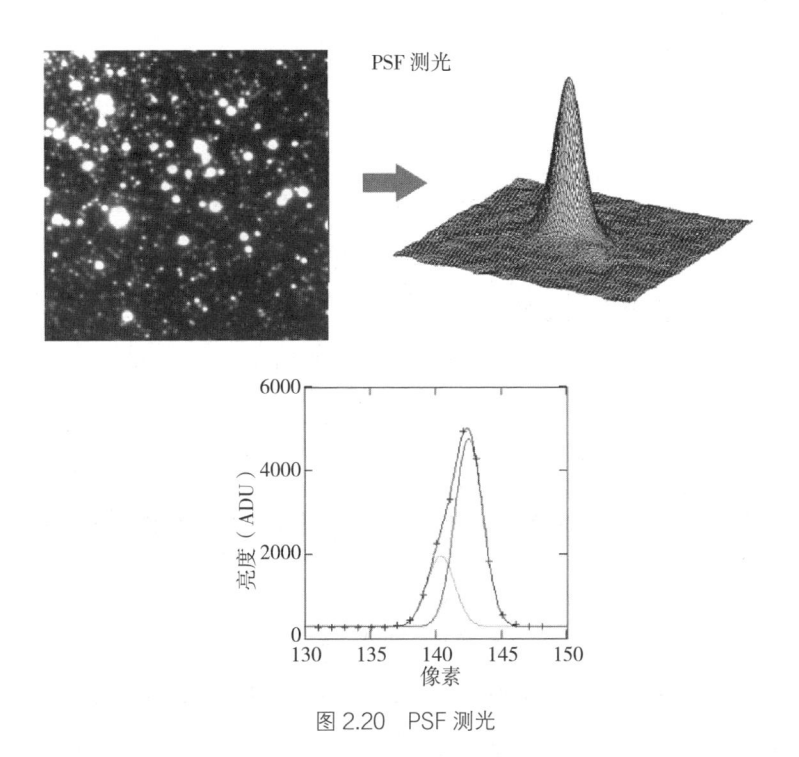

3. 仪器星等

使用孔径测光或 PSF 测光等方法得到在某波段 i 上待测天体在 CCD 观测图像上的总流量 f_i，则待测天体的仪器星等为：

$$m_i^* = -2.5\lg f_i + c_i$$

其中，c_i 为任意给定的常数。

2.2.4　大气消光改正

1. 大气质量与大气消光改正

天体的辐射经过地球大气时，其流量密度会有所下降，此即大气消光。光学波段大气消光的主要原因：瑞利分子散射（$\sim \lambda^{-4}$）、小颗粒水汽的散射、小尘埃的散射和氧分子及水分子的吸收等。

大气质量 $M(z)$ 表示不同天顶距 z 处大气消光作用的差别（图 2.21）。

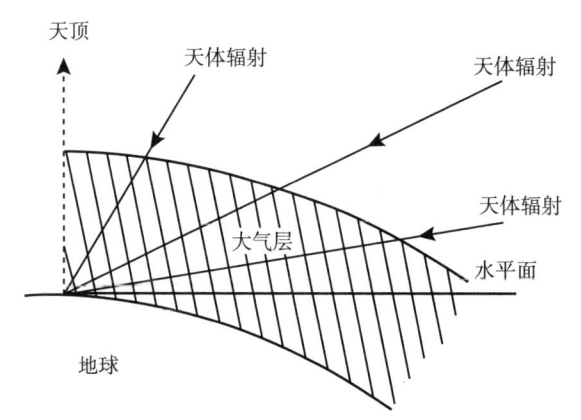

图 2.21 不同天顶距时星光通过大气的厚度不同

当天顶距 z 较小时，采用大气平面平行层假设，在不考虑折射情况下大气质量为：

$$M(z) = \sec(z)$$

当天顶距 $z > 45°$ 时，考虑到大气层的弯曲和折射，大气质量为：

$$M(z) = \sec(z)\left\{1 - 0.0012\left[\sec^2(z) - 1\right]\right\}$$

在某波段 i 上，天体在大气外的星等 m_i^0 与地面星等 m_i 的关系为：

$$m_i^0 = m_i - K_i' M(z) - K_i'' c_{ij} M(z)$$

其中，K_i' 为一次消光系数，K_i'' 为二次消光系数，$c_{ij} = m_i - m_j$ 为天体的观测色指数。

2. 归算到标准测光系统

虽然各个天文台在观测时都尽量使自己的测光系统与标准系统接近，但总存在一定的差别。这样，在某波段 i 上标准星等 m_i 与仪器星等 m_i^* 的关系为：

$$m_i = m_i^* + \epsilon c_{ij} + c_i'$$

其中，c_i' 为仪器星等与标准系统的星等零点之差，ϵ 为归化系数，$c_{ij} = m_i^* - m_j^*$ 为天体的观测色指数，代表天体的颜色。

又根据 m_i^0 与 m_i 的关系，对一系列测光标准星进行观测和测量，就可将仪器星等归算到标准星等。

例如，设在 UBV 波段上，天体在大气外的星等为 (U,B,V)，而其在 CCD 图像上的仪器星等为 (u,b,v)，则归算公式为：

$$V = v - K'_v M(z) + \epsilon(B-V) + c_v$$
$$B - V = \mu(b-v) - \mu K'_{bv} M(z) - \mu K''_{bv}(b-v)M(z) + c_{bv}$$
$$U - B = \psi(u-b) - \psi K'_{ub} M(z) + c_{ub}$$

这里取 $K''_v = K''_{ub} = 0$。

上述 UBV 系统的归算公式可把观测得到的仪器星等 (u,b,v) 换算到大气外的标准星等 (U,B,V)。式中 $M(z)$ 为观测时的大气质量，式中的归化系数 $(\epsilon, \mu, \psi, K'_v, K'_{bv}, K'_{ub}, K''_{bv}, c_v, c_{bv}, c_{ub})$ 可用下面方法得到：对一组已知大气外星等 (U,B,V) 的测光标准星进行观测，把测得的仪器星等 (u,b,v) 值和相应的大气质量 $M(z)$ 代入归算公式，用最小二乘法求解联立方程，即可确定归化系数。得到了归化系数，就可将所有待测天体的仪器星等归算为标准星等。

为使归化准确，所选测光标准星应满足以下条件：

——颜色 $(B-V)$ 和 $(U-B)$ 有较大跨度。

——在天球上分布均匀，以使 $M(z)$ 差别较大。

——数目尽可能多。

2.3 天体分光测量

天体分光测量，又称天体光谱观测，其任务是测定天体在某波长处的单色辐射流或单色亮度，研究天体辐射随波长的分布。

在天体光谱中，有一些波长处的辐射会突然有较大的增强或减弱。这种在狭窄波段范围内，光谱能量的突变部分称为发射光谱线或吸收光谱线。在天体光谱中没有发射线和吸收线影响的部分为连续光谱。

2.3.1 光谱观测的类别

光谱仪是获得天体光谱的基本仪器，它将来自天体的辐射分解为由各种波长的单色光组成的光谱。由三部分组成：

——准直系统：使进入光谱仪的光成平行光束。

——色散系统（或干涉系统）：将天体辐射分解为光谱。

——接收系统：用探测器将光谱记录下来。

根据不同光谱仪和不同观测方法，所获得的光谱分为：长缝光谱（Long-Slit Spectra，原始数据见图 2.22），阶梯光栅光谱（Echele Spectra，原始数据见图 2.23），多光纤光谱（Multi-fiber Spectra，原始数据见图 2.24），无缝光谱（Slitless Spectra，原始数据见图 2.25）。

图 2.22　长缝光谱的原始数据 　　图 2.23　阶梯光栅光谱的原始数据

图 2.24　多光纤光谱的原始数据

直接成像　　　　　　　　　　物端棱镜感光

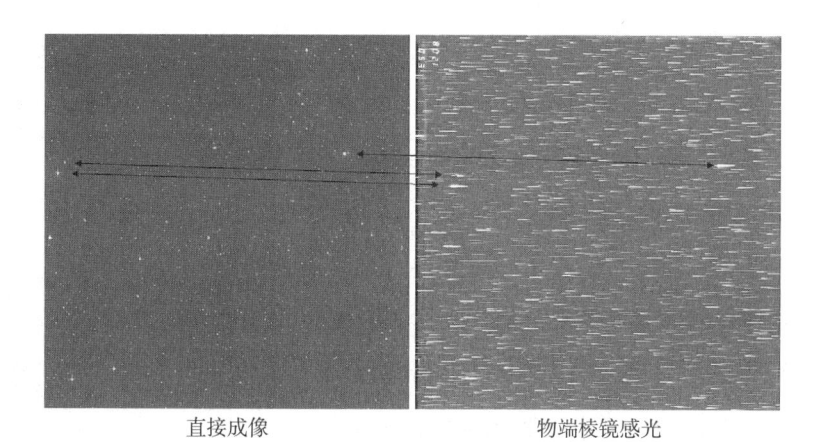

图 2.25　无缝光谱的原始数据

2.3.2　长缝光谱的数据处理

在进行长缝光谱观测时，需要观测本底、暗流和平场图像，观测比较光谱，以进行波长定标和证认谱线，有的还须观测分光标准星。

对观测的光谱图像进行预处理，包括图像检查，去除宇宙线、热点和死点，进行本底、暗流和平场改正。

然后抽取一维光谱并减去天光背景。采用方法也是孔径测光或 PSF 测光，只不过是在一维上进行，即沿着色散的垂直方向进行。

沿着色散方向（图 2.22 的横向）对天体光谱进行"追迹"，得到天体光谱沿色散方向的"轨迹"。再沿着轨迹将像素值沿着色散的垂直方向相加，得到天体的一维光谱（包括天光背景）。在轨迹的上下两侧或单侧，将一部分像素值沿着色散的垂直方向相加并改正到天体光谱响应的像素数目，得到天光背景的一维光谱。两条一维光谱相减即得到天体的光谱。这是**先抽谱再减天光**。

也可以使用图像中天体光谱的两侧（色散的垂直方向）的一部分天光背景像素值来插值或拟合出二维天光背景图像，将原来的图像减去二维天光背景图像，得到了减去天光背景的图像。然后将图像沿色散的垂直方向相加，得到天体的一维光谱，这是**先减天光再抽谱**。

在光谱观测中，要在相同条件下拍摄波长定标灯的光谱，以对天体光谱进行波长定标。定标灯的光源一般放在光谱仪狭缝前，通过狭缝后的光路和被测星的光路相同。图 2.26 是 HeAr 定标灯的光谱。

沿着前述天体光谱的轨迹抽取定标灯光谱，得到一维光谱。从光谱中识别出足够多的谱线（图 2.27），使用拟合方法得到色散方向上的像素坐标与波长的函数关系，即波长标定关系。

图 2.26　HeAr 定标灯的光谱

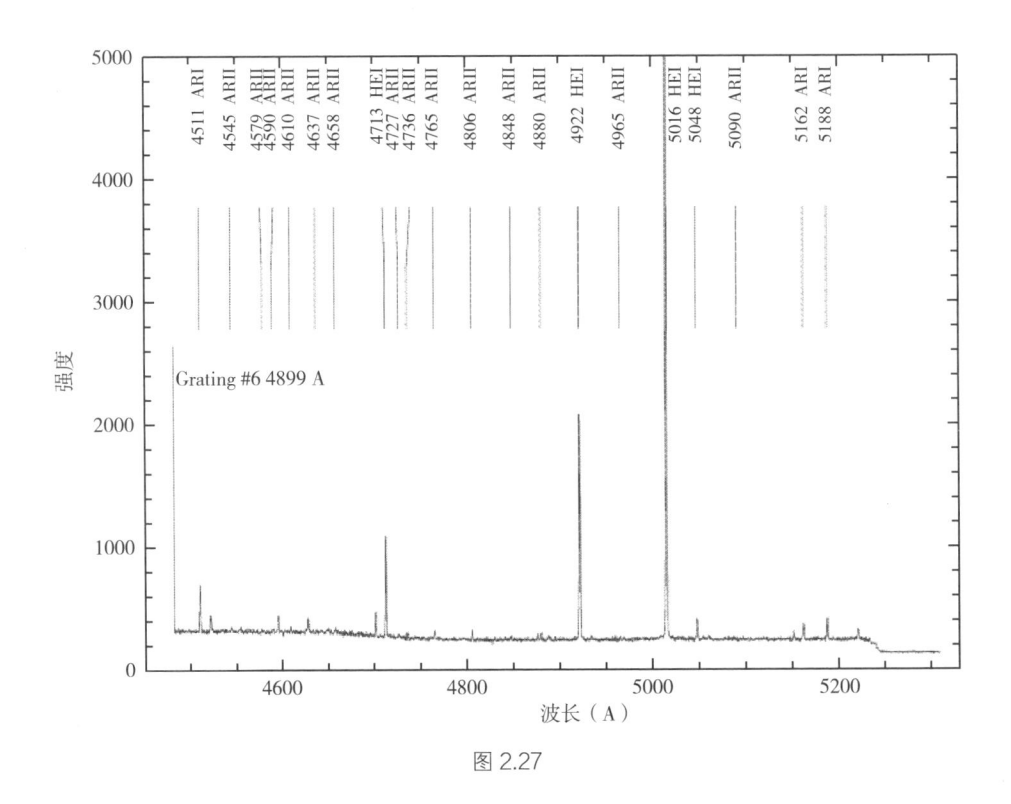

图 2.27

将波长标定关系应用到天体光谱的像素坐标上，将像素坐标转换为波长坐标，就得到了波长定标后的天体光谱（图 2.28）。

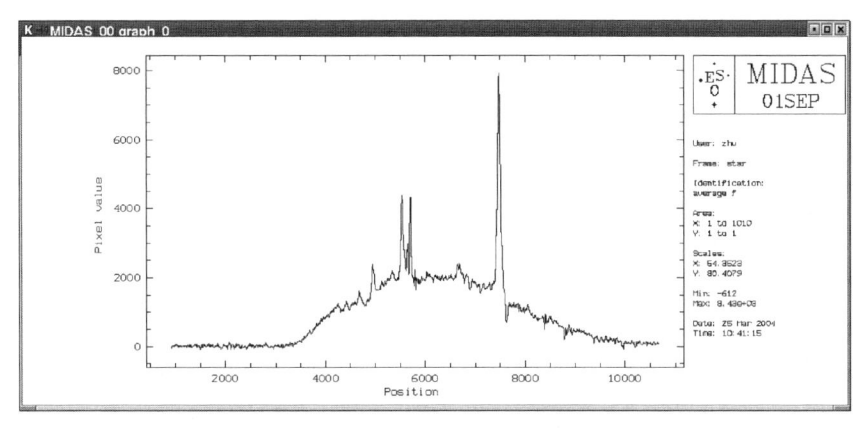

图 2.28 波长定标后的天体光谱

一般波长标定灯没有经过望远镜的光路，与天体所经过的光路有差别。因此在进行天体的视向速度测量时，还要观测视向速度标准星，以精确得到待测天体的视向速度。

为对待测天体的光谱进行流量定标，需观测分光标准星。按照前述方法得到标准星的一维光谱，将该一维光谱除以标准星的标准光谱，即得到观测系统的响应曲线。把待测天体的一维光谱除以响应曲线，就得到了流量定标后的待测天体的光谱。由于大气随时间的变化，这样得到的是相对流量定标的光谱。

2.3.3 多光纤光谱的数据处理

典型的多光纤光谱的观测设备是中国的 LAMOST（大天区面积多目标光纤光谱天文望远镜）。LAMOST 瞄准涉及天文学中诸多前沿问题，在国际上首先开拓了同时观测几千个天体光谱的大规模光谱巡天的新思路。以新颖的构思、巧妙的设计实现了光学望远镜大口径兼备大视场的突破，开创了我国高水平大型天文光学精密装置研制的先河。LAMOST 在世界上独一无二，是至今中国发明的唯一的天文望远镜类型，是目前国际上口径最大的大视场望远镜。

LAMOST 的光谱巡天观测和数据处理的流程如图 2.29 所示。

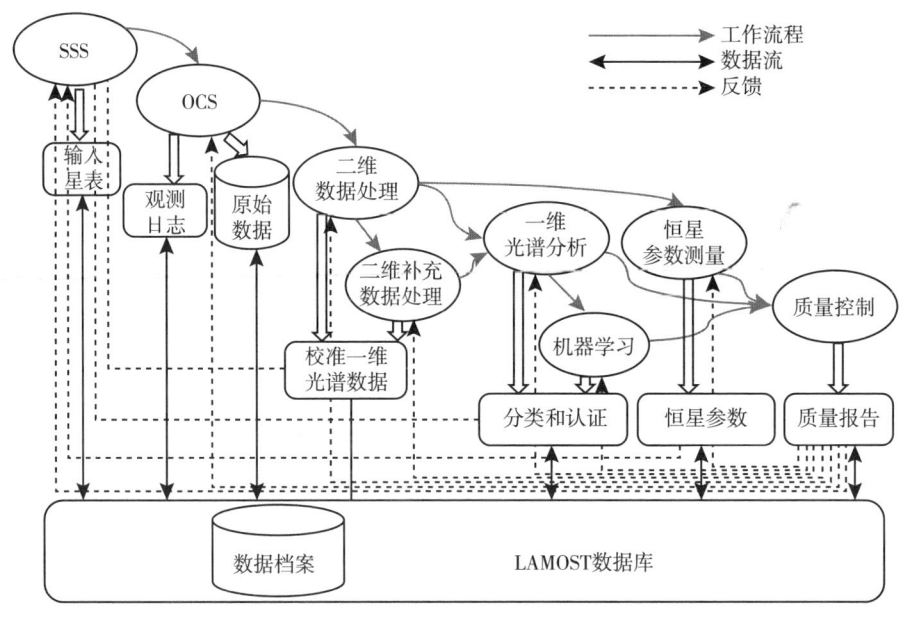

图 2.29　LAMOST 光谱巡天观测和数据处理流程

　　LAMOST 数据处理流水线围绕核心数据库展开。数据流贯穿各个数据处理（pipeline）和模块之间，数据处理中间结果及产品不仅以文件系统形式存储，同时用数据库关键记录进行索引，实现数据处理全流程信息可回溯。LAMOST 数据流和工作流涉及软件模块众多：SSS（巡天战略系统）制订观测计划，自动将输入星表相关选源信息提取入库；OCS（观测控制系统）执行观测计划，完成每夜望远镜观测，打包原始图像数据，将观测日志信息和问题光纤标记入库；二维数据处理完成原始图像抽谱、平场改正、相对流量定标、波长定标等一系列处理，得到多次曝光合并、红蓝端拼接后的一维光谱；二维补充数据处理利用多次观测响应曲线模型对二维数据处理定标失败的光谱仪进行二次补充，同样完成抽谱任务，得到一维光谱数据；一维光谱处理对一维光谱进行细分类和红移测量，将分类和证认结果写入数据库；LASP（LAMOST 恒星参数测量）对一维光谱处理得到的一维恒星光谱进行大气参数测量，将得到的精确有效温度、表面重力、金属丰度和视向速度写入数据库；ML（机器学习）利用

机器学习方法估计 α 丰度和中分辨元素丰度，它和 LASP 一起提供较为完整的 LAMOST 恒星物理参数；QC（质量控制）模块负责对整个数据处理流程进行整体监控和一致性校验，包括各个模块之间输入输出数量一致性校验和完整性校验、数据质量统计分析等，并对发现的问题进行前向反馈。以上各个环节所产生的数据标记，包括数据状态信息标记、版本控制标记、质量控制标记等，通过数据库接口或者数据转换工具实现与数据库的交换，从而将物理层、数据层和数据流层溯源信息融合到数据库中，实现 LAMOST 天体光谱观测、处理、发布的全流程可追溯。

对 LAMOST 的原始观测图像进行数据处理的流程如图（图 2.30）：

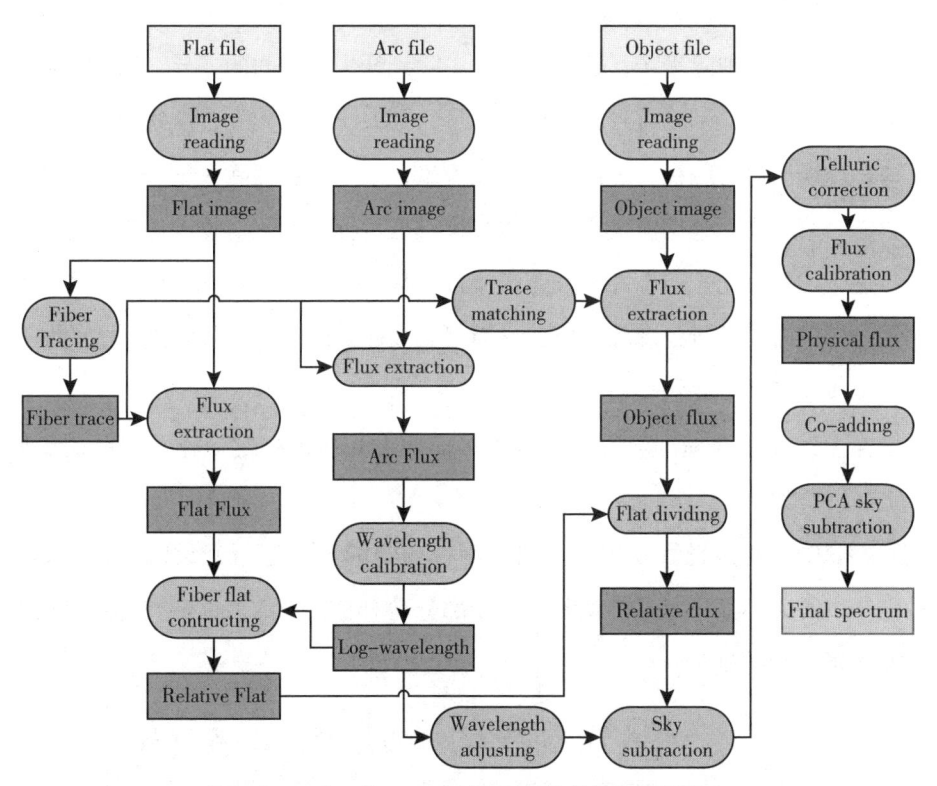

图 2.30　对 LAMOST 原始观测图像数据处理流程图

二维光谱处理的对象是原始图像，处理的目标是将二维图像的流量抽取成一维光谱，并扣除本底流量、杂散光、宇宙线和天光的干扰，再利用定标灯进行波长定标，利用分配的流量标准星进行流量定标，最后将同一个目标的不同观测和红蓝端合并成最终的光谱，在此过程中还要进行一些例如平场改正在内的其他改正。如图 2.30 所示，二维光谱处理的所需原始观测数据包括光纤平场图像（Flat file）、波长定标灯图像（arc file）和目标谱图像（object file）。第一步：每种原始文件类型都要经过图像读取（image reading）过程扣除本底流量来得到清晰的二维图像；第二步：进行光纤追迹和流量提取，同时扣除图像中的杂散光影响；第三步：通过处理定标灯谱完成目标光谱的波长定标，这个过程中还会用天光发射线校正，得到对数坐标下的波长；第四步：去除光纤的相对透过率，即除平场，这里指的是去除光纤平场之间的差异，得到相对平场，目标谱经过除平场得到光谱相对流量；第五步：减天光，从每个目标谱中减掉每台光谱仪对应视场之内的夜天光流量；第六步：消除大气中水汽吸收线的影响；第七步：利用流量定标星连续谱进行目标谱的相对物理流量定标；最后，进行多次曝光光谱合并和红蓝端拼接，最终得到一维目标光谱。有了一维光谱就可以对其进行处理和分析，进而得到天体的红移、有效温度、重力加速度、金属丰度等重要物理信息。

在上述数据处理的流程中，有很多需要做相应的标定工作，这些需要做标定的因素如下：

LAMOST 的多光纤光谱观测对 5 度视场中的天体进行光谱观测时，4000 条光纤中的大部分是对着待观测源，少部分是对着天光的。这两类光纤最后在 CCD 上的读数分别为：

$$N_\lambda^{\text{obj+sky}} = \left\{ \left[\left(F_\lambda^{\text{obj}} \eta_\lambda^{\text{air}} + F_\lambda^{\text{sky}} \right) \eta_\lambda^{\text{tel}} + F_\lambda^{\text{clos}} \right] \eta_\lambda^{\text{fib}} \eta_\lambda^{\text{spec}} + F_\lambda^{\text{spec}} \right\} \eta_\lambda^{\text{ccd}} + F_\lambda^{\text{dark}} + B_\lambda$$

$$N_\lambda^{\text{sky}} = \left\{ \left[F_\lambda^{\text{sky}} \eta_\lambda^{\text{tel}} + F_\lambda^{\text{clos}} \right] \eta_\lambda^{\text{fib}} \eta_\lambda^{\text{spec}} + F_\lambda^{\text{spec}} \right\} \eta_\lambda^{\text{ccd}} + F_\lambda^{\text{dark}} + B_\lambda$$

其中，F_λ^{obj}，天体落入光纤内的总辐射；F_λ^{sky}，天光落入光纤内的总辐射；

F_λ^{clos}，圆顶内杂散光落入光纤内的总辐射；F_λ^{spec}，光谱仪的杂散光落在 CCD 像素上的总辐射；F_λ^{dark}，CCD 的暗流；B_λ，CCD 的本底量；$\eta_\lambda^{\text{air}}$，大气透过率，包括大气质量和大气色散的影响；$\eta_\lambda^{\text{tel}}$，望远镜的光学效率，包括口径和渐晕的影响；$\eta_\lambda^{\text{fib}}$，光纤的传输效率；$\eta_\lambda^{\text{spec}}$，光谱仪的效率；$\eta_\lambda^{\text{ccd}}$，CCD 的效率，包括量子效率、增益和 A/D 转换。

这样，为了得到天体的真实光谱，就需要作如下改正。

1. 本底和暗流改正

本底改正是去掉 CCD 的 A/D 转换时的本底数，即 B_λ 项，该项其实与波长无关。一般使用 CCD 的多幅本底图平均来作为该项的估计。本底是用减法改正。

暗流改正是去掉 CCD 的热电子噪声的影响，即 F_λ^{dark} 项，它也与波长无关，但随曝光时间而增长。可以单独作 CCD 的暗流曝光，或是与下面的光谱仪杂散光改正一起改正。暗流是用减法改正。

2. 光谱仪杂散光改正

光谱仪杂散光改正是为了改正 $F_\lambda^{\text{spec}} \eta_\lambda^{\text{ccd}}$ 项，其情况比较复杂。光谱仪的光学系统会造成杂散光，待测天体或天光附近的亮星的光侧射入光纤会造成光谱仪内的杂散光，较亮天体会在 CCD 上其光纤像附近形成杂散光，光纤间的相互影响也会形成杂散光。一般是利用 CCD 上各条光谱之间的空隙和坏光纤来估计光谱仪的杂散光。光谱仪杂散光是用减法改正。

3. 平场改正

平场一般是用于改正 CCD 像素响应和仪器通光的不均匀性，即 $\eta_\lambda^{\text{tel}}$、$\eta_\lambda^{\text{spec}}$、$\eta_\lambda^{\text{ccd}}$ 项。但进行多光纤光谱观测时，还增加了光纤传输效率的不均匀性，即 $\eta_\lambda^{\text{fib}}$ 项。对 LAMOST 来说，平场有两种方法，一种是在焦面前利用漫反射屏，另一种是在望远镜入瞳前利用天光或漫反射屏。两种平场在 CCD 上的计数分别为：

$$N_\lambda^{\text{flat}} = \left\{ F_\lambda^{\text{flat}} \eta_\lambda^{\text{fib}} \eta_\lambda^{\text{spec}} + F_\lambda^{\text{spec}} \right\} \eta_\lambda^{\text{ccd}} + F_\lambda^{\text{dark}} + B_\lambda$$

$$N_\lambda^{\text{flat}} = \left\{ \left[F_\lambda^{\text{flat}} \eta_\lambda^{\text{tel}} + F_\lambda^{\text{clos}} \right] \eta_\lambda^{\text{fib}} \eta_\lambda^{\text{spec}} + F_\lambda^{\text{spec}} \right\} \eta_\lambda^{\text{ccd}} + F_\lambda^{\text{dark}} + B_\lambda$$

其中，F_λ^{flat} 是做平场时天光或漫反射屏落入光纤内的总辐射量。

在焦面前做平场，如果平场源是强度均匀的，则可以很好地改正 $\eta_\lambda^{\text{fib}}$、$\eta_\lambda^{\text{spec}}$、$\eta_\lambda^{\text{ccd}}$ 项；也可以进一步利用天光项 F_λ^{sky}、$\eta_\lambda^{\text{tel}}$、$\eta_\lambda^{\text{fib}}$、$\eta_\lambda^{\text{spec}}$、$\eta_\lambda^{\text{ccd}}$ 做校正，但其前提是：①圆顶内杂散光 F_λ^{clos} 可以忽略；②天光 F_λ^{sky} 在空间上是均匀的，而 LAMOST 的视场达 5 度，可能会有问题，因此，可以将每光谱仪的光纤所对应的天区尽可能地集中，以保证天光的均匀性。

在望远镜入瞳处做平场，如果平场源是强度均匀的，则可以改正 $\eta_\lambda^{\text{tel}}$、$\eta_\lambda^{\text{fib}}$、$\eta_\lambda^{\text{spec}}$、$\eta_\lambda^{\text{ccd}}$ 项，但其前提是：①圆顶内杂散光 F_λ^{clos} 可以忽略；②有办法知道做平场时和观测时 $\eta_\lambda^{\text{tel}}$ 项的差别，其中主要是望远镜渐晕的影响。如果平场源有不均匀性，则可能需进一步利用天光项做改正，但前提是：①圆顶内杂散光 F_λ^{clos} 可以忽略；②天光 F_λ^{sky} 在空间上是均匀的。

如果做平场时对圆顶内杂散光没有要求的话，则圆顶内杂散光的改正可以与下面的天光改正一起做。

对平场也需要进行本底暗流改正和光谱仪杂散光改正。由于平场的曝光时间短，可以不做暗流改正。而平场的光很强，造成的光谱仪杂散光也很强，杂散光改正就须非常仔细地做。

需要用多幅改正后的平场进行平均来得到平场的估计。平场改正是用除法。

4. 波长定标

在多光纤光谱观测中，待测天体的光谱和天光的光谱在 CCD 上相距甚远，而光谱仪的光学系统会存在着像场畸变，因此必须对每条光纤均进行波长定标。特别是在进行天光改正时，如果待测天体光谱和天光光谱的波长定标有半个像素的误差，则最后得到的天体光谱的信噪比会下降很多。

LAMOST 的波长定标需要在焦面前使用波长定标灯照亮各条光纤，最后成像在 CCD 上。为保证天光改正的精度，要求波长定标的精度好于 0.1 个像素。

5. 天光改正

天光改正是用天光光纤所得到的光谱来对待测天体的光纤中所包含的天光背景进行估计，从而改正天体光纤中的天光项 $F_\lambda^{sky}\eta_\lambda^{tel}\eta_\lambda^{fib}\eta_\lambda^{spec}\eta_\lambda^{ccd}$ 项。这种改正涉及天光辐射 F_λ^{sky} 的空间分布、望远镜渐晕 η_λ^{tel} 的变化和圆顶内杂散光 F_λ^{clos} 的强度与分布，也与使用何种平场有关。所有这些量的空间变化必须是缓变的（即没有尺度上小于天光光纤间距的高频变化），才可能作很好的估计。

圆顶内杂散光是混在天光背景中的，从 $F_\lambda^{sky}\eta_\lambda^{tel}+F_\lambda^{clos}$ 项可以看出，它与天光之间存在 η_λ^{tel} 的影响，要想将杂散光与天光背景一起减掉，则需在焦面前做平场，并且要求平场源在空间上是均匀的。如果圆顶内杂散光可忽略，则问题会有很大的改观。天光改正是用减法。

6. 流量定标

流量定标是对一些光谱标准星进行观测，来改正大气项 η_λ^{air} 的影响，从而得到待测天体在大气外的真实光谱。但对 LAMOST 来说，可能只能做相对流量定标，这是因为：①很难保证在每个 5 度天区内都有光谱标准星；②望远镜渐晕的影响；③无法对光谱标准星在不同天顶距下进行重复观测，无法改正大气质量和大气红化的影响；④大气色散的影响，无法保证天体的所有辐射进入到光纤中；⑤天气的时间和空间变化。

可以用多色测光数据来改正经过相对流量定标的光谱，从而得到绝对流量定标的光谱。

2.3.4 天体视向速度的测量

当天体向远离地球的方向移动时，所发出的光波长随之增加，在光谱中谱线向红端移动，称为红移。当靠近地球时，谱线的波长减小，称为蓝移。

定义红移 z 为：

$$z = \frac{\Delta\lambda}{\lambda}$$

其中，λ 为谱线的实验室波长，$\Delta\lambda$ 为谱线的移动量。

在红移 z 不大时，根据多普勒频移公式，天体的视向速度 v_r 与红移 z 的关系为：

$$v_r = cz$$

其中，c 为光速。当红移 z 很大时，上述关系不成立，需要考虑相对论效应。

利用观测光谱来确定天体视向速度的主要方法是交叉相关分析方法。这样，依据整个光谱几乎所有谱线的信息，而不是单靠谱线之间相对位置来确定视向速度，因此可以提高测量的精度。

观测数据是待测恒星和相同光谱型视向速度标准星的光谱。

视向速度标准星的观测谱线轮廓为：

$$T(x) = \int_{-\infty}^{\infty} A(x-y)K(y)\mathrm{d}y + \sigma_1(x)$$

其中，$A(x)$，观测设备和大气效应的总"仪器轮廓"；$K(x)$，恒星本身的光谱；$\sigma_1(x)$，光谱中的噪声；$x = \ln\lambda$，波长的对数。

待测星的观测谱线轮廓为：

$$G(x) = \int_{-\infty}^{\infty} A(x-z_0-y)\mathrm{d}y \int_{-\infty}^{\infty} K(z)S(z-y)\mathrm{d}z + \sigma_2(x)$$

其中，z_0，$G(x)$ 相对于 $T(x)$ 的多普勒位移；$S(x)$，描述 $G(x)$ 在其源位置时的速度致宽。

定义交叉相关函数：

$$C(z) = \int_{-\infty}^{\infty} T(x)G(x+z)\mathrm{d}x$$

$C(z)$ 在 $z = z_0$ 处将有一个最大峰值。

处理观测数据时，应使用交叉相关函数的离散形式。当数据点较多时，采用快速傅里叶变换计算 $C(z)$ 比直接计算更为有效。

可根据交叉相关函数的傅里叶变换的性质，首先对 $G(x)$ 进行傅里叶变换，之后对 $T(x)$ 进行傅里叶共轭变换，它们之积的傅里叶逆变换即为交叉相关函

数 $C(z)$。

对得到的交叉相关曲线 $C(z)$，利用最小二乘法可以得到其峰值。由峰值所对应的 z 值可以得到待测星对于视向速度标准星的多普勒位移值，求出相对的视向速度，进而得到待测星的视向速度（图 2.31）。

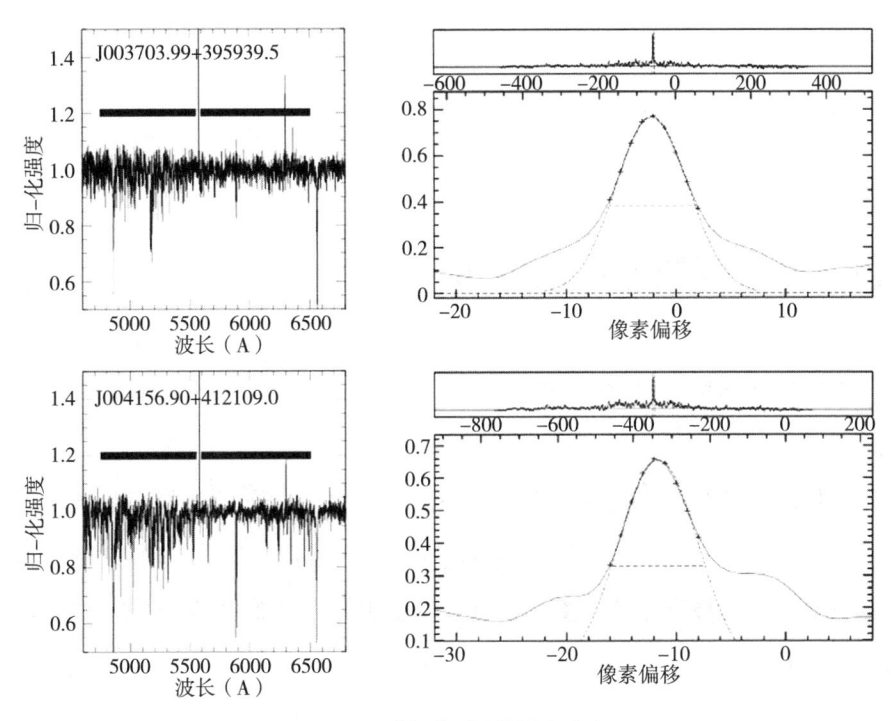

图 2.31 求解待测星的视向速度

在进行视向速度测量时，需要进行如下改正：①地球公转改正；②地球自转改正；③地月系转动改正。

第 3 章

统计学基础

3.1 随机变量的概率分布

完整描述随机变量 X 的概率分布是概率密度函数 $p(x)$ 或者累积分布函数 $F(x)$。

对随机变量 X 的一次抽样可得到一个值 x，若进行 n 次抽样可得到 n 个值：$(x_1,\cdots,x_n)$，可记为 $\{x_i\}$。当 $n \to \infty$ 时，出现 x 值的概率为 $p(x)$ 时，则称 $p(x)$ 为随机变量 X 的**概率密度函数**。因此，随机变量 X 的抽样值 x 落在区间 $[a,b]$ 内的概率为：

$$P(a \leqslant X \leqslant b) = \int_a^b p(x) \mathrm{d}x$$

概率密度函数 $p(x)$ 是非负的，且满足归一化条件：

$$P(-\infty \leqslant X \leqslant \infty) = \int_{-\infty}^{\infty} p(x) \mathrm{d}x = 1$$

累积分布函数 $F(x)$ 的定义是：

$$F(x) = \int_{-\infty}^{x} p(x') \mathrm{d}x'$$

累积分布函数是对概率密度函数在 $X \leqslant x$ 上的积分或累加。随机变量 X 的抽样值 x 落在区间 $[a,b]$ 内的概率为：

$$P(a \leqslant X \leqslant b) = F(b) - F(a)$$

累积分布函数具有如下特点：

$$F(-\infty) = 0 \quad F(\infty) = 1$$

即累积分布函数在 x 足够小时为 0，在 x 足够大时为 1。

累积分布函数的导数即为概率密度函数：

$$p(x) = \frac{\mathrm{d}F(x)}{\mathrm{d}x}$$

累积分布函数 $F(x)$ 的反函数被称为**分位数函数**，即：

$$x_u = F^{-1}(u)$$

这说明有比例为 u 的样本，其值小于 x_u。常用的有：

当 $u = 50\%$ 时，x_u 被称为**中值**，即有一半样本的值小于 x_u，另有一半样本的值大于 x_u。

当 $u = 25\%$ 时，x_u 被称为**下四分位数**。

当 $u = 75\%$ 时，x_u 被称为**上四分位数**。

当 $u = 5\%$ 时，x_u 被称为 5% 分位数。

当 $u = 95\%$ 时，x_u 被称为 95% 分位数。

3.2　随机变量的期望值和方差

利用概率密度函数，可以给出一些表征随机变量的特征量，常用的有期望值和方差。

随机变量 X 的**期望值** $\langle x \rangle$ 定义为：

$$\langle x \rangle \equiv \int_{-\infty}^{\infty} x\, p(x) \mathrm{d}x$$

若导出量 y 与 x 有函数关系 $y = y(x)$，则导出量 y 的期望值为：

$$\langle y \rangle = \int_{-\infty}^{\infty} y\ p(y) dy = \int_{-\infty}^{\infty} y(x)\ p(x) dx$$

随机变量 X 的**方差** $\sigma^2(x)$ 定义为：

$$\sigma^2(x) \equiv \left\langle \left(x - \langle x \rangle\right)^2 \right\rangle = \int_{-\infty}^{\infty} \left(x - \langle x \rangle\right)^2 p(x) dx$$

方差的平方根值 $\sigma(x)$ 被称为随机变量 X 的**标准误差**，或者说，标准误差的平方就是方差。

若导出量 y 与 x 有函数关系 $y = y(x)$，则导出量 y 的方差为：

$$\sigma^2(y) = \left\langle \left(y - \langle y \rangle\right)^2 \right\rangle = \int_{-\infty}^{\infty} \left(y - \langle y \rangle\right)^2 p(x) dx$$

对于多维随机变量，如 k 维随机变量 $\boldsymbol{x} = (x_1, x_2, \cdots, x_k)$，其概率密度函数为 $p(x_1, x_2, \cdots, x_k)$，则期望值和方差为：

$$\langle x_i \rangle \equiv \int \cdots \int x_i\ p(x_1, x_2, \cdots, x_k) dx_1 dx_2 \cdots dx_k$$

$$\sigma^2(x_i) \equiv \left\langle \left(x_i - \langle x_i \rangle\right)^2 \right\rangle = \int \cdots \int \left(x_i - \langle x_i \rangle\right)^2 p(x_1, x_2, \cdots, x_k) dx_1 dx_2 \cdots dx_k$$

而任意两个分量 x_i 和 x_j 的**协方差**定义为：

$$\mathrm{Cov}(x_i, x_j) \equiv \left\langle \left(x_i - \langle x_i \rangle\right)\left(x_j - \langle x_j \rangle\right) \right\rangle$$
$$= \int \cdots \int \left(x_i - \langle x_i \rangle\right)\left(x_j - \langle x_j \rangle\right) p(x_1, x_2, \cdots, x_k) dx_1 dx_2 \cdots dx_k$$

协方差表征两个随机变量的相关程度。协方差可以用如下公式计算：

$$\mathrm{Cov}(x_i, x_j) = \left\langle \left(x_i - \langle x_i \rangle\right)\left(x_j - \langle x_j \rangle\right) \right\rangle = \langle x_i x_j - x_i \langle x_j \rangle - \langle x_i \rangle x_j + \langle x_i \rangle\langle x_j \rangle \rangle$$
$$= \langle x_i x_j \rangle - \langle x_i \rangle\langle x_j \rangle$$

由协方差可定义**相关系数**为：

$$\rho(x_i, x_j) \equiv \frac{\mathrm{Cov}(x_i, x_j)}{\sigma(x_i)\sigma(x_j)}$$

若 $\mathrm{Cov}(x_i, x_j) = 0$ 或 $\rho(x_i, x_j) = 0$，则两个随机变量 x_i 和 x_j 不相关，是**相互独立的**。

对于同一个随机变量,显然有:

$$\text{Cov}(x_i, x_i) = \sigma^2(x_i) = \langle x_i^2 \rangle - \langle x_i \rangle^2$$

而其相关系数为:

$$\rho(x_i, x_i) = 1$$

例题:若 x 和 y 是相互独立的随机变量,即 $\text{Cov}(x, y) = 0$,则概率密度函数 $p(x, y) = p(x)p(y)$,可计算 $x + y$ 的期望值和方差为:

$$\begin{aligned}\langle x+y \rangle &= \iint (x+y)\, p(x,y)\mathrm{d}x\mathrm{d}y = \int x\,\mathrm{d}x \int p(x,y)\mathrm{d}y + \int y\,\mathrm{d}y \int p(x,y)\mathrm{d}x \\ &= \int x\, p(x)\mathrm{d}x + \int y\, p(y)\mathrm{d}y = \langle x \rangle + \langle y \rangle\end{aligned}$$

$$\begin{aligned}\sigma^2(x+y) &= \left\langle \left[(x+y) - \langle x+y \rangle\right]^2 \right\rangle = \left\langle \left[(x-\langle x \rangle) + (y-\langle y \rangle)\right]^2 \right\rangle \\ &= \left\langle (x-\langle x \rangle)^2 + 2(x-\langle x \rangle)(y-\langle y \rangle) + (y-\langle y \rangle)^2 \right\rangle \\ &= \sigma^2(x) + 2\text{Cov}(x, y) + \sigma^2(y) = \sigma^2(x) + \sigma^2(y)\end{aligned}$$

3.3 观测样本的统计量

对于随机变量 X 进行 n 次抽样,得到一组观测值 $(x_1, x_2, \cdots, x_n)$,该组样本的算术平均值(简称**均值**)为:

$$\bar{x} = \frac{1}{n}\sum_{i=1}^{n} x_i$$

如果把 n 个观测值当作 n 维随机变量 $\boldsymbol{x} = (x_1, x_2, \cdots, x_n)$,由于 x_i 和 x_j 是相互独立的,则其概率密度函数为:

$$p(\boldsymbol{x}) = p(x_1, x_2, \cdots, x_n) = p(x_1)p(x_2)\cdots p(x_n)$$

由此,可以得到均值 $\bar{x}$ 的期望值为:

$$\langle \bar{x} \rangle = \left\langle \frac{1}{n}\sum_{i=1}^{n} x_i \right\rangle = \frac{1}{n}\left\langle \sum_{i=1}^{n} x_i \right\rangle = \frac{1}{n}\sum_{i=1}^{n}\langle x_i \rangle = \langle x \rangle$$

因此，均值 $\bar{x}$ 是期望值 $\langle x \rangle$ 的**无偏估计**。

考虑 x_i 和 x_j 两两之间是相互独立的，则均值 $\bar{x}$ 的方差为：

$$\sigma^2(\bar{x}) = \sigma^2\left(\frac{1}{n}\sum_{i=1}^{n}x_i\right) = \frac{1}{n^2}\sigma^2\left(\sum_{i=1}^{n}x_i\right) = \frac{1}{n^2}\sum_{i=1}^{n}\sigma^2(x_i) = \frac{1}{n}\sigma^2(x)$$

这说明**多次测量可以减小误差**。

定义样本 $\boldsymbol{x} = (x_1, x_2, \cdots, x_n)$ 的**均方差**为：

$$\frac{1}{n}\sum_{i=1}^{n}(x_i - \bar{x})^2$$

则样本均方差的期望值为：

$$\left\langle \frac{1}{n}\sum_{i=1}^{n}(x_i - \bar{x})^2 \right\rangle = \left\langle \frac{1}{n}\sum_{i=1}^{n}[(x_i - \langle x \rangle) - (\bar{x} - \langle x \rangle)]^2 \right\rangle$$

$$= \left\langle \frac{1}{n}\sum_{i=1}^{n}(x_i - \langle x \rangle)^2 - 2(\bar{x} - \langle x \rangle)\frac{1}{n}\sum_{i=1}^{n}(x_i - \langle x \rangle) + (\bar{x} - \langle x \rangle)^2 \right\rangle$$

$$= \left\langle \frac{1}{n}\sum_{i=1}^{n}(x_i - \langle x \rangle)^2 \right\rangle - \left\langle (\bar{x} - \langle x \rangle)^2 \right\rangle$$

$$= \sigma^2(x) - \sigma^2(\bar{x}) = \sigma^2(x) - \frac{1}{n}\sigma^2(x) = \frac{n-1}{n}\sigma^2(x)$$

即：

$$\sigma^2(x) = \left\langle \frac{1}{n-1}\sum_{i=1}^{n}(x_i - \bar{x})^2 \right\rangle$$

因此，**样本方差**：

$$S_x^2 \equiv \frac{1}{n-1}\sum_{i=1}^{n}(x_i - \bar{x})^2$$

是方差 $\sigma^2(x)$ 的无偏估计。而其平方根值：

$$S_x \equiv \sqrt{\frac{1}{n-1}\sum_{i=1}^{n}(x_i - \bar{x})^2}$$

被称为样本的**标准差**，可作为标准误差 $\sigma(x)$ 的估计值。

对于二维随机变量的一个样本 $(\boldsymbol{x}, \boldsymbol{y}) = (x_1, y_1; x_2, y_2; \cdots; x_n, y_n)$，$\boldsymbol{x}$ 和 $\boldsymbol{y}$ 的均值为：

$$\bar{x} = \frac{1}{n}\sum_{i=1}^{n}x_i, \quad \bar{y} = \frac{1}{n}\sum_{i=1}^{n}y_i$$

定义样本统计量：

$$S_{xy} \equiv \frac{1}{n-1}\sum_{i=1}^{n}(x_i - \bar{x})(y_i - \bar{y})$$

作为协方差 Cov(x, y) 的无偏估计值。

样本相关系数：

$$\hat{\rho} \equiv \frac{S_{xy}}{S_x S_y} = \frac{\sum(x_i - \bar{x})(y_i - \bar{y})}{\sqrt{\sum(x_i - \bar{x})^2 \sum(y_i - \bar{y})^2}} = \frac{\frac{1}{n}\sum x_i y_i - \overline{xy}}{\left(\frac{1}{n}\sum x_i^2 - \bar{x}^2\right)^{\frac{1}{2}}\left(\frac{1}{n}\sum y_i^2 - \bar{y}^2\right)^{\frac{1}{2}}}$$

作为相关系数 $\rho(x, y)$ 的估计值。

3.4 正态分布

3.4.1 中心极限定理

中心极限定理是指：如果随机变量 x 有期望值 $\langle x \rangle = \mu$ 和方差 $\sigma^2(x) = \sigma^2$，而 $(x_1, x_2, \cdots, x_n)$ 是随机变量 x 的容量为 n 的样本，则样本均值为 $\bar{x} = \frac{1}{n}\sum x_i$，当 $n \to \infty$ 时，样本均值 $\bar{x}$ 渐近地服从正态分布 $N(\bar{x}|\mu, \sigma^2/n)$。

中心极限定理说明：不管观测值 x 是什么分布，只要它存在着有限的期望值和方差，多次测量的平均值 $\bar{x}$ 都近似服从正态分布。而在任何实际测量中，观测值的取值范围总是有限的，说明期望值和方差也必然是有限的。因此，只要测量次数足够多，就可以按照服从正态分布来进行数据分析。

3.4.2 正态分布

正态分布又称高斯分布，是最常见的一种随机分布。正态分布的概率密度函数为：

$$p(x) = p(x \mid \mu, \sigma^2) = \frac{1}{\sigma\sqrt{2\pi}} \exp\left[-\frac{(x-\mu)^2}{2\sigma^2}\right]$$

其中，参数标准误差 $\sigma > 0$。

正态分布有两个参数：期望值 μ 和方差 σ^2。一般用 $N(x \mid \mu, \sigma^2)$ 或 $N(\mu, \sigma^2)$ 表示 x 服从正态分布。

正态分布的累积分布密度为：

$$F(x) = F(x \mid \mu, \sigma^2) = \frac{1}{\sigma\sqrt{2\pi}} \int_{-\infty}^{x} \exp\left[-\frac{(x'-\mu)^2}{2\sigma^2}\right] \mathrm{d}x'$$

若随机变量 x 服从正态分布，则 x 的期望值、方差和标准误差为：

$$\langle x \rangle = \int x\, p(x \mid \mu, \sigma^2) \mathrm{d}x = \mu$$

$$\sigma^2(x) = \left\langle (x-\mu)^2 \right\rangle = \sigma^2$$

$$\sigma(x) = \sqrt{\sigma^2(x)} = \sigma$$

期望值 $\mu = 0$ 和方差 $\sigma^2 = 1$ 的正态分布被称为**标准正态分布**，其概率密度函数和累积分布函数分别为：

$$p(x) = p(x \mid 0,1) = \frac{1}{\sqrt{2\pi}} \exp\left(-\frac{x^2}{2}\right)$$

$$F(x) = F(x \mid 0,1) = \frac{1}{\sqrt{2\pi}} \int_{-\infty}^{x} \exp\left(-\frac{x'^2}{2}\right) \mathrm{d}x'$$

标准正态分布可记为 $N(x \mid 0,1)$ 或 $N(0,1)$。对于服从正态分布 $N(x \mid \mu, \sigma^2)$ 的随机变量 x，作变换：

$$u = \frac{x-\mu}{\sigma}$$

则 u 服从标准正态分布 $N(u \mid 0,1)$。也可记为：

$$x \sim N(0,1)\sigma + \mu \sim N(\mu, \sigma^2)$$

3.4.3 多维正态分布

服从二维正态分布的随机变量 (x_1, x_2) 的概率密度函数为：

$$p(x_1, x_2) = p(x_1, x_2 \mid \mu_1, \mu_2, \sigma_1^2, \sigma_2^2, \sigma_{12})$$

$$= \frac{1}{2\pi\sigma_1\sigma_2\sqrt{1-\rho^2}} \exp\left\{-\frac{1}{2(1-\rho^2)}\left[\left(\frac{x_1-\mu_1}{\sigma_1}\right)^2 - 2\rho\frac{x_1-\mu_1}{\sigma_1}\frac{x_2-\mu_2}{\sigma_2} + \left(\frac{x_2-\mu_2}{\sigma_2}\right)^2\right]\right\}$$

其中，$\rho = \dfrac{\sigma_{12}}{\sigma_1\sigma_2}$；式中的参数：$\sigma_1 > 0$，$\sigma_2 > 0$，$-1 \leqslant \rho \leqslant 1$。

服从二维正态分布的随机变量 (x_1, x_2) 的期望值为：

$$\langle x_1 \rangle = \iint x_1 \, p(x_1, x_2) \mathrm{d}x_1 \mathrm{d}x_2 = \mu_1$$

$$\langle x_2 \rangle = \iint x_2 \, p(x_1, x_2) \mathrm{d}x_1 \mathrm{d}x_2 = \mu_2$$

(x_1, x_2) 的方差为：

$$\sigma^2(x_1) = \langle (x_1-\mu_1)^2 \rangle = \iint (x_1-\mu_1)^2 \, p(x_1, x_2) \mathrm{d}x_1 \mathrm{d}x_2 = \sigma_1^2$$

$$\sigma^2(x_2) = \langle (x_2-\mu_2)^2 \rangle = \iint (x_2-\mu_2)^2 \, p(x_1, x_2) \mathrm{d}x_1 \mathrm{d}x_2 = \sigma_2^2$$

(x_1, x_2) 的协方差为：

$$\mathrm{Cov}(x_1, x_2) = \langle (x_1-\mu_1)(x_2-\mu_2) \rangle = \iint (x_1-\mu_1)(x_2-\mu_2) \, p(x_1, x_2) \mathrm{d}x_1 \mathrm{d}x_2 = \rho\sigma_1\sigma_2 = \sigma_{12}$$

而参数 ρ 就是 x_1 和 x_2 的相关系数：

$$\rho(x_1, x_2) = \frac{\mathrm{Cov}(x_1, x_2)}{\sigma(x_1)\sigma(x_2)} = \frac{\sigma_{12}}{\sigma_1\sigma_2} = \rho$$

可以将二维正态分布用矢量和矩阵来表示，这里设：

$$\boldsymbol{x} = (x_1, x_2)^{\mathrm{T}} = \begin{pmatrix} x_1 \\ x_2 \end{pmatrix}$$

$$\boldsymbol{\mu} = (\mu_1, \mu_2)^{\mathrm{T}} = \begin{pmatrix} \mu_1 \\ \mu_2 \end{pmatrix}$$

$$\boldsymbol{\Sigma} \equiv (\sigma_{ij}) = \begin{pmatrix} \sigma_{11} & \sigma_{12} \\ \sigma_{21} & \sigma_{22} \end{pmatrix} = \begin{pmatrix} \sigma_1^2 & \sigma_{12} \\ \sigma_{12} & \sigma_2^2 \end{pmatrix}$$

其中 T 表示转置。则二维正态分布的概率密度函数可写为：

$$p(\boldsymbol{x}) = \frac{1}{\left(\sqrt{2\pi}\right)^2 \sqrt{\det(\Sigma)}} \exp\left[-\frac{1}{2}(\boldsymbol{x}-\boldsymbol{\mu})^{\mathrm{T}} \Sigma^{-1}(\boldsymbol{x}-\boldsymbol{\mu})\right]$$

其中 $\det(\Sigma)$ 为矩阵 Σ 的行列式，即：

$$\det(\Sigma) = \left|\sigma_{ij}\right| = \begin{vmatrix} \sigma_1^2 & \sigma_{12} \\ \sigma_{12} & \sigma_2^2 \end{vmatrix} = \sigma_1^2 \sigma_2^2 - \sigma_{12}^2 = \sigma_1^2 \sigma_2^2 \left(1-\rho^2\right)$$

而矩阵 Σ 的逆矩阵 W 被称为权重矩阵，即：

$$W = \left(w_{ij}\right) = \Sigma^{-1} = \left(\sigma^{ij}\right)^{-1} = \frac{1}{1-\rho^2} \begin{pmatrix} \dfrac{1}{\sigma_1^2} & -\dfrac{\rho}{\sigma_1 \sigma_2} \\ -\dfrac{\rho}{\sigma_1 \sigma_2} & \dfrac{1}{\sigma_2^2} \end{pmatrix}$$

则随机变量 $\boldsymbol{x}$ 的期望值为：

$$\langle \boldsymbol{x} \rangle = \boldsymbol{\mu}$$

则随机变量 $\boldsymbol{x}$ 的方差和协方差为：

$$\mathrm{Cov}(\boldsymbol{x}) = \begin{pmatrix} \mathrm{Cov}(x_1, x_1) & \mathrm{Cov}(x_1, x_2) \\ \mathrm{Cov}(x_2, x_1) & \mathrm{Cov}(x_2, x_2) \end{pmatrix} = \begin{pmatrix} \sigma_1^2 & \sigma_{12} \\ \sigma_{12} & \sigma_2^2 \end{pmatrix} = \left(\sigma_{ij}\right) = \Sigma$$

因此，Σ 就是随机变量 $\boldsymbol{x}$ 的**协方差矩阵**。

从二维推广到多维：服从 k 维正态分布的随机变量 $\boldsymbol{x} = \left(x_1, x_2, \cdots, x_k\right)^{\mathrm{T}}$ 的概率密度函数为：

$$p(\boldsymbol{x}) = p(\boldsymbol{x} \mid \boldsymbol{\mu}, \Sigma) = \frac{1}{\left(\sqrt{2\pi}\right)^k \sqrt{\det(\Sigma)}} \exp\left[-\frac{1}{2}(\boldsymbol{x}-\boldsymbol{\mu})^{\mathrm{T}} \Sigma^{-1}(\boldsymbol{x}-\boldsymbol{\mu})\right]$$

也可记作：$\boldsymbol{x} \sim N(\boldsymbol{x} \mid \boldsymbol{\mu}, \Sigma)$ 或 $\boldsymbol{x} \sim N(\boldsymbol{\mu}, \Sigma)$。

则随机变量 $\boldsymbol{x}$ 的期望值为：

$$\langle \boldsymbol{x} \rangle = \boldsymbol{\mu} = \left(\mu_1, \mu_2, \cdots, \mu_k\right)^{\mathrm{T}} = \begin{pmatrix} \mu_1 \\ \mu_2 \\ \vdots \\ \mu_k \end{pmatrix}$$

则随机变量 x 的方差和协方差为：

$$\text{Cov}(x) = \Sigma = (\sigma_{ij}) = \begin{pmatrix} \sigma_{11} & \sigma_{12} & \cdots & \sigma_{1k} \\ \sigma_{21} & \sigma_{22} & \cdots & \sigma_{2k} \\ \vdots & \vdots & \vdots & \vdots \\ \sigma_{k1} & \sigma_{k2} & \cdots & \sigma_{kk} \end{pmatrix} = \begin{pmatrix} \sigma_1^2 & \rho_{12}\sigma_1\sigma_2 & \cdots & \rho_{1k}\sigma_1\sigma_k \\ \rho_{12}\sigma_1\sigma_2 & \sigma_2^2 & \cdots & \rho_{2k}\sigma_2\sigma_k \\ \vdots & \vdots & \vdots & \vdots \\ \rho_{1k}\sigma_1\sigma_k & \rho_{2k}\sigma_2\sigma_k & \cdots & \sigma_k^2 \end{pmatrix}$$

x_i 和 x_j 的相关系数为：

$$\rho(x_i, x_j) = \frac{\text{Cov}(x_i, x_j)}{\sigma_i \sigma_j} = \frac{\sigma_{ij}}{\sigma_i \sigma_j} = \rho_{ij} = \rho_{ji}$$

协方差矩阵 Σ 的逆矩阵 W 即权重矩阵：

$$W = (w_{ij}) = \Sigma^{-1} = (\sigma_{ij})^{-1}$$

正态分布的**二次型** $Q(x)$ 定义为：

$$Q(x) = Q(x_1, x_2, \cdots, x_k) = (x-\mu)^T \Sigma^{-1} (x-\mu) = \sum_{i,j=1}^{k} w_{ij}(x_i - \mu_i)(x_j - \mu_j)$$

则 k 维正态分布的概率密度函数为：

$$p(x) = \frac{1}{\left(\sqrt{2\pi}\right)^k \sqrt{\det(\Sigma)}} \exp\left[-\frac{1}{2} Q(x)\right]$$

如果服从 k 维正态分布的随机变量 $x = (x_1, x_2, \cdots, x_k)$ 的各个分量是相互独立的，即在 $i \neq j$ 时 $\text{Cov}(x_i, x_j) = 0$，则二次型为：

$$Q(x) = Q(x_1, x_2, \cdots, x_k) = \sum_{i=1}^{k} \left(\frac{x_i - \mu_i}{\sigma_i}\right)^2$$

3.5 卡方分布

对于正态分布的二次型 $Q(x)$ 的分布，有如下定理：若随机变量 $x = (x_1, x_2, \cdots, x_k)$ 服从 k 维正态分布，则其二次型：

$$Q(\boldsymbol{x}) = Q(x_1, x_2, \cdots, x_k) = (\boldsymbol{x}-\boldsymbol{\mu})^{\mathrm{T}} \Sigma^{-1} (\boldsymbol{x}-\boldsymbol{\mu}) = \sum_{i,j=1}^{k} w_{ij}(x_i-\mu_i)(x_j-\mu_j)$$

服从**自由度**为 k 的卡方分布，即：

$$Q(\boldsymbol{x}) = Q(x_1, x_2, \cdots, x_k) \sim \chi^2(k)$$

卡方分布又称 χ^2 分布。服从自由度为 k 的卡方分布的随机变量 χ^2，其概率密度函数为：

$$p(\chi^2 \mid k) = \frac{1}{2^{\frac{k}{2}} \Gamma\left(\frac{k}{2}\right)} (\chi^2)^{\frac{k}{2}-1} \exp\left(-\frac{\chi^2}{2}\right)$$

其中，$\Gamma\left(\dfrac{k}{2}\right)$ 是伽马函数。

定义卡方分布的累积分布函数为：

$$F(\chi_\xi^2 \mid k) \equiv P(\chi^2 \leqslant \chi_\xi^2 \mid k) = \int_0^{\chi_\xi^2(k)} \frac{1}{2^{\frac{k}{2}} \Gamma\left(\frac{k}{2}\right)} (u)^{\frac{k}{2}-1} \exp\left(-\frac{u}{2}\right) \mathrm{d}u = \xi$$

即卡方值 χ^2 小于 χ_ξ^2 的概率为 ξ。

若随机变量 χ^2 服从自由度为 k 的卡方分布，可记为：

$$\chi^2 \sim \chi^2(k)$$

而服从自由度为 k 的卡方分布的随机变量 χ^2 的期望值和方差为：

$$\langle \chi^2 \rangle = k$$

$$\sigma^2(\chi^2) = 2k$$

卡方分布自由度简单相加的性质，如随机变量 ω_1 和 ω_2 分别服从自由度为 k_1 和 k_2 的卡方分布，即：

$$\omega_1 \sim \chi^2(k_1) \quad \omega_2 \sim \chi^2(k_2)$$

而且 ω_1 和 ω_2 相互独立，则 $\omega_1 + \omega_2$ 服从自由度为 $k_1 + k_2$ 的卡方分布，即：

$$\omega_1 + \omega_2 \sim \chi^2(k_1 + k_2)$$

这就是卡方分布的**相加原则**。

同理，如 ω_1 和 ω_2 是两个相互独立的随机变量，已知 ω_1 服从自由度为 k_1 的卡方分布，而 $\omega = \omega_1 + \omega_2$ 服从自由度为 k 的卡方分布，即：

$$\omega_1 \sim \chi^2(k_1) \quad \omega = \omega_1 + \omega_2 \sim \chi^2(k)$$

则 ω_2 服从自由度为 $k_2 = k - k_1$ 的卡方分布，即：

$$\omega_2 \sim \chi^2(k - k_1)$$

3.6　t 分布

t 分布是把服从正态分布的样本均值和样本标准差联系起来的分布。

如果 y 和 ω 是相互独立的随机变量，y 服从标准正态分布，ω 服从自由度为 k 的卡方分布，即：

$$y \sim N(0,1) \quad \omega \sim \chi^2(k)$$

则由 y 和 ω 组成的随机变量：

$$t = \frac{y}{\sqrt{\omega / k}}$$

所服从的分布被称为**自由度**为 k 的 t 分布。t 分布的概率密度函数为：

$$p(t \mid k) = \frac{\Gamma\left(\dfrac{n+1}{2}\right)}{\Gamma\left(\dfrac{n}{2}\right)\sqrt{k\pi}} \left(1 + \frac{t^2}{k}\right)^{-\frac{k+1}{2}}$$

其中，$\Gamma\left(\dfrac{n}{2}\right)$ 等为伽马函数。

t 分布的期望值和方差为：

$$\langle t \rangle = 0$$

$$\sigma^2(t) = \frac{k}{k-2}$$

其中，自由度 $k > 2$。自由度为 1 或 2 的 t 分布是不存在有限的方差的（即方差为无穷大）。

当自由度 $k \to \infty$ 时，t 分布趋近于标准正态分布 $N(0,1)$，即：

$$p(t) \to N(0,1)$$

3.7 随机变量的产生

3.7.1 蒙特卡洛模拟

在数据分析中，经常使用模拟数据来检验分析方法，或是解决其他数值方法所不能解决的问题，或是进行物理过程的模拟等，这就需要使用蒙特卡洛（Monte Carlo）模拟方法。蒙特卡洛方法是解决高维复杂问题的有效方法，是很有特色的计算模拟方法。

这里主要介绍的是用蒙特卡洛模拟方法来产生随机变量，以模拟观测量。作为模拟产生的观测量，是属于离散数据的，也有自己的概率分布。

对于离散数据，概率密度函数通常用归一化的直方图来表示。但是，直方图有着明显的缺点：非常不平滑，邻近的数据无法体现它们的差别；不同的 bin 画出的直方图差别非常大；无法计算概率密度值。

可以根据观测样本先计算累积分布函数。**累积分布函数**是将样本 $(x_1, x_2, \cdots, x_n)$ 排序，然后计算 $X \leqslant x$ 的样本个数，再除以样本总数 n，即：

$$F(x) = \frac{1}{n} \sum_{i=1}^{n} s(x - x_i)$$

其中，$s(t)$ 为符号函数，取 $t < 0$ 时为 0，反之为 1。

对由此得到的累积分布函数进行平滑插值，如使用样条函数插值算法，得到平滑的累积分布函数，再求其导数即为概率密度函数，即：

$$p(x) = \frac{\mathrm{d}F(x)}{\mathrm{d}x}$$

核密度估计（KDE）方法也可以用于估计概率密度函数。核密度估计是在概率论中用来估计未知的密度函数，属于非参数检验方法之一。

由于核密度估计方法不利用有关数据分布的先验知识，对数据分布不附加任何假定，是一种从数据样本本身出发研究数据分布特征的方法，因而，在统计学理论和应用领域均受到高度的重视。

对于数据 $(x_1, x_2, \cdots, x_n)$，核密度估计的形式为：

$$p(x) = \frac{1}{nh} \sum_{i=1}^{n} K\left(\frac{x - x_i}{h}\right)$$

其中，h 为带宽，K 为核函数。

常用的核函数有：矩形、叶帕涅奇尼科夫（Epanechnikov）曲线、高斯曲线等。这些函数存在共同的特点，即在数据点处为波峰、曲线下方面积为 1。高斯核函数的形式为：$K(u) = \exp(-u^2/2)/\sqrt{2\pi}$。

3.7.2 正态分布

如果随机变量 u 服从 $N(0,1)$ 的正态分布，则 $x = \mu + u\sigma$ 服从 $N(\mu, \sigma^2)$ 的正态分布。

在 Python 中，可以使用 numpy.random.randn 来产生服从 $N(0,1)$ 正态分布的随机数。

例题：产生 n 个正态分布的随机数，并计算其样本数、均值、方差和标准差。

```
import numpy as np
import matplotlib.pyplot as plt

n=1000
xx=np.random.randn(n)
print(np.size(xx),np.mean(xx),np.var(xx, ddof=1),np.std(xx, ddof=1))
```

1000 0.004278500433302291 0.9790311376064633 0.9894600232482681

这里需要注意的是，使用 numpy 计算方差和标准差时，须设参数 ddof（非自由度）为 1 以进行无偏估计。

画出该样本的直方图（图 3.1）：

```
pp=plt.hist(xx,bins=50)
plt.xlabel('x')
plt.ylabel('N')
Text(0, 0.5, 'N')
```

计算该样本的累积分布函数（图 3.2）：

```
yy=xx.copy()
yy.sort()
pxx=[]
pyy=[]
count=len(yy)
for i in range(count):
    if yy[i] in pxx:
        pyy[-1]=(i+1)/count
    else:
        pxx.append(yy[i])
        pyy.append((i+1)/count)
plt.plot(pxx,pyy,'.')

plt.xlabel('x')
plt.ylabel('F(x)')
Text(0, 0.5, 'F(x)')
```

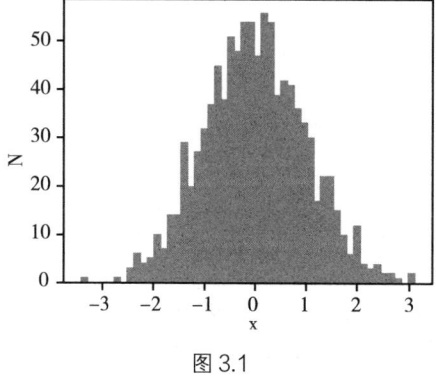

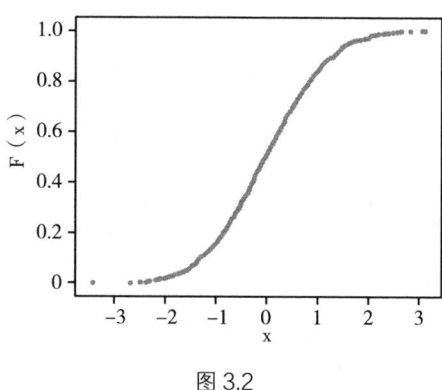

图 3.1

图 3.2

使用 Python 的 scipy.interpolate 软件包中的样条插值函数来构成累积分布函数 $F(x)$（图 3.3）：

```
import scipy.interpolate as spint

spl = spint.splrep(pxx, pyy, s=0.1**2)
pyf=spint.splev(pxx, spl, der=0)
plt.plot(pxx,pyf)

#plt.plot(pxx,pyy,'.')
plt.xlabel('x')
plt.ylabel('F(x)')
Text(0, 0.5, 'F(x)')
```

累积分布函数的导数即为概率密度函数（图 3.4）：

```
ppy=spint.splev(pxx,spl,der=1)
plt.plot(pxx,ppy)
plt.xlabel('x')
plt.ylabel('F(x)')
Text(0, 0.5, 'F(x)')
```

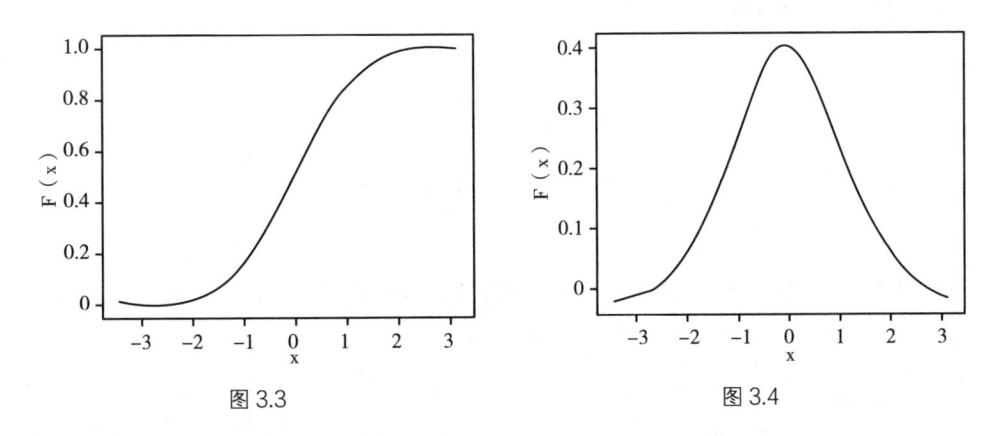

图 3.3

图 3.4

或者，采用核密度估计方法直接得出概率密度函数（图 3.5）：

```
import scipy.stats as spstat
```

```
kde=spstat.gaussian_kde(xx)
yy=xx.copy()
yy.sort()
ypd=kde.evaluate(yy)

plt.plot(yy,ypd)
plt.plot(pxx,ppy,':')
plt.xlabel('x')
plt.ylabel('p(x)')
Text(0, 0.5, 'p(x)')
```

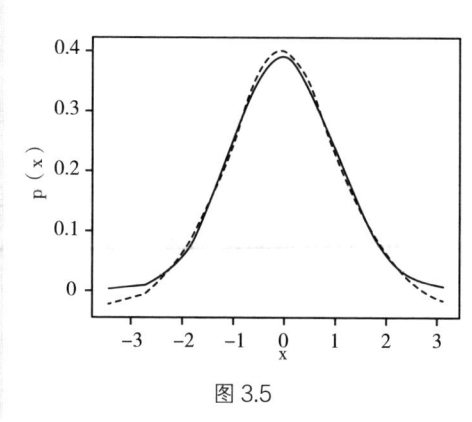

图 3.5

其中实线为核密度估计得到的概率分布，虚线为由累积分布函数得到的概率分布。

3.7.3 对数正态分布

如果随机变量 y 服从 $N(\mu,\sigma^2)$ 的正态分布，则导出量 $x=e^y$ 服从对数正态分布。或者说，如果 x 服从对数正态分布，则其对数值 $\ln(x)$ 服从正态分布。

对数正态分布的概率密度函数为：

$$p(x)=\frac{1}{x\sigma\sqrt{2\pi}}\exp\left\{-\frac{1}{2}\left[\frac{\ln(x)-\mu}{\sigma}\right]^2\right\}$$

在 Python 中，可以使用 numpy.random.lognormal 来产生对数正态分布的随机数。

例题：产生 n 个对数正态分布的随机数，并计算其样本数、均值、方差和标准差。

```
n=1000
mu=np.log(1)
sigma=0.5
xx=np.random.lognormal(mu,sigma,n)
```

```
print(np.size(xx),np.mean(xx),np.var(xx, ddof=1),np.std(xx,
ddof=1))
```

1000 1.1395830436426269 0.3277473558920491 0.5724922321674322

画出该样本的直方图（图3.6）：

```
pp=plt.hist(xx,bins=100)
plt.xlabel('x')
plt.ylabel('N')
```

Text(0, 0.5, 'N')

该样本的最小值、最大值、平均值和中值为：

```
print(np.min(xx),np.max(xx), np.mean(xx),np.median(xx))
```

0.20769716554501827 6.766270464558968 1.1395830436426269 1.0430202943454976

计算该样本的累积分布函数（图3.7）：

```
yy=xx.copy()
yy.sort()
pxx=[]
pyy=[]
count=len(yy)
for i in range(count):
    if yy[i] in pxx:
        pyy[-1]=(i+1)/count
    else:
        pxx.append(yy[i])
        pyy.append((i+1)/count)
plt.plot(pxx,pyy,'.')
plt.xlabel('x')
plt.ylabel('F(x)')
```

Text(0, 0.5, 'F(x)')

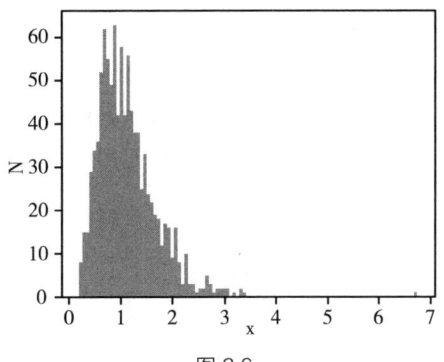

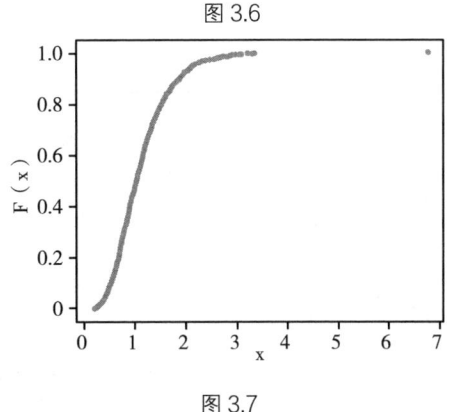

图 3.6

图 3.7

使用 Python 的 scipy.interpolate 软件包中的样条插值函数来构成累积分布函数 $F(x)$（图3.8）。

```
import scipy.interpolate as spint
spl = spint.splrep(pxx, pyy, s=0.1**2)
pyf=spint.splev(pxx, spl, der=0)
plt.plot(pxx,pyf)

plt.plot(pxx,pyy,'.')
plt.xlabel('x')
plt.ylabel('F(x)')
Text(0, 0.5, 'F(x)')
```

亦可利用样条插值来构成分位数函数，即累积分布函数的反函数 $x_u = F^{-1}(u)$（图 3.9）。

```
import scipy.interpolate as spint
splt = spint.splrep(pyy, pxx, s=0.5**2)
pxf=spint.splev(pyy,splt, der=0)
plt.plot(pyy,pxf)

plt.plot(pyy,pxx,'.')
plt.xlabel('F(x)')
plt.ylabel('x')
Text(0, 0.5, 'x')
```

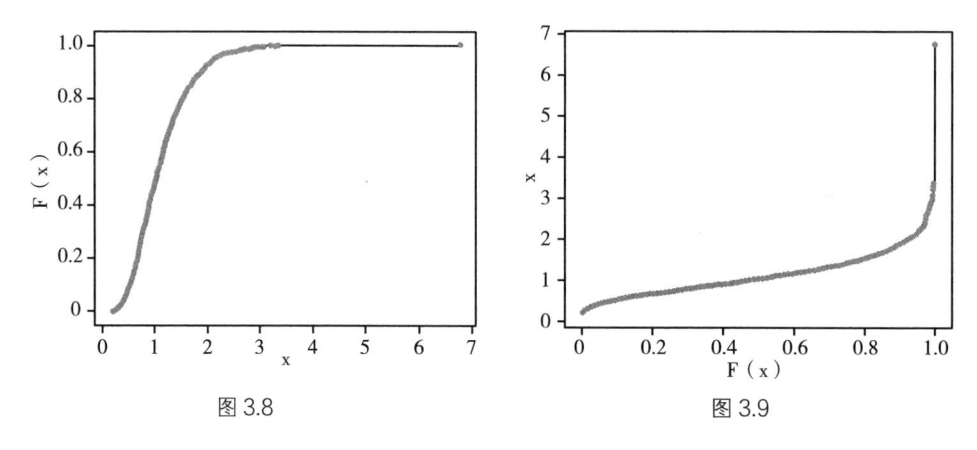

图 3.8

图 3.9

由分位数函数来计算 5%、25%、50%、75%、95% 的分位点为：

```
for u in [0.05,0.25,0.50,0.75,0.95]:
    pxf=spint.splev(u,splt,der=0)
    print("%2d \t %5.3f"%(u*100,pxf))
 5      0.420
25      0.733
50      1.043
75      1.421
95      2.140
```

累积分布函数的导数即为概率密度函数（图 3.10）：

```
ppy=spint.splev(pxx,spl,der=1)
plt.plot(pxx,ppy)
plt.ylim(bottom=0)
plt.xlabel('x')
plt.ylabel('F(x)')
```

Text(0, 0.5, 'F(x)')

或者，采用核密度估计方法直接得出概率密度函数（图 3.11）：

```
import scipy.stats as spstat

kde=spstat.gaussian_kde(xx)
yy=xx.copy()
yy.sort()
ypd=kde.evaluate(yy)

plt.plot(yy,ypd)
plt.plot(pxx,ppy,':')
plt.ylim(bottom=0)
plt.xlabel('x')
plt.ylabel('p(x)')
```

Text(0, 0.5, 'p(x)')

其中实线为核密度估计得到的概率分布，虚线为由累积分布函数得到的概率分布。

图 3.10

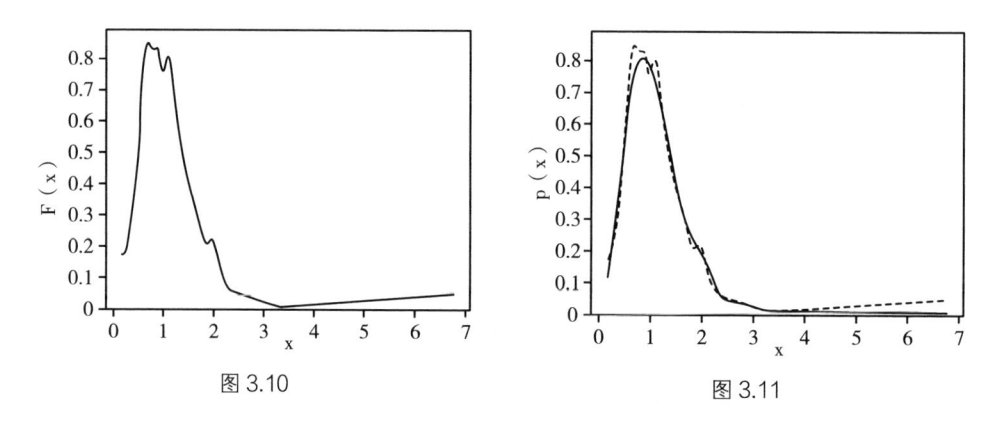

图 3.11

如果将该组样本取对数，应该是服从正态分布的。其直方图及其均值、方差和标准差为（图 3.12 左）：

```
zz=np.log(xx)
print(np.mean(zz),np.var(zz, ddof=1),np.std(zz, ddof=1))
pp=plt.hist(zz,bins=100)
plt.xlabel('x')
plt.ylabel('N')
0.013418015847575727 0.24288029719926985 0.49282887212425963
Text(0, 0.5, 'N')
```

用核密度估计方法得出概率密度函数（图 3.12 右）：

```
import scipy.stats as spstat

kde=spstat.gaussian_kde(zz)
yy=zz.copy()
yy.sort()
ypd=kde.evaluate(yy)

plt.plot(yy,ypd)
plt.ylim(bottom=0)
plt.xlabel('x')
plt.ylabel('p(x)')
Text(0, 0.5, 'p(x)')
```

图 3.12

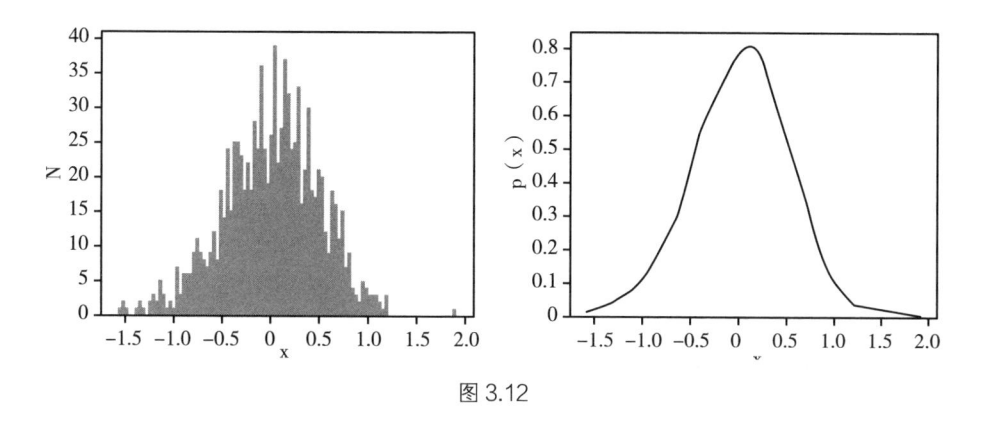

3.7.4 泊松分布

泊松分布是天文观测中非常重要的随机分布，如光子计数或粒子计数等事件数都服从泊松分布。

泊松分布是离散分布，服从泊松分布的随机变量 x 在取非负整数 i 时的概率为：

$$P(x=i)=\frac{\lambda^i}{i!}e^{-\lambda}$$

泊松分布的期望值和方差为：

$$\langle x\rangle=\sigma^2(x)=\lambda$$

在 Python 中，可以使用 numpy.random.poisson 来产生服从泊松分布的随机数。

例题：产生 n 个平均光子数为 $\lambda=10$ 的随机数，并计算其样本数、均值、方差和信噪比。

```
ph=100
n=100
xx=np.random.poisson(ph,n)
print(np.size(xx),np.mean(xx),np.var(xx, ddof=1),np.mean(xx)/np.std(xx, ddof=1))
```

100 99.25 93.88636363636364 10.243049139616172

画出该样本的直方图（图 3.13）：

```
pp=plt.hist(xx,bins=200)
plt.xlabel('x')
plt.ylabel('N')
Text(0, 0.5, 'N')
```

计算该样本的累积分布函数为（图 3.14）：

```
yy=xx.copy()
yy.sort()
pxx=[]
pyy=[]
count=len(yy)
for i in range(count):
    if yy[i] in pxx:
        pyy[-1]=(i+1)/count
    else:
        pxx.append(yy[i])
        pyy.append((i+1)/count)
plt.plot(pxx,pyy,'.')
plt.xlabel('x')
plt.ylabel('F(x)')
Text(0, 0.5, 'F(x)')
```

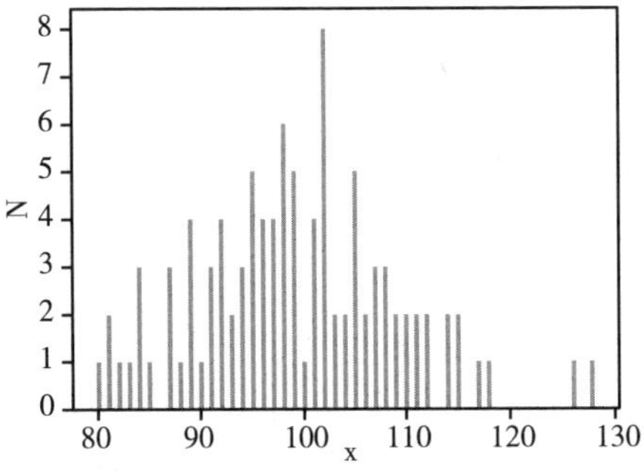

图 3.13

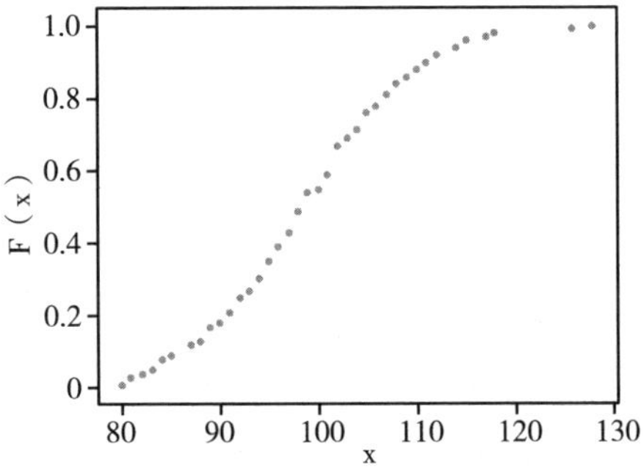

图 3.14

使用 Python 的 scipy.interpolate 软件包中的样条插值函数来构成累积分布函数 $F(x)$（图 3.15）：

```
import scipy.interpolate as spint
spl = spint.splrep(pxx, pyy, s=0.01**2)
pyf=spint.splev(pxx,spl,der=0)
plt.plot(pxx,pyf)

plt.plot(pxx,pyy,'.')
plt.xlabel('x')
plt.ylabel('F(x)')
Text(0, 0.5, 'F(x)')
```

累积分布函数的导数即为概率密度函数（图 3.16）：

```
ppy=spint.splev(pxx,spl,der=1)
plt.plot(pxx,ppy)

plt.xlabel('x')
plt.ylabel('F(x)')
Text(0, 0.5, 'F(x)')
```

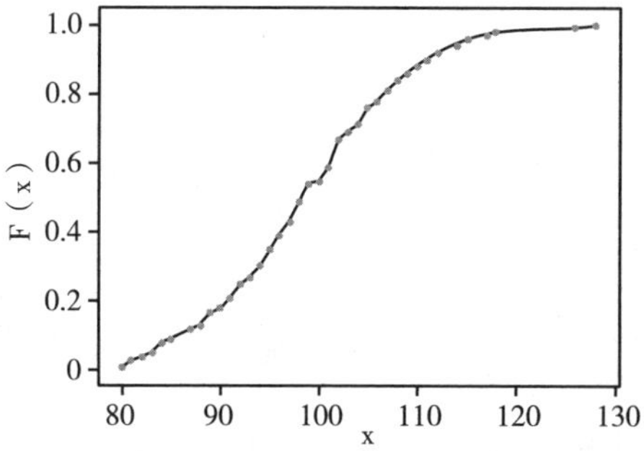

图 3.15

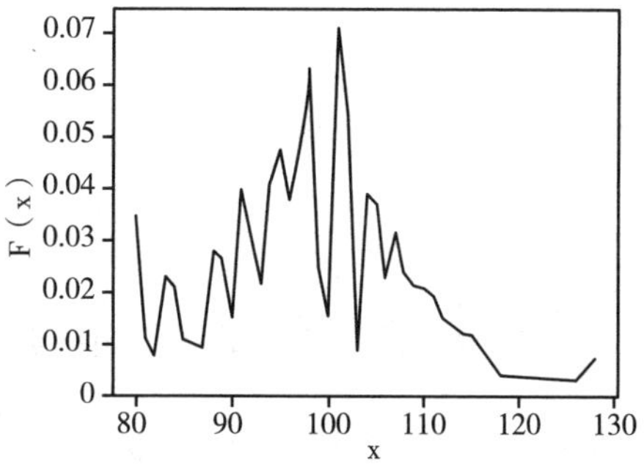

图 3.16

或者，采用核密度估计方法直接得出概率密度函数（图 3.17）：

```
import scipy.stats as spstat

kde=spstat.gaussian_kde(xx)
yy=xx.copy()
yy.sort()
```

```
ypd=kde.evaluate(yy)

plt.plot(yy,ypd)
plt.plot(pxx,ppy,':')
plt.xlabel('x')
plt.ylabel('p(x)')
Text(0, 0.5, 'p(x)')
```

其中实线为核密度估计得到的概率分布，虚线为由累积分布函数得到的概率分布。

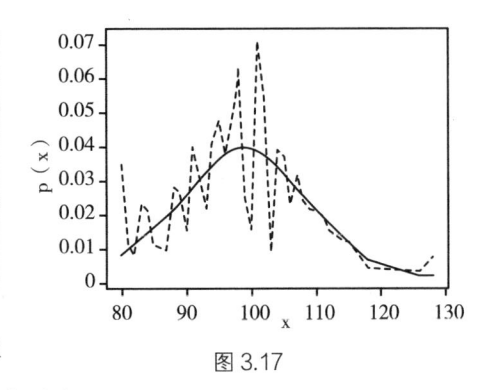

图 3.17

3.7.5 指数分布

若单位时间内的事件数 x 服从平均事件数为 λ 的泊松分布，即：

$$P(x=i) = \frac{\lambda^i}{i!} e^{-\lambda}$$

则两个事件之间相隔的时间 t 服从指数分布，其概率密度函数为：

$$p(t) = \lambda e^{-\lambda t}$$

累积分布函数为：

$$F(x) = 1 - e^{-\lambda t}$$

指数分布具有"无记忆"的特点，即概率分布与 t 的零点无关：

$$P(x > t + t_0 | x > t_0) = P(x > t)$$

指数分布的期望值和方差分别为：

$$\langle x \rangle = \frac{1}{\lambda}$$

$$\sigma^2(x) = \frac{1}{\lambda^2}$$

对于发生衰变的粒子来说，如果其平均寿命为 τ，则 $\lambda = 1/\tau$ 为粒子的衰变常数。粒子的生存时间 t 服从指数分布：

$$p(t) = \lambda e^{-\lambda t} = \frac{1}{\tau} e^{-\frac{t}{\tau}}$$

对于粒子碰撞来说，如果碰撞的平均自由程为 L，则单位路程上的平均碰撞次数为 $\lambda = 1/L$。相邻两次碰撞之间的路程长度 x 服从指数分布：

$$p(x) = \lambda e^{-\lambda x} = \frac{1}{L} e^{-\frac{x}{L}}$$

在 Python 中，可以使用 numpy.random.exponential 来产生服从指数分布的随机数。

例题：产生 n 个指数分布的随机数，并计算其样本数、均值、方差和标准差。

```
import numpy as np
import matplotlib.pyplot as plt

n=1000
tau=35
xx=np.random.exponential(tau,n)
print(np.size(xx),np.mean(xx),np.var(xx, ddof=1),np.std(xx, ddof=1))
```

1000 33.53048166756786 1170.8385377654463 34.21751799539888

画出该样本的直方图（图3.18）：

```
pp=plt.hist(xx,bins=100)
plt.xlabel('x')
plt.ylabel('N')
```

Text(0, 0.5, 'N')

该样本的最小值、最大值、平均值和中值为：

```
print(np.min(xx),np.max(xx),np.mean(xx),np.median(xx))
```

0.016963988181213044 263.9905629778204 33.53048166756786 23.19600139590223

计算该样本的累积分布函数为（图3.19）：

```
yy=xx.copy()
yy.sort()
```

```python
pxx=[]
pyy=[]
count=len(yy)
for i in range(count):
    if yy[i] in pxx:
        pyy[-1]=(i+1)/count
    else:
        pxx.append(yy[i])
        pyy.append((i+1)/count)
plt.plot(pxx,pyy,'.')

plt.xlabel('x')
plt.ylabel('F(x)')
Text(0, 0.5, 'F(x)')
```

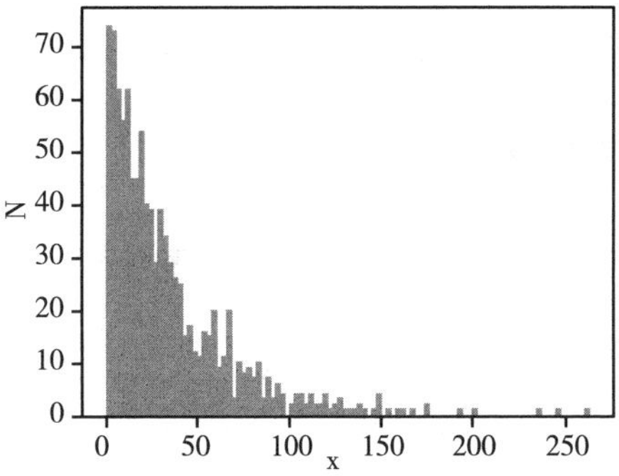

图 3.18

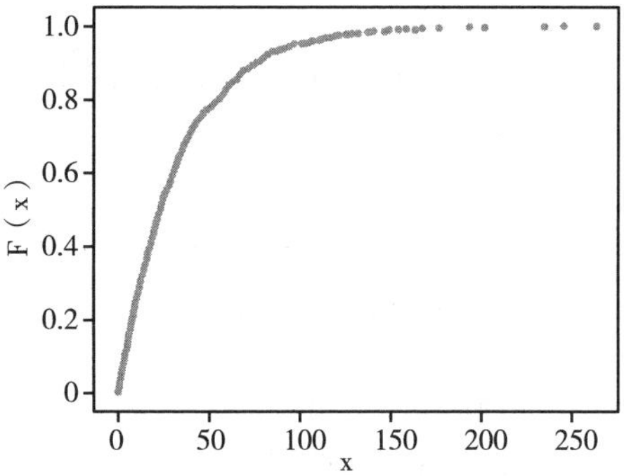

图 3.19

使用 Python 的 scipy.interpolate 软件包中的样条插值函数来构成累积分布函数 $F(x)$（图 3.20）。

```python
import scipy.interpolate as spint


spl = spint.splrep(pxx, pyy, s=0.01**2)
pyf=spint.splev(pxx,spl,der=0)
plt.plot(pxx,pyf)
```

```
plt.plot(pxx,pyy,'.')
plt.xlabel('x')
plt.ylabel('F(x)')
Text(0, 0.5, 'F(x)')
```

亦可利用样条插值来构成分位数函数，即累积分布函数的反函数 $x_u = F^{-1}(u)$ （图 3.21 ）。

```
import scipy.interpolate as spint

splt = spint.splrep(pyy, pxx, s=0.5**2)
pxf=spint.splev(pyy,splt,der=0)
plt.plot(pyy,pxf)

plt.plot(pyy,pxx,'.')
plt.xlabel('F(x)')
plt.ylabel('x')
Text(0, 0.5, 'x')
```

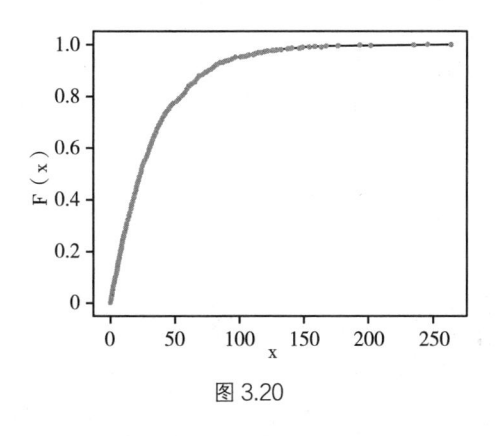

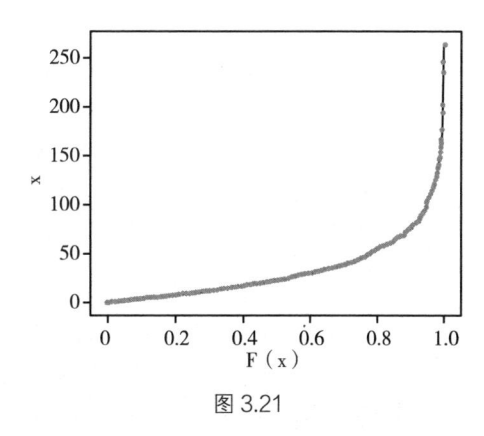

图 3.20

图 3.21

由分位数函数来计算 5%、25%、50%、75%、95% 的分位点为：

```
for u in [0.05,0.25,0.50,0.75,0.95]:
    pxf=spint.splev(u,splt,der=0)
    print("%2d \t %5.3f"%(u*100,pxf))
 5       1.659
```

25	9.263
50	23.211
75	45.466
95	102.922

3.7.6 均匀分布

均匀分布的概率密度函数为:

$$p(x) = \frac{1}{b-a}$$

即随机变量 x 在 $[a,b]$ 区间内的概率密度为非零的常数,而在区间外的概率为零。一般把服从均匀分布的随机变量 x 表示为:

$$x \sim U(a,b)$$

均匀分布的累积概率分布函数为:

$$F(x) = \int_a^x p(x')\mathrm{d}x' = \int_a^x \frac{1}{b-a}\mathrm{d}x' = \frac{x-a}{b-a}$$

服从均匀分布的随机变量 x 的期望值为:

$$\langle x \rangle = \int_a^b x p(x)\mathrm{d}x = \int_a^b \frac{x}{b-a}\mathrm{d}x = \frac{a+b}{2}$$

其方差为:

$$\sigma^2(x) = \int_a^b (x-\langle x \rangle)^2 p(x)\mathrm{d}x = \int_a^b \frac{\left(x-\frac{a+b}{2}\right)^2}{b-a}\mathrm{d}x = \frac{1}{12}(b-a)^2$$

将随机变量 x 归一化后,则有:

$$y = \frac{x-a}{b-a} \sim U(0,1)$$

或者:

$$x = (b-a)U(0,1) + a$$

在 Python 中,可以使用 numpy.random.rand 来产生服从均匀分布 $U(0,1)$ 的

随机数。

例题： 产生 n 个 $U(0,1)$ 的随机数，并计算其样本数、均值、方差和标准差。

```python
import numpy as np
import matplotlib.pyplot as plt

n=1000
xx=np.random.rand(n)
print(np.size(xx),np.mean(xx),np.var(xx, ddof=1),np.std(xx, ddof=1))
```
1000 0.5162115572371446 0.08452012169812523 0.290723445387752

画出该样本的直方图（图 3.22）：

```python
pp=plt.hist(xx,bins=50)
plt.xlabel('x')
plt.ylabel('N')
```
Text(0, 0.5, 'N')

而该样本的累积分布函数为（图 3.23）：

```python
yy=xx.copy()
yy.sort()
pxx=[]
pyy=[]
count=len(yy)
for i in range(count):
    if yy[i] in pxx:
        pyy[-1]=(i+1)/count
    else:
        pxx.append(yy[i])
        pyy.append((i+1)/count)
plt.plot(pxx,pyy,'.')

plt.xlabel('x')
plt.ylabel('F(x)')
```
Text(0, 0.5, 'F(x)')

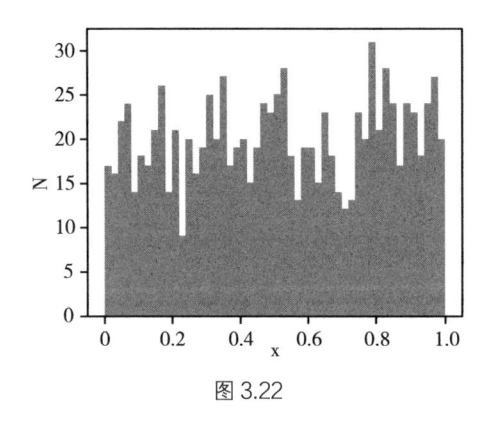

图 3.22

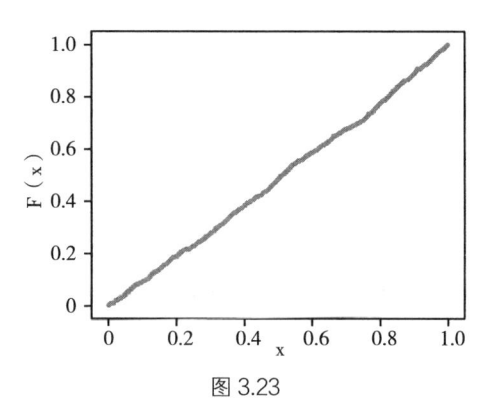

图 3.23

使用 Python 的 scipy.interpolate 软件包中的样条插值函数来构成累积分布函数 $F(x)$（图 3.24）：

```
import scipy.interpolate as spint

spl=spint.splrep(pxx,pyy,s=0.1**2)
pyf=spint.splev(pxx,spl,der=0)
plt.plot(pxx,pyf)

plt.plot(pxx,pyy,',')
plt.xlabel('x')
plt.ylabel('F(x)')
Text(0, 0.5, 'F(x)')
```

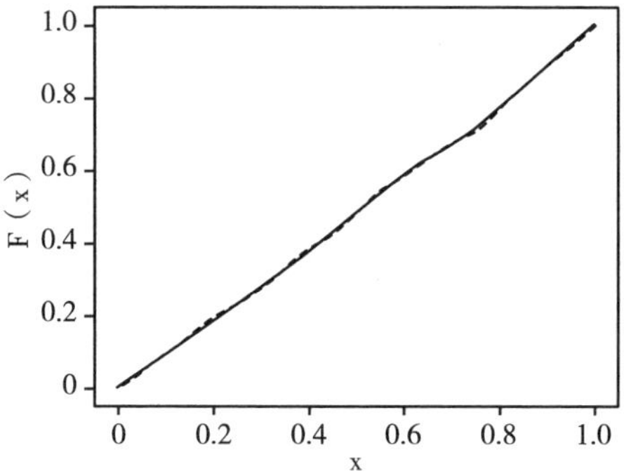

图 3.24

累积分布函数的导数即为概率密度函数（图 3.25）：

```
ppy=spint.splev(pxx,spl,der=1)
plt.plot(pxx,ppy)
plt.ylim(bottom=0)
plt.xlabel('x')
plt.ylabel('F(x)')
Text(0, 0.5, 'F(x)')
```

或者，采用核密度估计方法直接得出概率密度函数（图 3.26）：

```
import scipy.stats as spstat
```

```
kde=spstat.gaussian_kde(xx)
yy=xx.copy()
yy.sort()
ypd=kde.evaluate(yy)

plt.plot(yy,ypd)
plt.plot(pxx,ppy,':')
plt.ylim(bottom=0)
plt.xlabel('x')
plt.ylabel('p(x)')
Text(0, 0.5, 'p(x)')
```

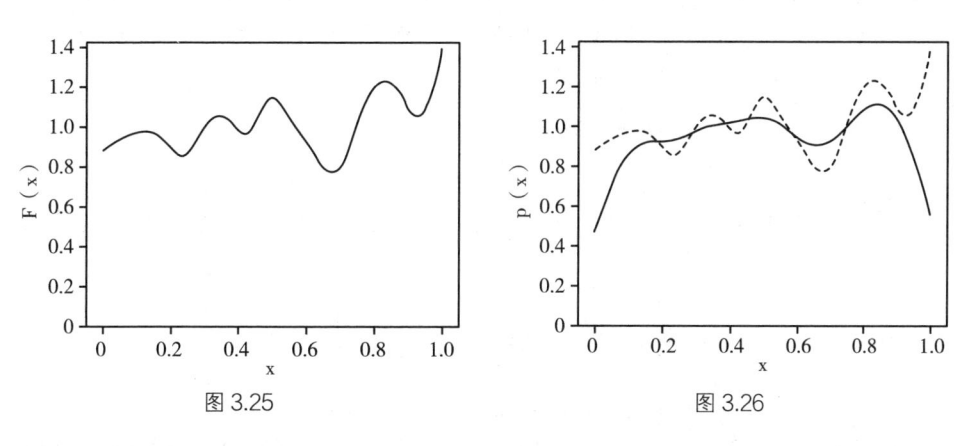

图 3.25

图 3.26

图 3.26 中，实线为核密度估计得到的概率分布，虚线为由累积分布函数得到的概率分布。

3.7.7 幂律分布

幂律分布也称帕累托（Pareto）分布，符合帕累托原则或 "80-20" 规则，即社会财富的 80% 掌握在 20% 的人口手中。

幂律分布的概率密度函数为：

$$p(x) = \frac{am^a}{x^{1+a}}$$

其中，a 为形状参数，m 为标度参数，是随机变量所能取得最小值。

在 Python 中，可以使用 numpy.random.pareto 来产生幂律分布的随机数。

例题：产生 n 个帕累托分布的随机数，并计算其样本数、均值、方差和标准差。

```
n=10000
a=1.455
m=100
xx=(np.random.pareto(a,n)+1)*m
print(np.size(xx),np.mean(xx),np.var(xx, ddof=1),np.std(xx, ddof=1))
10000 304.50945276419026 649432.0790655732 805.8734882508378
```

画出该样本的直方图（图 3.27）：

```
pp=plt.hist(xx,bins=1000)
plt.xlim(0,2000)
plt.xlabel('x')
plt.ylabel('N')
Text(0, 0.5, 'N')
```

该样本的最小值、最大值、平均值和中值为：

```
print(np.min(xx),np.max(xx),np.mean(xx),np.median(xx))
100.0257025108512 46333.72226258065 304.50945276419026 162.6044337637656
```

计算该样本的累积分布函数为（图 3.28）：

```
yy=xx.copy()
yy.sort()
pxx=[]
pyy=[]
count=len(yy)
for i in range(count):
    if yy[i] in pxx:
```

```
            pyy[-1]=(i+1)/count
    else:
        pxx.append(yy[i])
        pyy.append((i+1)/count)
plt.plot(pxx,pyy,'.')

plt.xlabel('x')
plt.ylabel('F(x)')
Text(0, 0.5, 'F(x)')
```

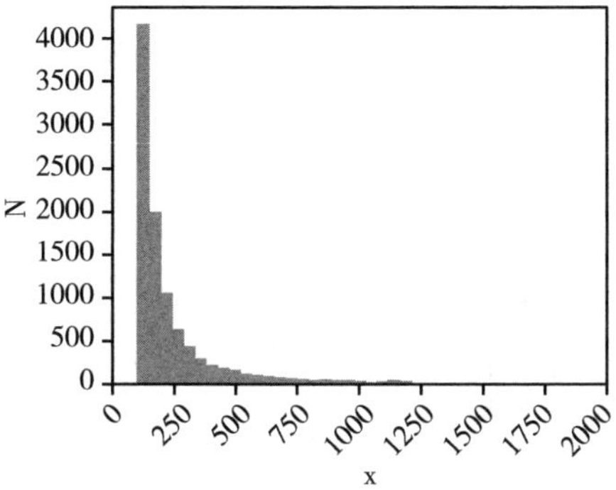

图 3.27

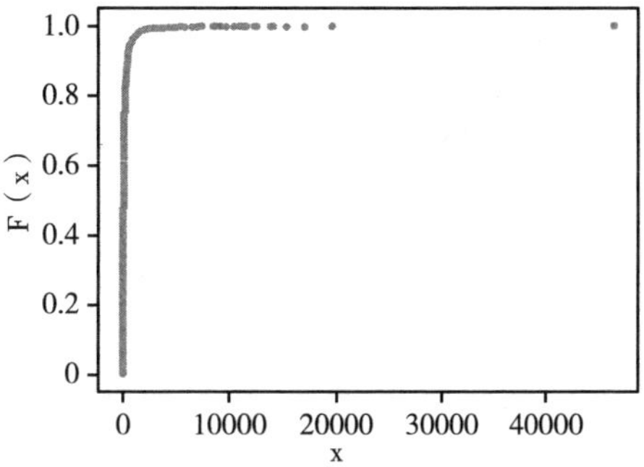

图 3.28

使用 Python 的 scipy.interpolate 软件包中的样条插值函数来构成累积分布函数 $F(x)$（图 3.29）。

```
import scipy.interpolate as spint

spl = spint.splrep(pxx, pyy, s=0.1**2)
pyf=spint.splev(pxx,spl, der=0)
plt.plot(pxx,pyf)

plt.plot(pxx,pyy,'.')
plt.xlim(0,1000)
plt.xlabel('x')
plt.ylabel('F(x)')
Text(0, 0.5, 'F(x)')
```

亦可利用样条插值来构成分位数函数，即累积分布函数的反函数 $x_u = F^{-1}(u)$（图 3.30）。

```
import scipy.interpolate as spint

splt = spint.splrep(pyy, pxx, s=0.5**2)
pxf=spint.splev(pyy,splt, der=0)
plt.plot(pyy,pxf)

plt.plot(pyy,pxx,'.')
plt.xlabel('F(x)')
plt.ylabel('x')
Text(0, 0.5, 'x')
```

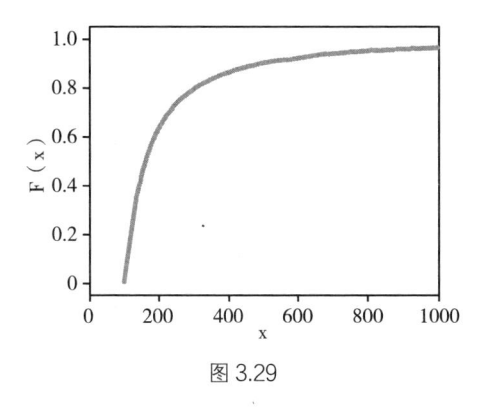

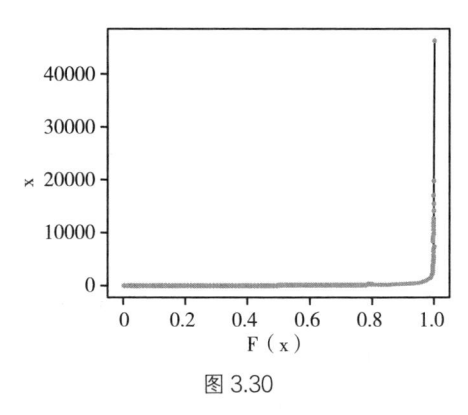

图 3.29

图 3.30

由分位数函数来计算 5%、20%、50%、80%、95% 的分位点为：

```
for u in [0.05,0.20,0.50, 0.80,0.95]:
    pxf=spint.splev(u,splt,der=0)
    print("%2d \t %2d \t %5.3f"%(u*100,100-u*100,pxf))
    5        95      103.609
   20        80      116.897
   50        50      162.593
   80        20      304.745
   95         5      794.115
```

3.7.8 任意概率分布的随机数

若随机变量 x 的累积分布函数为 $F(x)$,其反函数为 $x = F^{-1}(u)$。当服从均匀分布的 $u \sim U(0,1)$ 的样本为 $\{u_i\}$,则样本 $\{x_i = F^{-1}(u_i)\}$ 服从 $F(x)$ 的概率分布。

这是因为当 u 服从均匀分布 $U(0,1)$ 时,其累积概率分布函数为:

$$P(u) = u$$

由于 $u_i = F(x_i)$,故有:

$$P[u_i = F(x_i)] = F(x_i)$$

或者:

$$P(x = x_i) = F(x_i)$$

因此,$\{x_i\}$ 的累积分布函数为 $F(x)$。

这样,在已知累积分布函数 $F(x)$ 的情况下,先产生出服从均匀分布的 $U(0,1)$ 的样本 $\{u_i\}$,再用累积分布函数的反函数来计算 $x_i = F^{-1}(u_i)$,从而得到满足概率分布 $F(x)$ 的随机数样本 $\{x_i\}$。

例题:模拟一个双峰分布的样本,由此产生出符合其分布的随机数样本。

```
import numpy as np
import matplotlib.pyplot as plt

x1=np.random.randn(40)-2.5
x2=np.random.randn(25)+2.5
xx=np.concatenate([x1,x2])
xx
```

array([-4.37507756, -2.84203924, -3.7744307 , -2.0087944 , -1.66120391,
       -1.17525395, -1.65327936, -3.94598007, -2.48817124, -4.93202319,
       -3.00063889, -1.92751056, -3.77161372, -2.40618035, -3.07290321,
       -2.07184891, -1.5128954 , -3.76573532, -3.0026187 , -1.87712707,

```
         -1.80141321, -3.17283118, -1.69467992, -2.88456903, -3.6902464 ,
         -2.39685062, -2.09939942, -2.43004595, -3.08090784, -0.9353885 ,
         -3.09872747, -2.40755024, -3.40046909, -2.20409847, -2.05476945,
         -3.02926386, -3.35929546, -2.26720158, -1.75469966, -1.52954506,
          1.0156634 ,  2.32895778,  2.77052209,  2.16647076,  2.34407063,
          3.75561805,  2.62841155, -0.9028446 ,  3.67063505,  2.12886635,
          3.19738044,  2.18668338,  2.01331066,  2.07404457,  4.52000918,
          1.82305807,  2.64819004,  2.85531901,  1.42839963,  1.13387536,
          0.94611778,  1.87619918,  2.34130329,  3.47988473,  4.80684209])
```

画出该模拟样本的直方图（图 3.31）：

```
pp=plt.hist(xx,bins=20)
plt.xlabel('x')
plt.ylabel('N')
Text(0, 0.5, 'N')
```

计算该样本的累积分布函数为（图 3.32）：

```
yy=xx.copy()
yy.sort()
pxx=[]
pyy=[]
count=len(yy)
for i in range(count):
    if yy[i] in pxx:
        pyy[-1]=(i+1)/count
    else:
        pxx.append(yy[i])
        pyy.append((i+1)/count)
plt.plot(pxx,pyy,'.')

plt.xlabel('x')
plt.ylabel('F(x)')
Text(0, 0.5, 'F(x)')
```

图 3.31   图 3.32

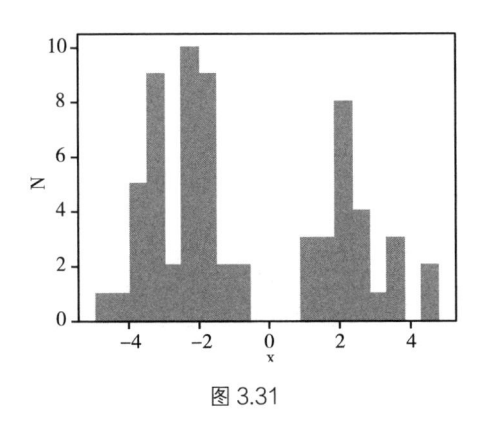

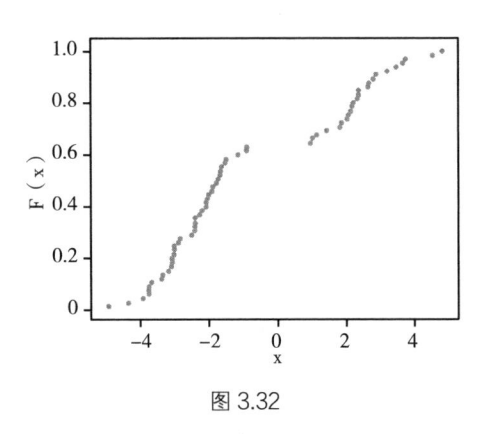

利用样条插值来构成累积分布函数的反函数 $x_u = F^{-1}(u)$（图 3.33）。

```
import scipy.interpolate as spint

splt = spint.splrep(pyy, pxx, s=0.5**2)
pxf=spint.splev(pyy,splt, der=0)
plt.plot(pyy,pxf)

plt.plot(pyy,pxx,'.')
plt.xlabel('F(x)')
plt.ylabel('x')
Text(0, 0.5, 'x')
```

产生出 n 个均匀分布 $U(0,1)$ 的随机数，由上述反函数计算出相应的样本：

```
n=1000
uu=np.random.rand(n)
zz=spint.splev(uu,splt,der=0)
```

画出模拟样本和新产生样本的直方图（图 3.34）：

```
pp=plt.hist(xx,bins=20, alpha=0.5)
pp=plt.hist(zz,bins=150, alpha=0.5)
#plt.ylim(0,15)
plt.xlabel('x')
plt.ylabel('N')
Text(0, 0.5, 'N')
```

图 3.33

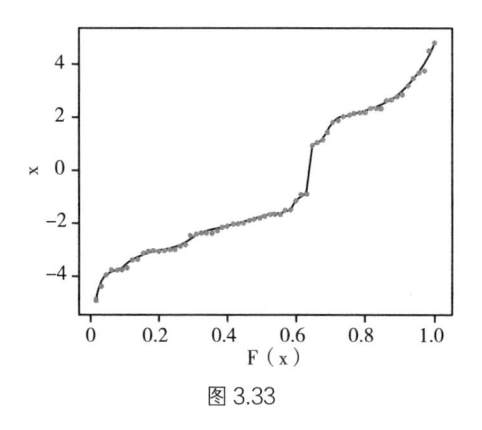

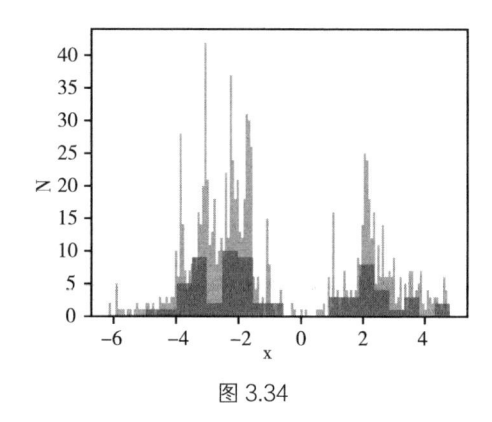

图 3.34

3.8 KS 检验

KS 检验即 Kolmogorov - Smirnov（柯尔莫可洛夫 – 斯米洛夫）检验。KS 检验是对两个随机变量 (x_1, x_2) 的累积分布函数 $F_1(x_1)$ 和 $F_2(x_2)$ 计算出在每个样本点上的偏差，并找出其最大值，即：

$$D = \max|F_1(x_1) - F_2(x_2)|$$

如果 D 值太大，则说明两个分布有显著差异。也就是说，当 KS 检验的统计量 D 大于临界值时，即：

$$D > D_{KS}$$

则两个随机变量的概率分布是不一致的。

临界值 D_{KS} 由下式确定：

$$P(D > D_{KS}) = \alpha$$

即两个分布不一致时的概率为 α。α 是显著水平，而置信度为 $p = 1 - \alpha$。或者说，在 $D < D_{KS}$ 时，两个分布是一致的置信度为 p。

KS 检验的临界值 D_{KS} 见表 3.1：

表 3.1　KS 检验的临界值 D_{KS}

$n \mid \alpha$	0.20	0.15	0.10	0.05	0.01
1	0.900	0.925	0.950	0.975	0.995
2	0.684	0.726	0.776	0.842	0.929
3	0.565	0.597	0.642	0.708	0.828
4	0.494	0.525	0.564	0.624	0.733
5	0.446	0.474	0.510	0.565	0.669
6	0.410	0.436	0.470	0.521	0.618
7	0.381	0.405	0.438	0.486	0.577
8	0.358	0.381	0.411	0.457	0.543
9	0.339	0.360	0.388	0.432	0.514
10	0.322	0.342	0.368	0.410	0.490
11	0.307	0.326	0.352	0.391	0.468
12	0.295	0.313	0.338	0.375	0.450
13	0.284	0.302	0.325	0.361	0.433
14	0.274	0.292	0.314	0.349	0.418
15	0.266	0.283	0.304	0.338	0.404
16	0.258	0.274	0.295	0.328	0.392
17	0.250	0.266	0.286	0.318	0.381
18	0.244	0.259	0.278	0.309	0.371
19	0.237	0.252	0.272	0.301	0.363
20	0.231	0.246	0.264	0.294	0.356
25	0.21	0.22	0.24	0.27	0.32
30	0.19	0.20	0.22	0.24	0.29
35	0.18	0.19	0.21	0.23	0.27

临界值 D_{KS} 与两个分布的样本数 (n_1, n_2) 有关，在样本数足够大时（如超过 35），临界值为：

$$D_{KS} = \frac{C(\alpha)}{\sqrt{n_e}}$$

其中：

$$C(\alpha) = \sqrt{-\frac{1}{2}\ln\left(\frac{\alpha}{2}\right)}$$

$$n_e = \frac{n_1 n_2}{n_1 + n_2}$$

如果是对单一样本的检验，$n_e = n$。

```
import numpy as np

for a in [0.20,0.15,0.10,0.05,0.025,0.01,0.005,0.001]:
    ca=np.sqrt(-np.log(a/2)/2)
    print("%.3f %.3f"%(a,ca))
0.200 1.073
0.150 1.138
0.100 1.224
0.050 1.358
0.025 1.480
0.010 1.628
0.005 1.731
0.001 1.949
```

在 Python 中，可以使用 scipy.stats.kstest 对单样本和 scipy.stats.ks_2samp 来对双样本进行 KS 检验。

例题：对于前述双峰分布的模拟样本和新产生的样本，其 KS 检验为：

```
import scipy.stats as spstat

kst=spstat.ks_2samp(xx,zz)
print(kst)
```
KstestResult(statistic=0.053384615384615385, pvalue=0.991008946762201, statistic_location=-2.1020548698497383, statistic_sign=-1)

这里统计量即 KS 检验的 $D = 0.053$ 值，而 p 值说明两个样本的分布一致性的置信度为 99.1%。

例题：对数正态分布的随机量，其对数值为正态分布：

```
n=1000
mu=np.log(1)
sigma=0.5
xx=np.random.lognormal(mu,sigma,n)
print(np.size(xx),np.mean(xx),np.var(xx, ddof=1),np.std(xx, ddof=1))
```
1000 1.1104828301540401 0.3365220132251689 0.5801051742789137

画出该模拟样本的直方图（图 3.35）：

```
pp=plt.hist(xx,bins=20)
plt.xlabel('x')
plt.ylabel('N')
```
Text(0, 0.5, 'N')

如果将该组样本取对数，应该是服从正态分布的。其直方图及其均值、方差和标准差为（图 3.36）：

```
zz=np.log(xx)
print(np.mean(zz),np.var(zz, ddof=1),np.std(zz, ddof=1))
pp=plt.hist(zz,bins=100)
plt.xlabel('x')
plt.ylabel('N')
```
-0.018195191148819363 0.24779500884900382 0.4977901253028266

Text(0, 0.5, 'N')

用 KS 检验来确定其是否服从正态分布：

```
kst=spstat.kstest(zz,'norm',args=(np.mean(zz),np.std(zz, ddof=1)))
print(kst)
```
KstestResult(statistic=0.02022286689430952, pvalue=0.8002048435449791, statistic_location=-0.4123723593456463, statistic_sign=-1)

这里 p 值说明该样本是正态分布的置信度为 80%。

图 3.35

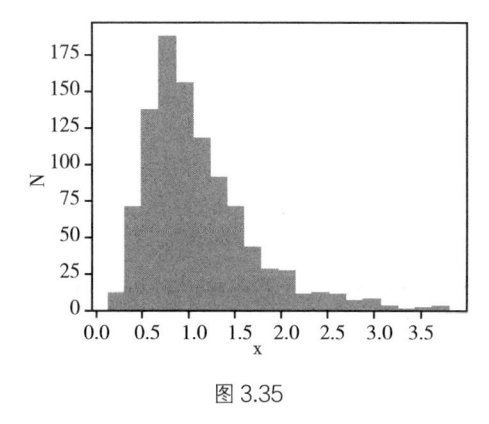

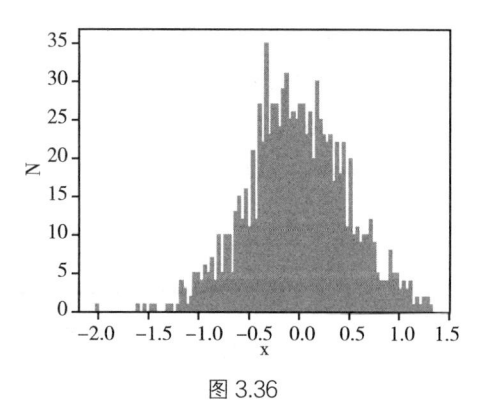

图 3.36

第 4 章

数据分析方法

4.1 观测量的不确定性

任何观测量均有不确定性，也就是具有随机性。比如天体的辐射到达天文望远镜的光子数就是一个随机数，一般是符合泊松分布的随机数。

测量的基本问题就是：如何从观测量 O 得到其待观测值 T？

由于任何观测量均有误差 e，故存在关系：

观测量：$O = T \pm e$；

对应的测量结果为：$T = O \pm e$。

所以，研究测量误差 e 的性质是非常重要的，这就是统计学的任务。

4.2 正态分布的置信区间

1. 一维正态分布的置信区间

若随机变量 x 服从一维正态分布，即其概率密度函数为：

$$p(x) = p(x \mid \mu, \sigma^2) = \frac{1}{\sigma\sqrt{2\pi}} \exp\left[-\frac{1}{2}\left(\frac{x-\mu}{\sigma}\right)^2\right]$$

则其二次型：

$$Q(x) = \left(\frac{x-\mu}{\sigma}\right)^2$$

服从自由度为 $k=1$ 的卡方分布，即：

$$Q(x) = \chi^2 \sim \chi^2(1)$$

设置**信水平**为 ξ，则根据卡方分布的累积分布函数的定义有：

$$F(u_\xi^2 | 1) = P(\chi^2 \leq u_\xi^2 | 1) = \xi$$

即卡方值 χ^2 在小于 u_ξ^2 时的概率为 ξ。

这样，在置信水平为 ξ 时，由二次型 $Q(x) \leq u_\xi^2$ 给出的随机变量 x 的**置信区间**为：

$$\mu - u_\xi \sigma \leq x \leq \mu + u_\xi \sigma$$

或将置信区间记为：

$$x = \mu \pm u_\xi \sigma$$

即随机变量 x 处于真值 μ 附近 u_ξ 倍 σ 的区间内的概率为 ξ。

若给定 u_ξ，可用 scipy.stats.chi2.cdf 程序来计算 ξ；而给定 ξ，可用 scipy.stats.chi2.ppf 程序来计算 u_ξ。例如：

```
import numpy as np
import scipy.stats as spstat

k=1
for u in [1,2,3,5,1.177]:
    x=spstat.chi2.cdf(u*u, k)
    print("%5.3f sigma: %.3f"%(u,x))


for x in [0.90,0.95,0.97,0.99]:
    u=np.sqrt(spstat.chi2.ppf(x, k))
```

```
print("%5.3f sigma: %4.2f"%(u,x))
1.000 sigma: 0.683
2.000 sigma: 0.954
3.000 sigma: 0.997
5.000 sigma: 1.000
1.177 sigma: 0.761
1.645 sigma: 0.90
1.960 sigma: 0.95
2.170 sigma: 0.97
2.576 sigma: 0.99
```

常用的误差限和置信水平如表 4.1 所示：

表 4.1　常用误差限和置信水平

$\Delta x = u_\xi \sigma$	ξ
1σ	0.683
2σ	0.954
3σ	0.997
5σ	1.000
1.177σ	0.761
1.645σ	0.90
1.960σ	0.95
2.170σ	0.97
2.576σ	0.99

由表 4.1 可知，随机变量 x 处于 $\mu \pm \sigma$ 的区间内的概率是 0.683，即置信水平为 68.3%。

表中误差限 1.177σ 对应的是 $FWHM$（**半高全宽**），即 $FWHM = 2\sqrt{2\ln 2}\ \sigma = 2.3548\sigma$，其误差限对应的置信水平 76.1%。

2. k 维正态分布的置信区间

k 维正态分布的二次型为：

$$Q(\boldsymbol{x}) = Q(x_1, x_2, \cdots, x_k) = (\boldsymbol{x} - \boldsymbol{\mu})^{\mathrm{T}} \boldsymbol{\Sigma}^{-1} (\boldsymbol{x} - \boldsymbol{\mu}) = \sum_{i,j=1}^{k} w_{ij}(x_i - \mu_i)(x_j - \mu_j)$$

服从自由度为 k 的卡方分布，即：

$$Q(\boldsymbol{x}) = \chi^2 \sim \chi^2(k)$$

设置信水平为 ξ，则根据卡方分布的累积分布函数的定义有：

$$F\left(u_\xi^2(k)\mid k\right) = P\left(\chi^2 \leqslant u_\xi^2(k)\mid k\right) = \xi$$

即卡方值 χ^2 在小于 $\chi_\xi^2(k)$ 时的概率 ξ。

这样，在置信水平为 ξ 时，由二次型 $Q(\boldsymbol{x}) \leqslant \chi_\xi^2(k)$ 给出的随机变量 $\boldsymbol{x}$ 的置信区间的边界为：

$$\chi^2 = Q(\boldsymbol{x}) = (\boldsymbol{x}-\boldsymbol{\mu})^{\mathrm{T}} \Sigma^{-1} (\boldsymbol{x}-\boldsymbol{\mu}) = \sum_{i,j=1}^{k} w_{ij}(x_i-\mu_i)(x_j-\mu_j) = \chi_\xi^2(k)$$

即随机变量 $\boldsymbol{x}$ 落在由上式确定的边界之内的区域的概率为 ξ。$\chi_\xi^2(k)$ 的具体值可用 scipy.stats.chi2.ppf 程序来计算。

特别是，若 $\boldsymbol{x} = (x_1, x_2)$ 服从二维正态分布，则对应于置信水平 ξ 的置信区间的边界为：

$$\chi^2 = Q(x_1, x_2) = \frac{1}{(1-\rho^2)}\left[\left(\frac{x_1-\mu_1}{\sigma_1}\right)^2 - 2\rho\frac{x_1-\mu_1}{\sigma_1}\frac{x_2-\mu_2}{\sigma_2} + \left(\frac{x_2-\mu_2}{\sigma_2}\right)^2\right] = \chi_\xi^2(2)$$

这个边界是在 (x_1, x_2) 平面上的一个椭圆，随机变量 (x_1, x_2) 落在该椭圆之内的概率为 ξ。

该误差椭圆的主轴的转角 α 和主轴半径 R 分别为：

$$\tan 2\alpha = \frac{2\rho\sigma_1\sigma_2}{\left|\sigma_1^2-\sigma_2^2\right|}$$

$$R^2 = \frac{2\chi_\xi^2(2)(1-\rho^2)\sigma_1\sigma_2}{\sigma_1^2+\sigma_2^2 \pm \sqrt{(\sigma_1^2-\sigma_2^2)^2+4\rho^2\sigma_1^2\sigma_2^2}}$$

4.3 观测结果的报道

对于随机变量 X 进行 n 次观测，得到一组观测值 $\boldsymbol{x} = (x_1, x_2, \cdots, x_n)$，由于

每次观测都是独立进行的，则该组观测样本的均值：

$$\bar{x} = \frac{1}{n}\sum_{i=1}^{n} x_i$$

是待观测量的期望值的无偏估计。因此，观测数据的均值 $\bar{x}$ 就是观测量的估计值。

1. 误差已知的情形

若随机变量 X 的方差是已知的，为：

$$\sigma^2(X) = \sigma^2$$

则该组观测样本的均值 $\bar{x}$ 的方差为：

$$\sigma^2(\bar{x}) = \frac{\sigma^2}{n}$$

即均值 $\bar{x}$ 的标准误差为：

$$\sigma_{\bar{x}} \equiv \sigma(\bar{x}) = \frac{\sigma}{\sqrt{n}}$$

这样，对观测量的报道为：

$$x = \bar{x} \pm u_\xi \sigma_{\bar{x}}$$

即在误差限 $\Delta x = u_\xi \sigma_{\bar{x}}$ 的置信区间内的概率为 ξ。其中 $u_\xi = u_\xi(1)$ 为一维正态分布的置信区间值。

或者，将观测量报道为：

$$x = \bar{x} \pm \sigma_{\bar{x}}$$

即在误差限 $\Delta x = \sigma_{\bar{x}}$ 的置信区间内的概率为 68.3%。

2. 误差未知但样本数足够大的情形

根据中心极限定理，当观测样本数 n 足够大时，样本均值 $\bar{x}$ 渐近地服从正态分布 $N(\bar{x} \mid \mu, \sigma^2/n)$。而样本的标准差：

$$S_x \equiv \sqrt{\frac{1}{n-1}\sum_{i=1}^{n}(x_i-\bar{x})^2}$$

是随机变量的标准误差 σ 的无偏估计。因此，均值 $\bar{x}$ 的标准误差为：

$$\sigma_{\bar{x}} = \frac{\sigma}{\sqrt{n}} = \frac{S_x}{\sqrt{n}} = \sqrt{\frac{1}{n(n-1)}\sum_{i=1}^{n}(x_i-\bar{x})^2}$$

如此，可将观测量报道为：

$$x = \bar{x} \pm \sigma_{\bar{x}}$$

即在误差限 $\Delta x = \sigma_{\bar{x}}$ 的置信区间内的概率为 68.3%。

那么，样本数 n 是多少时就是足够大？这个问题是依赖于随机变量的概率分布，不同的分布会给出不同的解答。

对于正态分布的随机变量的观测样本，定义：

$$\chi^2 = \sum_{i=1}^{n}\left(\frac{x_i-\mu}{\sigma}\right)^2$$

将其看作是各分量相互独立的 n 维正态分布的二次型，则该统计量服从自由度为 n 的卡方分布，即：

$$\chi^2 = \sum_{i=1}^{n}\left(\frac{x_i-\mu}{\sigma}\right)^2 \sim \chi^2(n)$$

而统计量：

$$\begin{aligned}
\sum_{i=1}^{n}\left(\frac{x_i-\bar{x}}{\sigma}\right)^2 &= \sum_{i=1}^{n}\left[\frac{(x_i-\mu)-(\bar{x}-\mu)}{\sigma}\right]^2 \\
&= \sum_{i=1}^{n}\left(\frac{x_i-\mu}{\sigma}\right)^2 - 2\left(\frac{\bar{x}-\mu}{\sigma}\right)\sum_{i=1}^{n}\left(\frac{x_i-\mu}{\sigma}\right) + \sum_{i=1}^{n}\left(\frac{\bar{x}-\mu}{\sigma}\right)^2 \\
&= \sum_{i=1}^{n}\left(\frac{x_i-\mu}{\sigma}\right)^2 - \left(\frac{\bar{x}-\mu}{\sigma/\sqrt{n}}\right)^2
\end{aligned}$$

即：

$$\sum_{i=1}^{n}\left(\frac{x_i-\mu}{\sigma}\right)^2 = \sum_{i=1}^{n}\left(\frac{x_i-\bar{x}}{\sigma}\right)^2 + \left(\frac{\bar{x}-\mu}{\sigma/\sqrt{n}}\right)^2$$

设：

$$\omega_1 = \sum_{i=1}^{n}\left(\frac{x_i - \bar{x}}{\sigma}\right)^2$$

$$\omega_2 = \left(\frac{\bar{x} - \mu}{\sigma/\sqrt{n}}\right)^2$$

$$\omega = \sum_{i=1}^{n}\left(\frac{x_i - \mu}{\sigma}\right)^2$$

由于 ω_1 和 ω_2 相互独立，即 $\mathrm{Cov}(\omega_1, \omega_2) = 0$，而且：

$$\omega_2 \sim \chi^2(1)$$

$$\omega = \omega_1 + \omega_2 \sim \chi^2(n)$$

则由卡方分布的自由度相加规则，有：

$$\omega_1 = \sum_{i=1}^{n}\left(\frac{x_i - \bar{x}}{\sigma}\right)^2 \sim \chi^2(n-1)$$

样本的统计量：

$$\chi^2 = \sum_{i=1}^{n}\left(\frac{x_i - \bar{x}}{\sigma}\right)^2 \sim \chi^2(n-1)$$

被称为**样本卡方量**，服从于自由度为 $n-1$ 的卡方分布。

前面提到，统计量：

$$\chi^2 = \sum_{i=1}^{n}\left(\frac{x_i - \mu}{\sigma}\right)^2 \sim \chi^2(n)$$

是服从于自由度为 n 的卡方量。两者的差别在于，虽然都是随机变量的平方和，在含 μ 的卡方量中，有 n 个独立变量 $(x_1, x_2, \cdots, x_n)$，而在含 $\bar{x}$ 的卡方量中，由于存在着约束条件 $n\bar{x} = \sum x_i$，使得独立变量不再是 n 个而是 $n-1$ 个。

这样，样本方差 S_x^2 与样本卡方量的关系为：

$$\frac{(n-1)S_x^2}{\sigma^2} = \sum_{i=1}^{n}\left(\frac{x_i - \bar{x}}{\sigma}\right)^2 \sim \chi^2(n-1)$$

由于卡方分布 $\chi^2(k)$ 的期望值和方差为 k 和 $2k$，即：

$$\left\langle \frac{(n-1)S_x^2}{\sigma^2} \right\rangle = \frac{(n-1)\langle S_x^2 \rangle}{\sigma^2} = n-1$$

$$\sigma^2\left[\frac{(n-1)S_x^2}{\sigma^2} \right] = \frac{(n-1)^2}{\sigma^4}\sigma^2\left(S_x^2\right) = 2(n-1)$$

这样，样本标准差的期望值和方差为：

$$\langle S_x^2 \rangle = \sigma^2$$

$$\sigma^2\left(S_x^2\right) = \frac{2}{n-1}\sigma^4$$

设样本标准差的相对误差为 $1/s$，或称标准差的信噪比为 s，即有：

$$\frac{\sigma(S_x)}{\langle S_x \rangle} = \frac{1}{s}$$

假设 $\sigma(S_x) \ll \langle S_x \rangle$，则 S_x^2 的相对误差为：

$$\frac{\sigma(S_x^2)}{\langle S_x^2 \rangle} \simeq \frac{2}{s}$$

也就是：

$$\sqrt{\frac{2}{n-1}} \simeq \frac{2}{s}$$

故样本数 n 与误差信噪比 s 的关系为：

$$n \simeq 1 + \frac{s^2}{2}$$

因此，若标准差的相对误差小于 10%，即标准差的信噪比 $s \geqslant 10$，则需要观测次数（样本数目）$n \geqslant 51$。同样的，若标准差的信噪比 $s \geqslant 5$，则需要观测次数 $n \geqslant 14$；若标准差的信噪比 $s \geqslant 3$，则需要观测次数 $n \geqslant 6$。

3. 误差未知但服从正态分布的小样本的情形

若观测值 $(x_1, x_2, \cdots, x_n)$ 是正态分布 $N(x|\mu,\sigma^2)$ 的随机样本，其样本均值 $\bar{x}$ 的期望值和标准误差分别为：

$$\bar{x} = \frac{1}{n}\sum_{i=1}^{n} x_i$$

$$S_{\bar{x}} = \frac{S_x}{\sqrt{n}} = \sqrt{\frac{1}{n(n-1)}\sum_{i=1}^{n}(x_i - \bar{x})^2}$$

则该样本的统计量：

$$t = \frac{\bar{x} - \mu}{S_{\bar{x}}}$$

服从自由度为 $n-1$ 的 t 分布。

设置信水平为 ξ，由 t 分布的累积分布函数可得到：

$$P\left(|t| \leqslant t_{\xi}^{k} \mid k\right) = \xi$$

这里 t 分布的自由度为 $k = n-1$，取置信区间为：

$$\bar{x} - t_{\xi}^{n-1} S_{\bar{x}} \leqslant \mu \leqslant \bar{x} + t_{\xi}^{n-1} S_{\bar{x}}$$

或：

$$\mu = \bar{x} \pm t_{\xi}^{n-1} S_{\bar{x}}$$

则真值 μ 处于该置信区间内的概率为 ξ。

给定置信水平 ξ 和自由度 $k = n-1$，可用 scipy.stats.t.ppf 程序来计算 t_{ξ}^{k}，需注意程序给出的是单侧 t 分布，而这里需要计算的是双侧 t 分布。例如，取置信水平 ξ 为 68.3% 或 90%，则有：

```
import scipy.stats as spstat

x=0.683
a=(1-x)/2.

kk=[]
for i in range(10):
    k=i+1
    kk.append(k)
```

```
for k in [15,20,30,40]:
    kk.append(k)

tt=spstat.t.ppf(1-a,kk)

print(kk)
for t in tt:
    print("%.2f"%t,end=', ')

x=0.90
a=(1-x)/2.
tt=spstat.t.ppf(1-a,kk)
print()
for t in tt:
    print("%.2f"%t,end=', ')
```
[1, 2, 3, 4, 5, 6, 7, 8, 9, 10, 15, 20, 30, 40]
1.84, 1.32, 1.20, 1.14, 1.11, 1.09, 1.08, 1.07, 1.06, 1.05, 1.04, 1.03, 1.02, 1.01,

6.31, 2.92, 2.35, 2.13, 2.02, 1.94, 1.89, 1.86, 1.83, 1.81, 1.75, 1.72, 1.70, 1.68,

k	1	2	3	4	5	6	7	8	9	10	15	20	30	40	∞
$t_{0.683}^{k}$	1.84	1.32	1.20	1.14	1.11	1.09	1.08	1.07	1.06	1.05	1.04	1.03	1.02	1.01	1.00
$t_{0.90}^{k}$	6.31	2.92	2.35	2.13	2.02	1.94	1.89	1.86	1.83	1.81	1.75	1.72	1.70	1.68	1.65

因此，对于观测量的 n 次观测，可报道观测结果为：

$$\mu = \bar{x} \pm t_{0.683}^{n-1} S_{\bar{x}}$$

为置信水平 $\xi = 0.683$ 下的置信区间。

4. 观测结果的报道

根据以上的分析,观测结果的报道为:

$$x = \bar{x} \pm \frac{\sigma_\xi}{\sqrt{n}}$$

其中,$\bar{x}$ 是 n 次观测的样本均值;而 σ_ξ 是在置信水平 ξ 下的误差,在不同情形下取值如下:

$$\sigma_\xi = \begin{cases} u_\xi \sigma & \text{若已知标准误差} \sigma \\ u_\xi S_x & \text{若标准误差} \sigma \text{未知但} n \text{足够大} \\ t_\xi^{n-1} S_x & \text{若标准误差} \sigma \text{未知但样本服从正态分布} \end{cases}$$

其中,S_x 为样本的标准差,而置信水平一般取 $\xi = 0.683$。

所以,对观测结果进行报道时,计算误差时一定要注意是在何种情形下的误差。

4.4 误差传递

由于观测量带有误差,则由观测量通过函数关系计算出的导出量也带有误差。由观测量的误差通过计算得出导出量的误差的方法叫误差传递。

1. 线性函数的误差传递

导出量 y 是 n 个观测量 $\boldsymbol{x} = (x_1, x_2, \cdots, x_n)$ 的线性函数,即:

$$y(\boldsymbol{x}) = y(x_1, x_2, \cdots, x_n) = a_0 + a_1 x_1 + a_2 x_2 + \cdots + a_n x_n = a_0 + \sum_i a_i x_i$$

其中,$(a_0, a_1, a_2, \cdots, a_n)$ 为已知常数。

则 y 的期望值为:

$$\langle y(\boldsymbol{x}) \rangle = a_0 + \sum_i a_i \langle x_i \rangle = y(\langle x_1 \rangle, \langle x_2 \rangle, \cdots, \langle x_n \rangle) = y(\langle \boldsymbol{x} \rangle)$$

而 y 的方差为:

$$\sigma^2(y) = \langle (y - \langle y \rangle)^2 \rangle = \langle \left[\sum_i a_i (x_i - \langle x_i \rangle) \right]^2 \rangle = \sum_{i,j} a_i a_j \langle (x_i - \langle x_i \rangle)(x_j - \langle x_j \rangle) \rangle$$
$$= \sum_i a_i^2 \sigma^2(x_i) + 2 \sum_{i>j} a_i a_j \ \text{Cov}(x_i, x_j)$$

特别是，如果观测量 $(x_1, x_2, \cdots, x_n)$ 两两之间都是相互独立的，则导出量 y 是 n 个观测量的简单相加，而 y 的方差为：

$$\sigma^2(y) = \sum_{i=1}^{n} \sigma^2(x_i)$$

若 k 个导出量 $(y_1, y_2, \cdots, y_k)$ 是 n 个直接观测量 $(x_1, x_2, \cdots, x_n)$ 的线性函数，即：

$$\begin{cases} y_1 = a_{10} + a_{11} x_1 + a_{12} x_2 + \cdots + a_{1n} x_n \\ y_2 = a_{20} + a_{21} x_1 + a_{22} x_2 + \cdots + a_{2n} x_n \\ \quad \vdots \\ y_k = a_{k0} + a_{k1} x_1 + a_{k2} x_2 + \cdots + a_{kn} x_n \end{cases}$$

将其用矢量和矩阵来表示，设：

$$\boldsymbol{x} = (x_1, x_2, \cdots, x_n)^{\mathrm{T}} = \begin{pmatrix} x_1 \\ x_2 \\ \vdots \\ x_n \end{pmatrix}$$

$$\boldsymbol{y} = (y_1, y_2, \cdots, y_k)^{\mathrm{T}} = \begin{pmatrix} y_1 \\ y_2 \\ \vdots \\ y_k \end{pmatrix}$$

$$\boldsymbol{a}_0 = (a_{10}, a_{20}, \cdots, a_{k0})^{\mathrm{T}} = \begin{pmatrix} a_{10} \\ a_{20} \\ \vdots \\ a_{k0} \end{pmatrix}$$

$$A = \begin{pmatrix} a_{11} & a_{12} & \cdots & a_{1n} \\ a_{21} & a_{22} & \cdots & a_{2n} \\ \vdots & \vdots & \vdots & \vdots \\ a_{k1} & a_{k2} & \cdots & a_{kn} \end{pmatrix}$$

则线性函数组可写为：

$$y = a_0 + Ax$$

而 y 的期望值为：

$$\langle y \rangle = a_0 + A\langle x \rangle$$

其含义是对 $i = 1, 2, \cdots, k$，有：

$$\langle y_i \rangle = a_{i0} + \sum_j a_{ij} \langle x_j \rangle$$

直接观测值 x 的协方差矩阵为：

$$\Sigma_x = \begin{pmatrix} \sigma^2(x_1) & \mathrm{Cov}(x_1, x_2) & \cdots & \mathrm{Cov}(x_1, x_n) \\ \mathrm{Cov}(x_2, x_1) & \sigma^2(x_2) & \cdots & \mathrm{Cov}(x_2, x_n) \\ \vdots & \vdots & \vdots & \vdots \\ \mathrm{Cov}(x_n, x_1) & \mathrm{Cov}(x_n, x_2) & \cdots & \sigma^2(x_n) \end{pmatrix}$$

$$= \langle (x - \langle x \rangle)(x - \langle x \rangle)^\mathrm{T} \rangle$$

则计算导出量 y 的**协方差矩阵**为：

$$\Sigma_y = \begin{pmatrix} \sigma^2(y_1) & \mathrm{Cov}(y_1, y_2) & \cdots & \mathrm{Cov}(y_1, y_k) \\ \mathrm{Cov}(y_2, y_1) & \sigma^2(y_2) & \cdots & \mathrm{Cov}(y_2, y_k) \\ \vdots & \vdots & \vdots & \vdots \\ \mathrm{Cov}(y_k, y_1) & \mathrm{Cov}(y_k, y_2) & \cdots & \sigma^2(y_k) \end{pmatrix}$$

$$= \langle (y - \langle y \rangle)(y - \langle y \rangle)^\mathrm{T} \rangle$$
$$= \langle A(x - \langle x \rangle)(x - \langle x \rangle)^\mathrm{T} A^\mathrm{T} \rangle$$
$$= A \langle (x - \langle x \rangle)(x - \langle x \rangle)^\mathrm{T} \rangle A^\mathrm{T}$$

即：

$$\Sigma_y = A \Sigma_x A^\mathrm{T}$$

依此可由 x 的协方差矩阵 Σ_x 计算得到 y 的协方差矩阵 Σ_y，该矩阵对角线上的元素就是导出量 y_i 的方差 $\sigma^2(y_i)$，矩阵中 ij 元素就是 y_i 和 y_j 的协方差 $\mathrm{Cov}(y_i, y_j)$。

需要注意的是，即使直接观测量 $(x_1, x_2, \cdots, x_n)$ 都是相互独立的，但其线性函数的导出量 $(y_1, y_2, \cdots, y_k)$ 却可能是相关的，也就是其相互之间的协方差不一定为零。

例题：导出量 z 是两个独立观测量 x 和 y 的相加或相减，即：

$$z = x \pm y$$

则 z 的期望值和方差为：

$$\langle z \rangle = \langle x \rangle \pm \langle y \rangle$$

$$\sigma^2(z) = \sigma^2(x) + \sigma^2(y)$$

如果观测量 x 来自 n 次观测 $(x_1, x_2, \cdots, x_n)$，观测量 y 来自 m 次观测 $(y_1, y_2, \cdots, y_m)$，则 x 和 y 的期望值就是其均值，即：

$$\langle x \rangle = \bar{x} = \frac{1}{n}\sum_{i=1}^{n} x_i, \quad \langle y \rangle = \bar{y} = \frac{1}{m}\sum_{i=1}^{m} y_i$$

故，导出量 z 的期望值为：

$$\langle z \rangle = \bar{x} \pm \bar{y}$$

设观测量 x 的真值为 μ_x 和方差为 σ_x^2，y 的真值为 μ_y 和方差为 σ_y^2，如果误差 σ_x 和 σ_y 是已知的，则观测量的 $\bar{x}$ 和 $\bar{y}$ 的方差分别为：

$$\sigma^2(\bar{x}) = \frac{\sigma_x^2}{n} \quad \sigma^2(\bar{y}) = \frac{\sigma_y^2}{m}$$

如此，导出量 z 的方差为：

$$\sigma^2(\langle z \rangle) = \sigma^2(\bar{x}) + \sigma^2(\bar{y}) = \frac{\sigma_x^2}{n} + \frac{\sigma_y^2}{m}$$

如果误差 σ_x 和 σ_y 是未知的，但观测次数 n 和 m 足够多时，则观测量的样本方差：

$$S_x^2 = \frac{1}{n-1}\sum_{i=1}^{n}(x_i - \bar{x})^2, \quad S_y^2 = \frac{1}{m-1}\sum_{i=1}^{m}(y_i - \bar{y})^2$$

可作为误差 σ_x 和 σ_y 的估计值，则导出量 z 的方差为：

$$\sigma^2(\langle z \rangle) = \sigma^2(\bar{x}) + \sigma^2(\bar{y}) = \frac{S_x^2}{n} + \frac{S_y^2}{m}$$

在误差 σ_x 和 σ_y 是未知的情形下，但观测次数 n 和 m 不够大时，则导出量的样本方差需要考虑使用 t 分布。

假设观测量 x 和 y 均符合正态分布，且其标准误差 $\sigma_x = \sigma_y = \sigma$，由于观测量的样本方差符合卡方分布，即：

$$\frac{(n-1)S_x^2}{\sigma^2} = \sum_{i=1}^{n}\left(\frac{x_i - \bar{x}}{\sigma}\right)^2 \sim \chi^2(n-1)$$

$$\frac{(m-1)S_y^2}{\sigma^2} = \sum_{i=1}^{m}\left(\frac{y_i - \bar{y}}{\sigma}\right)^2 \sim \chi^2(m-1)$$

根据卡方分布的相加原则，则有：

$$\frac{(n-1)S_x^2}{\sigma^2} + \frac{(m-1)S_y^2}{\sigma^2} \sim \chi^2(m-1+n-1)$$

其期望值为：

$$\left\langle \frac{(n-1)S_x^2}{\sigma^2} + \frac{(m-1)S_y^2}{\sigma^2} \right\rangle = \frac{1}{\sigma^2}\left\langle (n-1)S_x^2 + (m-1)S_y^2 \right\rangle = m+n-2$$

这样，设：

$$S_p = \sqrt{\frac{1}{m+n-2}\left[(n-1)S_x^2 + (m-1)S_y^2\right]}$$

则 S_p 是 σ 的无偏估计。

对于符合正态分布的小样本统计，需使用 t 分布，其自由度为 $k = m+n-2$。则导出量 z 的方差为：

$$\sigma^2(\langle z \rangle) = \sigma^2(\bar{x}) + \sigma^2(\bar{y}) = \frac{S_p^2}{n} + \frac{S_p^2}{m} = S_p^2\left(\frac{1}{n} + \frac{1}{m}\right)$$

综上，在置信水平 ξ 下，对导出量 z 的误差报道需要根据下列三种情况而进行准确的报道：

$$\sigma_{\xi}(\langle z \rangle) = \begin{cases} u_{\xi}\sqrt{\dfrac{\sigma_x^2}{n}+\dfrac{\sigma_y^2}{m}} & \text{若已知标准误差}\sigma_x\text{和}\sigma_y \\ u_{\xi}\sqrt{\dfrac{S_x^2}{n}+\dfrac{S_y^2}{m}} & \text{若标准误差}\sigma_x\text{和}\sigma_y\text{未知,但}n\text{和}m\text{足够大} \\ t_{\xi}^{k}S_p\sqrt{\dfrac{1}{n}+\dfrac{1}{m}} & \text{若标准误差}\sigma_x\text{和}\sigma_y\text{未知,但相等且样本服从正态分布} \end{cases}$$

其中,自由度 $k = m+n-2$。

2. 复杂函数关系的误差传递

如果观测量之间并不是相互独立的,或者观测量的误差并不是很小,或者计算导出量的函数关系过于复杂,就需要利用蒙特卡洛(Monte Carlo)方法来计算误差传递。

具体方法是:利用蒙特卡洛方法对每个观测量 x_i 进行随机抽样,得到相应的新观测量 x_i',由函数关系 $y = f(x_1, x_2, \cdots)$ 得到新的导出量 y'。多次重复此过程可得到一系列的 y',据此可计算导出量的估计值和误差。

例题:两个天体的亮度是服从泊松分布的两个观测量 (x_1, x_2),设其平均值分别为 10 和 20,求导出量 $z = x_2/x_1$ 的结果,即测量两个天体的亮度之比。

```
import numpy as np
import matplotlib.pyplot as plt

n=1000
xx1=np.random.poisson(10,n)
xx2=np.random.poisson(20,n)
print(np.size(xx1),np.mean(xx1),np.var(xx1, ddof=1),np.std(xx1, ddof=1))
print(np.size(xx2),np.mean(xx2),np.var(xx2, ddof=1),np.std(xx2, ddof=1))

1000 9.815 9.74251751751752 3.1213006131286876
1000 20.006 20.31628028028028 4.507358459261952
```

计算导出量z，并画出直方图（图4.1）：

```
zz=xx2/xx1
pp=plt.hist(zz,bins=50)
plt.xlim(0,8)
```

(0.0, 8.0)

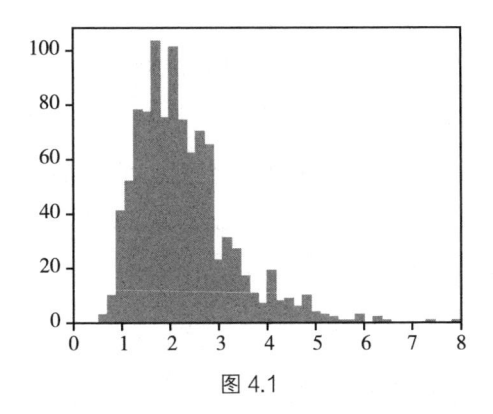

图 4.1

计算导出量z的样本数、中值、均值、方差和标准差。

```
print(np.size(zz),np.median(zz), np.mean(zz),np.var(zz,
ddof=1),np.std(zz, ddof=1))
```

1000 2.1 2.2863803540800447 1.05415246663988 1.0267192735309296

则导出量的结果为：$z=2.3\pm 1.0$，或是 $z=2\pm 1$。

因导出量z明显不是正态分布，在报道结果时可以用seaborn来作图。

画出(x_1,x_2)的直方图和概率密度函数的核密度估计（图4.2）：

```
import seaborn as sns
import warnings
warnings.filterwarnings("ignore")

xx=[xx1,xx2]
sns.displot(xx,kde=True,rug=True)
plt.xlabel("$x_1,x_2$")
plt.ylabel("N")
```

Text(10.460704861111113, 0.5, 'N')

画出导出量z的直方图和概率密度函数的核密度估计（图4.3）：

```
sns.displot(zz,kde=True,rug=True)
plt.xlim(0,8)
plt.xlabel("z")
plt.ylabel("N")
Text(4.944444444444445, 0.5, 'N')
```

例题：由于视宁度的影响，在望远镜焦面上天体的像是随机抖动的。天体在焦面上的坐标可由两个独立的随机变量 (x_1, x_2) 表示，设它们服从正态分布 $N(0,1)$，求天体的像距其平均中心的距离，即导出量 $r = \sqrt{x_1^2 + x_2^2}$ 的分布。

```
import numpy as np
import matplotlib.pyplot as plt

n=1000
xx=np.random.randn(n,2)
print(np.size(xx[:,0]),np.mean(xx[:,0]),np.var(xx[:,0], ddof=1),np.std(xx[:,0], ddof=1))
print(np.size(xx[:,1]),np.mean(xx[:,1]),np.var(xx[:,1], ddof=1),np.std(xx[:,1], ddof=1))
```

1000 -0.015817401637468722 0.9818400945677119 0.9908784459093416
1000 -0.010023425640513544 1.0564377624482304 1.027831582725609

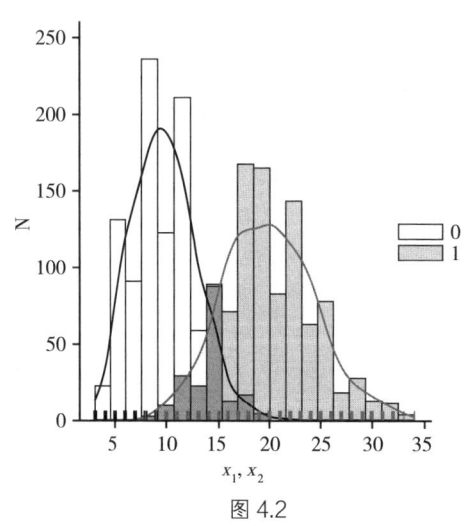

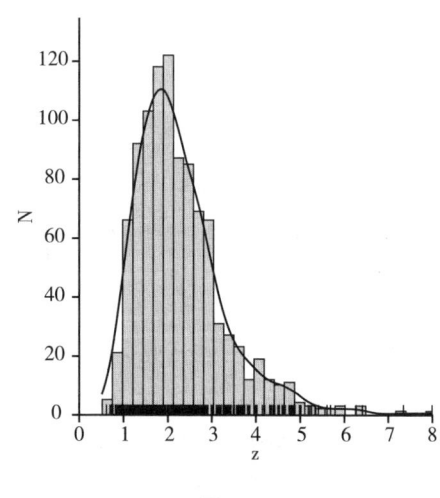

图 4.2

图 4.3

计算导出量 r，并画出直方图（图 4.4）：

```
rr=np.sqrt(xx[:,0]**2+xx[:,1]**2)
pp=plt.hist(rr,bins=50)
```

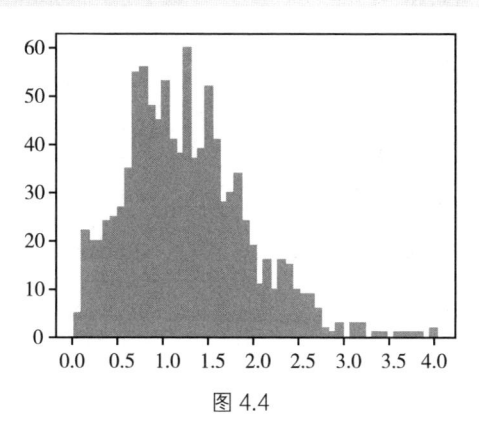

图 4.4

计算导出量 r 的样本数、中值、均值、方差和标准差。

```
print(np.size(rr),np.median(rr),np.mean(rr),np.var(rr, ddof=1),np.std(rr, ddof=1))
```

  1000 1.2003444383959088 1.2622739986076135 0.44369828914334836 0.6661068151155252

则导出量的结果为：$r=1.26 \pm 0.67$。

因导出量 r 明显不是正态分布，在报道结果时可以用 seaborn 来作图。

画出 (x_1, x_2) 的直方图和概率密度函数的核密度估计（图 4.5）：

```
import seaborn as sns
sns.displot(xx,kde=True,rug=True)
plt.xlabel("x[0,1]")
plt.ylabel("N")
```
Text(10.460704861111113, 0.5, 'N')

画出导出量 r 的直方图和概率密度函数的核密度估计（图 4.6）：

```
sns.displot(rr,kde=True,rug=True)
plt.xlabel("r")
plt.ylabel("N")
```
Text(4.944444444444445, 0.5, 'N')

图 4.5

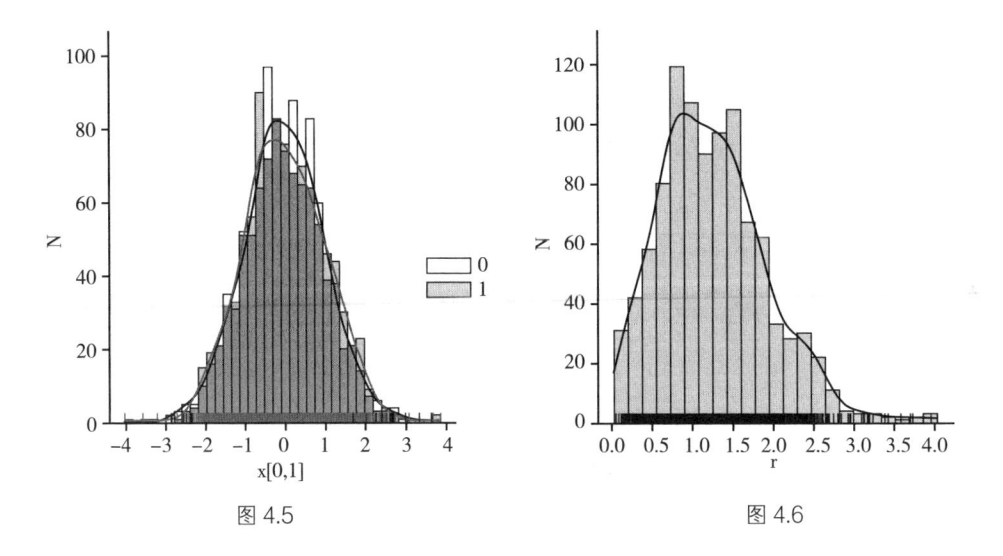

图 4.6

也可用误差盒来表示（图 4.7）：

```
sns.boxplot(x=rr,labels=['r'],palette="Set3")
sns.stripplot(x=rr,color='grey')
```

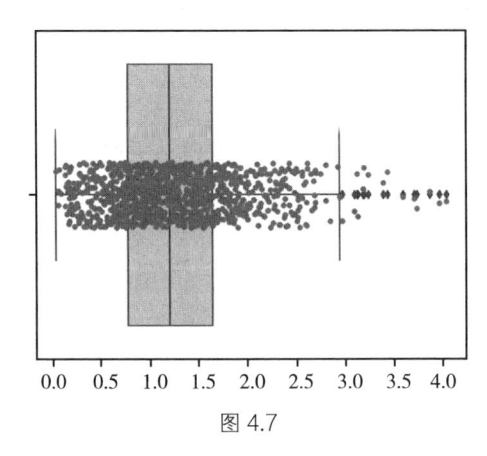

`<Axes: >`

图 4.7

可用 numpy.percentile 来计算导出量 r 的分位值：

```
print("10 percent = %.2f"%np.percentile(rr,10))
print("25 percent = %.2f"%np.percentile(rr,25))
print("50 percent = %.2f"%np.percentile(rr,50))
```

```
print("75 percent = %.2f"%np.percentile(rr,75))
print("90 percent = %.2f"%np.percentile(rr,90))
10 percent = 0.46
25 percent = 0.77
50 percent = 1.20
75 percent = 1.65
90 percent = 2.17
```

实际上，当一个随机二维向量的两个分量呈独立的、均值为 0，有着相同的方差的正态分布时，这个向量的模服从瑞利分布。即这里的导出量 $r = \sqrt{x_1^2 + x_2^2}$ 符合瑞利分布，其参数为：

```
import scipy.stats as spstat

loc, scale = spstat.rayleigh.fit(rr)
print(loc,scale)
-0.00984364023449359 1.015267914864698
```

或使用 KS 检验来确定其是否符合瑞利分布：

```
kst=spstat.kstest(rr,'rayleigh',args=(0,1.02))
print(kst)
KstestResult(statistic=0.024089535297160847, pvalue=0.598673209647274, statistic_location=1.6480536954436198, statistic_sign=1)
```

这里 p 值为 59.8%，可认为其符合瑞利分布。

第 5 章
最小二乘估计

5.1 最小二乘法

对于具有真值 μ 的随机变量 X，在实际中通过有限次的观测得到一组观测样本 $(x_1, x_2, \cdots, x_n)$，再利用 n 个观测量来对真值进行估计而得到真值的估计值。

最小二乘法就是通过使样本方差或样本卡方量达到最小时的模型参数来作为参数的估计值。

设样本卡方量为：

$$L_M(\mu) = \sum_{i=1}^{n} \left(\frac{x_i - \mu}{\sigma} \right)^2$$

则参数 μ 的最小二乘法估计值为：

$$\hat{\mu} = \arg\min_{\mu} L_M(\mu) = \arg\min_{\mu} \sum_{i=1}^{n} \left(\frac{x_i - \mu}{\sigma} \right)^2$$

符号 arg min 是指让函数值取最小时的参数值，也可写成：

$$L_M(\mu)\big|_{\mu=\hat{\mu}} = \sum_{i=1}^{n} \left(\frac{x_i - \mu}{\sigma} \right)^2 \bigg|_{\mu=\hat{\mu}} = \min$$

5.1.1 等精度观测样本

等精度观测样本是指 n 个观测值 $(x_1, x_2, \cdots, x_n)$ 都具有相同的精度，即每个观测量的标准误差均为 σ。则样本卡方量为：

$$L_M(\mu) = \sum_{i=1}^{n} \left(\frac{x_i - \mu}{\sigma} \right)^2$$

为求真值 μ，需使样本卡方量最小，即其导数为零：

$$0 = \left. \frac{dL_M(\mu)}{d\mu} \right|_{\mu=\hat{\mu}} = -\frac{2}{\sigma^2} \sum_{i=1}^{n} (x_i - \mu) \Big|_{\mu=\hat{\mu}} = -\frac{2}{\sigma^2} \left(\sum_{i=1}^{n} x_i - n\hat{\mu} \right)$$

则真值 μ 的最小二乘法估计值为：

$$\hat{\mu} = \frac{1}{n} \sum_{i=1}^{n} x_i$$

由于 n 个观测量 x_i 相互之间是独立的，因此估计值的方差为：

$$\sigma^2(\hat{\mu}) = \sigma^2 \left(\frac{1}{n} \sum_{i=1}^{n} x_i \right) = \frac{1}{n^2} \sigma^2 \left(\sum_{i=1}^{n} x_i \right) = \frac{1}{n^2} \sum_{i=1}^{n} \sigma^2(x_i) = \frac{1}{n^2} \sum_{i=1}^{n} \sigma^2 = \frac{1}{n} \sigma^2$$

则估计量的标准误差为：

$$\sigma(\hat{\mu}) = \frac{\sigma}{\sqrt{n}}$$

5.1.2 非等精度观测样本

若 n 个观测值 $(x_1, x_2, \cdots, x_n)$ 的标准误差并不相同，分别为 $(\sigma_1, \sigma_2, \cdots, \sigma_n)$，则样本卡方量为：

$$L_M(\mu) = \sum_{i=1}^{n} \left(\frac{x_i - \mu}{\sigma_i} \right)^2$$

为求真值 μ，需使样本卡方量最小，即其导数为零：

$$0 = \left. \frac{dL_M(\mu)}{d\mu} \right|_{\mu=\hat{\mu}} = -2 \sum_{i=1}^{n} \left(\frac{x_i - \mu}{\sigma_i^2} \right) \Big|_{\mu=\hat{\mu}}$$

设 $w_i = 1/\sigma_i^2$，则上式为：

$$0 = \sum_{i=1}^{n}(w_i x_i - w_i \hat{\mu}) = \sum_{i=1}^{n} w_i x_i - \hat{\mu} \sum_{i=1}^{n} w_i$$

则真值 μ 的最小二乘法估计值为：

$$\hat{\mu} = \frac{\sum w_i x_i}{\sum w_i}$$

由于 n 个观测量 x_i 相互之间是独立的，因此估计值 $\hat{\mu}$ 的方差为：

$$\sigma^2(\hat{\mu}) = \sigma^2\left(\frac{\sum w_i x_i}{\sum w_i}\right) = \frac{\sigma^2(\sum w_i x_i)}{(\sum w_i)^2} = \frac{\sum \sigma^2(w_i x_i)}{(\sum w_i)^2} = \frac{\sum w_i^2 \sigma^2(x_i)}{(\sum w_i)^2} = \frac{\sum w_i^2 \sigma_i^2}{(\sum w_i)^2} = \frac{\sum w_i}{(\sum w_i)^2} = \frac{1}{\sum w_i}$$

则估计量 $\hat{\mu}$ 的标准误差为：

$$\sigma^2(\hat{\mu}) = \frac{1}{\sqrt{\sum w_i}} = \left(\sum \frac{1}{\sigma_i^2}\right)^{-\frac{1}{2}}$$

5.1.3 模型拟合

若有两个可同时观测的观测量 x 和 y，而观测量 y 是与自变量 x 有带有 k 个模型参数 $\boldsymbol{c} = (c_1, c_2, \cdots, c_k)$ 的函数关系：

$$y(x) = f(x, \boldsymbol{c})$$

则由观测量 x 和 y 的多次观测数据可以拟合出 k 个模型参数 $\{c_j\}$。

设对观测量 x 和 y 进行 n 次观测所得到的观测样本为 $[(x_1, y_1), (x_2, y_2), \cdots, (x_n, y_n)]$，其观测样本的卡方量为：

$$L_M(\boldsymbol{c}) = \sum_{i=1}^{n}\left[\frac{y_i - f(x_i, \boldsymbol{c})}{\sigma}\right]^2$$

则模型参数 $\boldsymbol{c}$ 的最小二乘法估计值为：

$$\hat{\boldsymbol{c}} = \arg\min_{\boldsymbol{c}} L_M(\boldsymbol{c}) = \arg\min_{\boldsymbol{c}} \sum_{i=1}^{n}\left[\frac{y_i - f(x_i, \boldsymbol{c})}{\sigma}\right]^2$$

或写为：

$$L_M(\boldsymbol{c})|_{\boldsymbol{c}=\hat{\boldsymbol{c}}} = \sum_{i=1}^{n}\left[\frac{y_i - f(x_i, \boldsymbol{c})}{\sigma}\right]^2 \bigg|_{\boldsymbol{c}=\hat{\boldsymbol{c}}} = \min$$

若标准误差 σ 是未知的,可用下列方法来得到模型参数 c:

$$\hat{c} = \arg\min_{c} \sum_{i=1}^{n} \left[y_i - f(x_i, c) \right]^2$$

或:

$$\sum_{i=1}^{n} \left[y_i - f(x_i, c) \right]^2 \bigg|_{c=\hat{c}} = \min$$

即用样本方差最小来求模型参数,这就是**模型拟合**的最小二乘法。

在使用最小二乘法时,除了使用(偏)导数为零时来求样本卡方量或样本方差最小时的模型参数,一般更多的是使用目标优化程序来求得模型参数。

如何判断模型拟合得好坏?通常使用拟合残差来检验。拟合残差 e 是指:

$$e_i = y_i - f(x, \hat{c})$$

它也是一个随机变量。拟合残差的期望值和方差为:

$$\langle e \rangle = \bar{e} = 0$$

$$\sigma^2(e) = \sigma^2$$

如果拟合残差服从正态分布,则模型拟合的卡方量服从自由度为 $n-k$ 的卡方分布,即:

$$\chi^2 = \sum_{i=1}^{n} \left[\frac{y_i - f(x_i, \hat{c})}{\sigma} \right]^2 \sim \chi^2(n-k)$$

这是因为,虽然观测量 y 对其真值 $\hat{y}$ 的样本卡方量服从自由度为 n 的卡方分布,即:

$$\sum_{i=1}^{n} \left(\frac{y_i - \hat{y_i}}{\sigma} \right)^2 \sim \chi^2(n)$$

但真值 $\hat{y}$ 与 k 个模型参数 $\hat{c}$ 存在着约束关系:

$$\hat{y_i} = f(x_i, \hat{c})$$

这就使得观测量互相独立的数目从 n 减少了参数的数目 k,因此自由度为

$n-k$。

由于模型拟合的卡方量服从自由度为 $n-k$ 的卡方分布，则其期望值为：

$$\langle \chi^2 \rangle = \langle \sum_{i=1}^{n} \left[\frac{y_i - f(x_i, \hat{c})}{\sigma} \right]^2 \rangle = n - k$$

或者，模型拟合的约化卡方量 χ_{dof}^2 的期望值为：

$$\langle \chi_{dof}^2 \rangle \equiv \langle \frac{\chi^2}{dof} \rangle = \langle \frac{1}{n-k} \sum_{i=1}^{n} \left[\frac{y_i - f(x_i, \hat{c})}{\sigma} \right]^2 \rangle = 1$$

其中，符号 dof 表示的是自由度，在这里 $dof = n - k$。

所以，对于模型拟合得较好时，约化卡方量应为 $\chi_{dof}^2 \approx 1$。如果与 1 的偏离太多，则说明观测量误差 σ 过大或过小，很不准确。另外的情形则可能是拟合残差 e 不是正态分布。

5.2 模型拟合

5.2.1 常数拟合

常数模型是指在观测量不随自变量（如时间）而变化的情形。常数模型的数学表达为：

$$y(x) = c$$

其中 y 是观测量，c 为常数。

若观测量是 n 个数据 $\{y_i\}$，则模型的常数 c 和误差 σ_c 为观测量 $\{y_i\}$ 的均值和标准差，即：

$$c = \frac{\sum_{i=1}^{n} y_i}{n}$$

$$\sigma_c = \sqrt{\frac{\sum_{i=1}^{n}(y_i - c)^2}{n-1}}$$

例题： 判断一个天体的亮度是否为常数，即亮度不变。设对天体亮度进行了 30 次观测，即观测量是 30 个符合正态分布 $N(10,1)$ 的随机数，判断其亮度是否不变。

（1）构造该观测量的模拟数据（图 5.1）。

```
import numpy as np
import matplotlib.pyplot as plt

n=30
ay=10
sy=1
x=np.arange(n)
y=np.random.randn(n)*sy+ay
plt.plot(x,y)
plt.ylim(bottom=0)
```
(0.0, 12.540406760995104)

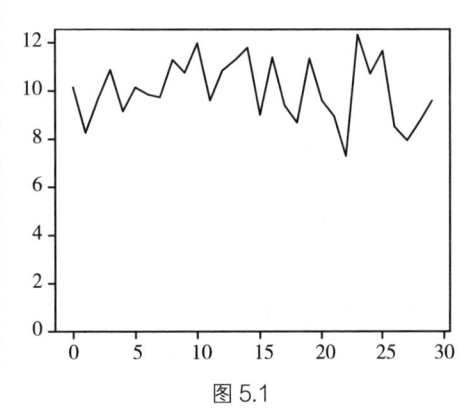

图 5.1

（2）计算模型参数。

利用 Python 中的 numpy.mean（）和 numpy.std（）可求出观测量的均值和标准差。

```
c=np.mean(y)
sc=np.std(y, ddof=1)
print(c,sc)
```
9.984121207665055 1.2974077692766517

因此，模型参数 c 的值为 10.0，误差为 1.3，可报道计算结果为：$c = 10.0 \pm 1.3$。

（3）将模型拟合结果与观测数据放在一起（图 5.2）。

```
plt.plot(x,y,'.')
plt.plot([0,n],[c,c])
plt.plot([0,n],[c+sc,c+sc],':')
plt.plot([0,n],[c-sc,c-sc],':')
plt.ylim(bottom=0)
```
(0.0, 12.540406760995104)

图 5.2 画出了模型拟合结果 $c = 10.0$（实线）和 1σ 误差限（虚线）。

一般在模型拟合时，增加一个**残差图**来显示拟合的效果。其中归一化残差（Residuals）定义为：

$$Residuals = \frac{y-c}{\sigma_c}$$

将模型拟合结果和拟合残差显示如图 5.3 所示。

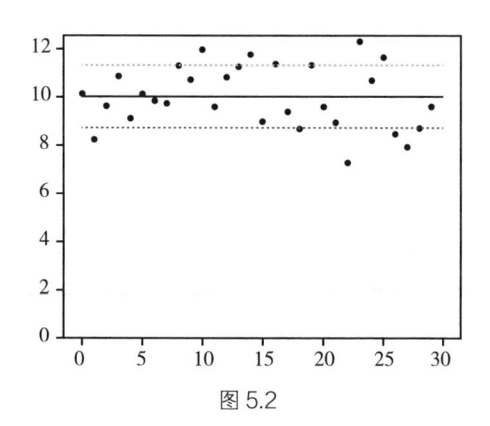

图 5.2

```
# definitions for the axes
left, width = 0.1, 0.85
bottom, height = 0.1, 0.20
spacing = 0.008

rect_plot = [left, bottom + height + spacing, width, 0.65]
rect_resd = [left, bottom, width, height]

# start with a square Figure
fig = plt.figure()
ax = fig.add_axes(rect_plot)
ax_resd = fig.add_axes(rect_resd, sharex=ax)

ax.plot(x,y,'.')
ax.plot([0,n],[c,c])
ax.plot([0,n],[c+sc,c+sc],':')
ax.plot([0,n],[c-sc,c-sc],':')
ax.grid(True)
ax.set_ylabel('y')
ax.set_ylim(bottom=0)

res=(y-c)/sc
```

```
ax_resd.plot(x,res,'.')
ax_resd.axhline(0,ls=':')
ax_resd.axhline(1,ls=':')
ax_resd.axhline(-1,ls=':')
ax_resd.grid(True)
ax_resd.set_ylabel('Residuals')
ax_resd.set_xlabel('x')
```
Text(0.5, 0, 'x')

如何判断观测量确实符合常数模型，即观测量不随自变量而变化呢？

对于模型拟合来说，主要是看残差的分布情况。即残差应该符合期望值为 0 的正态分布。为此，可以使用统计检验来确认残差是否符合正态分布。

如果数据点比较多，一般可使用 KS 检验。但在数据点较少（如少于 50）的情况下，应该使用 Shapiro-Wilk 检验，简称 W 检验或 SW 检验。

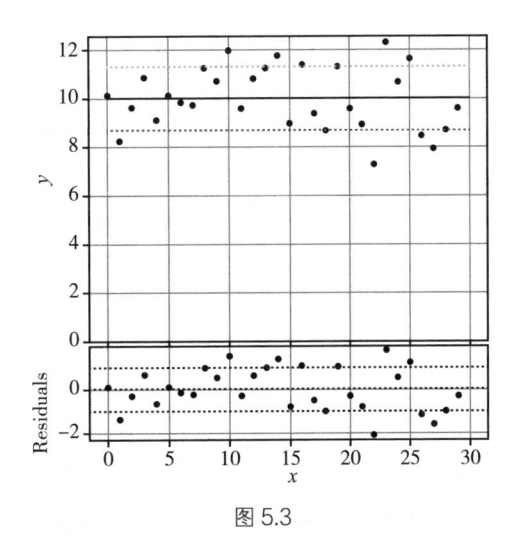

图 5.3

可以使用程序包 scipy.stats.shapiro 来进行 Shapiro-Wilk 检验，具体计算如下：

```
import scipy.stats as spstat

swt=spstat.shapiro(res)
print(swt)
```
ShapiroResult(statistic=0.9760423898696899, pvalue=0.7134210467338562)

由此可知，由观测量给出的 Shapiro-Wilk 检验的 p 值为 0.71。因此，对观测量采用常数模型是正确的。

5.2.2 正比拟合

当观测量与自变量成比例关系时所进行的拟合。正比模型的数学表达为：

$$y(x) = ax$$

其中，a 为待拟合参数。

对于 n 个观测量 $\{y_i\}$，且有相应的自变量 $\{x_i\}$，可由最小二乘法得到参数 a。观测量与模型的方差为：

$$J = \sum (y_i - ax_i)^2 = \sum y_i^2 - 2a\sum x_i y_i + a^2 \sum x_i^2$$

由方差最小可以求得 a 的值，即将 J 对 a 的一阶导数为 0 而求出 a。

$$0 = \frac{dJ}{da} = -2\sum x_i y_i + 2a \sum x_i^2$$

则拟合参数 a 为：

$$a = \frac{\sum x_i y_i}{\sum x_i^2}$$

作为正比拟合的特例，1:1 关系或 $y = x$，可以将其变换为：$f = y - x = 0$，由此可以用常数拟合方式，得到拟合后的常数，看其是否在常数为 0 的误差范围内。

例题：星系的退行速度与其距离成正比。有 30 个观测量 $\{y_i\}$，与自变量 $\{x_i\}$ 成正比，其中 $\{x_i\}$ 是在（0,100）中均匀分布的随机数，求其比例因子 a。

（1）构造该观测量的模拟数据（图 5.4）。

设比例因子 $a = 0.75$。在 Python 中的 numpy.random.rand 可产生在（0,1）中的均匀分布的随机数，将其乘以 100 即可得到在（0,100）中的均匀分布的随机数 $\{x_i\}$。而乘以比例因子 a 并加上随机误差即可得到观测量 $\{y_i\}$。这里随机误差为均值为 0 的正态分布，标准差取 $\{ax_i\}$ 的最大值的 10%。

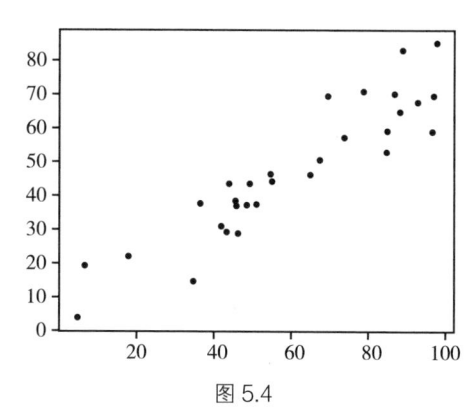

图 5.4

```
import numpy as np
import matplotlib.pyplot as plt

n=30
a=0.75
er=0.1
x=np.random.rand(n)*100
ey=a*np.max(x)*er*np.random.randn(n)
y=a*x+ey
plt.plot(x,y,'.')
```

[<matplotlib.lines.Line2D at 0x7fce130c3880>]

（2）计算模型参数。

利用 numpy.array（）来计算 $\{x_i \times y_i\}$ 等，并用 numpy.sum（）来计算求和：

```
ax=np.array(x)
ay=np.array(y)
axx=np.sum(x*x)
axy=np.sum(x*y)
af=axy/axx
print(af)
```

0.7754641375460074

因此，拟合得出的比例因子 a 为 0.78。

（3）将模型拟合结果与观测数据放在一起，如图 5.5 所示。

```
# definitions for the axes
left, width = 0.1, 0.85
bottom, height = 0.1, 0.20
spacing = 0.008

rect_plot = [left, bottom + height + spacing, width, 0.65]
rect_resd = [left, bottom, width, height]

# start with a square Figure
fig = plt.figure()
```

```
ax = fig.add_axes(rect_plot)
ax_resd = fig.add_axes(rect_resd, sharex=ax)

yf=af*x
ax.plot(x,y,'.')
ax.plot(x,yf)
ax.grid(True)
ax.set_ylabel('y')

dy=y-yf
sc=np.std(dy, ddof=1)
res=dy/sc
ax_resd.plot(x,res,'.')
ax_resd.axhline(0,ls=':')
ax_resd.axhline(1,ls=':')
ax_resd.axhline(-1,ls=':')
ax_resd.grid(True)
ax_resd.set_ylabel('Residuals')
ax_resd.set_xlabel('x')
Text(0.5, 0, 'x')
```

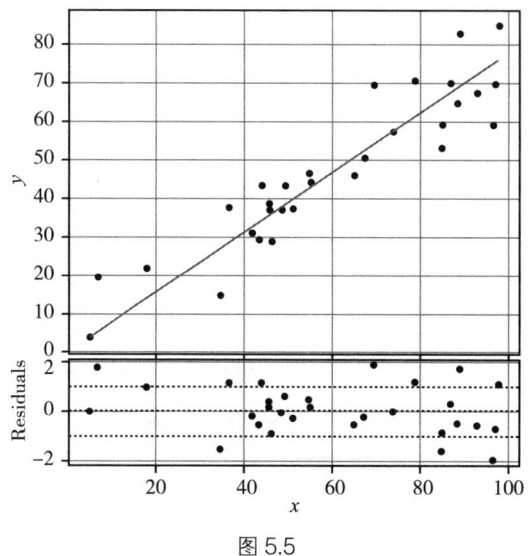

图 5.5

5.2.3 直线拟合

观测量与自变量的关系为简单的线性关系，直线拟合的数学表达为：

$$y(x) = ax + c$$

其中，a 和 c 为待拟合参数。

对于 n 个观测量 $\{y_i\}$，且有相应的自变量 $\{x_i\}$，可由最小二乘法得到参数 a 和 c。观测量与模型的方差为：

$$J = \sum \left[y_i - (ax_i + c) \right]^2$$

由方差最小可以求得 a 和 c 的值，即将 J 对 a 和 c 的一阶偏导数为 0 而求出：

$$0 = \frac{\partial J}{\partial a} = \sum 2 \left[y_i - (ax_i + c) \right](-x_i) = -2 \sum x_i y_i + 2a \sum x_i^2 + 2c \sum x_i$$

$$0 = \frac{\partial J}{\partial c} = \sum 2 \left[y_i - (ax_i + c) \right](-1)$$

由此可得到：

$$a = \frac{n \sum x_i y_i - \sum x_i \sum y_i}{n \sum x_i^2 - (\sum x_i)^2}$$

$$c = \frac{\sum y_i}{n} - a \frac{\sum x_i}{n}$$

例题：造父变星的光变周期和绝对星等之间存在线性关系。有 30 个观测量 $\{y_i\}$，与自变量 $\{x_i\}$ 有线性关系，其中 $\{x_i\}$ 是在（0,100）中均匀分布的随机数，求其线性关系。

（1）构造该观测量的模拟数据（图 5.6）。

设线性关系为：$y = ax + c$，其中假定 $a = 0.75$ 和 $c = 10$。在 Python 中的 numpy.random.rand 可产生在（0,1）中的均匀分布的随机数，将其乘以 100 即可得到在（0,100）中的均匀分布的

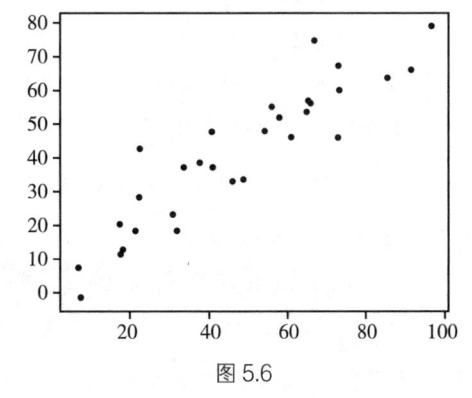

图 5.6

随机数 $\{x_i\}$。而按线性关系 $y = ax + c$ 计算 y，并加上随机误差即可得到观测量 $\{y_i\}$。这里随机误差为均值为 0 的正态分布，标准差取 y 的最大值的 10%。

```python
import numpy as np
import matplotlib.pyplot as plt

n=30
a=0.75
c=10
er=0.1
x=np.random.rand(n)*100
y0=a*x+c
ey=np.max(y0)*er*np.random.randn(n)
y=y0+ey
plt.plot(x,y,'.')
```
[<matplotlib.lines.Line2D at 0x7fce13052e00>]

（2）计算模型参数。

利用 numpy.array（）来计算 $\{x_i \times y_i\}$ 等，并用 numpy.sum（）来计算求和：

```python
ax=np.sum(x)
ay=np.sum(y)
axx=np.sum(x*x)
axy=np.sum(x*y)
af=(n*axy-ax*ay)/(n*axx-ax*ax)
cf=(ay-af*ax)/n
print(af,cf)
```
0.7628347006075148 4.831020190812539

因此，拟合得出的比例因子 a 为 0.76，c 为 4.8。

（3）将模型拟合结果与观测数据放在一起，如图 5.7 所示。

```python
# definitions for the axes
left, width = 0.1, 0.85
bottom, height = 0.1, 0.20
spacing = 0.008
```

```
rect_plot = [left, bottom + height + spacing, width, 0.65]
rect_resd = [left, bottom, width, height]

# start with a square Figure
fig = plt.figure()
ax = fig.add_axes(rect_plot)
ax_resd = fig.add_axes(rect_resd, sharex=ax)

yf=af*x+cf
ax.plot(x,y,'.')
ax.plot(x,yf)
ax.grid(True)
ax.set_ylabel('y')

dy=y-yf
sc=np.std(dy, ddof=1)
res=dy/sc
ax_resd.plot(x,res,'.')
ax_resd.axhline(0,ls=':')
```

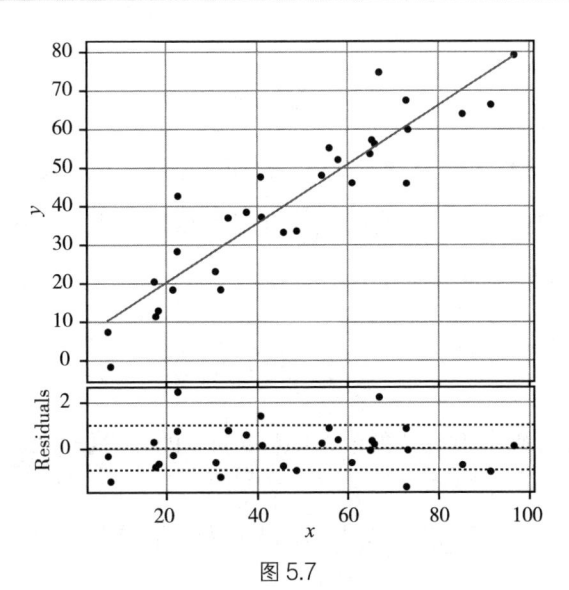

图 5.7

```
ax_resd.axhline(1,ls=':')
ax_resd.axhline(-1,ls=':')
ax_resd.grid(True)
ax_resd.set_ylabel('Residuals')
ax_resd.set_xlabel('x')
Text(0.5, 0, 'x')
```

5.2.4 多项式拟合

观测量与自变量的关系为多项式关系，m 次多项式拟合的数学表达为：

$$y = c_1 + c_2 x + c_3 x^2 + c_4 x^3 + c_5 x^4 + c_6 x^5 + \cdots + c_m x^{m-1} + c_{m+1} x^m$$

或：

$$y = \sum_{j=1}^{m+1} c_j x^{j-1}$$

其中，$m+1$ 个 $\{c_j\}$ 为待拟合参数。

实际上，多项式拟合可以看作是广义线性拟合的一个特例，广义线性拟合的数学表达为：

$$y = \sum_{j=1}^{m} c_j f_j(x)$$

其中 m 个 $\{f_j(x)\}$ 函数仅与自变量 x 有关，而完全与待拟合参数 $\{c_j\}$ 无关。

对于 n 个观测量 $\{y_i\}$，且有相应的自变量 $\{x_i\}$，可由最小二乘法得到参数 $\{c_j\}$。观测量与模型的方差为：

$$J(c) = \sum_i \left[y_i - \sum_j c_j f_j(x_i) \right]^2$$

由方差最小可以求得 $\{c_j\}$ 的值，即将 J 对 c_l 的一阶偏导数为 0 而求出：

$$0 = \frac{\partial J}{\partial c_l} = \sum_i \left(y_i - \sum_j c_j f_j(x_i) \right) \left[-2 f_l(x_i) \right]$$

由此得到 m 个关于 $\{c_j\}$ 的方程：

$$\sum_j c_j \sum_i f_j(x_i) f_l(x_i) = \sum_i y_i f_l(x_i) \quad (l=1,2,\cdots,m)$$

将方程组改写为矩阵形式：

$$A^H A c = A^H y$$

其中 A 为 $n \times m$ 的矩阵：

$$A = \begin{bmatrix} f_1(x_1) & f_2(x_1) & \cdots & f_m(x_1) \\ f_1(x_2) & f_2(x_2) & \cdots & f_m(x_2) \\ \vdots & \vdots & \vdots & \vdots \\ f_1(x_n) & f_2(x_n) & \cdots & f_m(x_n) \end{bmatrix}$$

对于 m 次多项式拟合来说，则 A 为 $n \times (m+1)$ 的矩阵：

$$A = \begin{bmatrix} 1 & x_1 & x_1^2 & \cdots & x_1^m \\ 1 & x_2 & x_2^2 & \cdots & x_2^m \\ \vdots & \vdots & \vdots & \vdots & \vdots \\ 1 & x_n & x_n^2 & \cdots & x_n^m \end{bmatrix}$$

而待拟合参数 $\{c_j\}$ 的解为：

$$c = (A^H A)^{-1} A^H y = A^\dagger y$$

例题：对周期变化的一小段数据进行多项式拟合。有 30 个观测量 $\{y_i\}$，与自变量 $\{x_i\}$ 有 5 次多项式关系，其中 $\{x_i\}$ 是在 (0.5,5.5) 中均匀分布的随机数，求其多项式系数。

（1）构造该观测量的模拟数据。

在 Python 中的 numpy.random.rand 可产生在 (0,1) 中的均匀分布的随机数，通过简单变换可转变为在 (0.5,5.5) 中的均匀分布的随机数 $\{x_i\}$。

设 5 次多项式的系数为：$c = [20,6,5,-5,1,-0.0555]$，即多项式的公式是：

$$y(x) = 20 + 6x + 5x^2 - 5x^3 + x^4 - 0.0555x^5$$

由此多项式计算并加上随机误差即可得到观测量 $\{y_i\}$。这里随机误差均值为 0 的正态分布，标准差取用公式计算的 y 的最大值的 10%。

以下定义了函数 $f(x)=mfunc(x,c)$ 以方便计算在自变量为 x 时的多项式的值（图 5.8）。其中 c 为多项式系数，若 c 包含 m 个系数，则为 $m-1$ 次多项式。

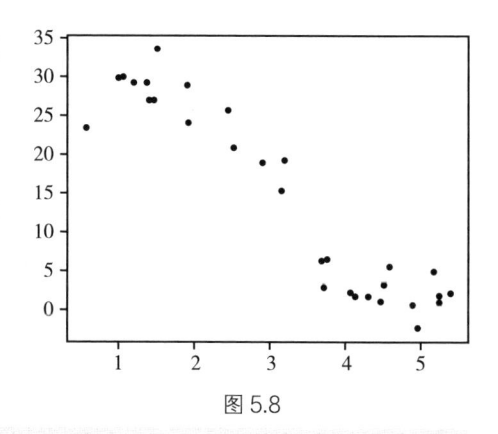

图 5.8

```python
import numpy as np
import matplotlib.pyplot as plt

def mfunc(x,c):
    f=0
    for i in range(len(c)):
        f+=c[i]*x**i
    return(f)

n=30
c=[20,6,5,-5,1,-0.0555]
er=0.1
x=np.random.rand(n)*5+0.5
y0=[]
for i in range(n):
    ta=mfunc(x[i],c)
    y0.append(ta)
ey=np.max(y0)*er*np.random.randn(n)
y=y0+ey
plt.plot(x,y,'.')
```

[<matplotlib.lines.Line2D at 0x7fce12dcafb0>]

（2）计算模型参数。

利用 Python 中的 scipy.linalg.lstsq（）来计算多项式的拟合系数，为此需要构造前述的 30×6 矩阵 A。

```
import scipy.linalg as splin

aa=[]
for i in range(n):
    ta=[]
    for j in range(6):
        xx=x[i]**j
        ta.append(xx)
    aa.append(ta)

cf,resid,rank,sigma = splin.lstsq(aa,y)
print(cf)
```
[19.9333629   5.58794793   8.29692587 -7.30291129   1.57735308 -0.10468223]

这里的 cf 中的 6 个系数就是拟合后得到的多项式系数。

（3）将模型拟合结果与观测数据放在一起，如图 5.9 所示。

```
# definitions for the axes
left, width = 0.1, 0.85
bottom, height = 0.1, 0.20
spacing = 0.008

rect_plot = [left, bottom + height + spacing, width, 0.65]
rect_resd = [left, bottom, width, height]

# start with a square Figure
fig = plt.figure()
ax = fig.add_axes(rect_plot)
ax_resd = fig.add_axes(rect_resd, sharex=ax)

m=np.arange(100)
xf=6*m/100
yf=[]
for i in range(len(xf)):
```

```
        ta=mfunc(xf[i],cf)
        yf.append(ta)
ax.plot(x,y,'.')
ax.plot(xf,yf)
ax.grid(True)
ax.set_ylabel('y')

dy=[]
for i in range(len(x)):
    ta=y[i]-mfunc(x[i],cf)
    dy.append(ta)
sc=np.std(dy, ddof=1)
res=dy/sc
ax_resd.plot(x,res,'.')
ax_resd.axhline(0,ls=':')
ax_resd.axhline(1,ls=':')
ax_resd.axhline(-1,ls=':')
ax_resd.grid(True)
ax_resd.set_ylabel('Residuals')
ax_resd.set_xlabel('x')
```
Text(0.5, 0, 'x')

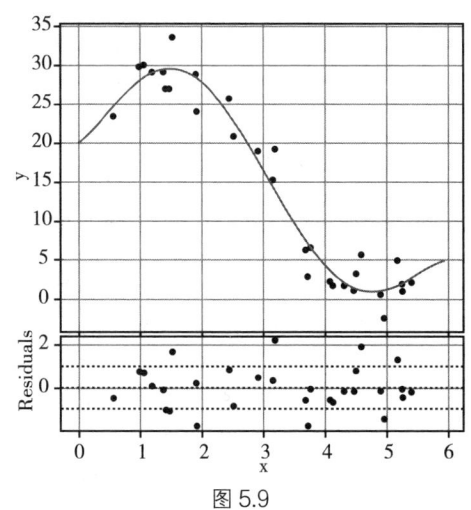

图 5.9

需要注意的是，在使用多项式拟合时，并不是多项式的幂次越高越好。由于观测量均存在误差，高次多项式往往会扭曲观测量的变化趋势。所以，应该尽量使用低幂次的多项式来拟合。

比如，将上面的 5 次多项式拟合改为 7 次多项式拟合，则有：

```
aa=[]
for i in range(n):
    ta=[]
    for j in range(8):
        xx=x[i]**j
        ta.append(xx)
    aa.append(ta)

cf,resid,rank,sigma = splin.lstsq(aa,y)
print(cf)
[-5.88695879e+01   3.02398531e+02  -4.04252935e+02   2.75521207e+02
 -1.04175235e+02   2.18596720e+01  -2.37910761e+00   1.04785456e-01]
```

这里 cf 是拟合后的 8 个系数。拟合结果如下（图 5.10）：

```
# definitions for the axes
left, width = 0.1, 0.85
bottom, height = 0.1, 0.20
spacing = 0.008

rect_plot = [left, bottom + height + spacing, width, 0.65]
rect_resd = [left, bottom, width, height]

# start with a square Figure
fig = plt.figure()
ax = fig.add_axes(rect_plot)
ax_resd = fig.add_axes(rect_resd, sharex=ax)

m=np.arange(100)
xf=6*m/100
yf=[]
for i in range(len(xf)):
```

```
        ta=mfunc(xf[i],cf)
        yf.append(ta)
ax.plot(x,y,'.')
ax.plot(xf,yf)
ax.set_ylim(-10,40)
ax.grid(True)
ax.set_ylabel('y')

dy=[]
for i in range(len(x)):
    ta=y[i]-mfunc(x[i],cf)
    dy.append(ta)
sc=np.std(dy, ddof=1)
res=dy/sc
ax_resd.plot(x,res,'.')
ax_resd.axhline(0,ls=':')
ax_resd.axhline(1,ls=':')
ax_resd.axhline(-1,ls=':')
ax_resd.grid(True)
ax_resd.set_ylabel('Residuals')
ax_resd.set_xlabel('x')
Text(0.5, 0, 'x')
```

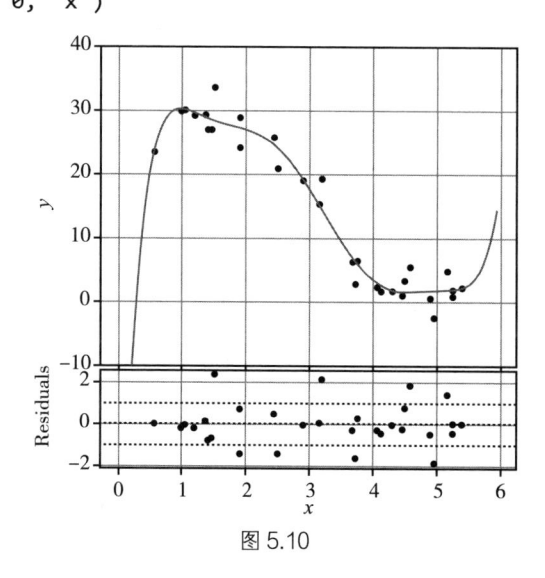

图 5.10

所以，在使用多项式拟合时，需注意幂次的选择。同时，可以看出，"内插不离谱、外插不靠谱"。

5.2.5 非线性拟合

观测量与自变量的函数中存在着非线性关系的待拟合参数，其数学表达可为：

$$y(x) = f(x, \boldsymbol{p})$$

其中，$\boldsymbol{p} = \{p_j\}$ 为待拟合参数。

对于 n 个观测量 $\{y_i\}$，且有相应的自变量 $\{x_i\}$，可由最小二乘法得到参数 $\{p_j\}$。观测量与模型的方差为：

$$J(\boldsymbol{p}) = \sum \left[y_i - f(x_i, \boldsymbol{p}) \right]^2$$

由于方差 J 与拟合参数 $\boldsymbol{p}$ 是非线性关系，只能通过迭代来求 J 的最小值，这就需要先给出参数 $\{p_j\}$ 的近似值。

例题：在光谱中有两条发射线，对谱线进行高斯轮廓拟合。有 30 个观测量 $\{y_i\}$，与自变量 $\{x_i\}$ 有双高斯的关系如下：

$$y(x) = c + A_1 \exp\left[-\frac{(x-\mu_1)^2}{2\sigma_1^2} \right] + A_2 \exp\left[-\frac{(x-\mu_2)^2}{2\sigma_2^2} \right]$$

求解其中的待拟合参数：$p = [c, A_1, \mu_1, \sigma_1, A_2, \mu_2, \sigma_2]$。

（1）构造该观测量的模拟数据。

设参数为：$p = [5, 200, 10, 3, 100, 18, 1]$，自变量 x 是（0,30）的整数。由此计算并加上随机误差即可得到观测量 $\{y_i\}$。这里随机误差为均值为 0 的正态分布，标准差取用公式计算的 y 的最大值的 3%。

以下定义了函数 $y(x) = mfunc(x, p)$ 以方便计算在自变量为 x 时的函数值（图 5.11）。

```
import numpy as np
```

```
import matplotlib.pyplot as plt

def mfunc(x,p):
    t1=p[1]*np.exp(-(x-p[2])**2/2/p[3]**2)
    t2=p[4]*np.exp(-(x-p[5])**2/2/p[6]**2)
    y=p[0]+t1+t2
    return(y)

n=30
er=0.03
p=[5,30,10,3,40,18,1]
x=np.arange(n)
y0=mfunc(x,p)
ey=np.max(y0)*er*np.random.randn(n)
y=y0+ey
plt.plot(x,y,'.')
```
[<matplotlib.lines.Line2D at 0x7fce12c60610>]

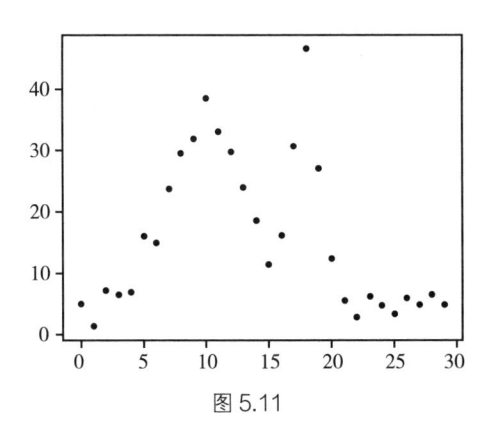

图 5.11

（2）计算模型参数。

利用 scipy.optimize.leastsq（）来计算模型拟合系数，为此需要提供残差函数如：$residuals() = y - f(x, p)$ 以及待拟合参数的近似 p_0。

```
import scipy.optimize as spopt
```

```
def residuals(p, y, x):
    err = y-mfunc(x,p)
    return err

p0 = [0,35,8,5,45,17,2]
plsq = spopt.leastsq(residuals, p0, args=(y, x))
print(p0)
print(plsq[0])
[0, 35, 8, 5, 45, 17, 2]
[ 4.78209702  31.0974497   10.05367244   2.97768683  39.66811366
 17.9717308    1.01114378]
```

这里的 plsq[0] 中的 7 个系数就是拟合后得到的模型参数。

（3）将模型拟合结果与观测数据放在一起，如图 5.12 所示。

```
# definitions for the axes
left, width = 0.1, 0.85
bottom, height = 0.1, 0.20
spacing = 0.008

rect_plot = [left, bottom + height + spacing, width, 0.65]
rect_resd = [left, bottom, width, height]

# start with a square Figure
fig = plt.figure()
ax = fig.add_axes(rect_plot)
ax_resd = fig.add_axes(rect_resd, sharex=ax)

m=np.arange(100)
xf=np.min(x)+(np.max(x)-np.min(x))*m/100
yf=[]
for i in range(len(xf)):
    ta=mfunc(xf[i],plsq[0])
    yf.append(ta)
```

```
ax.plot(x,y,'.')
ax.plot(xf,yf)
ax.grid(True)
ax.set_ylabel('y')

dy=[]
for i in range(len(x)):
    ta=y[i]-mfunc(x[i],plsq[0])
    dy.append(ta)
sc=np.std(dy, ddof=1)
res=dy/sc
ax_resd.plot(x,res,'.')
ax_resd.axhline(0,ls=':')
ax_resd.axhline(1,ls=':')
ax_resd.axhline(-1,ls=':')
ax_resd.grid(True)
ax_resd.set_ylabel('Residuals')
ax_resd.set_xlabel('x')
Text(0.5, 0, 'x')
```

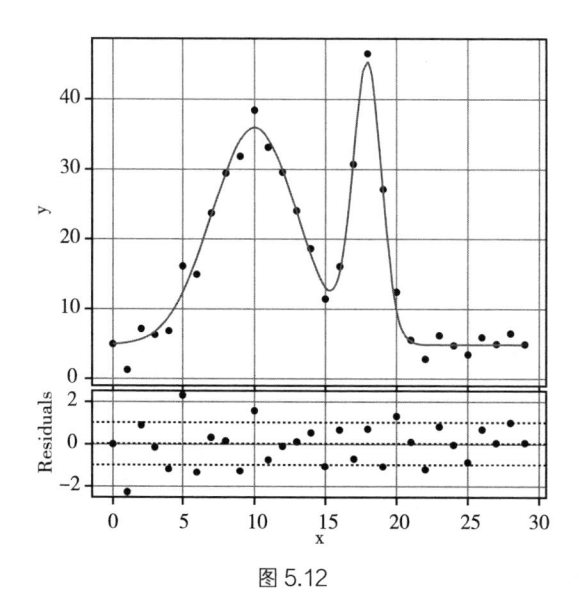

图 5.12

例题：对正弦型的周期变化量进行拟合。有 30 个观测量 $\{y_i\}$，与自变量 $\{x_i\}$ 有正弦的周期关系如下：

$$y(x) = c + A\sin\left(\frac{2\pi}{P}x + \theta\right)$$

求解其中的待拟合参数：$p = [c, A, P, \theta]$。

（1）构造该观测量的模拟数据。

设参数为：$p = [20, 10, 20, \pi/6]$，自变量 x 是（0,30）的整数。由此计算并加上随机误差即可得到观测量 $\{y_i\}$。这里随机误差为均值为 0 的正态分布，标准差取用公式计算的 y 的最大值的 3%。

以下定义了函数 $y(x) = m\text{func}(x, p)$ 以方便计算在自变量为 x 时的函数值（图 5.13）。

```
import numpy as np
import matplotlib.pyplot as plt

def mfunc(x,p):
    y=p[0]+p[1]*np.sin(2*np.pi*x/p[2]+p[3])
    return(y)


n=30
er=0.03
p=[20,10,20,np.pi/6]
x=np.arange(n)
y0=mfunc(x,p)
ey=np.max(y0)*er*np.random.randn(n)
y=y0+ey
plt.plot(x,y,'.')
```

[<matplotlib.lines.Line2D at 0x7fce12eaa3b0>]

图 5.13

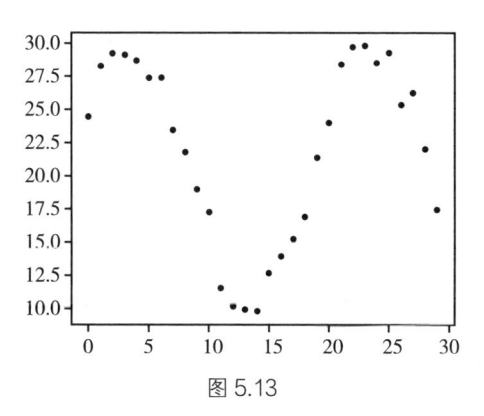

（2）计算模型参数。

利用 scipy.optimize.leastsq（）来计算模型拟合系数，为此需要提供残差函数如：$residuals() = y - f(x, p)$ 以及待拟合参数的近似值 p_0。

```
import scipy.optimize as spopt

def residuals(p, y, x):
    err = y-mfunc(x,p)
    return err


p0 = [15,15,15,0]
plsq = spopt.leastsq(residuals, p0, args=(y, x))
print(p0)
print(plsq[0])
[15, 15, 15, 0]
[19.94152828  9.79688258  20.11348373  0.51278672]
```

这里的 plsq[0] 中的 4 个系数就是拟合后得到的模型参数。

（3）将模型拟合结果与观测数据放在一起，如图 5.14 所示。

```
# definitions for the axes
left, width = 0.1, 0.85
bottom, height = 0.1, 0.20
spacing = 0.008
```

```python
rect_plot = [left, bottom + height + spacing, width, 0.65]
rect_resd = [left, bottom, width, height]

# start with a square Figure
fig = plt.figure()
ax = fig.add_axes(rect_plot)
ax_resd = fig.add_axes(rect_resd, sharex=ax)

m=np.arange(100)
xf=np.min(x)+(np.max(x)-np.min(x))*m/100
yf=[]
for i in range(len(xf)):
    ta=mfunc(xf[i],plsq[0])
    yf.append(ta)
ax.plot(x,y,'.')
ax.plot(xf,yf)
ax.grid(True)
ax.set_ylabel('y')

dy=[]
for i in range(len(x)):
    ta=y[i]-mfunc(x[i],plsq[0])
    dy.append(ta)
sc=np.std(dy, ddof=1)
res=dy/sc
ax_resd.plot(x,res,'.')
ax_resd.axhline(0,ls=':')
ax_resd.axhline(1,ls=':')
ax_resd.axhline(-1,ls=':')
ax_resd.grid(True)
ax_resd.set_ylabel('Residuals')
ax_resd.set_xlabel('x')
Text(0.5, 0, 'x')
```

图 5.14

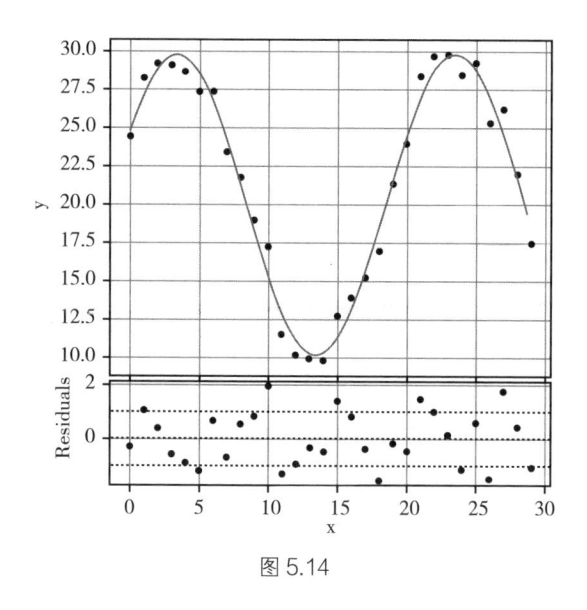

5.3 模型拟合评估

5.3.1 模型参数的精度估计

1. 自举法

即 Bootstrap 方法。即用已有数据建立累积分布函数：

$$F(x) = \frac{1}{n}\sum_{i=1}^{n}\delta(x-x_i)$$

原则上可产生 $n!$ 组新数据。

利用新数据计算出相应的参数，按参数的分布来估计误差。具体步骤如下：

（1）根据 n 个样本 $(x_1, x_2, \cdots, x_n)$ 的分布，抽取出 m 组自举样本 $(x_1^j, x_2^j, \cdots, x_n^j)$，$j = 1, \cdots, m$。

（2）对 m 组样本，分别求出相应的模型参数：θ^j。

（3）由 m 组参数可给出模型参数 θ 的均值、方差、置信区间等。

自举样本数 m 最大为 $n!$，一般取：$m = n(\ln n)^2$。

2. 刀切法

即"杰克刀"方法。每次丢掉 1 个或多个数据，重新计算参数，按参数的分布来估计误差。

$$\hat{\theta}_n = f_n(x_1, x_2, \cdots, x_n)$$

$$\hat{\theta}_{n,-i} = f_{n-1}(x_1, \cdots, x_{i-1}, x_{i+1}, \cdots, x_n)$$

再由这些参数值给出模型参数 θ 的均值、方差、置信区间等，如：

$$\bar{\theta}_n = \frac{1}{n}\sum_{i=1}^{n}\hat{\theta}_{n,-i}$$

3. 蒙特卡洛抽样

对于函数关系 $y = f(x,c)$ 的拟合，可以根据 x 和 y 的误差情况，采用相应的方法得到拟合参数 c 的误差。

（1）如果 x 和 y 的误差均未知，可采用刀切法得到参数 c 的估计值和误差。

（2）如果自变量 x（如时间）是确定值，没有误差，而观测量 y 有相应的测量误差，则对一组观测量 $\{y_i\}$ 进行蒙特卡洛抽样，得到一组新的量 $\{y_i^{(1)}\}$，使用该组数据进行拟合可得到新的拟合参数 $c^{(1)}$。若对 $\{y_i\}$ 进行 m 次蒙特卡洛抽样，通过拟合可得到 m 组拟合参数：$\left[c^{(1)}, c^{(2)}, \cdots, c^{(m)}\right]$，从 m 组拟合参数就可得到 c 的误差。

（3）如果自变量 x 和因变量 y 均有相应的测量误差，则对一组观测量 $(\{x_i\}, \{y_i\})$ 进行蒙特卡洛抽样，得到一组新的量 $\left[\{x_i^{(1)}\}, \{y_i^{(1)}\}\right]$，使用该组数据进行拟合可得到新的拟合参数 $c^{(1)}$。若对 $(\{x_i\}, \{y_i\})$ 进行 m 次蒙特卡洛抽样，通过拟合可得到 m 组拟合参数：$\left[c^{(1)}, c^{(2)}, \cdots, c^{(m)}\right]$，从 m 组拟合参数就可得到 c 的误差。

须注意自变量 x 的误差分布是正态分布还是均匀分布。因变量 y 的误差分布一般是正态分布。

5.3.2　模型拟合评估

如果拟合残差服从正态分布，则模型拟合的卡方量服从自由度为 $n-k$ 的卡方分布，即：

$$\chi^2 = \sum_{i=1}^{n} \left[\frac{y_i - f(x_i, \hat{c})}{\sigma} \right]^2 \sim \chi^2(n-k)$$

因此，约化卡方：

$$\chi^2_{dof} = \frac{1}{n-k} \sum_{i=1}^{n} \left[\frac{y_i - f(x_i, \hat{c})}{\sigma} \right]^2 \approx 1$$

所以，对于模型拟合得较好时，约化卡方量应为 $\chi^2_{dof} \approx 1$。如果与 1 的偏离太多，则说明观测量误差 σ 过大或过小，很不准确。另外的情形则可能是拟合残差不是正态分布。

对于残差是否符合期望值为 0 的正态分布，可以使用统计检验来确认残差是否符合正态分布。如果数据点比较多，一般可使用 KS 检验。但在数据点较少（如少于 50）的情况下，应该使用 Shapiro-Wilk 检验。

第 6 章

周期分析

在天文学研究中，时间序列分析主要涉及周期分析、时间延迟信号、预报分析等。这里主要介绍时间序列的周期分析。

观测量 h 随时间 t 的变化可表达为一系列含时函数 T_m 的线性组合：

$$h(t) = \sum_m A_m T_m(t, \theta_m)$$

其中，θ_m 是函数 T_m 中的参数，A_m 是线性组合系数。

6.1 功率谱分析

6.1.1 傅里叶分析

常用的功率谱分析工具是傅里叶变换，即将时域信号 $h(t)$ 变换为频域信号 $H(f)$：

$$H(f) = \int_{-\infty}^{\infty} h(t) \exp(-i 2\pi f t) \mathrm{d}t$$

其逆变换为：

$$h(t) = \int_{-\infty}^{\infty} H(f) \exp(i 2\pi f t) \mathrm{d}f$$

而功率谱是定义在频域上的，即：

$$PSD(f) \equiv |H(f)|^2 + |H(-f)|^2$$

而在天文数据分析中，需要使用的是离散傅里叶变换。将时间序列 h_j 变换到频域分量 H_k 使用如下公式：

$$H_k = \sum_{j=0}^{N-1} h_j \exp[-i2\pi jk/N]$$

其逆变换为：

$$h_j = \frac{1}{N} \sum_{k=0}^{N-1} H_k \exp[i2\pi jk/N]$$

则功率谱为：

$$PSD(f_k) = (\Delta t)^2 \left(|H_k|^2 + |H_{N-k}|^2 \right)$$

其中，Δt 为时间序列的相邻数据的时间间隔，而频率 f_k 与 k 的关系如下：

$$f_k = \frac{k}{N\Delta t} \quad \left(k \leq \frac{N}{2}\right)$$

$$f_k = \frac{k-N}{N\Delta t} \quad \left(k \geq \frac{N}{2}\right)$$

例题：有些周期变星具有多个周期。设对 3 个周期的时间序列进行功率谱分析：

$$h(t) = A_0 + \sum_{m=1}^{3} A_m \sin\left(\frac{2\pi}{P_m} t + \theta_m\right)$$

（1）构造该观测量的模拟数据。

设 P_m=[3,5,7], A_m=[10,8,6], $\theta_m = [0, \pi/6, \pi/3]$，$A_0$=20，$\Delta t = 0.1$，$N$=500，由此计算并加上随机误差即可得到观测量 $\{h_j\}$。这里随机误差为均值为 0 的正态分布，标准差取用公式计算的 h 的最大值的 10%（图 6.1）。

```
import numpy as np
import matplotlib.pyplot as plt


pm=[3,5,7]
```

```
am=[10,8,6]
thm=[0,np.pi/6,np.pi/3]
a0=20
dt=0.1
n=500
er=0.1

tt=[]
hh=[]
for j in range(n):
    t=j*dt
    h=a0+am[0]*np.sin(2*np.pi/pm[0]*t+thm[0]) \
        +am[1]*np.sin(2*np.pi/pm[1]*t+thm[1]) \
        +am[2]*np.sin(2*np.pi/pm[2]*t+thm[2])
    tt.append(t)
    hh.append(h)
eh=np.max(hh)*er*np.random.randn(n)
hh+=eh
plt.plot(tt,hh,'.')
```
[<matplotlib.lines.Line2D at 0x773cacbf9870>]

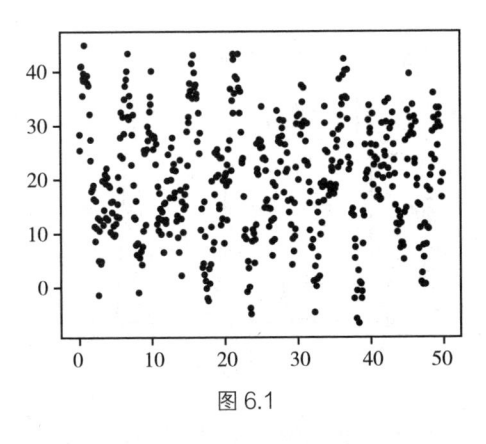

图 6.1

（2）对该时间序列进行功率谱分析（图 6.2）。

利用 numpy.fft 来计算：

```
fs=1/dt
freqs = np.fft.fftfreq(np.size(hh), 1/fs)
idx = np.argsort(freqs)
pds = np.abs(np.fft.fft(hh))**2*dt*dt
ff=[]
pp=[]
for i in range(len(idx)):
    if freqs[idx[i]]<0:continue
    ff.append(freqs[idx[i]])
    pp.append(2*pds[idx[i]])
plt.plot(ff, pp)
plt.axvline(1/pm[0],ls=':')
plt.axvline(1/pm[1],ls=':')
plt.axvline(1/pm[2],ls=':')

plt.title('Power spectrum (np.fft.fft)')
plt.xlabel('frequency [Hz]')
plt.xlim(0,0.5)
plt.ylim(0,1e5)
(0.0, 100000.0)
```

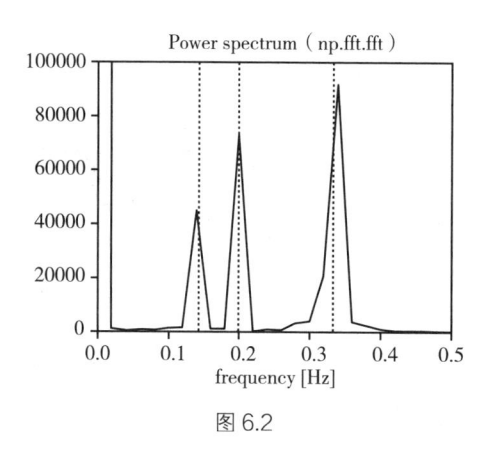

图 6.2

图 6.2 中 3 条垂直的虚线为 3 个周期 $p_m = [3,5,7]$ 所对应的频率处。由此可见，该时间序列的三个周期均能够在功率谱图中检出。

例题：太阳黑子数目的周期。

（1）太阳黑子数的数据。

在国际太阳黑子数的世界数据中心网站（http://www.sidc.be/silso/datafiles）上，有公元1749年至今的月平均黑子数，将其画图为（图6.3）：

```
import numpy as np
import matplotlib.pyplot as plt

fname="SN_m_tot_V2.0.csv"
stt=[]
spp=[]
file=open(fname)
for line in file:
    zz=line.split(';')
    ss=float(zz[3])
    stt.append(float(zz[2]))
    spp.append(ss)
file.close()
plt.plot(stt,spp)
#plt.xlim(2000,2024)
```

[<matplotlib.lines.Line2D at 0x773cac204910>]

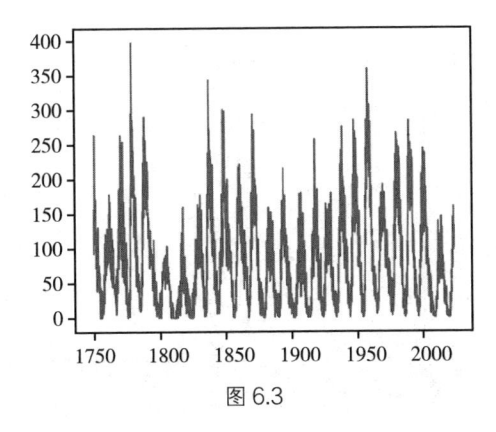

图 6.3

（2）对太阳黑子数进行功率谱分析（图 6.4）。

利用 numpy.fft 来计算：

```
dtsp=1/12.
fs=1/dtsp
freqs = np.fft.fftfreq(np.size(spp), 1/fs)
idx = np.argsort(freqs)
pds = np.abs(np.fft.fft(spp))**2*dtsp*dtsp
ffsp=[]
ppsp=[]
for i in range(len(idx)):
    if freqs[idx[i]]<0: continue
    ffsp.append(freqs[idx[i]])
    ppsp.append(2*pds[idx[i]])

plt.plot(ffsp, ppsp)
plt.axvline(1/11.,ls=':')

plt.title('Power spectrum (np.fft.fft)')
plt.xlabel('frequency [Hz]')
plt.xlim(0,0.2)
plt.ylim(0,1e8)
(0.0, 100000000.0)
```

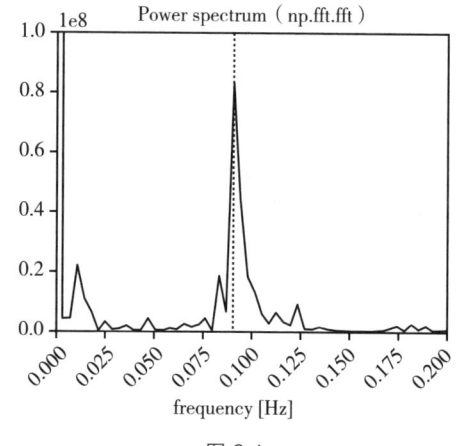

图 6.4

图 6.4 中垂直虚线是 11 年周期对应的频率，由此可见太阳黑子数存在 11 年周期的变化。

6.1.2　周期图

使用 scipy.signal.periodogram 来计算功率谱。

例题：前述有 3 个周期的时间序列的功率谱分析。

```
from scipy import signal

dt=0.1
fs=1/dt

f, Pxx_den = signal.periodogram (hh, fs)

plt.plot(f, Pxx_den)
plt.axvline(1/pm[0],ls=':')
plt.axvline(1/pm[1],ls=':')
plt.axvline(1/pm[2],ls=':')
plt.xlim(0,0.5)
plt.xlabel('frequency [Hz]')
plt.ylabel('PSD [V**2/Hz]')
```
Text(0, 0.5, 'PSD [V**2/Hz]')

图 6.5 中 3 条垂直的虚线为 3 个周期 $p_m = [3,5,7]$ 所对应的频率处。由此可见，该时间序列的三个周期均能够在功率谱图中检出。

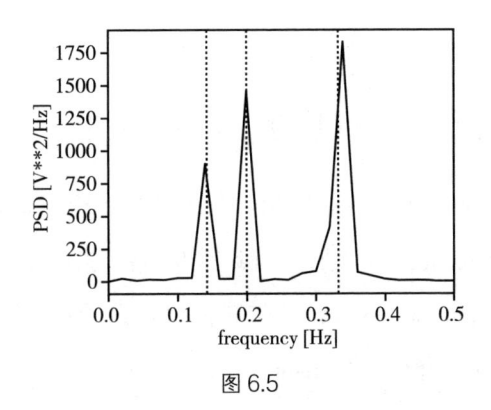

图 6.5

例题：太阳黑子数目的周期（图 6.6）。

```
dtsp=1/12.
fs=1/dtsp

f, Pxx_den = signal.periodogram(spp, fs)

plt.plot(f, Pxx_den)
T=11.
plt.axvline(1/T,ls=':')
plt.xlim(0,0.25)

plt.xlabel('frequency [Hz]')
plt.ylabel('PSD [V**2/Hz]')
Text(0, 0.5, 'PSD [V**2/Hz]')
```

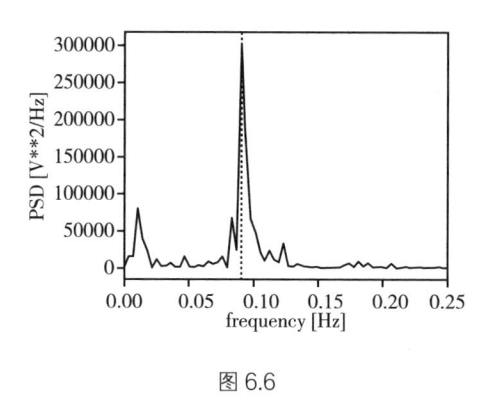

图 6.6

图 6.6 中垂直虚线是 11 年周期对应的频率，由此可见太阳黑子数存在 11 年周期的变化。

6.1.3 加窗的功率谱分析

通过傅里叶变换得到的分析频谱，会因采样不合适而存在频谱泄露现象，即不同频率的信号能量互相叠加。因此需要对信号加窗，以修正频谱泄露问题。可使用 scipy.signal.welch 来计算带有窗口函数的功率谱，其中有多种窗口函数，缺省为汉宁信号窗函数（hann）。

例题：对前述有 3 个周期的时间序列进行 hamming 窗函数的功率谱分析（图 6.7）。

```
dt=0.1
fs=1/dt

f, Pxx_den = signal.welch(hh, fs, 'hamming')

plt.plot(f, Pxx_den)
plt.axvline(1/pm[0],ls=':')
plt.axvline(1/pm[1],ls=':')
plt.axvline(1/pm[2],ls=':')
plt.xlim(0,0.5)

plt.xlabel('frequency [Hz]')
plt.ylabel('PSD [V**2/Hz]')
Text(0, 0.5, 'PSD [V**2/Hz]')
```

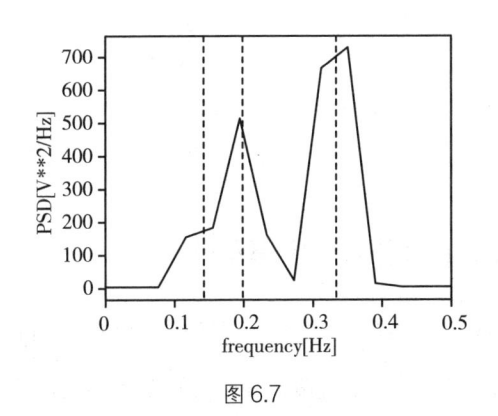

图 6.7

图 6.7 中 3 条垂直的虚线为 3 个周期 $p_m = [3,5,7]$ 所对应的频率处。由此可见，该时间序列的三个周期均能够在功率谱图中检出两个周期。

例题：对太阳黑子数目进行 hann 窗函数的功率谱分析（图 6.8）。

```
dtsp=1/12
fs=1/dtsp

f, Pxx_den = signal.welch(spp, fs)
```

```
plt.plot(f, Pxx_den)
T=11.
plt.axvline(1/T,ls=':')
plt.xlim(0,0.5)

plt.xlabel('frequency [Hz]')
plt.ylabel('PSD [V**2/Hz]')
Text(0, 0.5, 'PSD [V**2/Hz]')
```

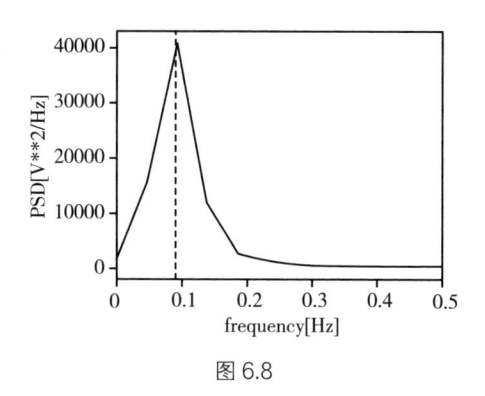

图 6.8

图 6.8 中垂直虚线是 11 年周期对应的频率，由此可见太阳黑子数存在 11 年周期的变化。

6.1.4 非等时间间隔的功率谱分析

基于傅里叶变换的功率谱分析方法需要的时间序列在时间上是等间隔的，而在实际的天文观测中，往往得到的时间序列在时间上是不等间隔的。对于非等时间间隔的时间序列的功率谱分析，应使用 Lomb-Scargle 周期图的方法，即对具有 n 个观测量的时间序列 $X_i(t_i)$ 来说，其在频率 f 处的功率谱密度为：

$$P_{LS}(f) = \frac{1}{2\sigma^2}\left[\frac{\left[\sum_{i=1}^{n}X_i\cos(2\pi f t_i)\right]^2}{\sum_{i=1}^{n}\cos^2 2\pi f\left[t_i-\tau(f)\right]} + \frac{\left[\sum_{i=1}^{n}X_i\sin(2\pi f t_i)\right]^2}{\sum_{i=1}^{n}\sin^2 2\pi f\left[t_i-\tau(f)\right]}\right]$$

其中，$\tau(f)$ 由如下公式确定：

$$\tan(4\pi f\tau) = \frac{\sum_{i=1}^{n}\sin(4\pi ft_i)}{\sum_{i=1}^{n}\cos(4\pi ft_i)}$$

可使用 scipy.signal.lombscargle（ ）来进行计算。

例题：对前述有3个周期的时间序列进行 Lomb‐Scargle 周期图分析（图6.9）。

```
ttf=np.arange(10)+1
Pwr=signal.lombscargle (tt,hh,2*np.pi/ttf, normalize=True)
plt.plot(ttf, Pwr)
plt.axvline(pm[0],ls=':')
plt.axvline(pm[1],ls=':')
plt.axvline(pm[2],ls=':')

plt.title('Power spectrum (scipy.signal.spectral.lombscargle)')
plt.xlabel('Period')
```
Text(0.5, 0, 'Period')

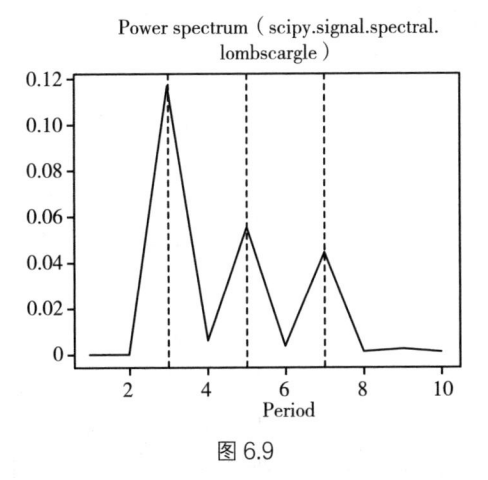

图 6.9

例题：将该时间序列随机采样，取出 1/3 样本，再用 Lomb‐Scargle 周期图进行分析。

```
n=len(hh)
idx=np.random.randint(0,n-1,int(n/3))
```

```
idx.sort()
xt=[]
yt=[]
for i in range(len(idx)):
    xt.append(tt[idx[i]])
    yt.append(hh[idx[i]])
plt.plot(xt,yt,'.')
```
[<matplotlib.lines.Line2D at 0x773ca94b9570>]

```
ttf=np.arange(10)+1
Pwr=signal.lombscargle(xt,yt,2*np.pi/ttf, normalize=True)
plt.plot(ttf, Pwr)
plt.axvline(pm[0],ls=':')
plt.axvline(pm[1],ls=':')
plt.axvline(pm[2],ls=':')

plt.title('Power spectrum (scipy.signal.spectral.lombscargle)')
plt.xlabel('Period')
```
Text(0.5, 0, 'Period')

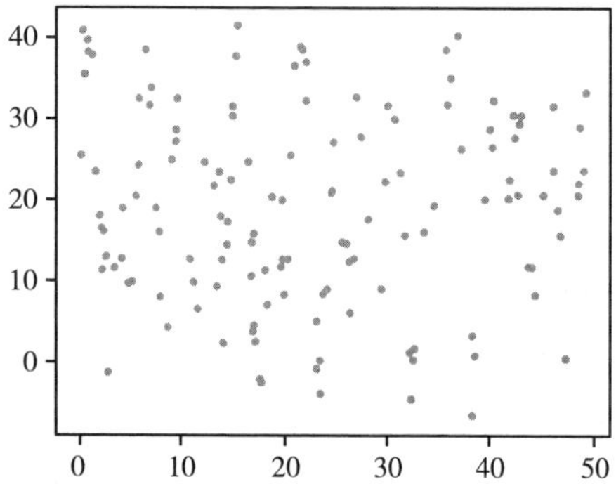

图 6.10

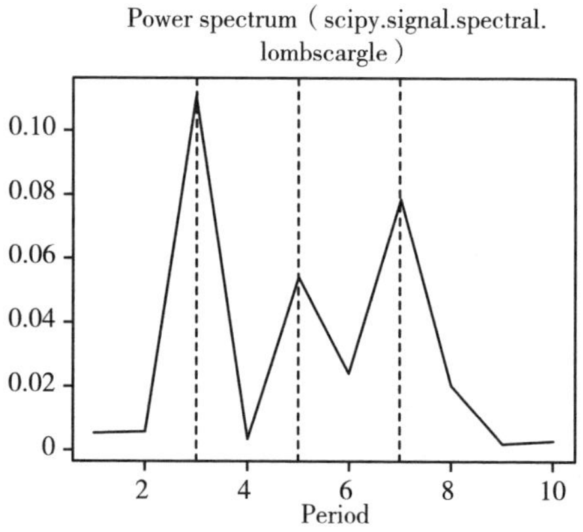

图 6.11

图 6.11 中 3 条垂直的虚线为 3 个周期 $p_m = [3, 5, 7]$ 所对应的频率处。由此可见，该时间序列的三个周期均能够在功率谱图中检出。

例题：太阳黑子数目的周期。

```
ttf=np.arange(150)+1
Pwr=signal.lombscargle(stt,spp,2*np.pi/ttf, normalize=True)
plt.plot(ttf, Pwr)
T=11.
plt.axvline(T,ls=':')

plt.title('Power spectrum (scipy.signal.spectral.lombscargle)')
plt.xlabel('Period [year]')
plt.xlim(0,20)
```
(0.0, 20.0)

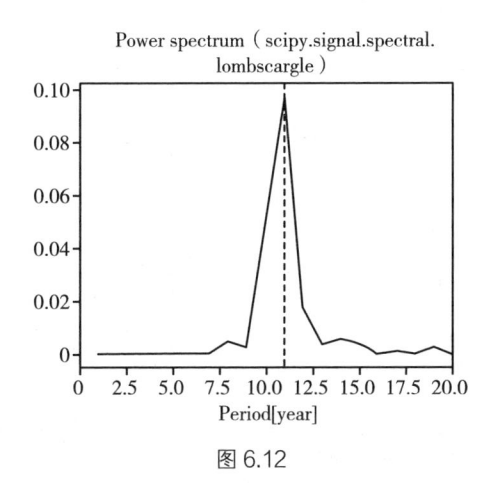

图 6.12

例题：将该时间序列随机采样，取出 1/20 样本，再用 Lomb－Scargle 周期图进行分析。

```
n=len(spp)
idx=np.random.randint(0,n-1,int(n/20))
idx.sort()
xt=[]
yt=[]
for i in range(len(idx)):
    xt.append(stt[idx[i]])
    yt.append(spp[idx[i]])
```

```
plt.plot(xt,yt,'.')
[<matplotlib.lines.Line2D at 0x773ca9228e80>]
ttf=np.arange(150)+1
Pwr=signal.lombscargle(xt,yt,2*np.pi/ttf, normalize=True)
plt.plot(ttf, Pwr)
T=11.
plt.axvline(T,ls=':')

plt.title('Power spectrum (scipy.signal.spectral.lombscargle)')
plt.xlabel('Period [year]')
plt.xlim(0,20)
(0.0, 20.0)
```

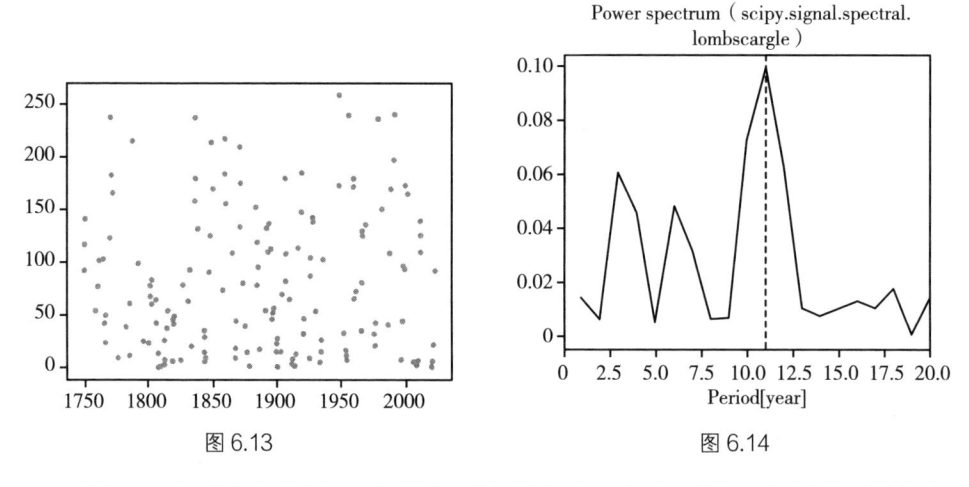

图 6.13

图 6.14

图 6.14 中垂直虚线是 11 年周期对应的频率,由此可见,太阳黑子数存在 11 年周期的变化。

6.2 小波分析

傅里叶分析不能刻画时间域上信号的局部特性,傅里叶分析对突变和非平稳信号的效果不好,没有时频分析。

小波变换：

$$H_w(t_0;f_0,Q) = \int_{-\infty}^{\infty} h(t)w(t|t_0,f_0,Q)\mathrm{d}t$$

其中，w 为小波基函数，例如：

$$w(t|t_0,f_0,Q) = A\exp\left[i2\pi f_0(t-t_0)\right]\exp\left[-f_0^2(t-t_0)^2/Q^2\right]$$

使用小波分析工具 pyWavelets 软件包。

例题：对前述有 3 个周期的时间序列进行小波分析。

```
import pywt

dt=0.1
scales=np.arange(1,129)
cwtmatr, freqs = pywt.cwt(hh, scales, 'morl', dt)
ptm=1/freqs
plt.contourf(tt, ptm, abs(cwtmatr))
plt.axhline(pm[0],ls=':',c='y')
plt.axhline(pm[1],ls=':',c='y')
plt.axhline(pm[2],ls=':',c='y')
plt.xlabel('t')
plt.ylabel('P')
```
Text(0, 0.5, 'P')

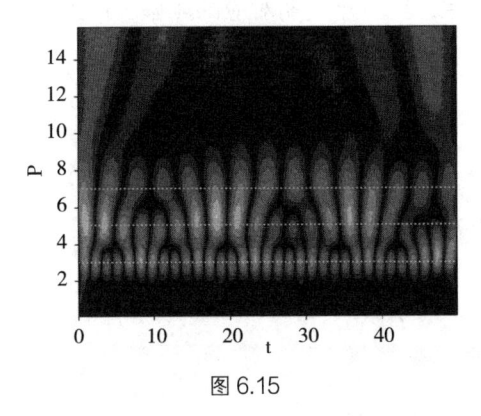

图 6.15

图 6.15 中 3 条水平虚线为 3 个周期 $p_m = [3,5,7]$ 所对应的频率处。由此可

见，该时间序列的三个周期均能够在功率谱图中检出。

例题：对太阳黑子数目进行小波分析。

```
import pywt

dt=1/12.
scales=np.arange(1,257)
cwtmatr, freqs = pywt.cwt(spp, scales, 'morl', dt)
ptm=1/freqs
plt.contourf(stt, ptm, abs(cwtmatr))
plt.axhline(11,ls=':',c='y')
```

<matplotlib.lines.Line2D at 0x773ca922bee0>

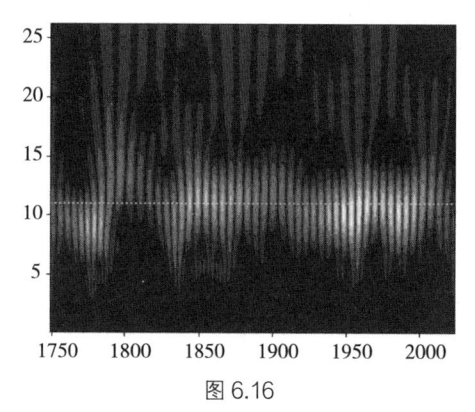

图 6.16

图 6.16 中水平虚线是 11 年周期对应的频率，由此可见太阳黑子数存在 11 年周期的变化。

第 7 章

最大似然估计

7.1 最大似然估计

最大似然估计（Maximum Likelihood Estimation，简称 MLE）是一种统计方法，可用来求一个样本集的相关概率密度函数的模型参数。

对于一组观测量 $\{x_i\}$ 来说，其在带有参数 θ 的模型 $M(\theta)$ 下的概率密度即为似然函数 L，即：

$$L(\theta) \equiv p(\{x_i\} \mid M(\theta))$$

由于每个观测量都是在独立无关情形下获得的，因此 n 个观测量 $\{x_i\}$ 的联合概率密度就是单个观测量的概率密度的乘积，即似然函数为：

$$L(\theta) \equiv p(\{x_i\} \mid M(\theta)) = \prod_{i=1}^{n} p(x_i \mid M(\theta))$$

通常对似然函数取对数，使得概率密度之积变为之和，如：

$$\ln L(\theta) = \sum_{i=1}^{n} \ln p(x_i \mid M(\theta))$$

最大似然估计就是在给定模型 M 的情况下，对于一组观测量 $\{x_i\}$ 求出使得似然函数 L 为极大时的模型参数 θ。

似然函数 L 的特点是：具有一致收敛性，渐近于正态分布，存在极值，故可以通过求似然函数的最大值来得到模型参数。

常用的概率密度为正态分布，如一维正态分布：

$$p(x\mid\mu,\sigma)=\frac{1}{\sigma\sqrt{2\pi}}\exp\left(\frac{-(x-\mu)^2}{2\sigma^2}\right)$$

如二维正态分布：

$$p(x,y\mid\mu_x,\mu_y,\sigma_x,\sigma_y,\sigma_{xy})=\frac{1}{2\pi\sigma_x\sigma_y\sqrt{1-\rho^2}}\exp\left(\frac{-z^2}{2(1-\rho^2)}\right)$$

其中，

$$z^2=\frac{(x-\mu_x)^2}{\sigma_x^2}+\frac{(y-\mu_y)^2}{\sigma_y^2}-2\rho\frac{(x-\mu_x)(y-\mu_y)}{\sigma_x\sigma_y}$$

$$\rho=\frac{\sigma_{xy}}{\sigma_x\sigma_x}$$

假设观测量 $\{y_i\}$ 与自变量 $\{x_i\}$ 具有如下的模型关系：

$$y=f(x,\boldsymbol{\theta})$$

其中，$\boldsymbol{\theta}$ 为模型参数。而观测量与模型值之差（残差）符合正态分布，即：

$$y_i-f(x_i,\boldsymbol{\theta})\equiv\epsilon_i\sim N(0,\sigma^2)$$

因此，对数似然函数可写为：

$$\ln L(\boldsymbol{\theta})=\sum_{i=1}^{n}\ln\left\{\frac{1}{\sigma\sqrt{2\pi}}\exp\left(\frac{-[y_i-f(x_i,\boldsymbol{\theta})]^2}{2\sigma^2}\right)\right\}$$

或：

$$\ln L(\boldsymbol{\theta})=-n\ln(\sigma\sqrt{2\pi})-\frac{1}{2\sigma^2}\sum_{i=1}^{n}[y_i-f(x_i,\boldsymbol{\theta})]^2$$

这样，似然函数的最大值相对应的是 $\sum[y_i-f(x_i,\boldsymbol{\theta})]^2$ 的极小值。因此，只要残差符合正态分布，最大似然估计和最小二乘法是一样的。

7.2 正态分布的最大似然估计

1. 等精度正态分布

对于等精度的一组观测量 $\{x_i\}$，求其正态分布的期望值 μ 及其误差。
相应的对数似然函数如下：

$$\ln L(\mu) \equiv \sum_{i=1}^{n} \ln p(\{x_i\} \mid \mu, \sigma) = -n \ln\left(\sigma\sqrt{2\pi}\right) - \sum_{i=1}^{n} \frac{(x_i - \mu)^2}{2\sigma^2}$$

似然函数的最大值对应于其导数为零，即：

$$0 \equiv \frac{\mathrm{d}\ln L(\mu)}{\mathrm{d}\mu}\bigg|_{\hat{\mu}} = -\frac{1}{\sigma^2}\left(\sum_{i=1}^{n} x_i - n\hat{\mu}\right)$$

故求得参数 μ 的估计值 $\hat{\mu}$ 为：

$$\hat{\mu} = \frac{1}{n}\sum_{i=1}^{n} x_i$$

而参数 μ 的方差由似然函数的二阶导数决定，因为将对数似然函数做二阶泰勒展开为：

$$\ln L(\mu) = \ln L(\hat{\mu}) + \frac{\mathrm{d}\ln L(\mu)}{\mathrm{d}\mu}\bigg|_{\hat{\mu}}(\mu - \hat{\mu}) + \frac{1}{2}\frac{\mathrm{d}^2\ln L(\mu)}{\mathrm{d}\mu^2}\bigg|_{\hat{\mu}}(\mu - \hat{\mu})^2 = \ln L(\hat{\mu}) + \frac{1}{2}\frac{\mathrm{d}^2\ln L(\mu)}{\mathrm{d}\mu^2}\bigg|_{\hat{\mu}}(\mu - \hat{\mu})^2$$

则参数 μ 的概率密度函数为：

$$p(\mu) \equiv L(\mu) = L(\hat{\mu}) \exp\left(\frac{1}{2}\frac{\mathrm{d}^2\ln L(\mu)}{\mathrm{d}\mu^2}\bigg|_{\hat{\mu}}(\mu - \hat{\mu})^2\right) = L(\hat{\mu}) \exp\left(-\frac{1}{2}\frac{(\mu - \hat{\mu})^2}{\left(-\frac{1}{\frac{\mathrm{d}^2\ln L(\mu)}{\mathrm{d}\mu^2}\big|_{\hat{\mu}}}\right)}\right)$$

故参数 μ 的方差为：

$$\sigma^2(\mu) = -\frac{1}{\frac{\mathrm{d}^2\ln L(\mu)}{\mathrm{d}\mu^2}\big|_{\hat{\mu}}}$$

参数 μ 的标准差为：

$$\sigma_\mu = \left(-\frac{d^2 \ln L(\mu)}{d\mu^2}|_{\hat{\mu}}\right)^{-1/2} = \left(\frac{n}{\sigma^2}\right)^{-1/2} = \frac{\sigma}{\sqrt{n}}$$

2. 非等精度的正态分布

对于非等精度的一组观测量 $\{x_i\}$，其每个观测值有相应的误差 $\{\sigma_i\}$，求其正态分布的期望值 μ 及其误差。

相应的对数似然函数如下：

$$\ln L(\mu) \equiv \sum_{i=1}^{n} \ln p(\{x_i\}|\mu,\{\sigma_i\}) = -\frac{n}{2}\ln(2\pi) - \sum_{i=1}^{n}\ln(\sigma_i) - \sum_{i=1}^{n}\frac{(x_i-\mu)^2}{2\sigma_i^2}$$

似然函数的最大值对应于其导数为零，即：

$$0 \equiv -\frac{d\ln L(\mu)}{d\mu}|_{\hat{\mu}} = \sum_{i=1}^{n}\frac{x_i}{\sigma_i^2} - \hat{\mu}\sum_{i=1}^{n}\frac{1}{\sigma_i^2}$$

设权重 $w_i = 1/\sigma_i^2$，可求得参数 μ 的期望值为：

$$\hat{\mu} = \frac{\sum_{i=1}^{n} w_i x_i}{\sum_{i=1}^{n} w_i}$$

而均值的标准差由似然函数的二阶导数决定，即：

$$\sigma_\mu = \left(-\frac{d^2 \ln L(\mu)}{d\mu^2}|_{\hat{\mu}}\right)^{-1/2} = \left(\sum_{i=1}^{n}\frac{1}{\sigma_i^2}\right)^{-1/2} = \left(\sum_{i=1}^{n} w_i\right)^{-1/2}$$

3. 具有上下限的正态分布

一般的正态分布是分布在 $(-\infty,+\infty)$ 上，如果某组观测量 $\{x_i\}$ 是分布在有上下限的区间 $(x_{\min},x_{\max})$ 时，其概率密度函数如下：

$$p(x_i|\mu,\sigma,x_{\min},x_{\max}) = C(\mu,\sigma,x_{\min},x_{\max})\frac{1}{\sigma\sqrt{2\pi}}\exp\left(\frac{-(x_i-\mu)^2}{2\sigma^2}\right)$$

这里的 $C(\mu,\sigma,x_{\min},x_{\max})$ 是保证在区间 $(x_{\min},x_{\max})$ 上的总概率为 1 的归一化因子，即：

$$C(\mu,\sigma,x_{\min},x_{\max}) = \frac{1}{P(x_{\max}|\mu,\sigma) - P(x_{\min}|\mu,\sigma)}$$

其中：

$$P(x|\mu,\sigma) = \frac{1}{\sigma\sqrt{2\pi}} \int_{-\infty}^{x} \exp\left(\frac{-(t-\mu)^2}{2\sigma^2}\right) dt$$

则相应的似然函数为：

$$\ln L(\mu) = -n\ln(\sigma\sqrt{2\pi}) - \sum_{i=1}^{n} \frac{(x_i - \mu)^2}{2\sigma^2} + n\ln\left[C(\mu,\sigma,x_{\min},x_{\max})\right]$$

7.3 模型参数的最大似然估计

对于带参数的模型的拟合，首先是写出其对数似然函数，再通过求解似然函数的最大值来得到模型参数的估计值，最后利用似然函数来求得参数的误差（置信区间）。

似然函数的最大值对应于其对参数 $\boldsymbol{\theta} = (\theta_1, \cdots, \theta_k)^T$ 的一阶偏导数为零，即参数的估计值 $\hat{\boldsymbol{\theta}} = (\hat{\theta}_1, \cdots, \hat{\theta}_k)^T$ 满足如下关系：

$$\frac{\partial \ln L(\boldsymbol{\theta})}{\partial \theta_i}\bigg|_{\hat{\boldsymbol{\theta}}} = 0$$

然而由于似然函数的复杂性，在实际的计算中，往往使用迭代方法来求解参数的估计值，如使用 scipy.optimize 软件包中的 minimize 等程序。

关于最大似然估计的参数的概率分布，有如下定理：

若 $(x_1, \cdots, x_n)$ 是概率密度分布 $p(\boldsymbol{x}|\boldsymbol{\theta})$ 的样本值，$\boldsymbol{\theta} = (\theta_1, \cdots, \theta_k)^T$，$\hat{\boldsymbol{\theta}}$ 是 $\boldsymbol{\theta}$ 的最大似然估计值。则当 $n \to \infty$ 时，$\hat{\boldsymbol{\theta}}$ 的概率分布函数 $p(\hat{\boldsymbol{\theta}})$ 趋于 k 维正态分布 $N(\hat{\boldsymbol{\theta}}|\boldsymbol{\theta},\Sigma)$，即：

$$p(\hat{\boldsymbol{\theta}}) = \frac{1}{\sqrt{(2\pi)^k \det(\Sigma)}} \exp\left[-\frac{1}{2}(\hat{\boldsymbol{\theta}} - \boldsymbol{\theta})^T \Sigma^{-1} (\hat{\boldsymbol{\theta}} - \boldsymbol{\theta})\right]$$

其中，Σ 是协方差矩阵，$\det(\Sigma)$ 是协方差矩阵的行列式。而协方差矩阵 Σ 与似然函数的关系为：

$$\Sigma = \left[-\langle H \rangle\right]^{-1}$$

其中，H 为黑塞（Hessian）矩阵，即：

$$H = \begin{pmatrix} \dfrac{\partial^2 \ln L}{\partial \theta_1^2} & \dfrac{\partial^2 \ln L}{\partial \theta_1 \partial \theta_2} & \cdots & \dfrac{\partial^2 \ln L}{\partial \theta_1 \partial \theta_k} \\ \dfrac{\partial^2 \ln L}{\partial \theta_2 \partial \theta_1} & \dfrac{\partial^2 \ln L}{\partial \theta_2^2} & \cdots & \dfrac{\partial^2 \ln L}{\partial \theta_2 \partial \theta_k} \\ \vdots & \vdots & \ddots & \vdots \\ \dfrac{\partial^2 \ln L}{\partial \theta_k \partial \theta_1} & \dfrac{\partial^2 \ln L}{\partial \theta_k \partial \theta_2} & \cdots & \dfrac{\partial^2 \ln L}{\partial \theta_k^2} \end{pmatrix}$$

而黑塞矩阵的期望值为 $\langle H \rangle$。

例题：当 $(x_1, \cdots, x_n)$ 是正态分布 $N(\mu, \sigma^2)$ 的样本时，求 $\hat{\boldsymbol{\theta}} = (\hat{\mu}, \hat{\sigma}^2)$ 的概率分布 $p(\hat{\boldsymbol{\theta}})$。

写出对数似然函数如下：

$$\ln L(\mu, \sigma^2) = -\frac{n}{2}\ln(2\pi) - \frac{n}{2}\ln(\sigma^2) - \frac{1}{2\sigma^2}\sum_{i=1}^{n}(x_i - \mu)^2$$

则黑塞矩阵为：

$$H = \begin{pmatrix} \dfrac{\partial^2 \ln L}{\partial \mu^2} & \dfrac{\partial^2 \ln L}{\partial \mu \partial (\sigma^2)} \\ \dfrac{\partial^2 \ln L}{\partial \mu \partial (\sigma^2)} & \dfrac{\partial^2 \ln L}{\partial (\sigma^2)^2} \end{pmatrix} = \begin{pmatrix} -\dfrac{n}{\sigma^2} & -\dfrac{1}{\sigma^4}\sum(x_i - \mu) \\ -\dfrac{1}{\sigma^4}\sum(x_i - \mu) & -\dfrac{1}{\sigma^6}\sum(x_i - \mu)^2 + \dfrac{n}{2\sigma^4} \end{pmatrix}$$

考虑到 $\langle x_i \rangle = \mu, \langle x_i^2 \rangle = \sigma^2 + \langle x_i \rangle^2 = \sigma^2 + \mu^2$，则黑塞矩阵 H 的期望值为：

$$\langle H \rangle = \begin{pmatrix} -\dfrac{n}{\sigma^2} & 0 \\ 0 & -\dfrac{n}{2\sigma^4} \end{pmatrix}$$

故协方差矩阵 Σ 为：

$$\Sigma = [-\langle H \rangle]^{-1} = \begin{pmatrix} \dfrac{\sigma^2}{n} & 0 \\ 0 & \dfrac{2\sigma^4}{n} \end{pmatrix}$$

这样，$\hat{\boldsymbol{\theta}} = (\hat{\mu}, \hat{\sigma}^2)$ 的概率分布 $p(\hat{\boldsymbol{\theta}})$ 为：

$$p(\hat{\boldsymbol{\theta}}) = \frac{1}{\sqrt{(2\pi)^k \det(\Sigma)}} \exp\left[-\frac{1}{2}(\hat{\boldsymbol{\theta}} - \boldsymbol{\theta})^{\mathrm{T}} \Sigma^{-1} (\hat{\boldsymbol{\theta}} - \boldsymbol{\theta})\right]$$

$$= \frac{1}{\sqrt{(2\pi)^2 (\sigma^2/n)(2\sigma^4/n)}} \exp\left[-\frac{1}{2}\left(\frac{(\hat{\mu} - \mu)^2}{\sigma^2/n} + \frac{(\hat{\sigma}^2 - \sigma^2)^2}{2\sigma^4/n}\right)\right]$$

因此，$(\hat{\mu}, \hat{\sigma}^2)$ 的概率分布为两个独立的正态分布 $p(\hat{\mu})$ 和 $p(\hat{\sigma}^2)$ 的乘积，其中，

$$\begin{cases} p(\hat{\mu}) = N(\hat{\mu} \mid \mu, \sigma^2/n) \\ p(\hat{\sigma}^2) = N(\hat{\sigma}^2 \mid \sigma^2, 2\sigma^4/n) \end{cases}$$

根据前述定理可知，由最大似然估计所得到的 k 个参数 $\hat{\boldsymbol{\theta}} = (\hat{\theta}_1, \cdots, \hat{\theta}_k)$，其概率分布 $p(\hat{\boldsymbol{\theta}})$ 渐近于正态分布：$N(\hat{\boldsymbol{\theta}} \mid \boldsymbol{\theta}, \Sigma)$，而 k 维正态分布的二次型服从于自由度为 k 的卡方分布，即：

$$Q \equiv (\hat{\boldsymbol{\theta}} - \boldsymbol{\theta})^{\mathrm{T}} \Sigma^{-1} (\hat{\boldsymbol{\theta}} - \boldsymbol{\theta}) = \sum_{i,j=1}^{k} w_{ij} (\hat{\theta}_i - \theta_i)(\hat{\theta}_j - \theta_j) \sim \chi^2(k)$$

其中，矩阵 $(w_{ij}) = \Sigma^{-1} = -\langle H \rangle$，若用参数的估计值 $\hat{\boldsymbol{\theta}}$ 来代替真值 $\boldsymbol{\theta}$，则有：

$$w_{ij} \simeq -\frac{\partial^2 \ln L(\boldsymbol{\theta})}{\partial \theta_i \partial \theta_j}\bigg|_{\hat{\boldsymbol{\theta}}}$$

因此，取置信度为 ξ，则可以确定模型参数 $\boldsymbol{\theta}$ 的置信区间为：

$$P\left[Q = \sum_{i,j=1}^{k} w_{ij}(\hat{\theta}_i - \theta_i)(\hat{\theta}_j - \theta_j) \leq \chi_\xi^2(k)\right] = \xi$$

即模型参数 $\boldsymbol{\theta}$ 的置信区间的边界为：

$$Q = \sum_{i,j=1}^{k} w_{ij}(\hat{\theta}_i - \theta_i)(\hat{\theta}_j - \theta_j) = \chi_\xi^2(k)$$

例如：对于两参数模型，参数真值为 $\theta=(\theta_1,\theta_2)$，参数的最大似然估计值为 $\hat{\theta}=(\hat{\theta}_1,\hat{\theta}_2)$，则参数的置信区间的边界为：

$$Q = w_{11}(\hat{\theta}_1-\theta_1)^2 + 2w_{12}(\hat{\theta}_1-\theta_1)(\hat{\theta}_2-\theta_2) + w_{22}(\hat{\theta}_2-\theta_2)^2 = \chi_\xi^2(2)$$

在 θ 空间中，这是一个椭圆，称为"参数估计的**误差椭圆**"。其含义是：对参数真值 (θ_1,θ_2) 的估计为 $(\hat{\theta}_1,\hat{\theta}_2)$，参数真值落在以 $(\hat{\theta}_1,\hat{\theta}_2)$ 为中心、以 $Q=\chi_\xi^2(2)$ 为边界的椭圆内的概率是 ξ。

而两参数模型的协方差矩阵 $\Sigma=(r_{ij})$ 与矩阵 (w_{ij}) 的关系为：

$$\begin{cases} r_{11} \equiv \sigma_1^2 = \dfrac{w_{22}}{w_{11}w_{22}-w_{12}^2} \\ r_{22} \equiv \sigma_2^2 = \dfrac{w_{11}}{w_{11}w_{22}-w_{12}^2} \\ r_{12} = r_{21} \equiv \sigma_{12} = \rho\sigma_1\sigma_2 \\ \rho = -\dfrac{w_{12}}{\sqrt{w_{11}w_{22}}} \end{cases}$$

通常使用 σ_1 和 σ_2 作为参数 θ_1 和 θ_2 的误差估计，然而完整的误差估计应该是误差椭圆或协方差矩阵：

$$\Sigma=(r_{ij})=\begin{pmatrix} \sigma_1^2 & \sigma_{12} \\ \sigma_{12} & \sigma_2^2 \end{pmatrix}$$

根据似然函数的性质，k 个参数的似然函数在样本数 n 增大时趋于 k 维正态型。因而，$2\left[\ln L(\hat{\theta})-\ln L(\theta)\right]$ 渐近于正态分布的二次型，故有：

$$Q'' = 2\left[\ln L(\hat{\theta})-\ln L(\theta)\right] = -2\ln\frac{L(\theta)}{L(\hat{\theta})} \sim \chi^2(k)$$

因此，在置信度为 ξ 的情况上，存在关系：

$$P\left[Q''=2\left[\ln L(\hat{\theta})-\ln L(\theta)\right] \leqslant \chi_\xi^2(k)\right]=\xi$$

即模型参数 $\boldsymbol{\theta}$ 的置信区间的边界为：

$$Q''=2\left[\ln L(\hat{\theta})-\ln L(\theta)\right]=\chi_\xi^2(k)$$

或：

$$\ln L(\boldsymbol{\theta}) = \ln L(\hat{\boldsymbol{\theta}}) - \frac{1}{2}\chi_\xi^2(k)$$

利用该公式确定参数误差是最大似然估计的常用方法。

例如：对于一维正态分布 $N(x_i|\mu,\sigma^2)$，设模型参数为单参数 μ，则相应的对数似然函数为：

$$\ln L(\mu) = -\frac{n}{2}\ln(2\pi) - \frac{n}{2}\ln(\sigma^2) - \frac{1}{2\sigma^2}\sum_{i=1}^{n}(x_i - \mu)^2$$

求似然函数的最大值：

$$0 \equiv \frac{\mathrm{d}\ln L(\mu)}{\mathrm{d}\mu}\Big|_{\hat{\mu}} = \frac{1}{\sigma^2}\left(\sum_{i=1}^{n}x_i - n\hat{\mu}\right)$$

故求得参数 μ 的估计值 $\hat{\mu}$ 为：

$$\hat{\mu} = \frac{1}{n}\sum_{i=1}^{n}x_i$$

则 Q'' 值为：

$$Q'' = 2\left[\ln L(\hat{\mu}) - \ln L(\mu)\right] = -\frac{1}{\sigma^2}\sum_{i=1}^{n}(x_i - \hat{\mu})^2 + \frac{1}{\sigma^2}\sum_{i=1}^{n}(x_i - \mu)^2 = \left(\frac{\mu - \hat{\mu}}{\sigma/\sqrt{n}}\right)^2$$

对参数 μ 来说，这就是自由度 $\nu = 1$ 的卡方分布 $\chi^2(1)$，因此：

$$Q'' = 2\left[\ln L(\hat{\mu}) - \ln L(\mu)\right] \sim \chi^2(1)$$

例题：利用夏至和冬至的太阳影长数据，来确定观测时的年代和地理纬度。[《周髀算经》与阳城，中国科技史杂志，2009，30（1）：102-109]

（1）黄赤交角与恒星坐标的计算。

太阳影长与地理纬度 ϕ 和黄赤交角 ϵ 有关，而北极星高度与地理纬度 ϕ 和北极星的赤纬 δ 有关。其中，黄赤交角 ϵ 和北极星的赤纬 δ 是随时间而变化的，为此，使用 Python 中 astropy 软件包来计算，首先引入相应的程序：

```
import numpy as np
import matplotlib.pyplot as plt
```

```
from astropy import units as u
from astropy.time import Time
from astropy.coordinates import SkyCoord
from astropy.coordinates import FK5
```

计算从 –2500 年至 500 年每年的黄赤交角 ϵ 的值：

```
tt=[]
epsun=[]
for i in range(3000):
    yr=i-2500
    if(yr>0):
        epoch=Time(yr, format='jyear')
    else:
        epoch=Time(yr-1, format='jyear')
    sol = SkyCoord(90.0*u.degree, 0.0*u.degree,
frame='geocentrictrueecliptic',equinox=epoch)
    solt=sol.transform_to(FK5(equinox=epoch))
    tt.append(yr)
    epsun.append(solt.dec.degree)
```

要注意的是在 astropy 中的年代是没有公元 0 年。

根据选定的北极星，从伊巴谷星表获得数据，并将其代入 astropy 的天体坐标中：

```
    st10=[60044,184.70860512,+75.16055020, 5.47,   11.29,   -36.03,
4.35,107193,''] # HD107193
    st12=[68756,211.09760837,+64.37580873, 3.67,   10.56,   -56.52,
17.19,123299, '11Alp Dra'] # HD123299


    spos10 = SkyCoord(
        ra =st10[1] * u.deg,
        dec = st10[2] * u.deg,
        pm_ra_cosdec =st10[5] * u.mas / u.yr,
```

```
    pm_dec = st10[6] * u.mas / u.yr,
    obstime = 'J1991.25',
    frame='icrs' )

spos12 = SkyCoord(
    ra =st12[1] * u.deg,
    dec = st12[2] * u.deg,
    pm_ra_cosdec =st12[5] * u.mas / u.yr,
    pm_dec = st12[6] * u.mas / u.yr,
    obstime = 'J1991.25',
    frame='icrs' )
```

计算从 −2500 年至 500 年每年的北极星赤道坐标，这里仅取赤纬 δ 的值：

```
star10=[]
star12=[]
for i in range(len(tt)):
    yr=tt[i]
    if(yr>0):
        obstm=Time(yr, format='jyear')
    else:
        obstm=Time(yr-1, format='jyear')
    sp10=spos10.transform_to(FK5(equinox=obstm))
    sp12=spos12.transform_to(FK5(equinox=obstm))
    star10.append(sp10.dec.degree)
    star12.append(sp12.dec.degree)
```

将计算结果存入文件 "zhaoubi.dat" 中，以备后用：

```
import pickle

file=open("zhoubi.dat","wb")
pickle.dump([tt,epsun,star10,star12],file)
file.close()
```

（2）使用样条函数对天文计算结果进行插值。

从文件中读取计算结果：

```
import pickle

file=open('zhoubi.dat',"rb")
[tt,epsun,star10,star12]=pickle.load(file)
file.close()
```

使用样条函数对黄赤交角 ϵ 进行插值，并显示插值结果（图7.1）：

```
import scipy.interpolate as spint

spleps = spint.splrep(tt, epsun, s=0.001**2)

zz=spint.splev(tt,spleps,der=0)
plt.plot(tt,zz)

plt.plot(tt,epsun,',')
plt.grid(True)
plt.xlabel('year')
plt.ylabel('$\epsilon (deg)$')
Text(0, 0.5, '$\\epsilon (deg)$')
```

对北极星赤纬 δ 进行样条插值，并显示插值结果（图7.2）：

```
splst10 = spint.splrep(tt, star10, s=0.001**2)
splst12 = spint.splrep(tt, star12, s=0.001**2)

zz=spint.splev(tt,splst10,der=0)
plt.plot(tt,zz)
plt.plot(tt,star10,',')

zz=spint.splev(tt,splst12,der=0)
plt.plot(tt,zz)
plt.plot(tt,star12,',')
```

```
plt.ylim(80,90)
plt.grid(True)
plt.xlabel('year')
plt.ylabel('$\delta (deg)$')
Text(0, 0.5, '$\\delta (deg)$')
```

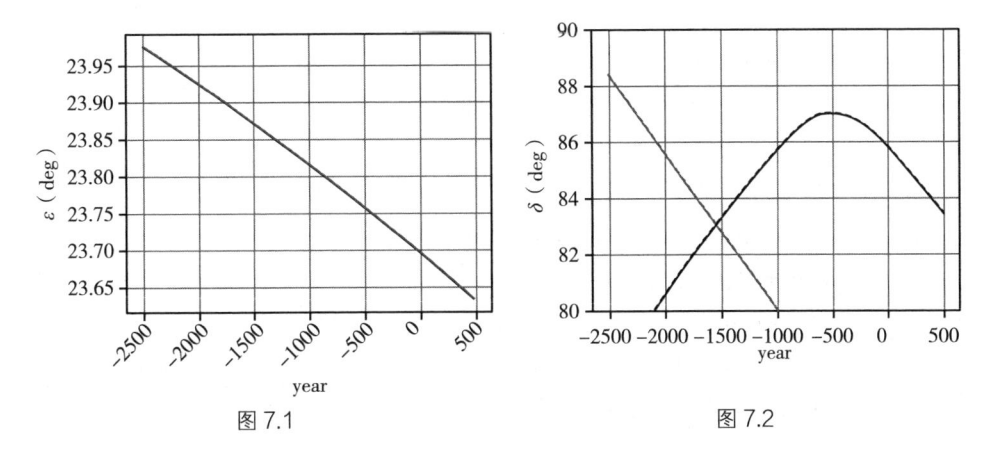

图 7.1

图 7.2

（3）定义似然函数。

观测值有三个：夏至影长 l_x、冬至影长 l_d 和北极星高度 l_j，观测值的测量误差为 σ，而待拟合参数为观测年代 t 和地理纬度 ϕ。则相应的似然函数为：

$$\ln L(t,\phi) = -\frac{n}{2}\ln(2\pi) - n\ln(\sigma) - \frac{z^2}{2\sigma^2}$$

其中，$n = 3$，而 z^2 为：

$$z^2 = \left(l_x - l_b\tan\left[\phi - \epsilon(t)\right]\right)^2 + \left(l_d - l_b\tan\left[\phi + \epsilon(t)\right]\right)^2 + \left(l_j - \frac{l_b}{\tan\left[\phi + 90° - \delta(t)\right]}\right)^2$$

定义函数 loglf（ ）来计算似然函数：

```
def refrac(z):
    tz=np.tan(np.deg2rad(z))
    dz=60.29*tz-0.06688*tz**3
    return(dz/3600.)
```

```
def loglf(t,ph,ll,speps,spst):
    eps=spint.splev(t,speps,der=0)
    dec=spint.splev(t,spst,der=0)
    lb=8.
    rd=(31./60+59.3/3600)/2.
    sz=ph-eps+rd
    dsz=refrac(sz)
    lx=lb*np.tan(np.deg2rad(sz-dsz))
    sz=ph+eps+rd
    dsz=refrac(sz)
    ld=lb*np.tan(np.deg2rad(sz-dsz))
    sz=ph+90-dec
    dsz=refrac(90-sz)
    lj=lb/np.tan(np.deg2rad(sz+dsz))
    zz2=(ll[0]-lx)**2+(ll[1]-ld)**2+(ll[2]-lj)**2
    n=3
    sgm=ll[3]
    llf=-n*np.log(2*np.pi)/2.-n*np.log(sgm)-zz2/sgm**2/2.
    return(llf)
```

这里考虑了太阳半径和大气折射的影响。

（4）确定参数的最大似然估计值。

根据《周髀算经》的数据，表长为 $l_b = 8$ 尺，$l_x = 1.6$ 尺，$l_d = 13.5$ 尺，$l_j = 10.3$ 尺。取测量误差为测量值的最小单位的一半，即 $\sigma = 0.05$ 尺。将年代 t 和地理纬度 ϕ 在一定范围内划分为网格，计算相应的似然函数值，并确定似然函数最大值所对应的近似参数。

```
ll=[1.6,13.5,10.3,0.05]


ppz=[[-800,-200],[34.8,35.5]]
ti = np.linspace(ppz[0][0], ppz[0][1], 60)
tj = np.linspace(ppz[1][0], ppz[1][1], 40)
xtt, ytt = np.meshgrid(ti, tj)
```

```
        ztt=np.zeros_like(xtt)

    mll=[]
    for j in range(len(tj)):
        ph=tj[j]
        for i in range(len(ti)):
            t=ti[i]
            llf=loglf(t,ph,ll,spleps,splst10)
            ztt[j,i]=llf
            if(len(mll)>0):
                if(llf>mll[2]):
                    mll[0]=t
                    mll[1]=ph
                    mll[2]=llf
            else:
                mll=[t,ph,llf]

    print(mll)
```
[-505.08474576271186, 35.176923076923075, 0.6492862906675674]

以参数近似值作为初始值，使用 Python 中的最小化程序 scipy.optimize.minimize（）来求解参数的最大似然估计：

```
    from scipy.optimize import minimize

    def lfmin(p,lsp):
        [t,ph]=p
        [ll,speps,spst]=lsp
        return(-loglf(t,ph,ll,speps,spst))

    p0=[mll[0],mll[1]]
    lsp=[ll,spleps,splst10]
    res=minimize(lfmin,p0,args=(lsp),options={'disp': True})
    mll=[res.x[0],res.x[1],res.fun]
```

```
print(mll)
print(res.hess_inv)
Optimization terminated successfully.
        Current function value: -0.657022
        Iterations: 19
        Function evaluations: 81
        Gradient evaluations: 27
[-501.71171292760636, 35.16865607482008, -0.6570221088676513]
[[0.11640487 0.00592034]
 [0.00592034 0.00938489]]
```

（5）确定参数的置信区间。

模型参数的置信区间由下述关系确定：

$$Q'' = 2\left[\ln L\left(\hat{t},\hat{\phi}\right) - \ln L\left(t,\phi\right)\right] = \chi_{\xi}^{2}(2)$$

利用 scipy.stats.chi2 中的卡方分布函数来计算对应于 $(1\sigma, 2\sigma, 3\sigma)$ 的置信度 $\xi = (ps1, ps2, ps3)$ 以及相应的卡方值 $\chi^2 = (cs1, cs2, cs3)$：

```
import scipy.stats as spstat

k=2
ps1=spstat.chi2.cdf(1, 1)
ps2=spstat.chi2.cdf(2*2, 1)
ps3=spstat.chi2.cdf(3*3, 1)
cs1=spstat.chi2.ppf(ps1, k)
cs2=spstat.chi2.ppf(ps2, k)
cs3=spstat.chi2.ppf(ps3, k)
print(ps1,ps2,ps3)
print(cs1,cs2,cs3)
0.6826894921370859 0.9544997361036415 0.9973002039367398
2.295748928898636 6.180074306244168 11.829158081900795
```

画出参数 t 和 ϕ 的置信区间：

```
lvl=[-mll[2]-cs3/2,-mll[2]-cs2/2,-mll[2]-cs1/2]
```

```
plt.contour(xtt,ytt,ztt,levels=lvl)
plt.plot(mll[0],mll[1],'+')
plt.grid(True)
plt.xlabel('year')
plt.ylabel('$\phi$')
Text(0, 0.5, '$\\phi$')
```

图 7.3 中十字符号是两参数的最大似然估计值，三条曲线分别对应于置信度为 $(1\sigma, 2\sigma, 3\sigma)$ 的似然函数值，也就是给出了两参数相应的置信区域。

计算观测年代 t 的概率密度函数及其期望值与标准误差：

$$p(t) = \int p(t,\phi)\mathrm{d}\phi = \frac{\int \exp\left[\ln L(t,\phi)\right]\mathrm{d}\phi}{\iint \exp\left[\ln L(t,\phi)\right]\mathrm{d}t\mathrm{d}\phi}$$

$$\langle t \rangle = \iint t\, p(t,\phi)\mathrm{d}t\mathrm{d}\phi = \frac{\iint t \exp\left[\ln L(t,\phi)\right]\mathrm{d}t\mathrm{d}\phi}{\iint \exp\left[\ln L(t,\phi)\right]\mathrm{d}t\mathrm{d}\phi}$$

$$\sigma^2(t) = \langle t^2 \rangle - \langle t \rangle^2$$

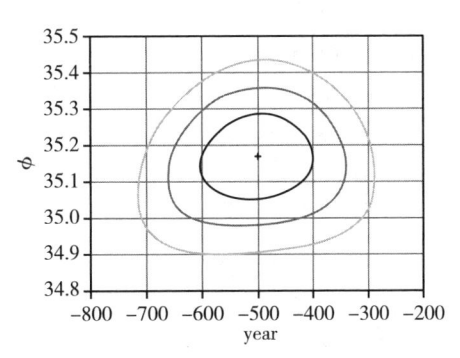

图 7.3

其中，

$$\langle t^2 \rangle = \iint t^2\, p(t,\phi)\mathrm{d}t\mathrm{d}\phi = \frac{\iint t^2 \exp\left[\ln L(t,\phi)\right]\mathrm{d}t\mathrm{d}\phi}{\iint \exp\left[\ln L(t,\phi)\right]\mathrm{d}t\mathrm{d}\phi}$$

```
xx=[]
yy=[]
zt=0
zt2=0
zsm=0
for i in range(len(ti)):
    t=ti[i]
    zz=0
    for j in range(len(tj)):
```

```
            ss=np.exp(ztt[j,i])
            zz+=ss
            zt+=t*ss
            zt2+=t**2*ss
            zsm+=ss
    xx.append(t)
    yy.append(zz)
ta=zt/zsm
tsm=np.sqrt(zt2/zsm-ta**2)
print(ta,tsm)

plt.plot(xx,yy/zsm)
plt.grid(True)
plt.xlabel('year')
plt.ylabel('N')
```
-501.33805418742145 64.8956957132872
Text(0, 0.5, 'N')

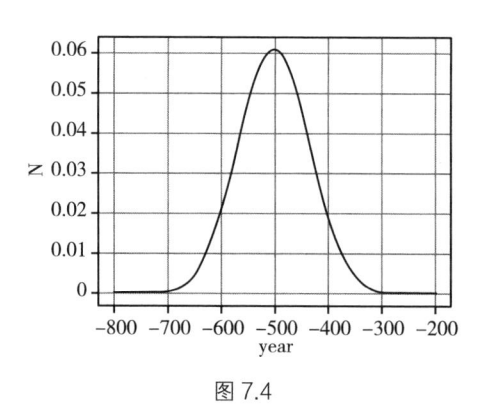

图 7.4

计算地理纬度 ϕ 的概率密度函数及其期望值与标准误差：

$$p(\phi) = \int p(t,\phi) \mathrm{d}t = \frac{\int \exp\left[\ln L(t,\phi)\right] \mathrm{d}t}{\iint \exp\left[\ln L(t,\phi)\right] \mathrm{d}t \mathrm{d}\phi}$$

$$\langle \phi \rangle = \iint \phi\, p(t,\phi) \mathrm{d}t \mathrm{d}\phi = \frac{\iint \phi \exp\left[\ln L(t,\phi)\right] \mathrm{d}t \mathrm{d}\phi}{\iint \exp\left[\ln L(t,\phi)\right] \mathrm{d}t \mathrm{d}\phi}$$

$$\sigma^2(\phi) = \langle \phi^2 \rangle - \langle \phi \rangle^2$$

其中，

$$\langle \phi^2 \rangle = \iint \phi^2 \, p(t,\phi) \mathrm{d}t\mathrm{d}\phi = \frac{\iint \phi^2 \exp\left[\ln L(t,\phi)\right] \mathrm{d}t\mathrm{d}\phi}{\iint \exp\left[\ln L(t,\phi)\right] \mathrm{d}t\mathrm{d}\phi}$$

```
xx=[]
yy=[]
zt=0
zt2=0
zsm=0
for j in range(len(tj)):
    ph=tj[j]
    zz=0
    for i in range(len(ti)):
        ss=np.exp(ztt[j,i])
        zz+=ss
        zt+=ph*ss
        zt2+=ph**2*ss
        zsm+=ss
    xx.append(ph)
    yy.append(zz)
ta=zt/zsm
tsm=np.sqrt(zt2/zsm-ta**2)
print(ta,tsm)

plt.plot(xx,yy/zsm)
plt.grid(True)
plt.xlabel('$\phi$')
plt.ylabel('N')
```

35.16100204192911 0.07721924927074607
Text(0, 0.5, 'N')

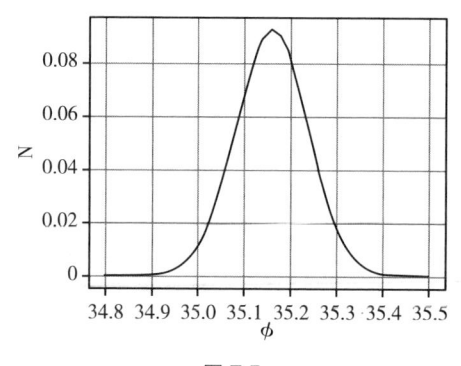

图 7.5

故此，参数的最大似然估计值为：$t = -501 \pm 65$ 年和 $\phi = 35.16° \pm 0.08°$。

第 8 章

贝叶斯估计

8.1 贝叶斯统计

已知观测数据 D,为求其符合模型 M 的参数 θ 时,其似然函数为:

$$L(\theta) \equiv p(M,\theta|D,I)$$

其中,I 为先验知识。根据贝叶斯乘法公式 $p(AB)=p(A|B)p(B)=p(B|A)p(A)$,则似然函数可写为:

$$L(\theta) \equiv p(M,\theta|D,I) = \frac{p(D|M,\theta,I)p(M,\theta|I)}{p(D|I)}$$

由于概率函数 $p(D|I)$ 与模型 M 和参数 θ 均没有关系,因此有:

$$L(\theta) \equiv p(M,\theta|D,I) \propto p(D|M,\theta,I)p(\theta|M,I)$$

或将其归一化为:

$$L(\theta) \equiv p(M,\theta|D,I) = \frac{p(D|M,\theta,I)p(\theta|M,I)}{\int p(D|M,\theta,I)p(\theta|M,I)\mathrm{d}\theta}$$

这里,$p(D|M,\theta,I)$ 是观测数据的概率分布,而 $p(\theta|M,I)$ 被称为先验分布,$p(M,\theta|D,I)$ 则被称为后验分布。

与最大似然估计中的似然函数 $L(\theta) \equiv p(D|M,\theta,I)$ 相比,贝叶斯统计使

用的似然函数增加了模型参数的先验分布 $p(\theta|M,I)$。贝叶斯统计的根本观点是，在关于 θ 的任何统计估计问题中，除了使用样本 X 所提供的信息外，还必须对 θ 规定一个先验分布，它是在进行推断时不可或缺的一个要素。

关于先验分布的设定，可以把先验分布解释为在抽样前就有的关于 θ 的先验信息的概率表述，先验分布不必有客观的依据，它可以部分地或完全地基于主观信念。一般可以考虑如下的假定：

（1）当总体 X 的概率密度具有 $p(x-\theta)$ 的形式时，称参数 θ 为"位置参数"（如方差已知时的正态分布）。此时的先验分布是均匀分布：$p(\theta) \propto 1$。

（2）当总体 X 的概率密度具有 $\frac{1}{\sigma} p\left(\frac{x}{\sigma}\right)$ 的形式时，称参数 σ 为"尺度参数"（如均值已知时的正态分布）。此时的先验分布是：$p(\sigma) \propto \frac{1}{\sigma}$。

（3）当总体 X 的概率密度具有 $\frac{1}{\sigma} p\left(\frac{x-\theta}{\sigma}\right)$ 的形式时，称参数 $\theta-\sigma$ 为"位置－尺度参数"，如正态分布 $X \sim N(\theta, \sigma^2)$。此时的先验分布是联合分布：$p(\theta, \sigma) \propto \frac{1}{\sigma}$。

8.2　贝叶斯估计

在贝叶斯统计中，后验分布给出的是模型参数 θ 的概率分布，它包含了参数的所有信息，因此也可给出模型参数的估计值和可信区域。

对于观测数据 $D = \boldsymbol{x}$，模型 M 的参数 $\boldsymbol{\theta}$ 的后验分布是：

$$p(\boldsymbol{\theta}|\boldsymbol{x}) \equiv p(M(\boldsymbol{\theta})|\boldsymbol{x}) \propto p(\boldsymbol{x}|\boldsymbol{\theta}) p(\boldsymbol{\theta})$$

将此概率分布归一化后，可写为：

$$p(\boldsymbol{\theta}|\boldsymbol{x}) = \frac{p(\boldsymbol{x}|\boldsymbol{\theta}) p(\boldsymbol{\theta})}{\int p(\boldsymbol{x}|\boldsymbol{\theta}) p(\boldsymbol{\theta}) \mathrm{d}\boldsymbol{\theta}}$$

根据参数的概率分布 $p(\boldsymbol{\theta}|\boldsymbol{x})$，就可以给出模型参数的估计值，常用的估

计方法有以下两种：

1. 最可几估计

使后验概率 $p(\boldsymbol{\theta}|\boldsymbol{x})$ 达到最大值的参数值 $\hat{\boldsymbol{\theta}}_M$ 叫作参数 θ 的**最可几估计值**，即：

$$\hat{\boldsymbol{\theta}}_M = arg\ \max_{\theta}\ p(\boldsymbol{\theta}|\boldsymbol{x})$$

或者：

$$\hat{\boldsymbol{\theta}}_M = arg\ \max_{\theta}\ \frac{p(\boldsymbol{x}|\boldsymbol{\theta})p(\boldsymbol{\theta})}{\int p(\boldsymbol{x}|\boldsymbol{\theta})p(\boldsymbol{\theta})\mathrm{d}\boldsymbol{\theta}} = arg\ \max_{\theta}\ p(\boldsymbol{x}|\boldsymbol{\theta})p(\boldsymbol{\theta})$$

特别是，如果参数的先验分布 $p(\boldsymbol{\theta})$ 是均匀分布的话，则参数的最可几估计值就是**最大似然估计值**，即：

$$\hat{\boldsymbol{\theta}}_M = arg\ \max_{\theta}\ p(\boldsymbol{x}|\boldsymbol{\theta}) = arg\ \max_{\theta}\ L(\boldsymbol{\theta}) = \hat{\boldsymbol{\theta}}$$

2. 贝叶斯估计

参数 θ 在后验分布上的期望值 $\langle\boldsymbol{\theta}\rangle$ 就是参数的**贝叶斯估计值** $\hat{\boldsymbol{\theta}}_B$，即：

$$\hat{\boldsymbol{\theta}}_B \equiv \langle\boldsymbol{\theta}\rangle = \int \boldsymbol{\theta}\ p(\boldsymbol{\theta}|\boldsymbol{x})\mathrm{d}\boldsymbol{\theta} = \frac{\int \boldsymbol{\theta}\ p(\boldsymbol{x}|\boldsymbol{\theta})p(\boldsymbol{\theta})\mathrm{d}\boldsymbol{\theta}}{\int p(\boldsymbol{x}|\boldsymbol{\theta})p(\boldsymbol{\theta})\mathrm{d}\boldsymbol{\theta}}$$

贝叶斯估计值 $\hat{\boldsymbol{\theta}}_B$ 与参数 θ 的均方差最小，即：

$$\overline{\left(\boldsymbol{\theta} - \hat{\boldsymbol{\theta}}_B\right)^2} = \int \left(\boldsymbol{\theta} - \hat{\boldsymbol{\theta}}_B\right)^2 p(\boldsymbol{\theta}|\boldsymbol{x})\mathrm{d}\boldsymbol{\theta} = \sigma^2(\boldsymbol{\theta}) + \left(\langle\boldsymbol{\theta}\rangle - \hat{\boldsymbol{\theta}}_B\right)^2 = \sigma^2(\boldsymbol{\theta})$$

当观测样本数目增大时，后验概率 $p(\boldsymbol{\theta}|\boldsymbol{x})$ 趋于正态分布，则参数 θ 的贝叶斯估计值 $\hat{\boldsymbol{\theta}}_B$、最可几估计值 $\hat{\boldsymbol{\theta}}_M$ 和最大似然估计值 $\hat{\boldsymbol{\theta}}$ 趋于一致，即：

$$\hat{\boldsymbol{\theta}}_B \simeq \hat{\boldsymbol{\theta}}_M \simeq \hat{\boldsymbol{\theta}}$$

由后验分布 $p(\boldsymbol{\theta}|\boldsymbol{x})$ 也可以得到贝叶斯估计的可信区间，即在区间 (θ_1, θ_2) 内后验分布曲线下的面积为置信度 ξ：

$$\int_{\theta_1}^{\theta_2} p(\boldsymbol{\theta}|\boldsymbol{x})\mathrm{d}\boldsymbol{\theta} = \xi$$

8.3 基于正态分布的贝叶斯估计

已知正态分布的观测数据 $\{x_i\}$ 和相应的误差 $\{\sigma_i\}$，求其正态分布的期望值 μ 及其误差 σ_μ。

相应的似然函数为：

$$L(\mu) = p(\mu|\{x_i\},\{\sigma_i\})$$

根据贝叶斯公式，可写为概率分布与先验分布之积，即：

$$L(\mu) = p(\mu|\{x_i\},\{\sigma_i\}) \propto p(\{x_i\},\{\sigma_i\}|\mu,I) p(\mu|I)$$

观测数据符合正态分布，即其概率分布为：

$$p(\{x_i\}|\mu,I) = \prod_{i=1}^{n} \frac{1}{\sigma_i\sqrt{2\pi}} \exp\left(\frac{-(x_i-\mu)^2}{2\sigma_i^2}\right)$$

假使期望值 μ 在区间 $(\mu_{\min},\mu_{\max})$ 上为均匀分布，即：

$$p(\mu|I) = C$$

则似然函数为：

$$L(\mu) = p(\mu|\{x_i\},\{\sigma_i\}) \propto p(\{x_i\},\{\sigma_i\}|\mu,I) p(\mu|I) = C\prod_{i=1}^{n} \frac{1}{\sigma_i\sqrt{2\pi}} \exp\left(\frac{-(x_i-\mu)^2}{2\sigma_i^2}\right)$$

对数似然函数为：

$$\ln L(\mu) = \ln\left[p(\mu|\{x_i\},\{\sigma_i\},I)\right] = \text{const.} - \sum_{i=1}^{n} \frac{(x_i-\mu)^2}{2\sigma_i^2}$$

其中，const. 是与参数 μ 无关的常数。

这样，最可几估计就与最大似然估计是一样的。

设权重 $w_i = 1/\sigma_i^2$，则后验分布为：

$$L(\mu) = p(\mu) = p(\mu|\{x_i\},\{\sigma_i\}) = \frac{C}{(\sqrt{2\pi})^n \prod_{i=1}^{n}\sigma_i} \exp\left(-\frac{1}{2}\sum_{i=1}^{n} w_i(\mu-x_i)^2\right)$$

按参数 μ 进行整理，可得：

$$p(\mu) \propto \exp\left(-\frac{1}{2}\left(\mu^2 \sum_{i=1}^n w_i - 2\mu \sum_{i=1}^n w_i x_i + \sum_{i=1}^n w_i x_i^2\right)\right)$$

$$p(\mu) \propto \exp\left(-\frac{\left(\mu - \sum w_i x_i / \sum w_i\right)^2}{2 / \sum w_i}\right)$$

将其积分以进行归一化后，可得到：

$$p(\mu) = \frac{1}{\sqrt{2\pi / \sum w_i}} \exp\left(-\frac{\left(\mu - \sum w_i x_i / \sum w_i\right)^2}{2 / \sum w_i}\right)$$

这就是期望值为 $\sum w_i x_i / \sum w_i$、方差为 $1 / \sum w_i$ 的正态分布。

参数 μ 的贝叶斯估计值为：

$$\hat{\mu}_B = \frac{\sum_{i=1}^n w_i x_i}{\sum_{i=1}^n w_i}$$

已知正态分布的观测数据 $\{x_i\}$，求其正态分布的期望值 μ 和方差 σ^2。

相应的似然函数为：

$$L(\mu, \sigma) = p(\mu, \sigma | \{x_i\})$$

按照贝叶斯统计方法，表示似然函数的后验分布正比于概率分布和先验概率之积，即：

$$L(\mu, \sigma) \equiv p(\mu, \sigma | \{x_i\}) \propto p(\{x_i\} | \mu, \sigma, I) p(\mu, \sigma | I)$$

观测数据符合正态分布，即其概率分布为：

$$p(\{x_i\} | \mu, \sigma, I) = \prod_{i=1}^n \frac{1}{\sigma\sqrt{2\pi}} \exp\left[\frac{-(x_i - \mu)^2}{2\sigma^2}\right]$$

假设在 $(\mu_{\min} < \mu < \mu_{\max}, \sigma_{\min} < \sigma < \sigma_{\max})$ 区间上，先验概率为：

$$p(\mu, \sigma | I) \propto \frac{1}{\sigma}$$

两式相乘为：

$$p(\{x_i\}|\mu,\sigma,I)p(\mu,\sigma|I) = \frac{1}{(\sigma\sqrt{2\pi})^n}\prod_{i=1}^{n}\exp\left[\frac{-(x_i-\mu)^2}{2\sigma^2}\right]\frac{1}{\sigma}$$

则其对数似然函数为：

$$\ln L(\mu,\sigma) \equiv \ln\left[p(\mu,\sigma|\{x_i\},I)\right] = -\frac{n}{2}\ln(2\pi)-(n+1)\ln\sigma-\sum_{i=1}^{n}\frac{(x_i-\mu)^2}{2\sigma^2}$$

参数 (μ,σ) 的贝叶斯估计值为：

$$\hat{\mu}_B = \iint \mu\, p(\mu,\sigma|\{x_i\},I)\mathrm{d}\mu\mathrm{d}\sigma = \frac{\iint \mu\exp\left[\ln L(\mu,\sigma)\right]\mathrm{d}\mu\mathrm{d}\sigma}{\iint \exp\left[\ln L(\mu,\sigma)\right]\mathrm{d}\mu\mathrm{d}\sigma}$$

$$\hat{\sigma}_B = \iint \sigma\, p(\mu,\sigma|\{x_i\},I)\mathrm{d}\mu\mathrm{d}\sigma = \frac{\iint \sigma\exp\left[\ln L(\mu,\sigma)\right]\mathrm{d}\mu\mathrm{d}\sigma}{\iint \exp\left[\ln L(\mu,\sigma)\right]\mathrm{d}\mu\mathrm{d}\sigma}$$

相应的单参数的概率分布为：

$$p(\mu|\{x_i\}) = \int p(\mu,\sigma|\{x_i\},I)\mathrm{d}\sigma = \frac{\int \exp\left[\ln L(\mu,\sigma)\right]\mathrm{d}\sigma}{\iint \exp\left[\ln L(\mu,\sigma)\right]\mathrm{d}\mu\mathrm{d}\sigma}$$

$$p(\sigma|\{x_i\}) = \int p(\mu,\sigma|\{x_i\},I)\mathrm{d}\mu = \frac{\int \exp\left[\ln L(\mu,\sigma)\right]\mathrm{d}\mu}{\iint \exp\left[\ln L(\mu,\sigma)\right]\mathrm{d}\mu\mathrm{d}\sigma}$$

由此可确定参数 (μ,σ) 的可信区间。

设观测量的均值和方差为：

$$\begin{cases}\bar{x} = \dfrac{1}{n}\sum x_i \\ V = \dfrac{1}{n}\sum(x_i-\bar{x})^2 = \dfrac{1}{n}\sum x_i^2 - \bar{x}^2\end{cases}$$

而似然函数可改写为：

$$\ln L(\mu,\sigma) = -\frac{n}{2}\ln(2\pi)-(n+1)\ln\sigma-\frac{n}{2\sigma^2}\left[(\bar{x}-\mu)^2+V\right]$$

例题：一组观测量 $\{x_i\}$ 有 100 个数据，即 $n=100$，数据的均值和方差为 $(\bar{x}=1,\ V=4)$，则可计算似然函数的分布如下：

定义函数 logll（）来计算对数似然函数。

```
import numpy as np
import matplotlib.pyplot as plt

def logll(mu,sgm,n,xp,vp):
    ll=-0.5*n*np.log(2*np.pi)-(n+1)*np.log(sgm)-n*((xp-mu)**2+vp)/2./sgm**2
    return(ll)
```

计算似然函数的二维分布值：

```
n=100
xp=1
vp=4

ppz=[[-1,3],[1,4]]
ti = np.linspace(ppz[1][0], ppz[1][1], 60)
tj = np.linspace(ppz[0][0], ppz[0][1], 50)
xtt, ytt = np.meshgrid(tj, ti)
ztt=np.zeros_like(xtt)
for i in range(len(ti)):
    sgm=ti[i]
    for j in range(len(tj)):
        mu=tj[j]
        ztt[i,j]=logll(mu,sgm,n,xp,vp)
```

计算参数 (μ,σ) 的贝叶斯估计值：

```
mub=0
sgmb=0
stm=0
for i in range(len(ti)):
    for j in range(len(tj)):
        mub+=tj[j]*np.exp(ztt[i,j])
        sgmb+=ti[i]*np.exp(ztt[i,j])
```

```
            stm+=np.exp(ztt[i,j])
mub/=stm
sgmb/=stm
print(mub,sgmb)
```

0.9999999999999962 2.025465418329469

确定两参数(μ,σ)的置信区间:

$$2\left[\ln L(\hat{\mu},\hat{\sigma})-\ln L(\mu,\sigma)\right]=\chi_{\xi}^{2}(2)$$

计算似然函数的二维分布，以及对应于$(1\sigma,3\sigma,5\sigma)$的置信度 $\xi=($ps1, ps3, ps5$)$和相应的似然函数值: $\ln L(\hat{p})=($lls1, lls3, lls5$)$。

```
import scipy.stats as spstat

lls0=logll(mub,sgmb,n,xp,vp)

k=2
ps1=spstat.chi2.cdf(1, 1)
ps3=spstat.chi2.cdf(3*3, 1)
ps5=spstat.chi2.cdf(5*5, 1)
lls1=lls0-spstat.chi2.ppf(ps1, k)/2.
lls3=lls0-spstat.chi2.ppf(ps3, k)/2.
lls5=lls0-spstat.chi2.ppf(ps5, k)/2.

print(ps1,ps3,ps5)
print(lls1,lls3,lls5)
```

0.6826894921370859 0.9973002039367398 0.9999994266968563
-213.0781193192274 -217.84482389572847 -226.30209606824582

```
lev=[lls5,lls3,lls1]
exts=[ppz[0][0], ppz[0][1],ppz[1][0], ppz[1][1]]
plt.imshow(ztt,vmin=1.2*lls5,origin='lower', extent=exts,cmap='gray')
plt.colorbar(label='ln L')
```

```
plt.contour(xtt,ytt,ztt,levels=lev)
plt.plot(mub,sgmb,'+')
plt.xlabel(r"$\mu$")
plt.ylabel(r"$\sigma$")
Text(0, 0.5, '$\\sigma$')
```

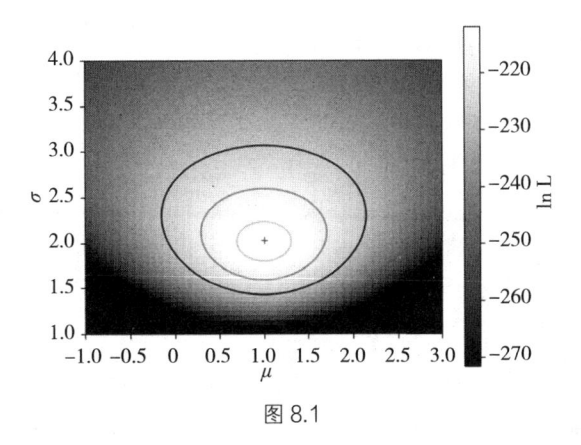

图 8.1

图 8.1 中十字符号是参数的贝叶斯估计值 $(\hat{\mu}_B, \hat{\sigma}_B)$，三条曲线是对应于 $(1\sigma, 3\sigma, 5\sigma)$ 的置信区间。

画出单参数的概率分布图如图 8.2 所示：

```
plt.figure(figsize=(10,4))
py=np.zeros_like(tj)
for j in range(len(tj)):
    ss=0
    for i in range(len(ti)):
        ss+=np.exp(ztt[i,j])
    py[j]=ss
psm=np.sum(py)
pmu=py/psm
plt.subplot(121)
plt.plot(tj,pmu)
plt.axvline(mub,ls=':')
```

```python
plt.xlabel(r"$\mu$")
plt.ylabel(r"$p(\mu)$")

py=np.zeros_like(ti)
for i in range(len(ti)):
    ss=0
    for j in range(len(tj)):
        ss+=np.exp(ztt[i,j])
    py[i]=ss
psm=np.sum(py)
psgm=py/psm
plt.subplot(122)
plt.plot(ti,psgm)
plt.axvline(sgmb,ls=':')
plt.xlabel(r"$\sigma$")
plt.ylabel(r"$p(\sigma)$")
```

Text(0, 0.5, '$p(\\sigma)$')

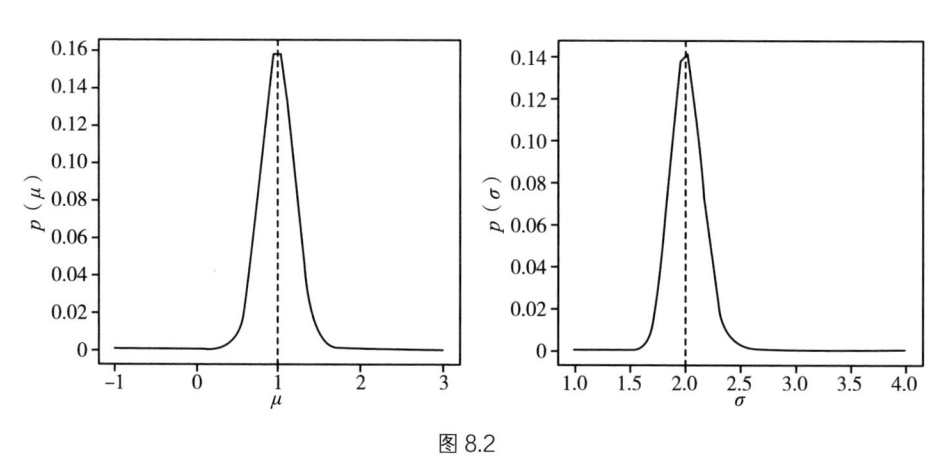

图 8.2

图 8.2 中垂直虚线为参数的估计值 $(\hat{\mu}_B, \hat{\sigma}_B)$。

8.4　MCMC 方法

MCMC 方法，也称为马尔科夫链蒙特卡洛（Markov Chain Monte Carlo）方法，是用于从复杂分布中获取随机样本的统计学算法。正是 MCMC 方法的提出使得许多贝叶斯统计问题的求解成为可能。

在贝叶斯统计估计中的积分因为参数维度的关系常常是不可解的，如果是低维参数空间完全可以用数值积分来做，但是在高维参数空间下的数值积分所需要的离散点呈指数级递增，使得积分计算变得不可能。

为解决贝叶斯估计的积分计算问题，就需要使用蒙特卡洛（Monte Carlo）模拟，利用模拟出的样本来求积分。蒙特卡洛模拟的样本需要服从后验分布，而且样本是相互独立的，这就需要运用蒙特卡洛模拟出一个马尔科夫链（Markov Chain）。

马尔科夫链的定义是当给出现在的状态时，下一时刻的状态与之前的状态是独立的，并且在一定条件下可以保证在足够多次的模拟后，马尔科夫链趋于平衡状态，平衡状态下的样本与初始状态下的样本又是独立的，所以就可以大致确保样本的独立性。

Python 中的 PyMC 软件包（https://www.pymc.io/welcome.html）是用于贝叶斯估计的很好的工具。PyMC 中提供了先进的 MCMC 采样算法，如 NUTS（No-U-Turn Sampler）、Metropolis、Slice、HamiltonianMC（Hamiltonian Monte Carlo）和 BinaryMetropolis 等。这类采样算法在高维和复杂的后验分布上具有良好的效果，允许对复杂模型进行拟合而不需要对拟合算法有特殊的了解[1]。

在 Python 的 Anaconda 编程环境中，可以用如下命令来安装 PyMC 软件包：

```
conda install -c anaconda pymc
```

---

[1] Salvatier J., Wiecki T.V., Fonnesbeck C. 2016, Probabilistic programming in Python using PyMC3. PeerJ Computer Science 2:e55. DOI: 10.7717/peerj-cs.55.

下面给出 MCMC 的例子，主要是使用 pymc 软件包进行 MCMC 的计算并使用 arviz 来画出计算结果。

例题：由 100 个符合正态分布的观测值，求其参数 (μ,σ) 的分布。

（1）假设正态分布的参数为 $\mu=1$ 和 $\sigma=2$，由此产生 100 个观测数据，并用核密度估计（KDE）画出观测数据的概率分布。

```
import numpy as np
import matplotlib.pyplot as plt
import arviz as az

n=100
mu=1
sgm=2
xx=np.random.normal(mu,sgm,n)
az.plot_kde(xx, rug=True)
plt.xlabel('x')
plt.ylabel('p')
Text(0, 0.5, 'p')
```

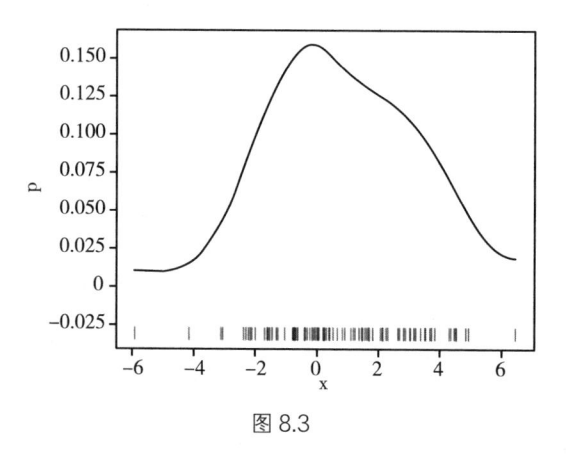

图 8.3

该组观测数据的均值和误差为：

```
xm=np.mean(xx)
sm=np.std(xx, ddof=1)
```

```
print(xm,sm)
0.7739659141392805 2.2669801607336098
```

（2）定义 pymc 的统计模型，并进行 MCMC 计算。其中 μ 的先验分布为均匀分布，σ 的先验分布为半正态分布（非负值的正态分布）。

```
import pymc as pm

with pm.Model() as model_g:
    mux = pm.Uniform('$\mu$', lower=-4, upper=6)
    smx = pm.HalfNormal('$\sigma$', sigma=1)

    y = pm.Normal('y', mu=mux, sigma=smx, observed=xx)
    idata = pm.sample()
```

```
Auto-assigning NUTS sampler...
Initializing NUTS using jitter+adapt_diag...
Multiprocess sampling (4 chains in 4 jobs)
NUTS: [$\mu$, $\sigma$]

<IPython.core.display.HTML object>

Sampling 4 chains for 1_000 tune and 1_000 draw iterations (4_000 + 4_000 draws total) took 1 seconds.
```

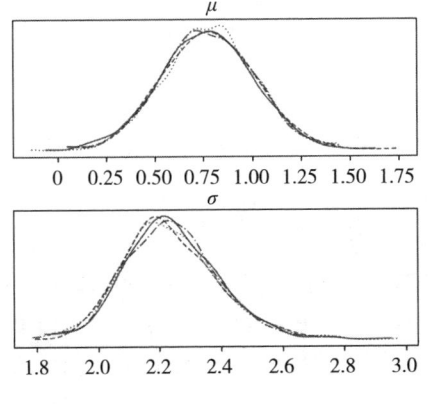

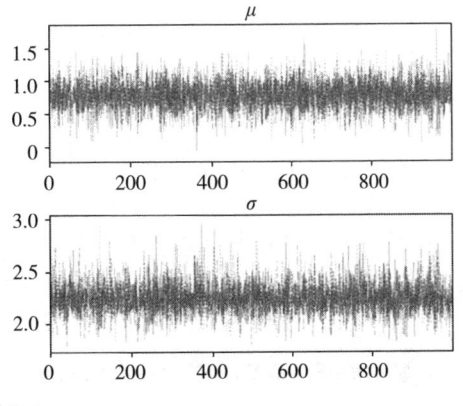

图 8.4

查看 MCMC 的迭代过程：

```
az.plot_trace(idata)
```

```
array([[<Axes: title={'center': '$\\mu$'}>,
        <Axes: title={'center': '$\\mu$'}>],
       [<Axes: title={'center': '$\\sigma$'}>,
        <Axes: title={'center': '$\\sigma$'}>]], dtype=object)
```

（3）画出参数的后验分布。

参数的二维分布为：

```
az.plot_pair(idata, kind='kde', marginals=True)
```

```
array([[<Axes: >, None],
       [<Axes: xlabel='$\\mu$', ylabel='$\\sigma$'>, <Axes: >]],
      dtype=object)
```

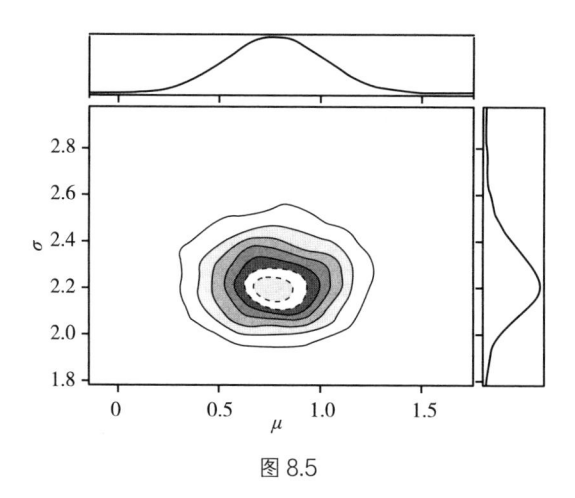

图 8.5

参数的估计结果为：

```
az.summary(idata)
```

	mean	sd	hdi_3%	hdi_97%	mcse_mean	mcse_sd	ess_bulk	\
μ	0.773	0.234	0.346	1.216	0.004	0.003	4413.0	
σ	2.237	0.156	1.956	2.545	0.003	0.002	3964.0	

ess_tail   r_hat

μ	3045.0	1.0
σ	2714.0	1.0

也就是：$\mu = 0.77 \pm 0.23$，$\sigma = 2.24 \pm 0.16$。

参数的后验分布是：

```
az.plot_posterior(idata)
```
array([<Axes: title={'center': '$\\mu$'}>,
       <Axes: title={'center': '$\\sigma$'}>], dtype=object)

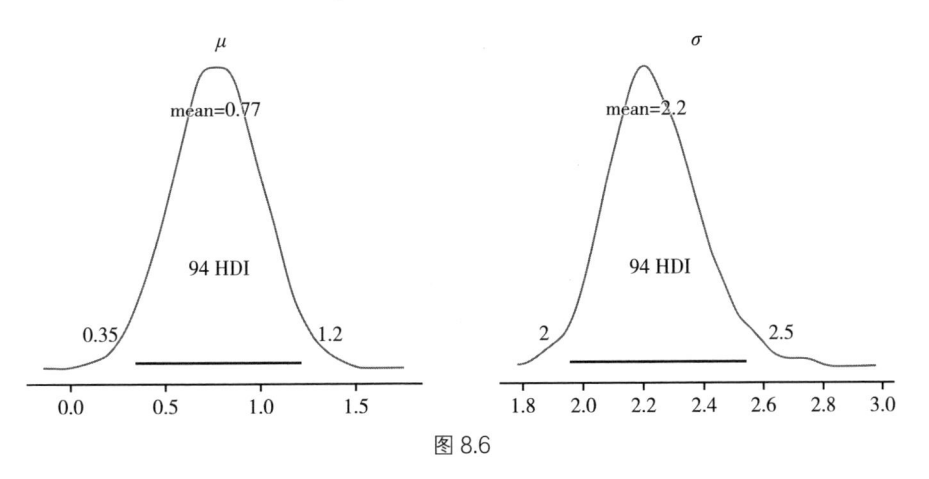

图 8.6

例题：有 30 个观测量 $\{y_i\}$，与自变量 $\{x_i\}$ 有正弦的周期关系如下：

$$y(x) = c + A\sin\left(\frac{2\pi}{P}x + \theta\right)$$

求解其中的待拟合参数：(c, A, P, θ) 的后验分布。

（1）构造该观测量的模拟数据。

设参数为：$(c, A, P, \theta) = [20, 10, 20, \pi/6]$，自变量 x 是（0,30）的整数。由此计算并加上随机误差即可得到观测量 $\{y_i\}$。这里随机误差为均值为 0 的正态分布，标准差取用公式计算的 y 的最大值的 10%。

```
import numpy as np
import matplotlib.pyplot as plt
n=30
```

```
er=0.1
p=[20,10,20,np.pi/6]
xp=np.arange(n)
y0=p[0]+p[1]*np.sin(2*np.pi*xp/p[2]+p[3])
ey=np.max(y0)*er*np.random.randn(n)
yp=y0+ey
plt.plot(xp,yp,'.')

plt.xlabel('x')
plt.ylabel('y')
Text(0, 0.5, 'y')
```

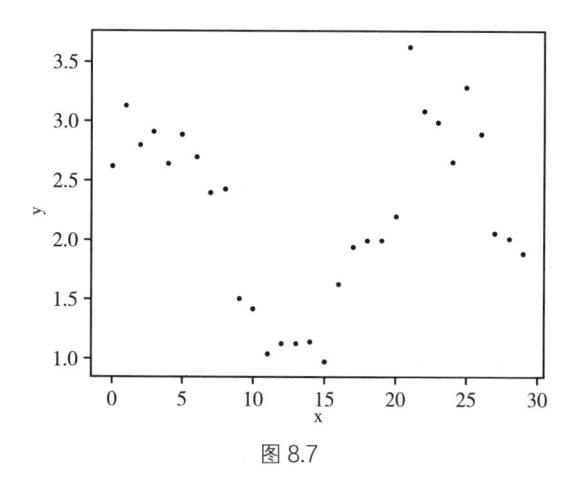

图 8.7

（2）定义 pymc 的统计模型，并进行 MCMC 计算。

在统计模型中，假设 4 个参数的先验分布是均匀分布，而 σ 的先验分布是半正态分布。

```
import pymc as pm
import arviz as az

with pm.Model() as model:
    cc = pm.Uniform('c', lower=10, upper=40)
    aa = pm.Uniform('A', lower=5, upper=15)
```

```
pp = pm.Uniform('P', lower=10, upper=30)
tht = pm.Uniform('$\\theta$', lower=0, upper=2)

smx = pm.HalfNormal('$\\sigma$', sigma=3)

muf=cc+aa*np.sin(2*np.pi*xp/pp+tht)
y = pm.Normal('y', mu=muf, sigma=smx, observed=yp)
idata = pm.sample(3000)
```

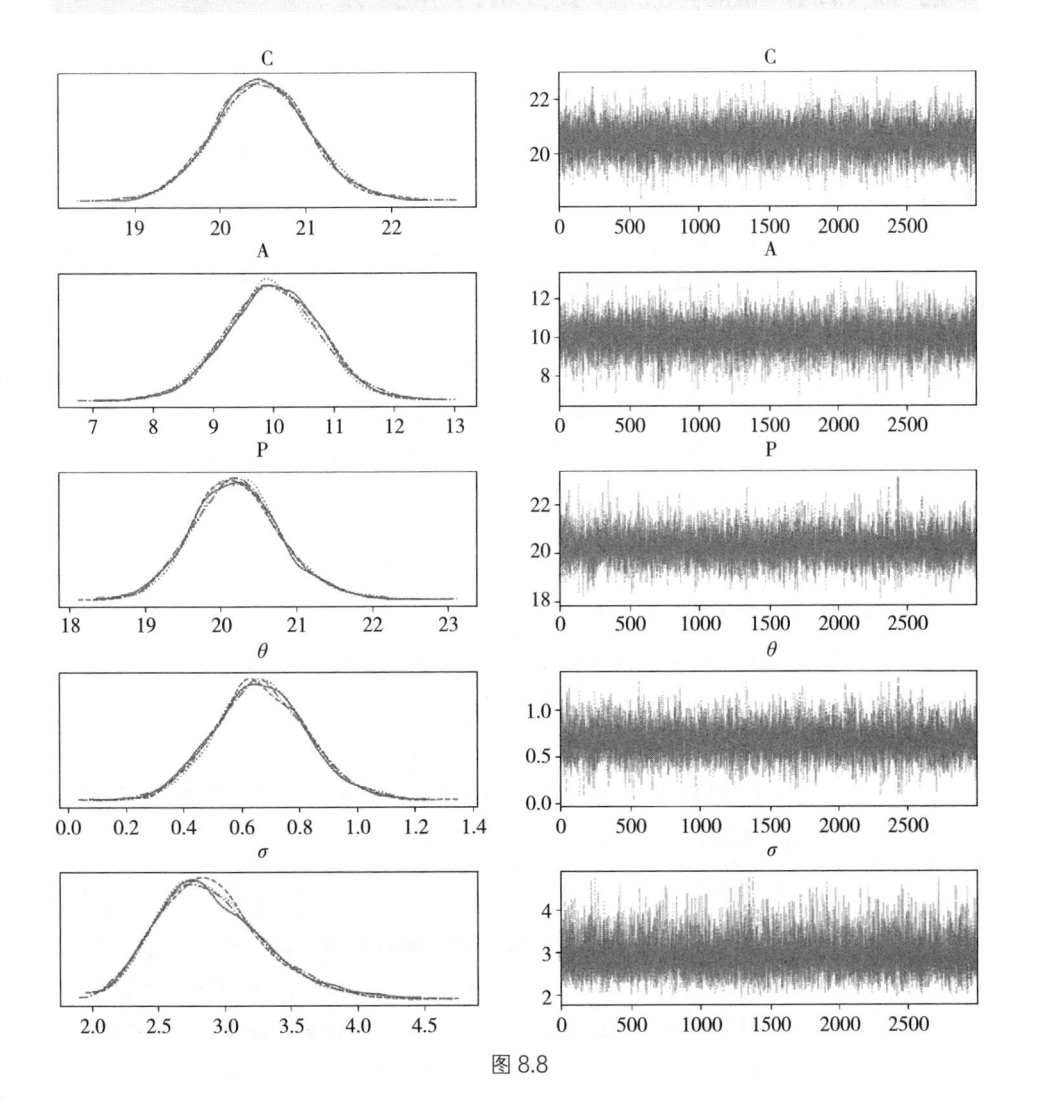

图 8.8

```
Auto-assigning NUTS sampler...
Initializing NUTS using jitter+adapt_diag...
Multiprocess sampling (4 chains in 4 jobs)
NUTS: [c, A, P, $\theta$, $\sigma$]

<IPython.core.display.HTML object>

Sampling 4 chains for 1_000 tune and 3_000 draw iterations (4_000
+ 12_000 draws total) took 5 seconds.
```

查看 MCMC 的迭代过程：

```
az.plot_trace(idata)

array([[<Axes: title={'center': 'c'}>, <Axes: title={'center':
'c'}>],
       [<Axes: title={'center': 'A'}>, <Axes: title={'center': 'A'}>],
       [<Axes: title={'center': 'P'}>, <Axes: title={'center': 'P'}>],
       [<Axes: title={'center': '$\\theta$'}>,
        <Axes: title={'center': '$\\theta$'}>],
       [<Axes: title={'center': '$\\sigma$'}>,
        <Axes: title={'center': '$\\sigma$'}>]], dtype=object)
```

（3）画出参数的后验分布。

参数的后验分布是：

```
az.plot_posterior(idata)

array([[<Axes: title={'center': 'c'}>, <Axes: title={'center': 'A'}>,
        <Axes: title={'center': 'P'}>],
       [<Axes: title={'center': '$\\theta$'}>,
        <Axes: title={'center': '$\\sigma$'}>, <Axes: >]], dtype=object)
```

参数的估计结果为：

```
az.summary(idata)

        mean     sd    hdi_3%  hdi_97%  mcse_mean  mcse_sd  ess_bulk  \
c      20.490  0.555  19.434   21.538     0.006    0.004    9520.0
A       9.990  0.789   8.550   11.496     0.009    0.006    8498.0
```

图 8.9

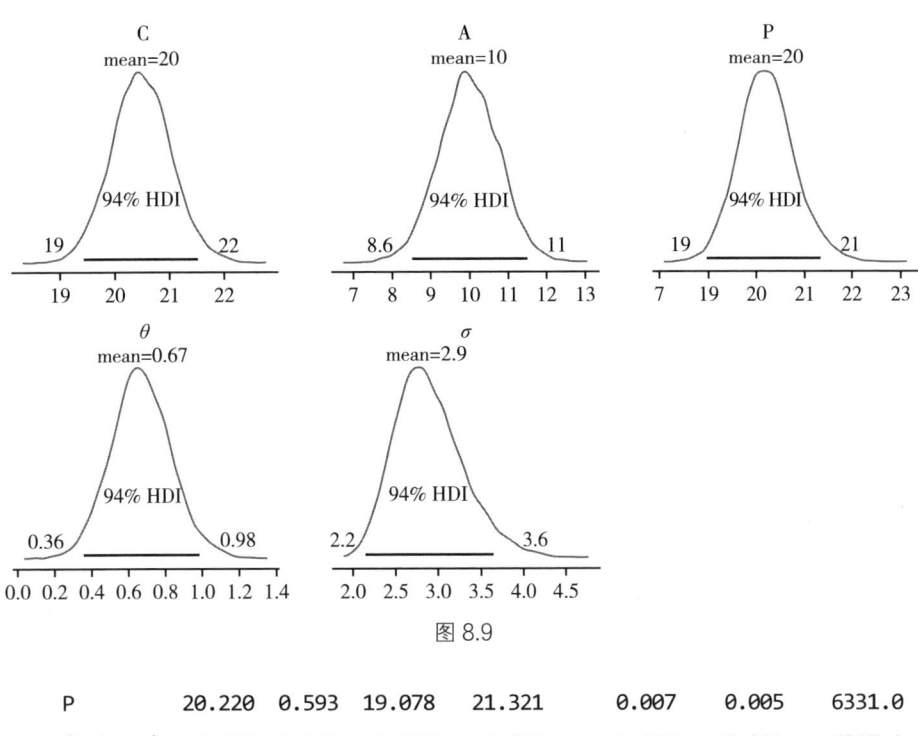

P	20.220	0.593	19.078	21.321	0.007	0.005	6331.0
θ	0.668	0.165	0.359	0.985	0.002	0.001	6517.0
σ	2.901	0.409	2.152	3.649	0.005	0.003	7588.0

	ess_tail	r_hat
c	8423.0	1.0
A	7732.0	1.0
P	6871.0	1.0
θ	5995.0	1.0
σ	6573.0	1.0

参数的二维分布为:

```
az.plot_pair(idata, kind='kde', marginals=True)
array([[<Axes: ylabel='c'>, <Axes: >, <Axes: >, <Axes: >, <Axes: >],
       [<Axes: ylabel='A'>, <Axes: >, <Axes: >, <Axes: >, <Axes: >],
       [<Axes: ylabel='P'>, <Axes: >, <Axes: >, <Axes: >, <Axes: >],
       [<Axes: ylabel='$\\theta$'>, <Axes: >, <Axes: >, <Axes: >,
        <Axes: >],
```

```
        [<Axes: xlabel='c', ylabel='$\\sigma$'>, <Axes: xlabel='A'>,
         <Axes: xlabel='P'>, <Axes: xlabel='$\\theta$'>,
         <Axes: xlabel='$\\sigma$'>]], dtype=object)
```

（4）查看拟合结果。

```
idata
```

Inference data with groups:
> posterior
> sample_stats
> observed_data

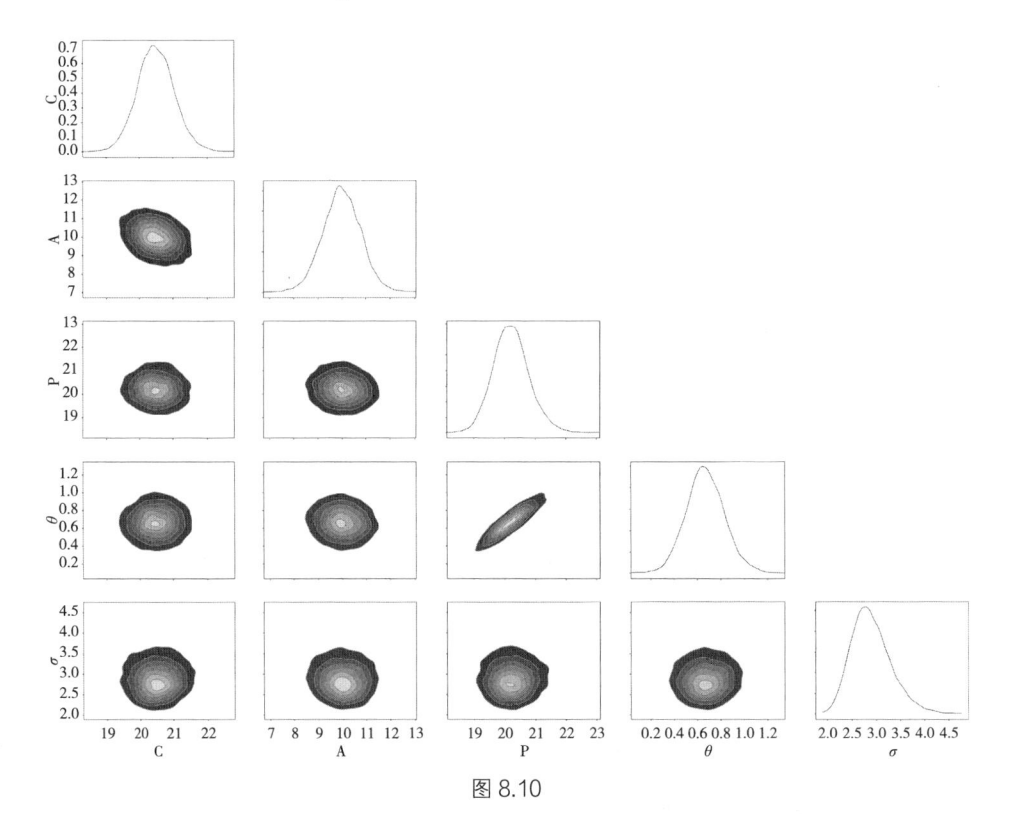

图 8.10

从 4 条链中，随机选择迭代中的 20 次的参数来画出拟合曲线：

```
ik=len(idata.posterior['c'])
jk=len(idata.posterior['c'][0])
```

```python
for i in range(ik):
    jm=np.random.randint(jk,size=20)
    for j in jm:
        p[0]=idata.posterior['c'][i][j].values
        p[1]=idata.posterior['A'][i][j].values
        p[2]=idata.posterior['P'][i][j].values
        p[3]=idata.posterior['$\\theta$'][i][j].values
        yy=p[0]+p[1]*np.sin(2*np.pi*xp/p[2]+p[3])
        plt.plot(xp,yy,color="blue", alpha=0.1)

p[0]=idata.posterior['c'].values.mean(axis=(0,1))
p[1]=idata.posterior['A'].values.mean(axis=(0,1))
p[2]=idata.posterior['P'].values.mean(axis=(0,1))
p[3]=idata.posterior['$\\theta$'].values.mean(axis=(0,1))

yy=p[0]+p[1]*np.sin(2*np.pi*xp/p[2]+p[3])
plt.plot(xp,yy)

plt.plot(xp,yp,'.')
plt.xlabel('x')
plt.ylabel('y')
```

Text(0, 0.5, 'y')

图 8.11 中粗实线为拟合参数值所对应的拟合曲线。

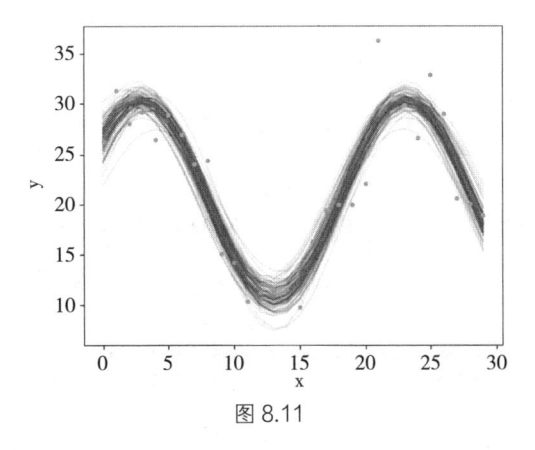

图 8.11

例题：有 30 个观测量 $\{y_i\}$，与自变量 $\{x_i\}$ 有双高斯的关系如下：

$$y(x) = c + A_1 \exp\left[-\frac{(x-\mu_1)^2}{2\sigma_1^2}\right] + A_2 \exp\left[-\frac{(x-\mu_2)^2}{2\sigma_2^2}\right]$$

求解其中的待拟合参数：$p = [c, A_1, \mu_1, \sigma_1, A_2, \mu_2, \sigma_2]$。

（1）构造该观测量的模拟数据。

设参数为：$p = [5, 200, 10, 3, 100, 18, 1]$，自变量 x 是（0,30）的整数。由此计算并加上随机误差即可得到观测量 $\{y_i\}$。这里随机误差是均值为 0 的正态分布，标准差取用公式计算的 y 的最大值的 3%。

以下定义了函数 $y(x) = mfunc(x,p)$ 以方便计算在自变量为 x 时的函数值（图 8.12）。

```python
import numpy as np
import matplotlib.pyplot as plt

def mfunc(x,p):
    t1=p[1]*np.exp(-(x-p[2])**2/2/p[3]**2)
    t2=p[4]*np.exp(-(x-p[5])**2/2/p[6]**2)
    y=p[0]+t1+t2
    return(y)

n=30
er=0.03
p=[5,30,10,3,40,18,1]
x=np.arange(n)
y0=mfunc(x,p)
ey=np.max(y0)*er*np.random.randn(n)
y=y0+ey
plt.plot(x,y,'.')
```
[<matplotlib.lines.Line2D at 0x78468c3dd120>]

图 8.12

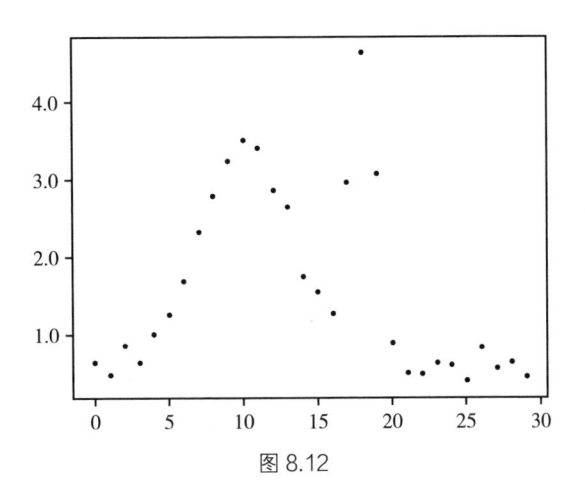

（2）定义 pymc 的统计模型，并进行 MCMC 计算。

在统计模型中，假设 7 个参数的先验分布是均匀分布，而 σ 的先验分布是半正态分布。

```
import pymc as pm
import arviz as az

with pm.Model() as model:
    cc = pm.Uniform('c', lower=0, upper=10)
    aa1 = pm.Uniform('A1', lower=0, upper=500)
    mu1 = pm.Uniform('mu1', lower=5, upper=15)
    sm1 = pm.Uniform('sm1', lower=0, upper=20)
    aa2 = pm.Uniform('A2', lower=0, upper=500)
    mu2 = pm.Uniform('mu2', lower=15, upper=20)
    sm2 = pm.Uniform('sm2', lower=0, upper=10)

    smx = pm.HalfNormal('sgm', sigma=3)

    muf=cc+aa1*np.exp(-(x-mu1)**2/2/sm1**2)+aa2*np.exp(-(x-mu2)**2/2/sm2**2)
    yf = pm.Normal('y', mu=muf, sigma=smx, observed=y)
    idata = pm.sample()

Auto-assigning NUTS sampler...
```

```
Initializing NUTS using jitter+adapt_diag...
Multiprocess sampling (4 chains in 4 jobs)
NUTS: [c, A1, mu1, sm1, A2, mu2, sm2, sgm]
```

<IPython.core.display.HTML object>

Sampling 4 chains for 1_000 tune and 1_000 draw iterations (4_000 + 4_000 draws total) took 3 seconds.

查看 MCMC 的迭代过程：

```
az.plot_trace(idata)
```

array([[<Axes: title={'center': 'c'}>, <Axes: title={'center': 'c'}>],
       [<Axes: title={'center': 'A1'}>, <Axes: title={'center': 'A1'}>],
       [<Axes: title={'center': 'mu1'}>, <Axes: title={'center': 'mu1'}>],
       [<Axes: title={'center': 'sm1'}>, <Axes: title={'center': 'sm1'}>],
       [<Axes: title={'center': 'A2'}>, <Axes: title={'center': 'A2'}>],
       [<Axes: title={'center': 'mu2'}>, <Axes: title={'center': 'mu2'}>],
       [<Axes: title={'center': 'sm2'}>, <Axes: title={'center': 'sm2'}>],
       [<Axes: title={'center': 'sgm'}>, <Axes: title={'center': 'sgm'}>]],
      dtype=object)

（3）画出参数的后验分布。

参数的后验分布是：

```
az.plot_posterior(idata)
```

array([[<Axes: title={'center': 'c'}>, <Axes: title={'center': 'A1'}>,
        <Axes: title={'center': 'mu1'}>, <Axes: title={'center': 'sm1'}>],
       [<Axes: title={'center': 'A2'}>, <Axes: title={'center': 'mu2'}>,
        <Axes: title={'center': 'sm2'}>, <Axes: title={'center': 'sgm'}>]],
      dtype=object)

图 8.13

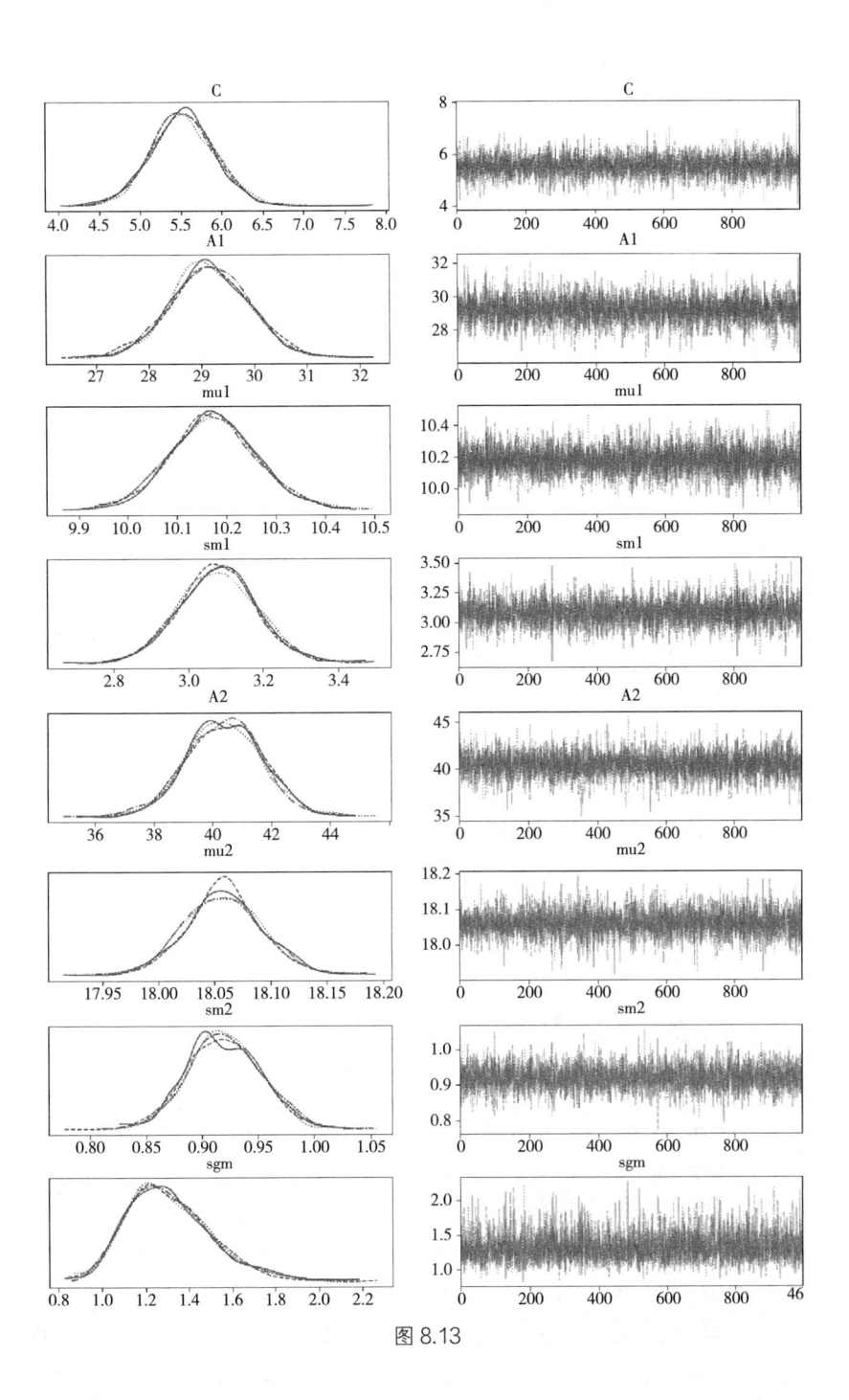

图 8.14

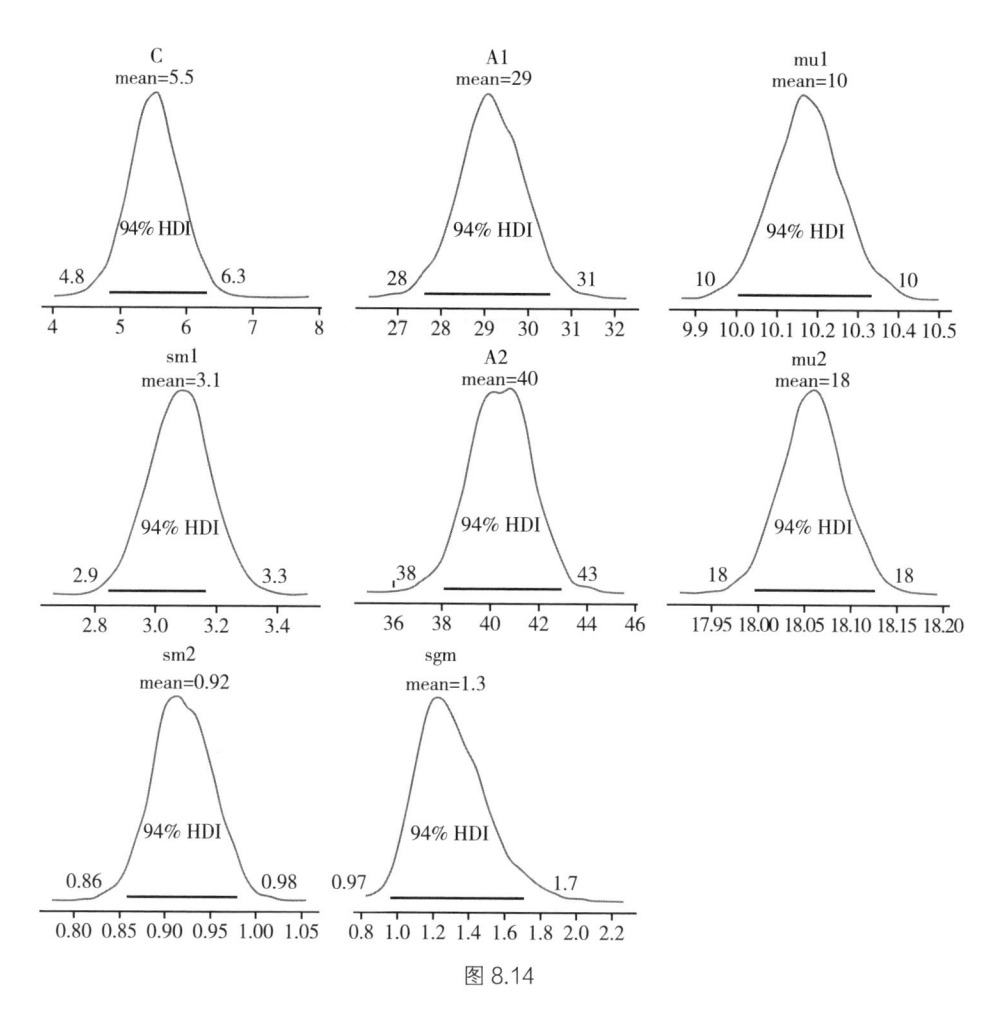

参数的估计结果为：

```
az.summary(idata)
        mean     sd    hdi_3%   hdi_97%  mcse_mean  mcse_sd  ess_bulk  ess_tail  \
    c   5.523   0.392   4.847    6.315     0.006     0.005    3610.0    2680.0
   A1  29.161   0.763  27.618   30.512     0.012     0.009    3896.0    2813.0
  mu1  10.173   0.087  10.003   10.334     0.001     0.001    5665.0    2725.0
  sm1   3.079   0.104   2.885    3.274     0.002     0.001    4010.0    2855.0
   A2  40.406   1.305  38.099   42.915     0.022     0.015    3696.0    2824.0
  mu2  18.058   0.035  17.996   18.126     0.001     0.000    4814.0    3060.0
  sm2   0.920   0.033   0.858    0.981     0.001     0.000    3820.0    2848.0
```

sgm	1.315	0.204	0.966	1.708	0.004	0.003	3141.0	2653.0

	r_hat
c	1.0
A1	1.0
mu1	1.0
sm1	1.0
A2	1.0
mu2	1.0
sm2	1.0
sgm	1.0

参数的二维分布为：

```
az.plot_pair(idata, kind='kde', marginals=True)
```

array([[<Axes: ylabel='c'>, <Axes: >, <Axes: >, <Axes: >, <Axes: >,
        <Axes: >, <Axes: >, <Axes: >],
       [<Axes: ylabel='A1'>, <Axes: >, <Axes: >, <Axes: >, <Axes: >,
        <Axes: >, <Axes: >, <Axes: >],
       [<Axes: ylabel='mu1'>, <Axes: >, <Axes: >, <Axes: >, <Axes: >,
        <Axes: >, <Axes: >, <Axes: >],
       [<Axes: ylabel='sm1'>, <Axes: >, <Axes: >, <Axes: >, <Axes: >,
        <Axes: >, <Axes: >, <Axes: >],
       [<Axes: ylabel='A2'>, <Axes: >, <Axes: >, <Axes: >, <Axes: >,
        <Axes: >, <Axes: >, <Axes: >],
       [<Axes: ylabel='mu2'>, <Axes: >, <Axes: >, <Axes: >, <Axes: >,
        <Axes: >, <Axes: >, <Axes: >],
       [<Axes: ylabel='sm2'>, <Axes: >, <Axes: >, <Axes: >, <Axes: >,
        <Axes: >, <Axes: >, <Axes: >],
       [<Axes: xlabel='c', ylabel='sgm'>, <Axes: xlabel='A1'>,
        <Axes: xlabel='mu1'>, <Axes: xlabel='sm1'>, <Axes: xlabel='A2'>,
        <Axes: xlabel='mu2'>, <Axes: xlabel='sm2'>, <Axes: xlabel='sgm'>]],
      dtype=object)

204 | 天文数据处理与虚拟天文台

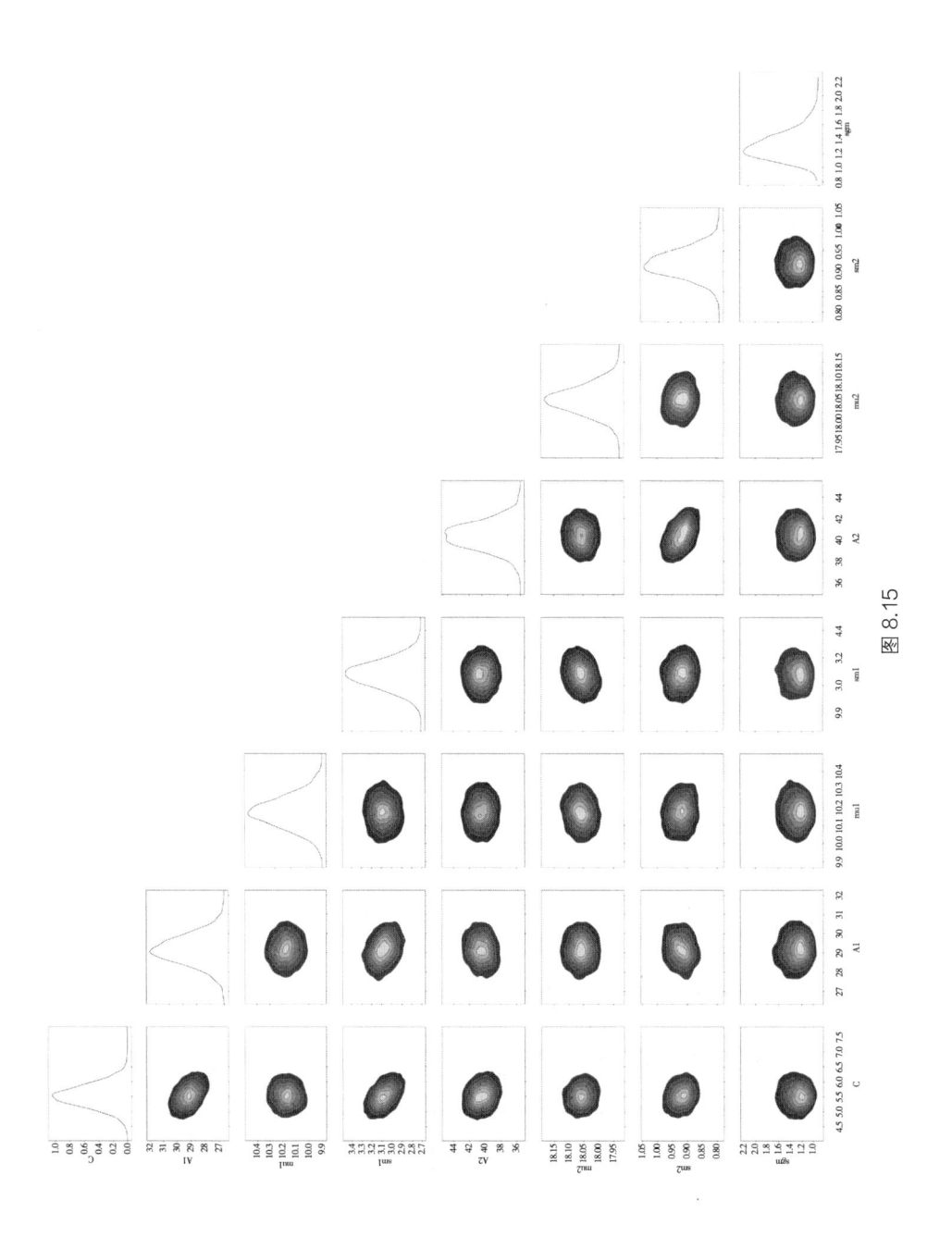

图 8.15

（4）查看拟合结果。

从 4 条链中，随机选择每条链中的 5 次的参数来画出拟合曲线：

```
xx=np.arange(0,n,0.1)
ik=len(idata.posterior['c'])
jk=len(idata.posterior['c'][0])
for i in range(ik):
    jm=np.random.randint(jk,size=5)
    for j in jm:
        c=idata.posterior['c'][i][j].values
        aa1=idata.posterior['A1'][i][j].values
        mu1=idata.posterior['mu1'][i][j].values
        sm1=idata.posterior['sm1'][i][j].values
        aa2=idata.posterior['A2'][i][j].values
        mu2=idata.posterior['mu2'][i][j].values
        sm2=idata.posterior['sm2'][i][j].values
        yy=c+aa1*np.exp(-(xx-mu1)**2/2/sm1**2)+aa2*np.exp(-(xx-mu2)**2/2/sm2**2)
        plt.plot(xx,yy,color="blue", alpha=0.1)
c=idata.posterior['c'].values.mean(axis=(0,1))
aa1=idata.posterior['A1'].values.mean(axis=(0,1))
mu1=idata.posterior['mu1'].values.mean(axis=(0,1))
sm1=idata.posterior['sm1'].values.mean(axis=(0,1))
aa2=idata.posterior['A2'].values.mean(axis=(0,1))
mu2=idata.posterior['mu2'].values.mean(axis=(0,1))
sm2=idata.posterior['sm2'].values.mean(axis=(0,1))
yy=c+aa1*np.exp(-(xx-mu1)**2/2/sm1**2)+aa2*np.exp(-(xx-mu2)**2/2/sm2**2)
plt.plot(xx,yy)
plt.plot(x,y,'.')
plt.xlabel('x')
plt.ylabel('y')
Text(0, 0.5, 'y')
```

图 8.16

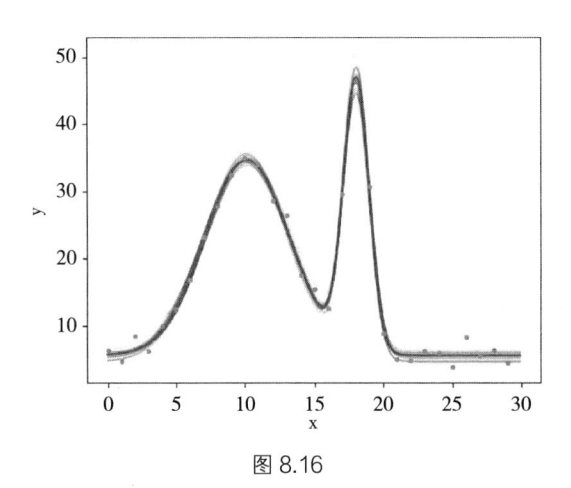

例题： 利用夏至和冬至的太阳影长数据，来确定观测时的年代和地理纬度。

（1）将天文计算结果从文件中取出，并使用样条函数进行插值。

```
import pickle
file=open('zhoubi.dat',"rb")
[tt,epsun,star10,star12]=pickle.load(file)
file.close()
```

使用样条函数对黄赤交角 ϵ 进行插值，并显示插值结果：

```
import numpy as np
import matplotlib.pyplot as plt

import scipy.interpolate as spint

spleps = spint.splrep(tt, epsun, s=0.001**2)

zz=spint.splev(tt,spleps,der=0)
plt.plot(tt,zz)

plt.plot(tt,epsun,',')
plt.grid(True)
plt.xlabel('year')
plt.ylabel('$\epsilon$')
Text(0, 0.5, '$\\epsilon$')
```

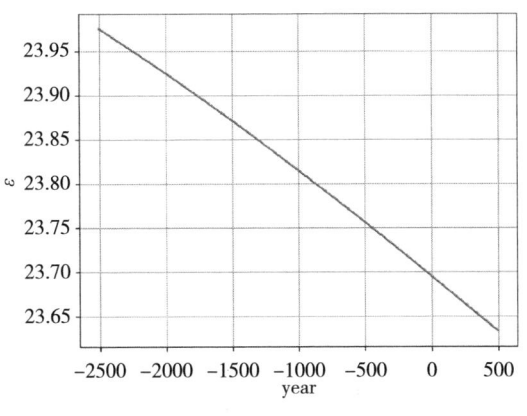

图 8.17

对北极星赤纬 δ 进行样条插值，并显示插值结果：

```
splst10 = spint.splrep(tt, star10, s=0.001**2)
splst12 = spint.splrep(tt, star12, s=0.001**2)

zz=spint.splev(tt,splst10,der=0)
plt.plot(tt,zz)
plt.plot(tt,star10,',')

zz=spint.splev(tt,splst12,der=0)
plt.plot(tt,zz)
plt.plot(tt,star12,',')

plt.ylim(80,90)
plt.grid(True)
plt.xlabel('year')
plt.ylabel('$\delta$')
Text(0, 0.5, '$\\delta$')
```

图 8.18

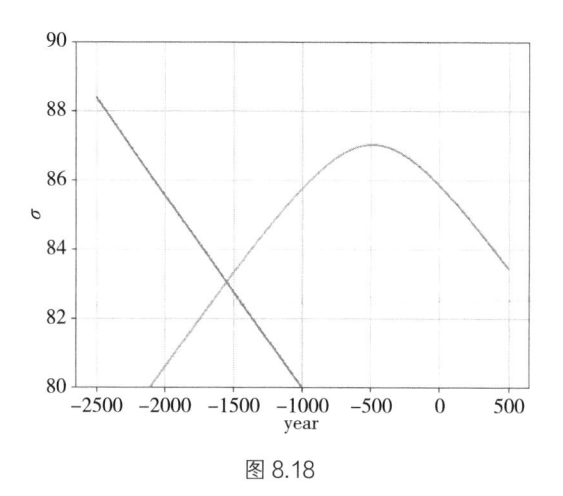

（2）定义太阳影长的函数关系，这里考虑了太阳半径和大气折射的影响。

```
def refrac(z):
    tz=np.tan(np.deg2rad(z))
    dz=60.29*tz-0.06688*tz**3
    return(dz/3600.)

def ll_sim(params):
    t,ph,sigma=params
    rd=(31./60+59.3/3600)/2.
    lb=8.
    eps=spint.splev(t,spleps,der=0)
    dec=spint.splev(t,splst10,der=0)
    sz=ph-eps+rd
    dsz=refrac(sz)
    llx=lb*np.tan(np.deg2rad(sz-dsz))
    sz=ph+eps+rd
    dsz=refrac(sz)
    lld=lb*np.tan(np.deg2rad(sz-dsz))
    sz=ph+90-dec
    dsz=refrac(90-sz)
```

```
llj=lb/np.tan(np.deg2rad(sz+dsz))
return(np.array([llx,lld,llj]))
```

（3）采用 PyMC 来进行 MCMC 计算。

由于拟合过程需调用外部函数，即 ll_sim（），因此在这里定义"黑箱"似然函数：

$$\ln L(\boldsymbol{\theta}) = -\frac{n}{2}\ln(2\pi\sigma^2) - \frac{1}{2\sigma^2}\sum_{i=1}^{n}\left[y_i - f(x_i,\boldsymbol{\theta})\right]^2$$

```
import pymc as pm
import arviz as az

import pytensor.tensor as atsr

class BlackBoxLikelihood(atsr.Op):
    itypes = [atsr.dvector] # Expects a vector of parameter values when called
    otypes = [atsr.dscalar] # Outputs a single scalar value (the log likelihood)

    def __init__(self, model, observed):
        '''
        Parameters
        ----------
        model : Callable
            An arbitrary "black box" function that takes two arguments: the
            model parameters ("params") and the forcing data ("x")
        observed : numpy.ndarray
            The "observed" data that our log-likelihood function takes in
        x:
            The forcing data (input drivers) that our model requires
        '''
        self.model = model
```

```python
        self.observed = observed

    def loglik(self, params, observed):
        # The root-mean squared error (RMSE)
        predicted = self.model(params)
        sigma = params[-1]
        llh= -0.5 * len(observed) * np.log(2 * np.pi * sigma**2) - (0.5 / sigma**2) * np.nansum((predicted - observed)**2)
        return(llh)

    def perform(self, node, inputs, outputs):
        # The method that is used when calling the Op
        (params,) = inputs
        logl = self.loglik(params, self.observed)
        outputs[0][0] = np.array(logl) # Output the log-likelihood
```

将"黑箱"似然函数引入 PyMC 模型中,进行 MCMC 计算:

```python
obsdata=np.array([1.6,13.5,10.3])

loglik = BlackBoxLikelihood(ll_sim, obsdata)

with pm.Model() as model_xd:
    # (Stochastic) Priors for unknown model parameters
    t = pm.Uniform('t', lower=-800, upper=-200)
    ph = pm.Uniform('ph', lower=34.8, upper=35.5)
    sigma = pm.HalfNormal('sigma', sigma= 0.05/3)

    # Convert model parameters to a tensor vector
    params = atsr.as_tensor_variable([t, ph, sigma])

    # Define the likelihood as an arbitrary potential
    pm.Potential('likelihood', loglik(params))

    idata = pm.sample()
```

```
Multiprocess sampling (4 chains in 4 jobs)
CompoundStep
>Slice: [t]
>Slice: [ph]
>Slice: [sigma]

<IPython.core.display.HTML object>

Sampling 4 chains for 1_000 tune and 1_000 draw iterations (4_000
+ 4_000 draws total) took 2 seconds.
```

显示迭代进程：

```
az.plot_trace(idata)
array([[<Axes: title={'center': 't'}>, <Axes: title={'center': 't'}>],
       [<Axes: title={'center': 'ph'}>, <Axes: title={'center': 'ph'}>],
       [<Axes: title={'center': 'sigma'}>,
        <Axes: title={'center': 'sigma'}>]], dtype=object)
```

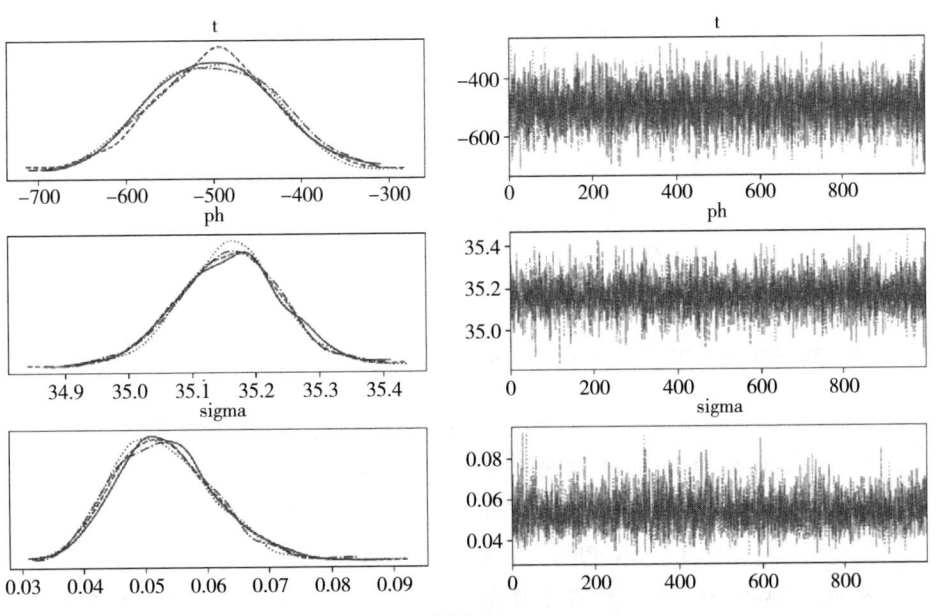

图 8.19

显示参数的后验分布：

`az.plot_posterior(idata)`

array([<Axes: title={'center': 't'}>, <Axes: title={'center': 'ph'}>,
       <Axes: title={'center': 'sigma'}>], dtype=object)

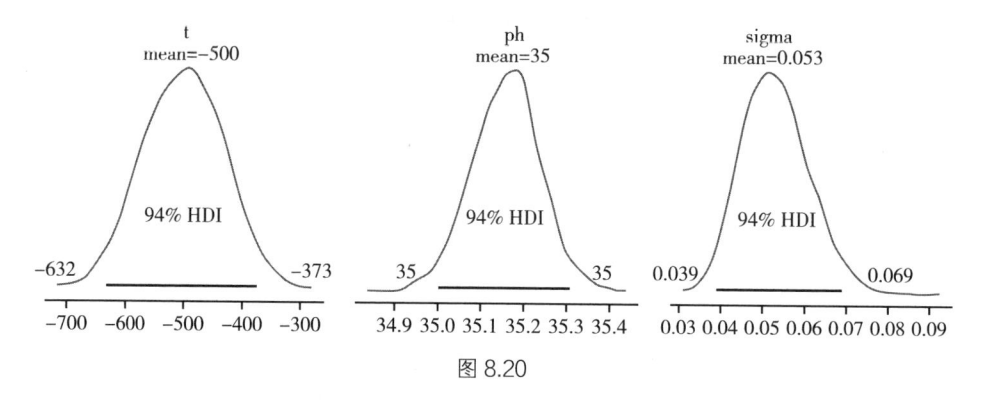

图 8.20

显示 3 参数概率分布：

`az.plot_pair(idata,kind='kde', marginals=True)`

array([[<Axes: ylabel='t'>, <Axes: >, <Axes: >],
       [<Axes: ylabel='ph'>, <Axes: >, <Axes: >],
       [<Axes: xlabel='t', ylabel='sigma'>, <Axes: xlabel='ph'>,
        <Axes: xlabel='sigma'>]], dtype=object)

给出模型参数的拟合结果：

`az.summary(idata, kind="stats")`

	mean	sd	hdi_3%	hdi_97%
t	-499.896	69.746	-631.519	-373.495
ph	35.160	0.081	35.002	35.310
sigma	0.053	0.008	0.039	0.069

故此，参数的最大似然估计值为：$t=-500\pm70$ 年和 $\phi=35.16°\pm0.08°$，影长数据的误差是 $\delta=0.053\pm0.008$。

图 8.21

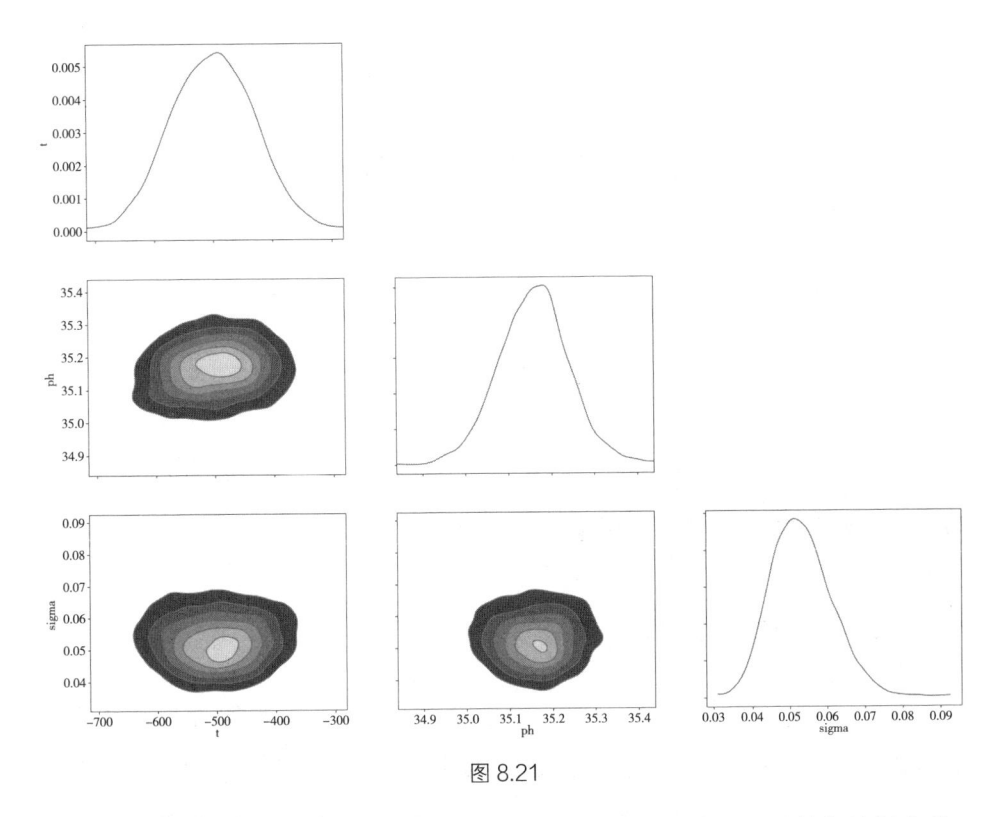

因 astropy 软件包使用的岁差改正的天文常数系统不适用于研究长期变化，故下面的计算使用了长期岁差的改正方法，计算结果与论文（《中国科技史杂志》第 30 卷，第 1 期，102–109，2009 年）的结果是一致的（表 8.1）。

表 8.1 《与阳城》中所列古籍中记载数据

古籍	影长数据	误差	年代	纬度	北极星	人物	地点
《易通卦验》	1.48/13/10.04	0.004	BC 2043 ± 3	34.22 ± 0.01	HD123299	禹都阳城	河南禹州
《周礼》	1.5/13/10	0.02	BC 1032 ± 18	34.32 ± 0.04	HD107193	周公卜洛	河南登封告成
《周髀算经》	1.6/13.5/10.3	0.05	BC 517 ± 68	35.17 ± 0.08	HD107193	陈子模型	山东郑国都城"绎"
《洪范传》	1.58/13.14/9.98	0.005	BC 55 ± 4	34.72 ± 0.01	HD107193	刘向	东周洛阳王城

第 9 章

大数据分析方法

9.1 大数据与人工智能

9.1.1 大数据时代的天文学

随着天文观测技术的发展，天文数据正在以 TB 级甚至 PB 量级的速度不断增长，天文学进入了一个信息丰富的大数据时代。目前国际上已有多个国家进行了大规模的巡天观测项目，包括中国的 LAMOST 和 FAST，这些巡天项目每天都在产生着海量的天文数据。这些天文数据包括 X 射线、紫外、可见光、近红外、射电各个波段以及星表、一维光谱、二维光谱图像、测光等多种模态的高维数据，而且，同种模态数据又包含不同天体类型的数据。遵循数据共享的合作机制和政府间的协议，这些巡天项目产生的数据通常面向天文领域公开发布。天文学家通过研究这些数据，可以发掘宇宙中的暗物质与暗能量，研究星系的形成与演化、银河系结构与演化、贫金属星的分布与演化规律等科学问题。随着计算处理性能、数据存储能力的提升和网络带宽的快速增加，天文学界正在将新的观测维度即时间维度加入天文成像中，这将揭示一些变化的天体现象如激变变星、行星凌日等。作为科学探索的沃土，时域天文学将是 21 世纪天文学的标志。

然而，如同其他学科一样，天文学研究同样面临着大数据时代带来的机遇和挑战。面对这些爆炸式增长的海量天文大数据以及隐藏在其中的新的科学发现与天文现象，传统的天文数据处理模型与处理方法已不能适应大数据时代的要求，只有通过智能化的处理和有效的信息挖掘才能帮助天文学家实现数据的有效利用。因此，这些巡天项目的一个关键的科学需求就是面向天文学研究，从观测到的数据中快速地进行知识发现和学习，即识别已知的和发现未知的新目标、寻找不符合模型的离群目标、识别已知的稀有天体、发现已知天体的新属性、对已有的模型提供统计意义上鲁棒的测试、为新模型产生关键的训练数据等。

如何从这些大数据中寻找最相关的数据？如何挖掘和发现新知识与新现象？如何表示新知识与新现象？这些方法就成为新型统计学的一部分，包括而不限于：数据挖掘、知识发现、模式识别、机器学习、神经网络、人工智能、深度学习、专家系统、知识库系统、知识获取、数据可视化等多个领域的理论和技术，成为现今流行的新型学科。这些技术名词是在不同的学科领域或是解决不同问题时所采用的，大而化之，可以用人工智能或机器学习来概述新型统计学的技术和方法。

天文学家们从 20 世纪 90 年代起便开始探索使用机器学习方法，2004 年逐步形成规模，2015 年迎来热潮。近年来，深度学习技术带动人工智能的第三次浪潮，基于深度学习的人工智能算法在图像识别、语音识别、无人驾驶等领域不断取得突破性进展。自 2014 年以来，天文学领域也出现了很多应用深度学习进行数据分析处理的论文，并逐年增加。研究表明，在许多特定任务上深度学习优于传统的依靠人工或规则编程的方法，获得了接近甚至超越人类专家的表现，具有广阔的应用前景。

现在，天文学处于全新的数据密集型时代，天文数据急剧增加，需要采用 PB 甚至 EB 来计量。天文学已经步入大数据时代，即将迎来大发现时代。正是在这种背景下，天文统计学和天文信息学应运而生。

天文统计学是一门探讨如何从不完整的信息中获取科学可靠的结论，从而进一步进行天文学研究的设计、取样、分析、资料整理与推论的学科。它是天文学、天体物理学与统计学相结合形成的一门新型学科，应用统计学的理论和方法来解决天文学中面临的一切统计学问题。天文信息学是研究天文信息的获取、处理、存储、传输、分析、挖掘和解释等方面的学科。它是天文学、天体物理学、计算机科学、工程学和信息学相结合的一门新型学科，应用天文学、天体物理学、计算机科学、工程学和信息技术揭示大量复杂的天文数据所赋有的宇宙和天体的奥秘，主要是为了应对下一代望远镜产生的按指数增长的数据量、数据产出率和数据复杂性所面临的挑战和机遇。天文信息学即天文信息化，正在推动21世纪天文学由发现驱动和假设驱动到数据驱动和计算驱动的科学转型，数据密集型天文学研究方式已开启。

图灵奖得主吉姆·格雷（Jim Gray）提出了科学研究的4个"范式"：第一范式，实验科学；第二范式，理论科学；第三范式，计算科学；第四范式，数据密集型科学。在各行各业数据蜂拥阶段，数据密集型科学成为当前科学的主流，而天文学正在转向科学研究的第四范式。

9.1.2 分类、回归与聚类

天文学中大数据分析的主要任务为：

1. 降维和特征提取

算法的性能直接依赖于数据本身的质量和数据预处理的优劣。数据是否归一化、特征是否需要转换、缺值和坏值如何处理、高维数据是否需要降维等都是数据预处理阶段面临的具体问题。对大多数学习算法而言，算法所需要的训练样本会随着不相关特征的增多呈指数增长，而且许多算法的性能也常常受到不相关特征和冗余特征的影响。为了降低算法的计算复杂度，找到简洁、精确且易于理解的算法模型，在算法设计之前对数据进行预处理是非常必要的。常用的数据预处理方法包括特征抽取、特征选择和特征重建。

（1）特征抽取在保持原特征空间内结构不变的情况下，通过对原空间进行某种形式的变换，寻找新空间的过程。经过特征抽取后，获得的新空间与原空间完全不同，有效地降低了特征空间的维数，不过由此产生的新特征难于理解。常用的特征抽取方法：主分量分析方法、独立分量分析方法、投影寻踪、因子分析、多维标度法、随机映射、奇异值分解等。

（2）特征选择是在原特征空间中按照某种优化准则选择特征子集的过程，在这个过程中不产生任何新的特征以降低特征空间的维数，因此选择的特征仍保持着原特征的物理意义。特征选择方法分为两大类：Filter 方法和 Wrapper 方法。

（3）特征重建是通过在原特征空间中应用结构算子产生另外一些描述目标概念新特征的过程，与特征抽取和特征选择不同，其扩张了特征空间，因此在特征重建后有必要再进行特征选择，以去掉冗余特征。

2. 分类和回归

设有一个数据库和一组具有不同特征的类别（标记），该数据库中的每一个记录都被赋予一个类别的标记，这样的数据库称为示例数据库或训练集。分类分析就是通过分析示例数据库中的数据，为每个类别做出准确的描述或建立分类模型或挖掘出分类规则（也常常称作分类器），然后用这个分类规则把数据库中的数据项映射到给定类别中的某一个，从而对数据库中的记录进行分类。与回归方法不同的是，分类的输出是离散的类别值，而回归的输出则是连续数值。分类和回归是天文数据挖掘中非常重要的任务，都可用于预测。预测的目的是从历史数据记录中自动推导出对给定数据的推广描述，从而能对未来数据进行预测。天文常用的分类方法有神经网络、支持向量机、决策树、k 近邻方法等。天文分类的应用如：将恒星分成不同的光谱型、对星系按哈勃或形态分类、进一步细分活动星系核，等等。天文常用的回归方法有神经网络、多项式回归、最小二乘回归、核回归、主分量回归、k 近邻回归等。天文回归的应用如：星系和类星体的红移预测、恒星的大气参数（如金属丰度、重力加速度、有效温度）估计等。

3. 聚类

与分类分析不同，聚类分析输入的是一组未分类记录，并且事先也不知道这些记录应分成几类。聚类分析就是通过分析数据库中的记录数据，根据一定的分类规则，合理地划分记录集合，确定每个记录所在类别。它所采用的分类规则是由聚类分析工具决定的。聚类是把一组个体按照相似性归成若干类别，即"物以类聚"。它的目的是使得属于同一类别的个体之间的距离尽可能地小，而不同类别的个体间的距离尽可能的大。聚类增强了人们对客观现实的认识，是概念描述和偏差分析的先决条件。对大数据集的聚类有助于发现新的天体或现象。如高红移和Ⅱ型类星体通过在色空间中的聚类发现。常用的聚类方法有 K 均值聚类、自组织映射、AutoClass、主分量分析、核密度估计、最大期望算法等。

4. 异常检测

异常检测的基本方法是寻找观测结果与参照值之间有意义的差别。通过发现异常，加倍注意特殊情况。异常包括如下几种可能引起人们兴趣的模式：不满足常规类的异常例子；出现在模式边缘的特异点；与父类或兄弟类有显著不同的类；在不同时刻发生了显著变化的某个元素或集合；观察值与模型推算出的期望值之间有显著差异的事例。

5. 时序数据分析

寻找在时间上具有周期性、空间上独立的信号是许多研究领域的重要研究内容。在天文学中，随着观测仪器灵敏度的提高，越来越频繁地发现在某时间段内以前被认为是常量的信号实质上是变化的，这些信号分别是在某一特定时间段内提取的，属于非均匀信号，而这些信号对于研究如变星、活动星系核、超新星、伽马射线暴等天体特别重要。人们需要找出这些变化信号（如非均匀样本光变曲线）的周期。传统的分析方法对于处理非均匀样本无能为力，而神经网络、支持向量机能够很好地解决这些问题并取得了成功。

9.1.3　监督学习与非监督学习

通常机器学习按建模的形式可分为监督学习、无监督学习和半监督学习。监督学习是根据有标签的数据建模，预测新数据的标签。在机器学习中标签指的是机器学习问题的标准答案，也就是希望机器能够通过分析数据给出的答案。具体来说，监督学习又可分为分类和回归两种任务，两者的区别在于，分类任务数据的标签是离散值，而回归任务标签是连续值。无监督学习则是对无标签的数据建模，发现数据中的隐含特征和规律，聚类和降维算法都属于无监督学习方法。聚类可以根据特征相似性将样本分组；而降维能够将高维数据转化到低维空间中表达，可能更直接地发现数据的联系，但也会丢失数据原本的一些特征。半监督学习是一种将无监督学习与监督学习结合的方法，可以在数据标签不完整时使用，同时使用未标记数据和标记数据建立模型。

如天文学家对天体分类，就要用到监督学习方法；对天体归类会用到非监督学习方法；发现新的天体和现象用到半监督学习方法。

9.1.4　模型的训练和检验

机器学习简单流程：

（1）使用大量和任务相关的数据集来训练模型。

（2）通过模型在数据集上的误差不断迭代训练模型，得到对数据集拟合合理的模型。

（3）将训练好调整好的模型应用到真实的场景中。

设每个样本的属性是 p 个，而期望的模型是以 p 个属性作为输入，模型的输出在分类时为所期望的类型、在回归时为所期望的数值、在聚类时为代表其特征的不同类别。一般假设在数学上存在着输入到输出的映射，那么训练或学习的过程就是利用机器学习的算法来找出这个映射关系，也就是得到了模型。一旦得到这个模型，就可将其应用到其他所有样本上，从而解决了大数据分析的问题。所以，最终的目的是将训练好的模型部署到真实的环境中，希望训练好的模型能够在真实的数据上得到好的预测效果，换句话说，就是希望模型在真实数据上预测的结果误差越小越好。这种模型在真实环境中的误差叫作泛化误差，最终的目的是希望训练好的模型泛化误差越低越好。

如此，一般将数据分割成三部分：训练集、测试集和验证集。训练集和测试集是用于训练模型的，而验证集则用于针对训练好的模型进行性能和效果等验证工作的。通过使用训练集的数据来训练模型，然后用测试集上的误差作为最终模型在应对现实场景中的泛化误差。只需将训练好的模型在测试集上计算误差，即可认为此误差即为泛化误差的近似，因此让训练好的模型在测试集上的误差最小即可。

因此，训练集是用于训练模型的训练参数。测试集是用于检验已经训练好的最终模型的泛化性能，但不能用于模型参数调整。注意：测试集中的样本与训练集、验证集不能有任何交集；测试集只能用于检验最终模型的泛化性能，不能用于更新模型参数。换句话说，只有最终模型才需要经过测试集检验泛化性能，或者说模型经过测试集检验泛化性能后，就不能再进行任何训练或修改参数了。对于样本数量不大、样本分布不充分的样本集而言，一般采用交叉验证法，使得训练集样本既做了训练集又做了验证集，故在一定程度上利用了更多的样本信息。

在训练刚开始的时候，模型还在学习过程中，处于欠拟合区域。随着训练的进行，训练误差和测试误差都下降。在到达一个临界点之后，训练集的误差下降，测试集的误差上升了，这个时候就进入了过拟合区域，这是由于训练出来的网络过度拟合了训练集，对训练集以外的数据的效果却不好。

——欠拟合是指模型不能在训练集上获得足够低的误差，就是模型复杂度低，模型在训练集上就表现很差，没法学习到数据背后的规律。欠拟合基本上都会发生在训练刚开始的时候，经过不断训练之后应该不怎么考虑了。但是如果真的还是存在的话，可以增加网络复杂度或者在模型中增加特征，这些都是很好解决欠拟合的方法。

——过拟合是指训练误差和测试误差之间的差距太大，就是模型复杂度高于实际问题，模型在训练集上表现很好，但在测试集上却表现很差。模型对训练集"死记硬背"（记住了不适用于测试集的训练集性质或特点），没有理解数据背后的规律，泛化能力差。要想解决过拟合问题，就要显著减少测试误差而不过度增加训练误差，从而提高模型的泛化能力。

对于分类问题的最终训练效果，使用验证集来进行检验。对训练好的模型可以用如下方法进行评估。

混淆矩阵（confusion matrix）用来反映某一个分类模型的分类结果，其中行代表的是真实的类，列代表的是模型的分类。例如，在二分类问题中，假设该样本一共有两种类别：Positive（正样本）和Negative（负样本），则混淆矩阵为：

	Predicted positive class	Predicted negative class
Actual positive class	TP（True Positive）	FN（False Negative）
Actual negative class	FP（False Positive）	TN（True Negative）

其中，True Positive（TP）：把正样本成功预测为正；True Negative（TN）：把负样本成功预测为负；False Positive（FP）：把负样本错误预测为正；False Negative（FN）：把正样本错误预测为负。

分类效果可以从下面的几个指标进行分析：

（1）准确率（Accuracy），顾名思义，即在所有样本中判别准确的比率：

$$\text{Accuracy}(Acc) = \frac{TP+TN}{TP+FP+TN+FN}$$

（2）召回率或查全率（Recall），即为在实际为1的样本中预测为1的样本占比：

$$\text{Recall} = \text{True Positive Rate}\left(Acc^+\right) = \frac{TP}{TP+FN}$$

类似的有：

$$\text{True Negative Rate}\left(Acc^-\right) = \frac{TN}{TN+FP}$$

（3）精确率或查准率（Precision），即为在预测为1的样本中预测正确（实际为1）的样本占比：

$$\text{Precision} = \frac{TP}{TP+FP}$$

（4）F1分数（F1-score 或 F-measure），是统计学中用来衡量二分类模型精确度的一种指标。它同时兼顾了分类模型的准确率和召回率。F1分数可以看作是模型准确率和召回率的一种加权平均，它的最大值是1，最小值是0。随着阈值的变化，就像假设检验的两类错误一样，召回率和精确率不能同时提高，因此就需要一个指标来调和这两个指标，于是人们就常用F1分数来进行表示：

$$\text{F-measure}\left(FM\right) = \frac{2 \times \text{Precision} \times \text{Recall}}{\text{Precision} + \text{Recall}}$$

（5）几何平均（G-mean）：

$$\text{G-mean}\left(GM\right) = \sqrt{Acc^- \times Acc^+}$$

9.2 主成分分析（PCA）

9.2.1 主成分

设观测样本 X 有 n 个，即 $X = \left(x_1, x_2, \cdots, x_n\right)^{\text{T}}$，而每个 x 有 p 个参量，则有数据矩阵如下：

$$X = (x_1, x_2, \cdots, x_n)^T = \begin{pmatrix} x_1 \\ x_2 \\ \vdots \\ x_n \end{pmatrix} = \begin{pmatrix} x_{11} & x_{12} & \cdots & x_{1p} \\ x_{21} & x_{22} & \cdots & x_{2p} \\ \cdots & \cdots & \cdots & \cdots \\ x_{n1} & x_{n2} & \cdots & x_{np} \end{pmatrix}$$

该数据矩阵 X 为 $n \times p$ 矩阵。

再假设该观测样本 X 的均值为零，或者将 n 个观测量 x_i 减去样本均值 $\mu = \frac{1}{n}\sum x_i = \left(\frac{1}{n}\sum x_{i1}, \frac{1}{n}\sum x_{i2}, \cdots, \frac{1}{n}\sum x_{ip}\right)$。

利用 p 个参数 $(a_1, a_2, \cdots, a_p)^T$ 来对样本 X 进行线性变换，得到：

$$y = (y_1, y_2, \cdots, y_n)^T = \begin{pmatrix} y_1 \\ y_2 \\ \vdots \\ y_n \end{pmatrix} = Xa$$

即对应每个 y_i 有：

$$y_i = \sum_{j=1}^{p} a_j x_{ij}$$

则 y 的期望值为：

$$\langle y \rangle = \frac{1}{n}\sum_{i=1}^{n} y_i = \frac{1}{n}\sum_{i=1}^{n}\sum_{j=1}^{p} a_j x_{ij} = \sum_{j=1}^{p} a_j \left(\frac{1}{n}\sum_{i=1}^{n} x_{ij}\right) = 0$$

而 y 的方差 $\sigma^2(y)$ 有如下关系：

$$\sigma^2(y) = \frac{1}{n-1}\sum_{i=1}^{n}(y_i - \langle y \rangle)^2 = \frac{1}{n-1}\sum_{i=1}^{n} y_i^2 = \frac{1}{n-1} y^T y = \frac{1}{n-1}(Xa)^T(Xa) = \frac{1}{n-1} a^T X^T X a = a^T \Sigma a$$

其中，Σ 为 X 的协方差矩阵：

$$\Sigma = \frac{1}{n-1} X^T X = \begin{pmatrix} \sigma_{11} & \sigma_{12} & \cdots & \sigma_{1p} \\ \sigma_{21} & \sigma_{22} & \cdots & \sigma_{2p} \\ \cdots & \cdots & \cdots & \cdots \\ \sigma_{p1} & \sigma_{p2} & \cdots & \sigma_{pp} \end{pmatrix}$$

其中，

$$\sigma_{jk} = \sigma_{kj} = \frac{1}{n-1}\sum_{i=1}^{n} x_{ij} x_{ik}$$

取参数 $\boldsymbol{a}$ 为单位矢量，即满足关系：

$$\boldsymbol{a}^{\mathrm{T}}\boldsymbol{a} = \sum_{j=1}^{p} a_j^2 = 1$$

同时，使得 $\boldsymbol{y}$ 的方差最大时的 $\boldsymbol{a}$ 为所求的参数。则使用拉格朗日乘子法，即取使得下式：

$$Q = \sigma^2(\boldsymbol{y}) - \lambda\left(\boldsymbol{a}^{\mathrm{T}}\boldsymbol{a} - 1\right) = \boldsymbol{a}^{\mathrm{T}}\boldsymbol{\Sigma}\boldsymbol{a} - \lambda\left(\boldsymbol{a}^{\mathrm{T}}\boldsymbol{a} - 1\right)$$

为最大时的参数 $\boldsymbol{a}$。而 Q 最大对应于其偏导为零，即：

$$0 = \frac{\partial Q}{\partial \boldsymbol{a}} = 2\boldsymbol{\Sigma}\boldsymbol{a} - 2\lambda\boldsymbol{a}$$

也就是：

$$\lambda\boldsymbol{a} = \boldsymbol{\Sigma}\boldsymbol{a}$$

这是矩阵 $\boldsymbol{\Sigma}$ 的特征方程，说明参数 $\boldsymbol{a}$ 是协方差矩阵 $\boldsymbol{\Sigma}$ 的特征矢量，而 λ 是相应的特征值，故 $\boldsymbol{y}$ 的方差为：

$$\sigma^2(\boldsymbol{y}) = \boldsymbol{a}^{\mathrm{T}}\boldsymbol{\Sigma}\boldsymbol{a} = \boldsymbol{a}^{\mathrm{T}}\lambda\boldsymbol{a} = \lambda\boldsymbol{a}^{\mathrm{T}}\boldsymbol{a} = \lambda$$

即特征值 λ 就是 $\boldsymbol{y}$ 的方差。

由于协方差矩阵 $\boldsymbol{\Sigma}$ 是正定的 $p \times p$ 实对称矩阵，则其存在 p 个特征值和特征矢量，而且特征矢量之间是相互正交的。

将特征值按大小排列，即：

$$\lambda_1 \geq \lambda_2 \geq \cdots \geq \lambda_p \geq 0$$

相应的特征矢量为 $(\boldsymbol{a}_1, \boldsymbol{a}_2, \cdots, \boldsymbol{a}_p)$，而由这些特征矢量构成的矩阵：

$$A = (\boldsymbol{a}_1, \boldsymbol{a}_2, \cdots, \boldsymbol{a}_p) = \begin{pmatrix} a_{11} & a_{21} & \cdots & a_{p1} \\ a_{12} & a_{22} & \cdots & a_{p2} \\ \cdots & \cdots & \cdots & \cdots \\ a_{1p} & a_{2p} & \cdots & a_{pp} \end{pmatrix}$$

为正交矩阵，即：$A^{\mathrm{T}}A = AA^{\mathrm{T}} = I$，或者说：$A^{-1} = A^{\mathrm{T}}$。

则对观测样本 $\boldsymbol{x}_i = (x_{i1}, x_{i2}, \cdots, x_{ip})$ 使用 $\boldsymbol{a}_1$ 的线性变换：

$$y_{i1} = \boldsymbol{a}_1^T \boldsymbol{x}_i = \sum_{j=1}^{p} a_{1j} x_{ij}$$

被称作 $\boldsymbol{x}_i$ 的第一主成分。同样，使用 $\boldsymbol{a}_2$ 的线性变换：

$$y_{i2} = \boldsymbol{a}_2^T \boldsymbol{x}_i = \sum_{j=1}^{p} a_{2j} x_{ij}$$

被称作 $\boldsymbol{x}_i$ 的第二主成分。以此类推，可得到：

$$\boldsymbol{y}_i = \begin{pmatrix} y_{i1} \\ y_{i2} \\ \vdots \\ y_{ip} \end{pmatrix} = \begin{pmatrix} \boldsymbol{a}_1^T \\ \boldsymbol{a}_2^T \\ \vdots \\ \boldsymbol{a}_p^T \end{pmatrix} \boldsymbol{x}_i = A^T \boldsymbol{x}_i$$

将其转置，得到：

$$\boldsymbol{y}_i^T = (y_{i1}, y_{i2}, \cdots, y_{ip}) = \boldsymbol{x}_i^T A$$

对于 n 个观测样本 $\boldsymbol{X} = (\boldsymbol{x}_1, \boldsymbol{x}_2, \cdots, \boldsymbol{x}_n)^T$ 变换为主成分数据矩阵 $\boldsymbol{Y}$ 来说，为：

$$\boldsymbol{Y} = \begin{pmatrix} y_{11} & y_{12} & \cdots & y_{1p} \\ y_{21} & y_{22} & \cdots & y_{2p} \\ \cdots & \cdots & \cdots & \cdots \\ y_{n1} & y_{n2} & \cdots & y_{np} \end{pmatrix} = \begin{pmatrix} \boldsymbol{y}_1^T \\ \boldsymbol{y}_2^T \\ \vdots \\ \boldsymbol{y}_n^T \end{pmatrix} = \begin{pmatrix} \boldsymbol{x}_1^T \\ \boldsymbol{x}_2^T \\ \vdots \\ \boldsymbol{x}_p^T \end{pmatrix} A = \begin{pmatrix} x_{11} & x_{12} & \cdots & x_{1p} \\ x_{21} & x_{22} & \cdots & x_{2p} \\ \cdots & \cdots & \cdots & \cdots \\ x_{n1} & x_{n2} & \cdots & x_{np} \end{pmatrix} A = \boldsymbol{X} A$$

相对应的有：

$$\boldsymbol{X} = \boldsymbol{Y} A^{-1} = \boldsymbol{Y} A^T$$

也就是：

$$\boldsymbol{x}_i = A \boldsymbol{y}_i$$

或：

$$\boldsymbol{x}_i = \begin{pmatrix} x_{i1} \\ x_{i2} \\ \vdots \\ x_{ip} \end{pmatrix} = \begin{pmatrix} a_{11} & a_{21} & \cdots & a_{p1} \\ a_{12} & a_{22} & \cdots & a_{p2} \\ \cdots & \cdots & \cdots & \cdots \\ a_{1p} & a_{2p} & \cdots & a_{pp} \end{pmatrix} \begin{pmatrix} y_{i1} \\ y_{i2} \\ \vdots \\ y_{ip} \end{pmatrix}$$

9.2.2 主成分分析

对于每个主成分，其期望值为零而方差为特征值，因此对由 n 个观测样本 $\boldsymbol{X} = (\boldsymbol{x}_1, \boldsymbol{x}_2, \cdots, \boldsymbol{x}_n)^\mathrm{T}$ 变换为主成分数据矩阵 $\boldsymbol{Y}$ 来说，期望值为：

$$\langle \boldsymbol{Y} \rangle = \langle \boldsymbol{X}\boldsymbol{A} \rangle = \langle \boldsymbol{X} \rangle \boldsymbol{A} = 0$$

而其方差为：

$$\sigma^2(\boldsymbol{Y}) = \frac{1}{n-1}\sum_{i=1}^{n} \boldsymbol{y}_i^\mathrm{T} \boldsymbol{y}_i = \frac{1}{n-1}\sum_{i=1}^{n}\sum_{j=1}^{p} y_{ij}^2 = \sum_{j=1}^{p}\left(\frac{1}{n-1}\sum_{i=1}^{n} y_{ij}^2\right) = \sum_{j=1}^{p}\sigma^2(\boldsymbol{y}_j) = \sum_{j=1}^{p}\lambda_j$$

这表明主成分没有改变原来数据的"重心"，但把数据的总方差分解为 p 个不相关的随机变量的方差之和。

主成分分析的目的之一是希望用尽可能少（如 q 个）的主成分 $(y_1, y_2, \cdots, y_q)$ 来代替原来的 p 个分量，而 $q < p$。前 q 个主成分对原有数据的综合能力，可由这 q 个主成分的方差在总方差中所占比重：

$$\sum_{j=1}^{q}\lambda_j \Big/ \sum_{j=1}^{p}\lambda_j$$

来描述，称为累积贡献率。

在进行主成分分析时，通常取前 q 个主成分的累积贡献率为 80%~90%。同时也要每个主成分的贡献足够大，即特征值 λ_q 大于所有特征值的均值，如均值小于 1 时取 $\lambda_q \geqslant 1$。

因此，主成分分析的步骤为：

（1）将观测样本的每个分量减去其均值，即对每个观测量 $\boldsymbol{x}_i$ 减去样本均值：

$$\boldsymbol{\mu} = \frac{1}{n}\sum_{i=1}^{n}\boldsymbol{x}_i = \left(\frac{1}{n}\sum_{i=1}^{n}x_{i1}, \frac{1}{n}\sum_{i=1}^{n}x_{i2}, \cdots, \frac{1}{n}\sum_{i=1}^{n}x_{ip}\right)$$

必要时可将观测样本的每个分量进行归一化，即对每个观测量 $\boldsymbol{x}_i$ 除以样本标准差：

$$\boldsymbol{\sigma} = (\sigma_1, \sigma_2, \cdots, \sigma_p) = \left(\sqrt{\frac{1}{n-1}\sum_{i=1}^{n} x_{i1}^2}, \sqrt{\frac{1}{n-1}\sum_{i=1}^{n} x_{i2}^2}, \cdots, \sqrt{\frac{1}{n-1}\sum_{i=1}^{n} x_{ip}^2} \right)$$

实际的观测量中不同分量往往具有不同的量纲，为了避免不同分量之间的方差差异过大而导致对主成分分析的不利影响，就需要将每个分量进行归一化。

（2）利用观测样本的数据矩阵 $\boldsymbol{X}$ 构建协方差矩阵：

$$\Sigma = \frac{1}{n-1}\boldsymbol{X}^{\mathrm{T}}\boldsymbol{X} = \begin{pmatrix} \sigma_{11} & \sigma_{12} & \cdots & \sigma_{1p} \\ \sigma_{21} & \sigma_{22} & \cdots & \sigma_{2p} \\ \cdots & \cdots & \cdots & \cdots \\ \sigma_{p1} & \sigma_{p2} & \cdots & \sigma_{pp} \end{pmatrix}$$

其中：

$$\sigma_{jk} = \sigma_{kj} = \frac{1}{n-1}\sum_{i=1}^{n} x_{ij} x_{ik}$$

（3）求解协方差矩阵的特征方程：

$$\Sigma \boldsymbol{a} = \lambda \boldsymbol{a}$$

得到一系列特征值 $\{\lambda_j\}$ 和特征矢量 $\{\boldsymbol{a}_j\}$。

（4）将特征值 $\{\lambda_j\}$ 从大到小排列，确定 q 值使得前 q 个特征值的累积贡献率大于 80%~90%，并且大于所有特征值的均值或大于 1。这样，也就确定主成分共有 q 个。

（5）利用公式

$$y_i^{(j)} = \boldsymbol{a}_j^{\mathrm{T}} \boldsymbol{x}_i = \sum_{k=1}^{p} a_{jk} x_{ik}$$

计算每个观测量 $\boldsymbol{x}_i$ 的 q 个主成分 $\boldsymbol{y}_i = \left(y_i^{(1)}, y_i^{(2)}, \cdots, y_i^{(q)} \right)$。其中 $\boldsymbol{a}_j = \left(a_{j1}, a_{j2}, \cdots, a_{jp} \right)^{\mathrm{T}}$ 是第 j 个主成分的特征矢量，而 $1 \leqslant j \leqslant q$。

主成分分析最主要的应用就是降维，将观测量的 p 个参数或分量减少到 q 个。主成分分析也可作为特征提取的工具，利用观测样本的主成分分量，可以进一步做回归、分类和聚类等分析工作。

9.2.3 基于核函数的主成分分析（KPCA）

主成分分析本质上是将方差最大的方向作为主要特征，并且在各个正交方向上将数据解除线性相关，但是高阶相关性就无法解除了。对于存在高阶相关性的数据，应使用基于核函数的主成分分析方法，即通过核函数将非线性相关转为线性相关。基于核函数的主成分分析和主成分分析的步骤是一样的，只不过用核函数替代了原来的数据。

对于线性不可分的数据集 $\{x\}$，可以利用函数 $\phi(x)$ 将其映射到高维上后再划分。例如，每个观测量 x 有 p 个参数，而其映射 $\phi(x)$ 则有 p' 个参数。

对于 n 个观测值的映射为：

$$X = \left[\phi(x_1), \phi(x_2), \cdots, \phi(x_n)\right]^T = \begin{pmatrix} \phi(x_1)^T \\ \phi(x_2)^T \\ \vdots \\ \phi(x_n)^T \end{pmatrix}$$

则其协方差矩阵为：

$$\Sigma = \frac{1}{n-1} X^T X = \frac{1}{n-1} \left[\phi(x_1), \phi(x_2), \cdots, \phi(x_n)\right] \begin{pmatrix} \phi(x_1)^T \\ \phi(x_2)^T \\ \vdots \\ \phi(x_n)^T \end{pmatrix}$$

为 $q \times q$ 矩阵。但因为函数 $\phi(x)$ 是未知的，故无法求得该协方差矩阵的特征值和特征矢量。

因此，引入核函数 $k(x_i, x_j)$ 来构造矩阵：

$$K = XX^T = \begin{pmatrix} \phi(x_1)^T \\ \phi(x_2)^T \\ \vdots \\ \phi(x_n)^T \end{pmatrix} \left[\phi(x_1), \phi(x_2), \cdots, \phi(x_n)\right] = \begin{pmatrix} k(x_1, x_1) & k(x_1, x_2) & \cdots & k(x_1, x_n) \\ k(x_2, x_1) & k(x_2, x_2) & \cdots & k(x_2, x_n) \\ \cdots & \cdots & \cdots & \cdots \\ k(x_n, x_1) & k(x_n, x_2) & \cdots & k(x_n, x_n) \end{pmatrix}$$

K 为 $n \times n$ 矩阵。

核函数矩阵 K 的特征方程为：

$$Ku = (XX^T)u = \lambda u$$

其中，λ 为特征值，u 为特征矢量。

将特征方程左乘 X^T，得到：

$$X^T(XX^T)u = X^T \lambda u$$

也就是：

$$(X^T X)(X^T u) = \lambda(X^T u)$$

而由于 $X^T X = (n-1)\Sigma$，因此，核函数矩阵 K 和协方差矩阵 Σ 有相同的特征值 λ，协方差矩阵 Σ 的特征矢量为 $X^T u$。

将协方差矩阵 Σ 的特征矢量 $X^T u$ 归一化为：

$$v = \frac{1}{\|X^T u\|}X^T u = \frac{1}{\sqrt{u^T XX^T u}}X^T u = \frac{1}{\sqrt{u^T K u}}X^T u = \frac{1}{\sqrt{u^T \lambda u}}X^T u = \frac{1}{\sqrt{\lambda}}X^T u$$

则观测量 x_i 在单位矢量 v 上的投影就是特征值为 λ 的主成分：

$$y_i^{(\lambda)} = v^T \phi(x_i) = \left(\frac{1}{\sqrt{\lambda}}X^T u\right)^T \phi(x_i) = \frac{1}{\sqrt{\lambda}}u^T X \phi(x_i) = \frac{1}{\sqrt{\lambda}}u^T \begin{pmatrix} \phi(x_1)^T \\ \phi(x_2)^T \\ \vdots \\ \phi(x_n)^T \end{pmatrix}\phi(x_i) = \frac{1}{\sqrt{\lambda}}u^T \begin{pmatrix} k(x_1, x_i) \\ k(x_2, x_i) \\ \vdots \\ k(x_n, x_i) \end{pmatrix}$$

也就是在函数 $\phi(x)$ 未知的情况下，也可由上式得到样本的主成分。

因此，基于核函数的主成分分析的步骤为：

（1）选择核函数。常用的核函数有：

线性核：

$$k(x, y) = x^T y$$

多项式核：

$$k(\boldsymbol{x},\boldsymbol{y}) = \left(a\boldsymbol{x}^\mathrm{T}\boldsymbol{y} + c\right)^d$$

高斯核：

$$k(\boldsymbol{x},\boldsymbol{y}) = \exp\left(-\frac{\|\boldsymbol{x}-\boldsymbol{y}\|^2}{2\sigma^2}\right)$$

其中，$\|\boldsymbol{x}-\boldsymbol{y}\|$ 为矢量 $\boldsymbol{x}$ 和 $\boldsymbol{y}$ 之间的欧氏距离，即：

$$\|\boldsymbol{x}-\boldsymbol{y}\| = \sqrt{(\boldsymbol{x}-\boldsymbol{y})^\mathrm{T}(\boldsymbol{x}-\boldsymbol{y})} = \sqrt{\sum_{j=1}^{p}(x_j - y_j)^2}$$

拉普拉斯核：

$$k(\boldsymbol{x},\boldsymbol{y}) = \exp\left(-\frac{\|\boldsymbol{x}-\boldsymbol{y}\|}{\sigma}\right)$$

径向基核：

$$k(\boldsymbol{x},\boldsymbol{y}) = \Phi(\|\boldsymbol{x}-\boldsymbol{y}\|)$$

其中，Φ 是预设的函数，高斯核与拉普拉斯核均为径向基核的特例。

应用最广泛的是高斯核，原则上可以将原始空间映射为无穷维空间。高斯核的调控参数是 σ，如果 σ 选得很大的话，高次特征上的权重衰减得非常快，所以实际上相当于一个低维的子空间；反过来，如果 σ 选得很小，则可以将任意的数据映射为线性可分，而随之而来的可能是非常严重的过拟合问题。总的来说，通过调控参数 σ，高斯核实际上具有相当高的灵活性，也是使用最广泛的核函数。

（2）利用核函数和观测样本构造核函数矩阵：

$$\boldsymbol{K} = \begin{pmatrix} k(\boldsymbol{x}_1,\boldsymbol{x}_1) & k(\boldsymbol{x}_1,\boldsymbol{x}_2) & \cdots & k(\boldsymbol{x}_1,\boldsymbol{x}_n) \\ k(\boldsymbol{x}_2,\boldsymbol{x}_1) & k(\boldsymbol{x}_2,\boldsymbol{x}_2) & \cdots & k(\boldsymbol{x}_2,\boldsymbol{x}_n) \\ \cdots & \cdots & \cdots & \cdots \\ k(\boldsymbol{x}_n,\boldsymbol{x}_1) & k(\boldsymbol{x}_n,\boldsymbol{x}_2) & \cdots & k(\boldsymbol{x}_n,\boldsymbol{x}_n) \end{pmatrix}$$

（3）求解特征方程：

$$\boldsymbol{K}\boldsymbol{u} = \lambda\boldsymbol{u}$$

得到矩阵 $\boldsymbol{K}$ 的一系列特征值 $\{\lambda_j\}$ 和特征矢量 $\{\boldsymbol{u}_j\}$。

（4）将特征值 $\{\lambda_j\}$ 从大到小排列，确定 q 值使得前 q 个特征值的累积贡献率大于 90%，其中 $1<q<n$。这样，也就确定主成分共有 q 个。

（5）利用公式

$$y_i^{(j)} = \frac{1}{\sqrt{\lambda_j}} \boldsymbol{u}_j^{\mathrm{T}} \begin{pmatrix} k(\boldsymbol{x}_1, \boldsymbol{x}_i) \\ k(\boldsymbol{x}_2, \boldsymbol{x}_i) \\ \vdots \\ k(\boldsymbol{x}_n, \boldsymbol{x}_i) \end{pmatrix}$$

计算每个观测量 $\boldsymbol{x}_i$ 的 q 个主成分 $\boldsymbol{y}_i = \left(y_i^{(1)}, y_i^{(2)}, \cdots, y_i^{(q)}\right)$。其中 λ_j 和 $\boldsymbol{u}_j$ 分别是第 j 个主成分的特征值和特征矢量，而 $1 \leqslant j \leqslant q$。

9.3 核回归

若观测样本 $\{\boldsymbol{y}\}$ 有 m 个观测量，每个观测量 $\boldsymbol{y} = \left(y^{(1)}, y^{(2)}, \cdots, y^{(q)}\right)$ 具有 q 个分量（参数）。假设物理量 z 与观测量 $\boldsymbol{y}$ 具有线性关系，即有下述函数关系：

$$z(\boldsymbol{y}) = \sum_{j=1}^{q} c_j y^{(j)} + c_0$$

或使用参数矢量 $\boldsymbol{c} = \left(c_1, c_2, \cdots, c_q\right)^{\mathrm{T}}$，将上式改写为：

$$z(\boldsymbol{y}) = \boldsymbol{c}^{\mathrm{T}} \boldsymbol{y} + c_0$$

则利用 m 个观测量 $\boldsymbol{y}$ 和 m 个物理量 z 就可通过最小二乘法求出待拟合参数 $\boldsymbol{c}$ 和 c_0，从而得到物理量 z 与观测量 $\boldsymbol{y}$ 之间的具体的线性函数关系。这就是线性回归（拟合）方法。

而在实际中，物理量 z 与观测量 $\boldsymbol{y}$ 之间的函数关系往往是非线性的，甚至无法给出具体的函数表达式。在这种情形下，可以使用核回归方法，即利用核函数将非线性关系转化为线性关系来进行回归分析。或者说，在核函数的作用下，任何非线性关系在局域上都可当作线性关系来处理。核回归是一种非参数统计方法。

定义核函数：

$$k_i \equiv k(\boldsymbol{y}-\boldsymbol{y}_i)$$

例如，高斯核函数：

$$k_i \equiv k(\boldsymbol{y}-\boldsymbol{y}_i) = \exp\left(-\frac{\|\boldsymbol{y}-\boldsymbol{y}_i\|^2}{2\sigma^2}\right)$$

其中，$\|\boldsymbol{y}-\boldsymbol{y}_i\|$ 为矢量 $\boldsymbol{y}$ 和 $\boldsymbol{y}_i$ 之间的欧氏距离。

设在局域上 z 与 $\boldsymbol{y}$ 的函数关系为常数，即：

$$z(\boldsymbol{y}) = f(\boldsymbol{y}) = c_0$$

对于 m 个观测量 $\{\boldsymbol{y}_i\}$ 和 m 个物理量 $\{z_i\}$，使用加权的最小二乘法，即定义以核函数为权重的损失函数为：

$$Q = \sum_{i=1}^{m} k_i (z_i - c_0)^2$$

而损失函数最小，所对应的是偏导为零：

$$0 = \frac{\partial Q}{\partial c_0} = -2\sum_{i=1}^{m} k_i (z_i - c_0)$$

由此得到：

$$c_0 = \frac{\sum k_i z_i}{\sum k_i}$$

因此，得到的函数关系为：

$$z(\boldsymbol{y}) = \frac{\sum k_i z_i}{\sum k_i} = \frac{\sum k(\boldsymbol{y}-\boldsymbol{y}_i) z_i}{\sum k(\boldsymbol{y}-\boldsymbol{y}_i)}$$

这种核回归被称为局域常数核回归或 Nadaraya–Watson 核回归。

设在局域上 z 与 $\boldsymbol{y}$ 的函数关系为线性关系，即：

$$z(\boldsymbol{y}) = f(\boldsymbol{y}) = \boldsymbol{c}^\mathrm{T}\boldsymbol{y} + c_0$$

其中，$\boldsymbol{c} = (c_1, c_2, \cdots, c_q)^\mathrm{T}$ 和 c_0 为待拟合常数。

对于 m 个观测量 $\{\boldsymbol{y}_i\}$ 和 m 个物理量 $\{z_i\}$，使用加权的最小二乘法，即定义以核函数为权重的损失函数为：

$$Q = \sum_{i=1}^{m} k_i \left(z_i - \boldsymbol{c}^\mathrm{T} \boldsymbol{y}_i - c_0 \right)^2$$

而损失函数最小所对应的是偏导为零：

$$0 = \frac{\partial Q}{\partial \boldsymbol{c}_j} = -2 \sum_{i=1}^{m} k_i \left(z_i - \boldsymbol{c}^\mathrm{T} \boldsymbol{y}_i - c_0 \right) y_i^{(j)}$$

$$0 = \frac{\partial Q}{\partial c_0} = -2 \sum_{i=1}^{m} k_i \left(z_i - \boldsymbol{c}^\mathrm{T} \boldsymbol{y}_i - c_0 \right)$$

也就是：

$$\sum_{i=1}^{m} k_i z_i \boldsymbol{y}_i^\mathrm{T} = \boldsymbol{c}^\mathrm{T} \sum_{i=1}^{m} k_i \boldsymbol{y}_i \boldsymbol{y}_i^\mathrm{T} + c_0 \sum_{i=1}^{m} k_i \boldsymbol{y}_i^\mathrm{T}$$

$$c_0 \sum_{i=1}^{m} k_i = \sum_{i=1}^{m} k_i z_i - \boldsymbol{c}^\mathrm{T} \sum_{i=1}^{m} k_i \boldsymbol{y}_i$$

定义如下几个以核函数 $k_i = k(\boldsymbol{y} - \boldsymbol{y}_i)$ 为权重的统计量：

$$\langle z_i \rangle \equiv \frac{\sum_{i=1}^{m} k_i z_i}{\sum_{i=1}^{m} k_i}$$

$$\langle \boldsymbol{y}_i \rangle \equiv \frac{\sum_{i=1}^{m} k_i \boldsymbol{y}_i}{\sum_{i=1}^{m} k_i}$$

$$\langle z_i \boldsymbol{y}_i \rangle \equiv \frac{\sum_{i=1}^{m} k_i z_i \boldsymbol{y}_i}{\sum_{i=1}^{m} k_i}$$

$$\langle \boldsymbol{y}_i \boldsymbol{y}_i^\mathrm{T} \rangle \equiv \frac{\sum_{i=1}^{m} k_i \boldsymbol{y}_i \boldsymbol{y}_i^\mathrm{T}}{\sum_{i=1}^{m} k_i}$$

则加权最小二乘法对应的方程为：

$$\langle z_i \boldsymbol{y}_i \rangle^{\mathrm{T}} - \langle z_i \rangle \langle \boldsymbol{y}_i \rangle^{\mathrm{T}} = \boldsymbol{c}^{\mathrm{T}} \left[\langle \boldsymbol{y}_i \boldsymbol{y}_i^{\mathrm{T}} \rangle - \langle \boldsymbol{y}_i \rangle \langle \boldsymbol{y}_i \rangle^{\mathrm{T}} \right]$$

$$c_0 = \langle z_i \rangle - \boldsymbol{c}^{\mathrm{T}} \langle \boldsymbol{y}_i \rangle$$

定义协方差矩阵：

$$\Sigma \equiv \langle \boldsymbol{y}_i \boldsymbol{y}_i^{\mathrm{T}} \rangle - \langle \boldsymbol{y}_i \rangle \langle \boldsymbol{y}_i \rangle^{\mathrm{T}}$$

为 $q \times q$ 矩阵。如此，可得到 z 的函数为：

$$z(\boldsymbol{y}) = \langle z_i \rangle + \left[\langle z_i \boldsymbol{y}_i \rangle^{\mathrm{T}} - \langle z_i \rangle \langle \boldsymbol{y}_i \rangle^{\mathrm{T}} \right] \Sigma^{-1} \left[\boldsymbol{y} - \langle \boldsymbol{y}_i \rangle \right]$$

这种核回归被称为局域线性核回归。

9.4 支持向量机（SVM）

支持向量机（support vector machine，SVM）是一种二类分类模型。它的基本思想是在特征空间中寻找间隔最大的分离超平面使数据得到高效的二分类，具体来讲，有三种情况：

——当训练样本线性可分时，通过硬间隔最大化，学习一个线性分类器，即线性可分支持向量机；

——当训练数据近似线性可分时，引入松弛变量，通过软间隔最大化，学习一个线性分类器，即线性支持向量机；

——当训练数据线性不可分时，通过使用核技巧及软间隔最大化，学习非线性支持向量机。

9.4.1 支持向量机的优化

若 n 个观测量为 $(\boldsymbol{x}_1, \boldsymbol{x}_2, \cdots, \boldsymbol{x}_n)$，每个观测量 $\boldsymbol{x} = (x_1, x_2, \cdots, x_p)$ 有 p 个参量。

在 p 维参量空间中,每个观测量 x 为一个点,共有 n 个点。如果这 n 个点共分为两类,而且存在一个超平面将两类不同的点分割在超平面的两侧,那么这些观测量就是线性可分的。

设在 p 维空间中可以将观测量进行二分的超平面为:

$$w^{\mathrm{T}}x + b = 0$$

其中,$w = (w_1, w_2, \cdots, w_p)^{\mathrm{T}}$ 和 b 为待求解的常数。

而线性可分的观测量将被超平面分割在两侧,分别满足 $w^{\mathrm{T}}x + b \geqslant 1$ 和 $w^{\mathrm{T}}x + b \geqslant -1$。这里对常数 w 和 b 进行了归一化。

设满足 $w^{\mathrm{T}}x_i + b \geqslant 1$ 的观测量 x_i 为一类,记作 $y_i = 1$;而满足 $w^{\mathrm{T}}x_i + b \leqslant -1$ 的观测量 x_i 为另一类,记作 $y_i = -1$。也就是:

$$y_i(w^{\mathrm{T}}x_i + b) \geqslant 1$$

某个观测量 x_i 到超平面的距离为:

$$d = \frac{|w^{\mathrm{T}}x_i + b|}{\|w\|} = \frac{y_i(w^{\mathrm{T}}x_i + b)}{\|w\|} \geqslant \frac{1}{\|w\|}$$

其中,$\|w\| = \sqrt{w^{\mathrm{T}}w} = \sqrt{w_1^2 + w_2^2 + \cdots + w_p^2}$。

由此可以看出,两类观测量之间的间隔为(图9.1):

$$2d = \frac{2}{\|w\|}$$

而满足 $y_i(w^{\mathrm{T}}x_i + b) = 1$ 的观测量 x_i 被称之为支持向量,因为它们是离超平面最近的点。

支持向量机的优化目标是将两类观测量之间的间隔最大化,即:

$$\max_{w} \frac{2}{\|w\|}$$

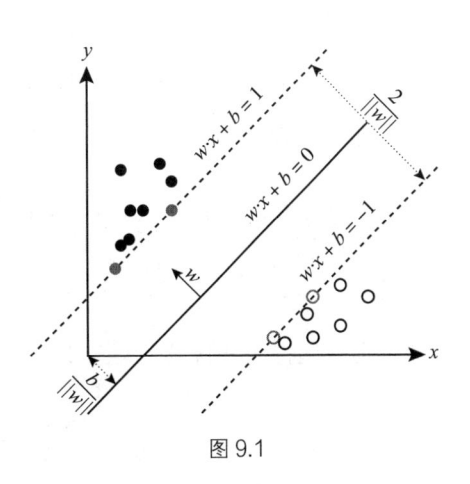

图9.1

从而得到待求常数 w。

为计算方便，将其转化为最小化问题：

$$\min_{w} \frac{1}{2}\|w\|^2 = \min_{w} \frac{1}{2}w^\mathrm{T}w$$

同时，对所有观测量 x_i 需满足约束条件（记作 s.t.）：

$$s.t.\ y_i\left(w^\mathrm{T}x_i+b\right) \geqslant 1$$

为将约束条件的不等式转换为等式，引入 a_i^2 使得：

$$1 - y_i\left(w^\mathrm{T}x_i+b\right) + a_i^2 = 0$$

带有约束条件的最小化问题可以使用拉格朗日乘数法来解决，即引入拉格朗日乘数 λ_i 的拉格朗日函数为：

$$L(w,b,\lambda_i,a_i) = \frac{1}{2}w^\mathrm{T}w + \sum_{i=1}^{n}\lambda_i\left[1 - y_i\left(w^\mathrm{T}x_i+b\right) + a_i^2\right]$$

则最小化问题对应于拉格朗日函数对待求参数的偏导数为零。

先看对参数 a_i 的偏导数：

$$0 = \frac{\partial L}{\partial a_i} = 2\lambda_i a_i$$

由此可知，在 $\lambda_i \neq 0$ 时，则 $a_i = 0$，此时对应的是约束条件 $y_i\left(w^\mathrm{T}x_i+b\right) = 0$，即 x_i 为支持矢量。而在 $a_i \neq 0$ 时，则 $\lambda_i = 0$。由此可设 $\lambda_i \geqslant 0$，即对支持向量有 $\lambda_i > 0$，而对非支持向量则为 $\lambda_i = 0$。

如此，支持向量机的优化问题为：

$$\min_{w,b}\max_{\lambda} L(w,b,\lambda_i) = \frac{1}{2}w^\mathrm{T}w + \sum_{i=1}^{n}\lambda_i\left[1 - y_i\left(w^\mathrm{T}x_i+b\right)\right]$$

$$s.t.\ \lambda_i \geqslant 0$$

利用强对偶性将该优化问题转为：

$$\max_{\lambda}\min_{w,b} L(w,b,\lambda_i)$$

先将拉格朗日函数对 $\boldsymbol{w}$ 和 b 的偏导数为零，得到：

$$0 = \frac{\partial L}{\partial \boldsymbol{w}} = \boldsymbol{w} - \sum_{i=1}^{n} \lambda_i y_i \boldsymbol{x}_i$$

$$0 = \frac{\partial L}{\partial b} = \sum_{i=1}^{n} \lambda_i y_i$$

则拉格朗日函数变为：

$$\min_{\boldsymbol{w},b} L(\boldsymbol{w},b,\lambda_i) = \frac{1}{2}\sum_{i=1}^{n}\sum_{j=1}^{n}\lambda_i\lambda_j y_i y_j \boldsymbol{x}_i^{\mathrm{T}}\boldsymbol{x}_j + \sum_{i=1}^{n}\lambda_i - \sum_{i=1}^{n}\sum_{j=1}^{n}\lambda_i\lambda_j y_i y_j \boldsymbol{x}_i^{\mathrm{T}}\boldsymbol{x}_j - b\sum_{i=1}^{n}\lambda_i y_i$$

$$= \sum_{i=1}^{n}\lambda_i - \frac{1}{2}\sum_{i=1}^{n}\sum_{j=1}^{n}\lambda_i\lambda_j y_i y_j \boldsymbol{x}_i^{\mathrm{T}}\boldsymbol{x}_j$$

即优化问题变为：

$$\max_{\lambda} L(\lambda_i) = \sum_{i=1}^{n}\lambda_i - \frac{1}{2}\sum_{i=1}^{n}\sum_{j=1}^{n}\lambda_i\lambda_j y_i y_j \boldsymbol{x}_i^{\mathrm{T}}\boldsymbol{x}_j$$

$$s.t. \sum_{i=1}^{n}\lambda_i y_i = 0 \quad \lambda_i \geqslant 0$$

这是一个二次规划问题，问题规模正比于样本数。通常用序列最小优化（Sequential Minimal Optimization，SMO）算法求解，算法的核心思想非常简单，即每次只优化一个参数，其他参数先固定住，仅求当前这个优化参数的极值。

在得到所有的参数 λ_i 之后，可得到超平面的常数为：

$$\boldsymbol{w} = \sum_{i=1}^{n}\lambda_i y_i \boldsymbol{x}_i$$

$$b = y_s - \boldsymbol{w}^{\mathrm{T}}\boldsymbol{x}_s$$

式中，$\boldsymbol{x}_s$ 为某一个支持向量，即 $\lambda_s > 0$ 的向量。也可用所有支持向量来求常数 b 的均值。

得到了 $\boldsymbol{w}$ 和 b，就可得到分割两类观测量的最大间隔的超平面为：

$$\boldsymbol{w}^{\mathrm{T}}\boldsymbol{x} + b = 0$$

对于一个未分类的新样本 $\boldsymbol{x}$，可计算分类决策函数：

$$f(\boldsymbol{x}) = \text{sign}\left(\boldsymbol{w}^{\text{T}}\boldsymbol{x} + b\right)$$

其中，$\text{sign}(t)$ 为符号函数，即：

$$\text{sign}(t) = \begin{cases} 1, & t > 0 \\ 0, & t = 0 \\ -1, & t < 0 \end{cases}$$

由分类决策函数即可得知新样本属于哪一类。

9.4.2 支持向量机的软间隔

在实际应用中，完全线性可分的样本是很少的。如果容许少量样本出现在间隔带中，即容许少量样本不满足约束条件：

$$y_i\left(\boldsymbol{w}^{\text{T}}\boldsymbol{x}_i + b\right) \geqslant 1$$

这就是支持向量机的软间隔。

为了度量这个间隔软到何种程度，可以为每个样本引入一个松弛变量 ξ_i，令 $\xi_i \geqslant 0$，则约束条件改为：

$$1 - y_i\left(\boldsymbol{w}^{\text{T}}\boldsymbol{x}_i + b\right) - \xi_i \leqslant 0$$

增加软间隔后的优化问题为：

$$\min_{\boldsymbol{w}} \frac{1}{2}\boldsymbol{w}^{\text{T}}\boldsymbol{w} + C\sum_{i=1}^{n}\xi_i$$

式中，$C > 0$ 是一个常数，可以理解为错误样本的惩罚程度。若 C 为无穷大，则 ξ_i 必然无穷小，这样就又回到了硬间隔的线性可分的情形；而当 C 为有限值的时候，才会允许部分样本不遵循约束条件。

利用拉格朗日乘数法构造拉格朗日函数如下：

$$\min_{\boldsymbol{w},b,\xi} \max_{\lambda,\mu} L(\boldsymbol{w},b,\xi_i,\lambda_i,\mu_i) = \frac{1}{2}\boldsymbol{w}^{\text{T}}\boldsymbol{w} + C\sum_{i=1}^{n}\xi_i + \sum_{i=1}^{n}\lambda_i\left[1 - y_i\left(\boldsymbol{w}^{\text{T}}\boldsymbol{x}_i + b\right)\right] - \sum_{i=1}^{n}\mu_i\xi_i$$

根据强对偶性，将优化问题转换为：

$$\max_{\lambda,\mu} \min_{w,b,\xi} L(w,b,\xi_i,\lambda_i,\mu_i)$$

将拉格朗日函数分别对 w、b 和 ξ_i 分别求偏导数,并令其等于零,可得到:

$$w = \sum_{i=1}^{n} \lambda_i y_i x_i$$

$$\sum_{i=1}^{n} \lambda_i y_i = 0$$

$$\lambda_i = C - \mu_i$$

将其代入拉格朗日函数为:

$$\min_{w,b,\xi} L(w,b,\xi_i,\lambda_i,\mu_i) = \sum_{i=1}^{n} \lambda_i - \frac{1}{2}\sum_{i=1}^{n}\sum_{j=1}^{n} \lambda_i \lambda_j y_i y_j x_i^{\mathrm{T}} x_j$$

则优化问题变为:

$$\max_{\lambda} L(\lambda_i) = \sum_{i=1}^{n} \lambda_i - \frac{1}{2}\sum_{i=1}^{n}\sum_{j=1}^{n} \lambda_i \lambda_j y_i y_j x_i^{\mathrm{T}} x_j$$

$$s.t. \sum_{i=1}^{n} \lambda_i y_i = 0 \quad 0 \leqslant \lambda_i \leqslant C$$

可以看出,这与硬间隔的优化问题的差别仅仅是参数 λ_i 有上限为常数 C,因此,也可以用序列最小优化(SMO)算法求解。

由参数 λ_i 可得到超平面的参数 w 和 b 如下:

$$w = \sum_{i=1}^{n} \lambda_i y_i x_i$$

$$b = y_s - w^{\mathrm{T}} x_s$$

其中,x_s 为某一个支持向量,即 $\lambda_s > 0$ 的向量。也可用所有支持向量来求常数 b 的均值。

对于一个未分类的新样本 x,可计算分类决策函数:

$$f(x) = \mathrm{sign}(w^{\mathrm{T}} x + b)$$

从而得知新样本属于哪一类。

9.4.3 基于核函数的支持向量机（KSVM）

对于非线性的二分问题，一般是通过核函数将其映射到高维空间，在高维空间中再作为线性可分的样本进行计算。

设将观测量 x 映射到高维空间的函数为 $\phi(x)$，则在高维空间进行二分的超平面为：

$$w^{\mathrm{T}}\phi(x)+b=0$$

则软间隔的支持向量机的优化问题为：

$$\max_{\lambda} L(\lambda_i) = \sum_{i=1}^{n}\lambda_i - \frac{1}{2}\sum_{i=1}^{n}\sum_{j=1}^{n}\lambda_i\lambda_j y_i y_j \phi(x_i)^{\mathrm{T}}\phi(x_j)$$

$$s.t. \sum_{i=1}^{n}\lambda_i y_i = 0 \quad 0 \leqslant \lambda_i \leqslant C$$

定义核函数为：

$$k(x_i, x_j) = \phi(x_i)^{\mathrm{T}}\phi(x_j)$$

选择一个核函数，例如高斯核函数：

$$k(x_i, x_j) = \exp\left(-\frac{\|x_i - x_j\|^2}{2\sigma^2}\right)$$

则基于核函数的支持向量机的优化问题为：

$$\max_{\lambda} L(\lambda_i) = \sum_{i=1}^{n}\lambda_i - \frac{1}{2}\sum_{i=1}^{n}\sum_{j=1}^{n}\lambda_i\lambda_j y_i y_j k(x_i, x_j)$$

$$s.t. \sum_{i=1}^{n}\lambda_i y_i = 0 \quad 0 \leqslant \lambda_i \leqslant C$$

使用序列最小优化（SMO）算法来求解所有的 λ_i。

而由于

$$w = \sum_{i=1}^{n}\lambda_i y_i \phi(x_i)$$

则选择一个支持向量，即满足 $0 < \lambda_s < C$ 条件的向量 x_s，则可得到超平面的

常数：

$$b = y_s - \boldsymbol{w}^\mathrm{T}\phi(\boldsymbol{x}_s) = y_s - \sum_{i=1}^{n}\lambda_i y_i \phi(\boldsymbol{x}_i)^\mathrm{T}\phi(\boldsymbol{x}_s) = y_s - \sum_{i=1}^{n}\lambda_i y_i k(\boldsymbol{x}_i, \boldsymbol{x}_s)$$

也可用所有支持向量来求常数 b 的均值。

对于一个未分类的新样本 $\boldsymbol{x}$，可计算分类决策函数：

$$f(\boldsymbol{x}) = \mathrm{sign}(\boldsymbol{w}^\mathrm{T}\boldsymbol{x} + b) = \mathrm{sign}\left(\sum_{i=1}^{n}\lambda_i y_i k(\boldsymbol{x}_i, \boldsymbol{x}) + b\right)$$

从而得知新样本属于哪一类。

9.5　k 近邻（kNN）

k 近邻（k-Nearest Neighbors，kNN）是解决分类或回归的一种算法，属于监督学习。

9.5.1　k 近邻（kNN）算法

k 近邻算法的基本思想为：给定一个训练数据集，对新的输入实例，在训练数据集中找到与该实例最邻近的 k 个实例，这 k 个实例的多数属于某个类，就把该输入实例分类到这个类中。

假设 $\boldsymbol{x}$ 为待分类的样本，$\boldsymbol{X} = (\boldsymbol{x}_1, \boldsymbol{x}_2, \cdots, \boldsymbol{x}_n)$ 为已分类的数据集，则 k 近邻的算法原理如下：

——遍历 $\boldsymbol{X}$ 中的所有样本，计算每个样本 $\boldsymbol{x}_i$ 与待分类样本 $\boldsymbol{x}$ 的距离，并把距离保存在一个数组中。

——对距离数组进行排序，取距离最近的 k 个点，记为 $\boldsymbol{X}_{knn}$。

——在 $\boldsymbol{X}_{knn}$ 中统计每个类别的个数，即 class0 在 $\boldsymbol{X}_{knn}$ 中有几个样本，class1 在 $\boldsymbol{X}_{knn}$ 中有几个样本，等等。

——待标记样本 x 的类别,就是在 X_{knn} 中样本个数最多的那个类别。

这是对于分类的算法。如果是回归问题,只要计算 X_{knn} 中 k 个样本的导出量的均值,即为新样本 x 的导出量的值。

9.5.2 距离的度量

在 k 近邻算法中,涉及两个样本之间的距离的计算。各种"距离"的应用场景分别为:

1. 多维空间

在 p 维空间中,每个样本可看作该空间中的一个点。设两个样本分别为:$\boldsymbol{x}=(x_1,x_2,\cdots,x_p)^\mathrm{T}$ 和 $\boldsymbol{y}=(y_1,y_2,\cdots,y_p)^\mathrm{T}$,则两个样本之间的距离有如下定义:

(1)欧氏距离(Euclidean distance):

$$d(\boldsymbol{x},\boldsymbol{y})=\sqrt{(\boldsymbol{x}-\boldsymbol{y})^\mathrm{T}(\boldsymbol{x}-\boldsymbol{y})}=\sqrt{\sum_{j=1}^{p}(x_j-y_j)^2}$$

(2)曼哈顿距离(Manhattan distance)或城市街区距离(City Block distance):

$$d(\boldsymbol{x},\boldsymbol{y})=\sum_{j=1}^{p}|x_j-y_j|$$

(3)切比雪夫距离(Chebyshev distance):

$$d(\boldsymbol{x},\boldsymbol{y})=\max_{j}(|x_j-y_j|)$$

(4)闵可夫斯基距离(Minkowski distance):

$$d(\boldsymbol{x},\boldsymbol{y})=\sqrt[k]{\sum_{j=1}^{p}|x_j-y_j|^k}$$

当 $k=1$ 时为曼哈顿距离,$k=2$ 时为欧氏距离,$k=\infty$ 时为切比雪夫距离。

(5)标准化欧氏距离:

对所有 n 个样本的 p 个分量分别计算其均值和方差,得到 p 个均值 $\boldsymbol{\mu}=(\mu_1,\mu_2,\cdots,\mu_p)^\mathrm{T}$ 和 p 个标准差 $\boldsymbol{\sigma}=(\sigma_1,\sigma_2,\cdots,\sigma_p)^\mathrm{T}$,再将每个样本的各个分

量分别减去其相应的均值并除以相应的标准差，得到新的分量值，这就是样本的标准化。由标准化的分量得到的欧氏距离为标准化欧式距离，即：

$$d(\boldsymbol{x}, \boldsymbol{y}) = \sqrt{\sum_{j=1}^{p} \frac{(x_j - y_j)^2}{\sigma_j^2}}$$

这相当于以方差的倒数（倒方差）为权重的加权欧氏距离。

（6）马氏距离（Mahalanobis distance）：

对于 p 维空间的 n 个样本 $\boldsymbol{X} = (\boldsymbol{x}_1, \boldsymbol{x}_2, \cdots, \boldsymbol{x}_n)^{\mathrm{T}}$，其均值和协方差矩阵分别为：

$$\boldsymbol{\mu} = \frac{1}{n} \sum_{i=1}^{n} \boldsymbol{x}$$

$$\boldsymbol{\Sigma} = (\sigma_{ij}) = \begin{pmatrix} \sigma_{11} & \sigma_{12} & \cdots & \sigma_{1p} \\ \sigma_{21} & \sigma_{22} & \cdots & \sigma_{2p} \\ \cdots & \cdots & \cdots & \cdots \\ \sigma_{p1} & \sigma_{p2} & \cdots & \sigma_{pp} \end{pmatrix} = \begin{pmatrix} \sigma_1^2 & \rho_{12}\sigma_1\sigma_2 & \cdots & \rho_{1p}\sigma_1\sigma_p \\ \rho_{12}\sigma_1\sigma_2 & \sigma_2^2 & \cdots & \rho_{2p}\sigma_2\sigma_p \\ \cdots & \cdots & \cdots & \cdots \\ \rho_{1p}\sigma_1\sigma_p & \rho_{2p}\sigma_2\sigma_p & \cdots & \sigma_p^2 \end{pmatrix}$$

其中，$\boldsymbol{x}_i$ 和 $\boldsymbol{x}_j$ 的相关系数为：

$$\rho(\boldsymbol{x}_i, \boldsymbol{x}_j) = \frac{\mathrm{Cov}(\boldsymbol{x}_i, \boldsymbol{x}_j)}{\sigma_i \sigma_j} = \frac{\sigma_{ij}}{\sigma_i \sigma_j} = \rho_{ij} = \rho_{ji}$$

则两个样本 $\boldsymbol{x}$ 和 $\boldsymbol{y}$ 之间的马氏距离定义为：

$$d(\boldsymbol{x}, \boldsymbol{y}) = \sqrt{(\boldsymbol{x} - \boldsymbol{y})^{\mathrm{T}} \boldsymbol{\Sigma}^{-1} (\boldsymbol{x} - \boldsymbol{y})}$$

若样本之间是相互独立的且具有相同的概率分布，则协方差矩阵是单位矩阵，马氏距离就变成了欧氏距离。若样本之间是相互独立的，则协方差矩阵是对角矩阵，马氏距离就变成了标准化欧氏距离。因此，马氏距离是与分量的量纲无关，而且排除了分量之间的相关性的干扰。

（7）相关距离（Correlation distance）：

两个样本 $\boldsymbol{x}$ 和 $\boldsymbol{y}$ 的相关系数为：

$$\rho(\boldsymbol{x}, \boldsymbol{y}) = \frac{\mathrm{Cov}(\boldsymbol{x}, \boldsymbol{y})}{\sigma_x \sigma_y} = \frac{\sigma_{xy}}{\sigma_x \sigma_y}$$

则其相关距离定义为：

$$d(\boldsymbol{x}, \boldsymbol{y}) = 1 - \rho(\boldsymbol{x}, \boldsymbol{y})$$

（8）夹角余弦（Cosine）：

$$d(\boldsymbol{x}, \boldsymbol{y}) = \cos(\theta) = \frac{\boldsymbol{x} \cdot \boldsymbol{y}}{\|\boldsymbol{x}\|\|\boldsymbol{y}\|} = \frac{\boldsymbol{x}^\mathrm{T}\boldsymbol{y}}{\sqrt{\boldsymbol{x}^\mathrm{T}\boldsymbol{x}}\sqrt{\boldsymbol{y}^\mathrm{T}\boldsymbol{y}}} = \frac{\sum x_j y_j}{\sqrt{\sum x_j^2}\sqrt{\sum y_j^2}}$$

夹角余弦可用来衡量两个向量方向的差异，这里利用这个概念来衡量样本向量之间的差异。

2. 其他应用场景

（1）巴氏距离（Bhattacharyya distance）：

巴氏距离用于测量两个离散或连续概率分布的相似性。设两个变量的概率分布分别为 $p(x)$ 和 $q(x)$，则其巴氏距离为：

$$D_B(p,q) = -\ln\left[BC(p,q)\right]$$

其中，巴氏系数为：

$$BC(p,q) = \int \sqrt{p(x)q(x)}\,\mathrm{d}x$$

若每个样本 $\boldsymbol{x}_i$ 的概率分布均为 p 维正态分布，即：

$$\boldsymbol{x}_i \sim p_i(\boldsymbol{x}_i) = N(\boldsymbol{\mu}_i, \Sigma_i)$$

也就是每个样本都有不同的均值和协方差矩阵。则两个样本之间的巴氏距离为：

$$D_B(p_i, p_j) = \frac{1}{8}(\boldsymbol{\mu}_i - \boldsymbol{\mu}_j)^\mathrm{T} \Sigma^{-1} (\boldsymbol{\mu}_i - \boldsymbol{\mu}_j) + \frac{1}{2}\ln\left[\frac{\det(\Sigma)}{\sqrt{\det(\Sigma_i)\det(\Sigma_j)}}\right]$$

其中，$\det(\Sigma)$ 为矩阵 Σ 的行列式，而：

$$\Sigma = \frac{\Sigma_i + \Sigma_j}{2}$$

这里，巴氏距离的第一项就是马氏距离。

对于一维正态分布，两个样本的均值和标准差分别为 (μ_p, σ_p) 和 (μ_q, σ_q)，则其巴氏距离为：

$$D_B(p,q) = \frac{1}{4}\left[\frac{(\mu_p - \mu_q)^2}{\sigma_p^2 + \sigma_q^2}\right] + \frac{1}{4}\ln\left[\frac{1}{4}\left(\frac{\sigma_p^2}{\sigma_q^2} + \frac{\sigma_q^2}{\sigma_p^2} + 2\right)\right]$$

（2）汉明距离（Hamming distance）：

在信息编码中，两个等长字符串 s1 与 s2 之间的汉明距离定义为将其中一个变为另外一个所需要作的最小替换次数。

（3）杰卡德距离（Jaccard distance）：

两个集合 A 和 B 的交集元素在 A 和 B 的并集中所占的比例，被称为两个集合的杰卡德相似系数，即：

$$J(A,B) = \frac{|A \cap B|}{|A \cup B|}$$

与杰卡德相似系数相反的概念就是杰卡德距离，即：

$$D_J(A,B) = 1 - J(A,B) = 1 - \frac{|A \cap B|}{|A \cup B|} = \frac{|A \cup B| - |A \cap B|}{|A \cup B|}$$

9.5.3　k 值的选择

在使用 k 近邻算法时，除了如何定义距离的问题之外，还有一个选择多少个邻居，即 k 值取多大的问题。

k 值的选择对 k 近邻算法的结果会产生重大影响：

（1）如果选择较小的 k 值，就相当于用较小的领域中的训练实例进行预测，"学习"近似误差会减小，只有与输入实例较近或相似的训练实例才会对预测结果起作用，与此同时带来的问题是，"学习"的估计误差会增大，换句话说，k 值的减小就意味着整体模型变得复杂，容易发生过拟合。

（2）如果选择较大的 k 值，就相当于用较大领域中的训练实例进行预测，其优点是可以减少学习的估计误差，但缺点是学习的近似误差会增大。这时候，与输入实例较远（不相似）的训练实例也会对预测器作用，使预测发生错误，且k值的增大就意味着整体的模型变得简单。

在实际应用中，一般取比较小的k值，可以采用交叉验证法来选择最优的K值。交叉验证法就是抽取一部分样本做训练集，另外抽取一部分做测试集。例如"10折交叉验证法"，就是随机地将样本分为10份，每次选1份为测试集，其余9份为训练集，这样可以进行10次训练和10次测试。

9.6 k均值（k-Means）与高斯混合模型（GMM）

9.6.1 k均值

与k近邻（kNN）算法不同的是，k均值是解决聚类问题的一种算法，属于非监督学习。

k均值算法是一种常见的聚类算法，可将数据集分为k个簇，每个簇使用簇内所有样本均值来表示，将该均值称为"质心"。

k均值算法有如下几种：

1. k-Means算法

（1）从样本中随机选择k个点作为初始质心。

（2）计算每个样本到各个质心的距离，将样本划分到距离最近的质心所对应的簇中。

（3）计算每个簇内所有样本的均值，并使用该均值更新簇的质心。

（4）重复步骤（2）与（3），直到质心的位置变化小于指定的阈值（如0.0001）或是达到最大迭代次数。

k-Means算法简单，容易实现。但易受初始质心的影响，在聚类时容易产生空簇，算法有可能收敛到局部最小值。

2. k-Means++ 算法

(1) 从样本中随机选择 1 个点作为初始质心。

(2) 对于任意一个非质心样本 x,计算 x 与现有最近质心距离 $d(x)$。

(3) 基于距离计算概率选择下一个质心,选择距离当前质心远的点作为新增的质心。

(4) 重复步骤 (2) 与 (3),直到选择了 k 个质心为止。

k-Means++ 算法主要在选择初始质心上进行优化,受初始质心影响较小,往往优于 k-Means 算法。

3. Mini Batch k-Means 算法

(1) 从数据集中随机选择部分数据,使用 k-Means 算法在这部分随机数据上进行聚类,获取质心。

(2) 从数据集中随机选择部分数据,形成一个批次,将该批次数据分配给最近的质心。

(3) 根据现有的数据集(当前批次数据 + 所有以前的数据)更新质心。

(4) 重复步骤 (2) 与 (3),直到质心变化小于指定的阈值或者达到最大迭代次数为止。

与 k-Means 算法相比,此算法可以大大减少计算时间。

9.6.2 高斯混合模型(GMM)

高斯混合模型(Gaussian mixture model,GMM)可以看作 k 均值模型的一个优化。它既是一种常用的技术手段,也是一种生成式模型。高斯混合模型试图找到多维高斯模型概率分布的混合表示,从而拟合出任意形状的数据分布。

高斯混合模型的本质就是融合几个单高斯模型,以使得模型更加复杂,从而产生更复杂的样本。理论上,如果某个混合高斯模型融合的高斯模型个数足够多，它们之间的权重设定得足够合理，这个混合模型可以拟合任意分布的样本。

设 n 个样本为 $\boldsymbol{X} = (\boldsymbol{x}_1, \boldsymbol{x}_2, \cdots, \boldsymbol{x}_n)$，每个样本有 p 个分量，即每个样本 $\boldsymbol{x}_i$ 在 p 维空间中是一个点。高斯混合模型是指在 p 维空间中，n 个样本的概率分布可由 k 个正态分布的组合确定，即在样本 $\boldsymbol{x}$ 的概率分布函数为：

$$p(\boldsymbol{x}) = \sum_{j=1}^{k} \alpha_j N(\boldsymbol{x} \mid \boldsymbol{\mu}_j, \Sigma_j)$$

其中，α_j 是 k 个正态分布的比例因子，$(\boldsymbol{\mu}_j, \Sigma_j)$ 分别是第 j 个正态分布的均值和协方差矩阵，而在 p 维空间中的正态分布为：

$$N(\boldsymbol{x} \mid \boldsymbol{\mu}_j, \Sigma_j) = \frac{1}{\left(\sqrt{2\pi}\right)^p \sqrt{\det(\Sigma_j)}} \exp\left[-\frac{1}{2}(\boldsymbol{x} - \boldsymbol{\mu}_j)^{\mathrm{T}} \Sigma_j^{-1}(\boldsymbol{x} - \boldsymbol{\mu}_j)\right]$$

求解高斯混合模型的目的是得到 k 个正态分布的参数 $(\alpha_j, \boldsymbol{\mu}_j, \Sigma_j)$。

由于对概率分布函数的积分 $\int p(\boldsymbol{x}) \mathrm{d}\boldsymbol{x} = 1$，因此有：

$$\sum_{j=1}^{k} \alpha_j = 1$$

对于 n 个样本为 $\boldsymbol{X} = (\boldsymbol{x}_1, \boldsymbol{x}_2, \cdots, \boldsymbol{x}_n)$ 来说，因每个样本都是相互独立的，则有似然函数如下：

$$p(\boldsymbol{X}) = \prod_{i=1}^{n} p(\boldsymbol{x}_i)$$

相应的对数似然函数为：

$$\ln p(\boldsymbol{X} \mid \boldsymbol{\alpha}, \boldsymbol{\mu}, \Sigma) = \sum_{i=1}^{n} \ln \sum_{j=1}^{k} \alpha_j N(\boldsymbol{x}_i \mid \boldsymbol{\mu}_j, \Sigma_j)$$

使用最大似然估计方法来得到模型参数，也就是求得似然函数对参数的偏导数并令偏导数为零时所得到的参数。

令似然函数对参数 $\boldsymbol{\mu}_j$ 的偏导数为零：

$$0 = \frac{\partial \ln p(\boldsymbol{X} \mid \boldsymbol{\alpha}, \boldsymbol{\mu}, \Sigma)}{\partial \boldsymbol{\mu}_j}$$

得到：

$$0 = \sum_{i=1}^{n} \frac{\alpha_j N(\boldsymbol{x}_i | \boldsymbol{\mu}_j, \Sigma_j)}{\sum_{j'=1}^{k} \alpha_{j'} N(\boldsymbol{x}_i | \boldsymbol{\mu}_{j'}, \Sigma_{j'})} \Sigma^{-1} (\boldsymbol{x}_i - \boldsymbol{\mu}_j)$$

设：

$$\gamma_{ij} = \frac{\alpha_j N(\boldsymbol{x}_i | \boldsymbol{\mu}_j, \Sigma_j)}{\sum_{j'=1}^{k} \alpha_{j'} N(\boldsymbol{x}_i | \boldsymbol{\mu}_{j'}, \Sigma_{j'})}$$

则可得到参数：

$$\boldsymbol{\mu}_j = \frac{1}{n_j} \sum_{i=1}^{n} \gamma_{ij} \boldsymbol{x}_i$$

其中，

$$n_j = \sum_{i=1}^{n} \gamma_{ij}$$

而将 k 个 n_j 求和，得到：

$$\sum_{j=1}^{k} n_j = \sum_{j=1}^{k} \sum_{i=1}^{n} \gamma_{ij} = \sum_{i=1}^{n} \sum_{j=1}^{k} \gamma_{ij} = \sum_{i=1}^{n} \frac{\sum_{j=1}^{k} \alpha_j N(\boldsymbol{x}_i | \boldsymbol{\mu}_j, \Sigma_j)}{\sum_{j'=1}^{k} \alpha_{j'} N(\boldsymbol{x}_i | \boldsymbol{\mu}_{j'}, \Sigma_{j'})} = n$$

令似然函数对参数 Σ_j 的偏导数为零：

$$0 = \frac{\partial \ln p(\boldsymbol{X} | \boldsymbol{\alpha}, \boldsymbol{\mu}, \Sigma)}{\partial \Sigma_j}$$

可得到：

$$\Sigma_j = \frac{1}{n_j} \sum_{i=1}^{n} \gamma_{ij} (\boldsymbol{x}_i - \boldsymbol{\mu}_j)(\boldsymbol{x}_i - \boldsymbol{\mu}_j)^{\mathrm{T}}$$

对于参数 α_j 来说，由于存在约束条件 $\sum \alpha_j = 1$，故构造拉格朗日函数：

$$\ln p(\boldsymbol{X} | \boldsymbol{\alpha}, \boldsymbol{\mu}, \Sigma) + \lambda \left(\sum_{j=1}^{k} \alpha_j - 1 \right) = \sum_{i=1}^{n} \ln \sum_{j=1}^{k} \alpha_j N(\boldsymbol{x}_i | \boldsymbol{\mu}_j, \Sigma_j) + \lambda \left(1 - \sum_{j=1}^{k} \alpha_j \right)$$

其中，λ 为拉格朗日乘数。令拉格朗日函数对参数 α_j 的偏导数为零，可得到：

$$0 = \sum_{i=1}^{n} \frac{N(x_i | \mu_j, \Sigma_j)}{\sum_{j'=1}^{k} \alpha_{j'} N(x_i | \mu_{j'}, \Sigma_{j'})} - \lambda$$

等式两边同乘以 α_j，得到：

$$\lambda \alpha_j = \sum_{i=1}^{n} \gamma_{ij} = n_j$$

将上式对 j 求和，得到：

$$\lambda = \lambda \sum_{j=1}^{k} \alpha_j = \sum_{j=1}^{k} n_j = n$$

因此可得到参数：

$$\alpha_j = \frac{n_j}{n}$$

综上所述，高斯混合模型的求解步骤为：

（1）对于 n 个样本 $\boldsymbol{X} = (\boldsymbol{x}_1, \boldsymbol{x}_2, \cdots, \boldsymbol{x}_n)$，初始化 k 个正态分布的参数：均值 $\boldsymbol{\mu}_j$、协方差 Σ_j 和权值 α_j。

（2）E 步，根据当前模型的参数，计算第 j 个分模型对样本 $\boldsymbol{x}_i$ 的响应度：

$$\gamma_{ij} = \frac{\alpha_j N(x_i | \mu_j, \Sigma_j)}{\sum_{j'=1}^{k} \alpha_{j'} N(x_i | \mu_{j'}, \Sigma_{j'})}$$

（3）M 步，迭代更新模型的参数值：

$$n_j = \sum_{i=1}^{n} \gamma_{ij}$$

$$\boldsymbol{\mu}_j = \frac{1}{n_j} \sum_{i=1}^{n} \gamma_{ij} \boldsymbol{x}_i$$

$$\Sigma_j = \frac{1}{n_j} \sum_{i=1}^{n} \gamma_{ij} (\boldsymbol{x}_i - \boldsymbol{\mu}_j)(\boldsymbol{x}_i - \boldsymbol{\mu}_j)^{\mathrm{T}}$$

$$\alpha_j = \frac{n_j}{n}$$

（4）利用新参数来计算对数似然函数的值：

$$\ln p(\boldsymbol{X} | \boldsymbol{\alpha}, \boldsymbol{\mu}, \boldsymbol{\Sigma}) = \sum_{i=1}^{n} \ln \sum_{j=1}^{k} \alpha_j N(x_i | \mu_j, \Sigma_j)$$

重复 E 步和 M 步，直到算法收敛，即似然函数值变化或参数变化小于设定值。

9.7 决策树（DT）和随机森林（RF）

9.7.1 决策树（DT）

决策树（Decision Tree，DT）是一种分类和回归方法，属于监督学习。

决策树由节点（node）和有向边（directed edge）组成。有向边有两种类型：内部节点（internal node）和叶节点（leaf node）。内部节点表示一个特征或属性，叶节点表示一个类。

决策树学习包括三个步骤：特征选择、决策树的生成和决策树的剪枝。

决策树是在已知各种情况发生概率的基础上，通过构成决策树来直观运用概率分析的一种图解法。由于这种决策分支画成图形很像一棵树的枝干，故称决策树。在决策树的算法中使用信息熵来进行概率分析，这是基于信息学理论中熵的概念。

9.7.2 信息熵

熵是信息论中信息量大小的一个测度，也可用于衡量一个随机变量的随机性强弱。

若随机变量 x 的概率密度函数为 $p(x)$，则 x 的信息量可用

$$\log\left[\frac{1}{p(x)}\right] = -\log p(x)$$

来表示，因为 $p(x)$ 是不确定性的概率，$p(x)$ 越小，所带的信息量就越多。而必然事件是概率为 1，则其信息量为零。

信息熵是信息量的期望值，即：

$$H = \langle -\log p(x) \rangle = -\int p(x) \log p(x) \mathrm{d}x$$

因此，信息量越大，则熵越大。计算信息熵的公式中的对数通常是以 2 为底，其单位为比特（bit）；以自然数 e 为底、单位奈特（nat）也是常见的；另外还有以 10 为底、单位为哈特（hart）的。

具有一定概率分布的随机变量，其信息熵与方差存在如下关系：

$$H(x) = \frac{1}{2} \log \left[C \, \sigma^2(x) \right]$$

其中，C 为常数。例如，服从均值为 0、方差为 σ^2 的一维正态分布的随机变量的信息熵为：

$$H = \frac{1}{2} \log \left(2\pi e \sigma^2 \right)$$

而服从均值为零、协方差矩阵为 Σ 的 p 维正态分布的随机变量的信息熵为：

$$H = \frac{p}{2} \log(2\pi e) + \frac{1}{2} \log \left[\det(\Sigma) \right]$$

对于离散随机变量 $X = (x_1, x_2, \cdots, x_n)$，其信息熵的定义为：

$$H(X) = -\sum_{i=1}^{n} p_i \log p_i$$

其中，$p_i = P(X = x_i)$ 为出现 x_i 的概率。由此可知，熵只依赖于 X 的分布，与 X 的具体数值无关，故也可记为：

$$H(p) = -\sum_{i=1}^{n} p_i \log p_i$$

可以证明：

$$0 \leqslant H(p) \leqslant n$$

9.7.3　决策树的特征选择

设训练数据集为 D，$|D|$ 为样本容量，即样本的数目。设数据集 D 分为 K 个类 C_k（$k = 1, 2, \cdots, K$），$|C_k|$ 为数据集 D 分为 C_k 类的样本数目，故有：

$$\sum_{k=1}^{K}|C_k|=|D|$$

若样本特征 A 有 n 个不同的取值：$A=(a_1,a_2,\cdots,a_n)$。根据特征 A 的取值将数据集 D 划分为 n 个子集：$(D_1,D_2,\cdots,D_n)$，$|D_i|$ 为子集 D_i 的样本数目，则有：

$$\sum_{i=1}^{n}|D_i|=|D|$$

设子集 D_i 中属于 C_k 类的样本集合为 D_{ik}，即 $D_{ik}=D_i \bigcap C_k$，而 $|D_{ik}|$ 为 D_i 的样本数目。如此，可以有如下定义：

1. 数据集 D 的经验熵

由于数据集 D 分为 K 个类 C_k，故 D 中样本被分为 C_k 类的概率为：

$$p_k=\frac{|C_k|}{|D|}$$

按照信息熵的定义，则数据集 D 的经验熵为：

$$H(D)=-\sum_{k=1}^{K}\frac{|C_k|}{|D|}\log\frac{|C_k|}{|D|}$$

2. 关于特征 A 的经验熵和经验条件熵

由于数据集 D 可按特征 A 分为 n 个子集 D_i，故 D 中样本属于子集 D_i 的概率为：

$$p_i=\frac{|D_i|}{|D|}$$

这样，数据集 D 关于特征 A 的经验熵为：

$$H_A(D)=-\sum_{i=1}^{n}p_i\log p_i=-\sum_{i=1}^{n}\frac{|D_i|}{|D|}\log\frac{|D_i|}{|D|}$$

而特征 A 对数据集 D 的经验条件熵为：

$$H(D|A)=\sum_{i=1}^{n}p_iH(D_i)=-\sum_{i=1}^{n}\frac{|D_i|}{|D|}\sum_{k=1}^{K}\frac{|D_{ik}|}{|D_i|}\log\frac{|D_{ik}|}{|D_i|}$$

3. 信息增益与信息增益率

特征 A 对数据集 D 的信息增益定义为：

$$g(D,A) = H(D) - H(D|A)$$

特征 A 对数据集 D 的信息增益率定义为：

$$g_R(D,A) = \frac{g(D,A)}{H_A(D)}$$

9.7.4 决策树的生成

1. ID3 算法

ID3 算法的核心是在决策树各个节点上应用信息增益准则选择特征，采用递归方式构建决策树。

具体方法是：从根结点开始，对结点计算所有可能的特征的信息增益，选择信息增益最大的特征作为结点的特征，由该特征的不同取值建立子结点。再对子结点递归的调用以上方法，构建决策树。直到所有特征的信息增益均很小或没有特征可以选择为止。

ID3 算法的做法是每次选取当前最佳的特征来分割数据，并按照该特征的所有可能取值来切分。也就是说，如果一个特征有 3 种取值，那么数据将被切分成 3 份。一旦按照某特征切分后，该特征在之后的算法执行过程中将不会再起作用。另一种方法是二元切分法，即每次把数据集切分成两份。例如数据的某特征值大于等于切分所要求的值，那么这些数据将进入左子树，反之则进入右子树。

ID3 算法的缺点就是：没有采用剪枝，决策树的结构可能过于复杂，出现过拟合。ID3 是单变量决策树，其在分枝节点上只考虑单个特征属性。对许多复杂概念难于表达，对特征属性的相互关系强调不够，容易导致决策树中子树的重复或有些属性在决策树的某一路径上被检验多次。采用信息增益进行数据分割容易偏向取值较多的特征，准确性不如信息增益率。

2. C4.5 算法

C4.5 算法使用信息增益率选择特征，是对 ID3 进行改进的算法。

C4.5 算法在进行数据分割时，先从候选划分特征中找出信息增益高于平均水平的特征，再从中选择信息增益率最高的作为最优划分特征。依次进行递归，直到信息增益率小于阈值时结束。

C4.5 算法的优点是产生的分类规则易于理解，准确率较高。缺点是在构造树的过程中，需要对数据集进行多次顺序扫描和排序，因而导致算法的低效。

9.7.5　决策树的剪枝

为了提高决策树模型的泛化能力，避免过拟合，往往需要对生成的决策树进行剪枝。

决策树的剪枝通常通过极小化决策树整体的损失函数或代价函数来实现。设完全生长的决策树为 T，其叶结点个数为 $|T|$，t 为决策树 T 的叶结点，且该叶结点上有 N_t 个样本点，其中属于第 k 类的样本点有 N_{tk} 个，$k=1,2,\cdots,K$，则决策树的损失函数可以定义为：

$$C_\alpha(T) = \sum_{t=1}^{|T|} N_t H_t(T) + \alpha|T|$$

其中，$H_t(T)$ 为叶结点 t 的经验熵：

$$H_t(T) = -\sum_{k=1}^{K} \frac{N_{tk}}{N_t} \log \frac{N_{tk}}{N_t}$$

损失函数中的第一项表示模型对训练数据的拟合程度，第二项中的 $|T|$ 表示模型的复杂度，即叶结点越多，模型越复杂。参数 α 是用来平衡模型拟合能力与复杂度的参数，较大的 α 促使选择比较简单的模型，但是拟合能力相对较弱；较小的 α 促使选择相对复杂的模型，此时拟合能力更强。损失函数就是为了在保证拟合能力的基础上来降低模型的复杂度。

剪枝的实现过程如下：

（1）计算每个结点的经验熵。

（2）递归地从树的叶结点向上回缩。设剪枝前后的树分别为 T_A 和 T_B，如果 $C_\alpha(T_B) \leq C_\alpha(T_A)$ 则进行剪枝。

（3）重复步骤（2），直到不能继续为止，即只剩下根结点和叶结点。此时就得到了损失函数最小的子树。

9.7.6 分类与回归树（CART）

分类与回归树（Classification And Regression Trees，CART）算法既可以用来分类，也可以用来回归。相比于决策树的前两种算法，CART 算法的应用更加广泛，是很多高级集成学习框架的基础。

CART 算法既可以执行分类任务也可以执行回归任务，而 ID3 算法和 C4.5 算法只能执行分类任务；其次，CART 算法生成的决策树为二叉树，其他两种算法生成的决策树为多叉树；最后，特征选择的准则不同，ID3 算法采用最大信息增益，C4.5 算法采用最大信息增益率，CART 算法则采用最小基尼指数来选择特征。

1. 基尼指数

设训练样本集分为 K 个类，样本属于第 k 类的概率为 p_k，则概率分布的基尼指数定义为：

$$\text{Gini}(p) = \sum_{k=1}^{K} p_k(1-p_k) = 1 - \sum_{k=1}^{K} p_k^2$$

对于二分类问题，设样本属于第 1 类的概率为 p，则基尼指数为：

$$\text{Gini}(p) = 2p(1-p)$$

由于数据集 D 分为 K 个类 C_k，故 C_k 中样本被分为 C_k 类的概率为：

$$p_k = \frac{|C_k|}{|D|}$$

则其基尼指数为：

$$\text{Gini}(D) = 1 - \sum_{k=1}^{K} \left(\frac{|C_k|}{|D|} \right)^2$$

$$\text{Gini}(D|A) = \frac{|D_1|}{|D|} \text{Gini}(D_1) + \frac{|D_2|}{|D|} \text{Gini}(D_2)$$

其中，$|D|$ 为数据集 D 中的样本数目，$|D_1|$ 和 $|D_2|$ 分别为二分后的子集的样本数目。

2. 特征选择

对连续型特征的特征选择：若某个特征 A 有 n 个取值，将 n 个值排序后为 $a_1 < a_2 < \cdots \leqslant a_n$，以其中某个数值 a_i 将数据集 D 划分为 D_1 和 D_2，这样共有 $n-1$ 种划分方式。对每种划分方式计算其基尼指数 $\text{Gini}(D|A)$，取基尼指数最小的划分所对应的切分点为最优切分点，以此将数据集一分为二。

对离散型特征的特征选择：将符合其中某个特征取值的分为一类，而不符合这个特征取值的分为另一类。如果该特征有 n 个取值就有 n 种划分方式。计算每种划分下的基尼指数，最后选择基尼指数最小的一个划分作为最优的特征划分。

有了各个特征的最优切分点后，就可以选择最优特征了。具体地就是，比较每个特征的最优切分点的基尼指数，基尼指数最小的即为最优特征。

3. 分类树的生成

CART 算法就是根据训练数据集，从根结点开始，递归地对每个结点进行以下操作，以构建二叉决策树：

（1）设结点的训练数据集为 D，识别各个特征的类型，是离散型还是连续型，对每种类型使用上述处理方法并计算每个划分下的基尼系数，找出每个特征下的最优切分点；然后通过比较每个特征的最优切分点的基尼指数大小，基尼指数最小的即为最优特征。

（2）根据这个最优特征和最优切分点，将数据集划分成两个子集 D_1 和 D_2，同时建立当前结点的左右结点，左结点的数据集为 D_1，右结点的数据集为 D_2。生成子结点后将此最优特征的最优切分点剔除。

（3）对左右的子结点递归的调用（1）和（2）步，生成决策树。

算法停止的条件是结点中的样本个数小于预定阈值，或者样本集的基尼指数小于预定阈值（样本基本属于同一类），或者没有更多特征。

可以对比的是，ID3 算法和 C4.5 算法生成子结点后是将上一步的特征剔除，而 CART 算法是将上一步特征的取值剔除。也就是说，在 CART 算法中一个特征可以参与多次结点的生成，ID3 算法和 C4.5 算法中每个特征最多只能参与一次结点的生成。

4. 回归树的生成

回归树采用平方误差最小化准则来进行特征选取，故又称最小二乘回归树。

设训练数据集为：$D = \{(\boldsymbol{x}_1, y_1), (\boldsymbol{x}_2, y_2), \cdots\}$，其中 $\boldsymbol{x}_i$ 为自变量，y_i 为因变量，它们之间应该存在着函数关系 $y = f(\boldsymbol{x})$。自变量 $\boldsymbol{x}$ 是由多个变量（特征）所组成，将其第 j 个变量记为 $x^{(j)}$。

则回归树的生成流程为：

（1）选择最优切分变量 j 和最优切分点 s。具体采用启发式的方法，选择第 j 个变量 $x^{(j)}$ 和它的取值 s 来作为切分变量和切分点，并据此定义两个区域：

$$R_1(j, s) = \{\boldsymbol{x} | x^{(j)} \leqslant s\}$$

$$R_2(j, s) = \{\boldsymbol{x} | x^{(j)} > s\}$$

也就是，按照自变量 $\boldsymbol{x}_i$ 的第 j 个变量的取值将数据集 D 分为了两个子集。

然后，采用平方误差最小化准则来选取最优切分变量 j 和最优切分点 s，即求解：

$$\min_{j,s}\left[\min_{c_1}\sum_{\mathbf{x}_i\in R_1(j,s)}(y_i-c_1)^2+\min_{c_2}\sum_{\mathbf{x}_i\in R_2(j,s)}(y_i-c_2)^2\right]$$

对固定的切分变量可以找到在此切分变量下的最优切分点 s，遍历所有的切分变量就能找到最优的切分变量 j，构成一个对 (j,s)。

（2）用选定的最优 (j,s) 对将输入空间划分为两个子区域 R_1 和 R_2，并决定相应的输出值：

$$\hat{c}_1=\frac{1}{N_1}\sum_{\mathbf{x}_i\in R_1(j,s)}y_i$$

$$\hat{c}_2=\frac{1}{N_2}\sum_{\mathbf{x}_i\in R_2(j,s)}y_i$$

其中，N_1 和 N_2 分别是在子区域 R_1 和 R_2 中的样本数目。

（3）继续对两个子区域调用步骤（1）和（2）迭代，直至满足停止条件。

（4）将输入空间划分为 M 个区域 $(R_1,R_2,\cdots,R_M)$，这些区域是以二叉树的形式生成的，因此回归决策树就是：

$$y=f(\mathbf{x})=\sum_{m=1}^M\hat{c}_m I(\mathbf{x}\in R_m)$$

其中，$I(\mathbf{x}\in R_m)$ 为单位函数，即当 $\mathbf{x}\in R_m$ 时为 1，否则为 0。

可以发现，与分类树不同的是，回归树是通过最小化平方误差来进行特征选择的。

5. 决策树的剪枝

定义损失函数：

$$C_\alpha(T)=C(T)+\alpha|T|$$

其中，T 为任意子树，$C(T)$ 为对训练数据的预测误差（基尼指数或均方误差），$|T|$ 为子树的叶子结点个数，$\alpha\geqslant 0$ 为权衡训练数据的拟合程度与模型复杂度的参数。

对于固定的 α，一定存在使损失函数 $C_\alpha(T)$ 最小的子树，也就是说不同的

α会对应着不同的最优子树。因此，CART算法采用如下的剪枝流程：

（1）对于决策树T_0，设$k=0$，$T=T_0$。

（2）设$\alpha=\infty$。

（3）自下而上，对各内部结点t计算$C(T_t)$、$|T_t|$以及

$$g(t)=\frac{C(t)-C(T_t)}{|T_t|-1}$$

$$\alpha=\min[\alpha,g(t)]$$

其中，T_t是以t为根结点的子树，$C(T_t)$是对训练数据的预测误差，$|T_t|$是T_t的结点个数。

（4）自上而下，依次访问内部结点t，对$g(t)=\alpha$的内部结点t进行剪枝，并对叶子t的类采用多数表决法来确定。最后得到树T。

（5）设$k=k+1$，$\alpha_k=\alpha$，$T_k=T$。

（6）如果T_k不是由根结点单独构成的树，则返回（3），否则$T_n=T$。

（7）采用交叉验证法在子树序列$(T_1,T_2,\cdots,T_n)$中选取最优子树T_α。

9.7.7 随机森林（RF）

随机森林（Random Forest，RF）是一种基于决策树的集成学习方法。

1. 集成学习

集成学习是将多个学习器结合并构建出更优越的泛化性能。如果单个分类器的分类效果不好，那么就把这些分类器结合起来用提升性能。

集成学习，又被称为多分类器系统。当系统中都是同种类型的学习器，就称之为同质（homogeneous）的，同质系统中的学习算法称为基学习算法。当系统中存在不同类型的学习器，就称之为异质的（heterogeneous）。

集成学习方法可以分为两大类，一种是串行组织多个学习器的序列化方法，代表算法是Boosting；另一种是并行组织多个学习器的并行化方法，代表

算法有 Bagging 和随机森林。

Boosting 方法是通过串行地训练一系列模型来提高模型的泛化能力。在 Boosting 集成学习中，每个基模型都会对前一个基模型的输出结果进行改善。如果前一个基模型对某些样本进行了错误的分类，那么后一个基模型就会针对这些错误的结果进行修正。经过一系列串行基模型的拟合后，最终就会得到一个更加准确的结果。因此，Boosting 集成学习方法经常被用于改善模型高偏差的情况（欠拟合现象）。Boosting 算法里常用的是 AdaBoost、Gradient Boosting（代表算法 GBDT）、提升树算法、XGBoost 等。

Bagging 是并行式集成学习的代表。其基本流程是：从样本集中采样出若干个训练样本的采样集，基于这个采样集训练出一个基学习器，重复多次，再将训练出的多个学习器结合。在对预测输出的时候，对分类任务简单投票，对回归任务使用简单平均法，也可以进一步考虑投票的置信度，然后做出输出。

2. 随机森林

随机森林就是通过集成学习的 Bagging 思想将多棵决策树进行集成的算法：它的基本单元就是决策树。随机森林的名称中有两个关键词，一个是"随机"，另一个是"森林"。"森林"很好理解，一棵叫树，那么成百上千棵就可以叫作森林了，其实这也是随机森林的主要思想——集成思想的体现。

随机森林中的"随机"是指在构造决策树时的两个随机性，即"森林"中的每棵树都按照如下规则生成：

（1）如果训练集中样本数目为 N，对于每棵树而言，采用 bootstrap 采样方法，即随机且有放回地从训练集中抽取 N 个样本作为该树的训练集。这样，每棵树的训练集都是不同的，而且里面包含重复的训练样本。

（2）如果存在 M 个特征，则在每个结点分裂的时候，从 M 中随机选择 m 个特征（$m \ll M$），使用这 m 个特征维度中最优特征来分割结点。在森林生长期间，m 的值保持不变。

这两个随机性的引入对随机森林的分类性能至关重要，使得随机森林不容易陷入过拟合，并且具有很好的抗噪能力（如对缺省值不敏感）。

关于决策树的个数 K，一般来说 K 太小，容易欠拟合；K 太大，计算量会太大，并且 K 到一定的数量后，再增大 K 获得的模型提升会很小，所以一般选择一个适中的数值。

构建随机森林的关键问题就是如何选择最优的特征数 m 这个参数，要解决这个问题主要依据计算袋外错误率（out-of-bag error，OOB）。

在构建每棵树时，对训练集使用了不同的 bootstrap 采样（随机且有放回地抽取）。所以对于每棵树而言（如第 k 棵树），大约有 1/3 的训练样本没有参与第 k 棵树的生成，它们称为第 k 棵树的 OOB 样本。而这样的采样特点就允许我们进行 OOB 估计，它的计算方式如下：

（1）对每个样本，计算它作为 OOB 样本的树对它的分类情况（约 1/3 的树）；

（2）以简单多数投票作为该样本的分类结果；

（3）用误分个数占样本总数的比率作为随机森林的 OOB 误分率。

OOB 误分率是随机森林泛化误差的一个无偏估计，它的结果近似于需要大量计算的 k 折交叉验证。这样，就可以通过比较 OOB 误分率来选择一个最好的特征数 m。

随机森林的特点是：能够处理具有高维特征的输入样本，而且不需要降维；能够评估各个特征在分类问题上的重要性；在生成过程中，能够获取到内部生成误差的一种无偏估计（OOB）；对于缺省值问题也能够获得很好的结果。

9.8 神经网络（ANN）与深度学习（DL）

人工神经网络（Artificial Neural Network，ANN），简称神经网络，可以说是一个仿生学概念。受生物学的启发，人工神经网络是生物神经网络的一种模拟和近似。人类发现，神经元之间相互协作可以完成信息的处理和传递，于是提出了人工神经网络的概念，用于进行信息处理。

神经网络可用于分类、回归和聚类，可以是监督学习，也可以是非监督学习。

9.8.1 神经元与神经网络

在神经网络中，最基本的处理单元是神经元，主要由连接、求和节点、激活函数组成（图 9.2）。

对一个神经元来说，接收多个信号的输入，而输出则是一个信号。如神经元的输入信号是 $\boldsymbol{x} = (x_1, x_2, \cdots, x_k)^\mathrm{T}$，则输出信号为：

$$y = f(\boldsymbol{w}^\mathrm{T}\boldsymbol{x} + b) = f\left(\sum_{i=1}^{k} w_i x_i + b\right)$$

其中 $\boldsymbol{w} = (w_1, w_2, \cdots, w_k)^\mathrm{T}$ 是神经元的连接权重，b 是神经元的连接偏置，函数 $f(t)$ 是神经元的激活函数。

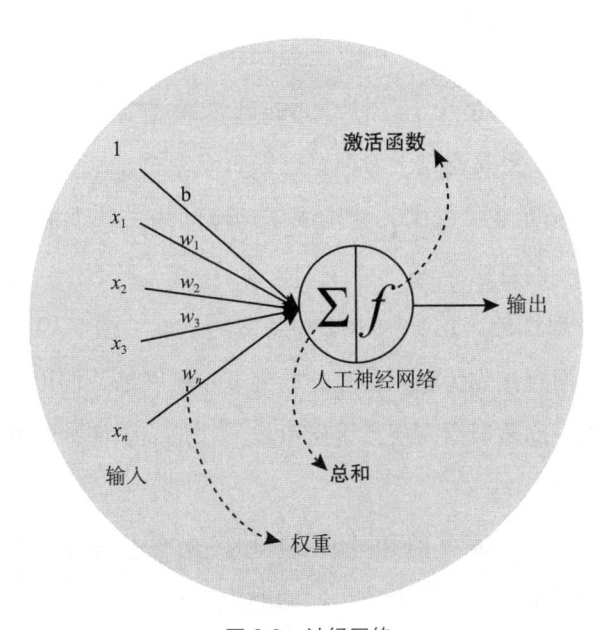

图 9.2 神经网络

神经元的激活函数 $f(t)$ 一般是非线性函数，常用函数形式见表9.1：

表9.1　神经元的常用激活函数

类型	激活函数	函数导数
sigmoid	$f(t) = \dfrac{1}{1+\exp(-t)}$	$f'(t) = f(t)[1-f(t)]$
tanh	$f(t) = \dfrac{\exp(2t)-1}{\exp(2t)+1}$	$f'(t) = 1 - f^2(t)$
BNLL	$f(t) = \log[1+\exp(t)]$	$f'(t) = \dfrac{\exp(t)}{1+\exp(t)}$
power	$f(t) = (\alpha t + \beta)^\gamma$	$f'(t) = \alpha\gamma(\alpha t + \beta)^{\gamma-1}$
ReLU	$f(t) = \begin{cases} t, & t > 0 \\ 0, & t \leqslant 0 \end{cases}$	$f'(t) = \begin{cases} 1, & t > 0 \\ 0, & t \leqslant 0 \end{cases}$
ELU	$f(t) = \begin{cases} t, & t > 0 \\ \alpha(e^t - 1), & t \leqslant 0 \end{cases}$	$f'(t) = \begin{cases} 1, & t > 0 \\ f(t) + \alpha, & t \leqslant 0 \end{cases}$
PReLU	$f(t) = \begin{cases} t, & t > 0 \\ \alpha t, & t \leqslant 0 \end{cases}$	$f'(t) = \begin{cases} 1, & t > 0 \\ \alpha, & t \leqslant 0 \end{cases}$
exp	$f(t) = \gamma^{\alpha t + \beta}$	$f'(t) = f(t)(\ln\gamma)\alpha$
log	$f(t) = \log_\gamma(\alpha t + \beta)$	$f'(t) = \dfrac{\alpha}{\ln\gamma}\dfrac{1}{\alpha t + \beta}$

在选定激活函数的情形下，神经元的参数就是与输入信号相对应的权重 w 和偏置 b，这些参数是通过学习训练过程而确定的。

将不同的神经元连接起来，就构成了神经网络。每个神经元的权重 w 就代表着与输入信号的连接。

神经网络一般由输入层、输出层和隐藏层组成（图9.3）。输入层对输入信号不做处理，而直接作为输入信号连接到下一层网络。输出层用于给出神经网络的输出结果。隐藏层由一层或多层组成，这是为了使神经网络具有解决复杂问题的能力。

给定各神经元的权重参数和激活函数后，在输入层输入某个样本的各个属性（信号），依次计算各层中神经元的输出，直到输出层各神经元的输出，即为该神经网络对给定样本的输出。这种神经网络又称前馈神经网络。

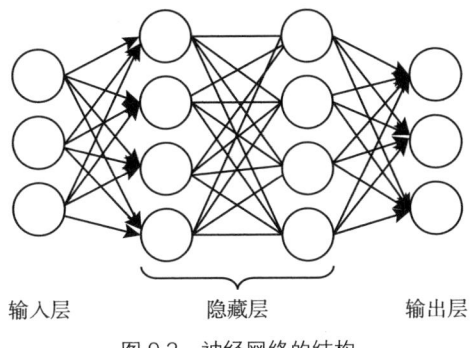

图 9.3 神经网络的结构

神经网络的学习或训练过程，就是利用训练样本通过迭代的方式得到每个神经元的参数：权重 w 和偏置 b。之后，利用这些参数就可以给出任何待测样本的输出结果。

9.8.2 反向传播神经网络（BP 神经网络）

反向传播神经网络（Back Propagation Neural Network），又称 BP 神经网络，可用于分类和回归，属于监督学习。

反向传播神经网络是指在训练时对神经元的权重参数的优化是从输出层向输入层反向地依次处理，是一种神经网络的训练算法。

为简便起见，可将神经元的偏置参数 $b = w_0$ 放在权重参数 w 中，如：$\boldsymbol{w} = (w_0, w_1, w_2, \cdots, w_k)^\mathrm{T}$，同时将神经元的输入信号增加一个强度为 1 的信号，即原来的输入信号变为：$\boldsymbol{x} = (1, x_1, x_2, \cdots, x_k)^\mathrm{T}$，则神经元的响应可写为：

$$y = f(\boldsymbol{w}^\mathrm{T}\boldsymbol{x}) = f\left(\sum_{i=0}^{k} w_i x_i\right)$$

设全连接前馈神经网络共有 $L+1$ 层，其中第 L 层为输出层，第 0 层为输入层，中间的 $(1, 2, \cdots, L-1)$ 为隐藏层。设第 l 层的所有神经元的输出为 $\boldsymbol{o}_l$，所有神经元的权重矩阵为 W_l，其中权重矩阵中每一行就是一个神经元的权重参数，而矩阵的行数即第 l 层神经元的个数。则第 l 层的输出为：

$$\boldsymbol{o}_l = f(\boldsymbol{a}_l)$$

其中 $f(t)$ 为激活函数，而：

$$a_l = W_l o_{l-1}$$

也就是每个神经元以前一层的输出为输入，对输入进行加权求和并通过激活函数而形成输出信号。这样，o_0 就是神经网络的输入，而 o_L 就是神经网络的输出。

设有 n 个训练样本 $\{(x_1, y_1), (x_2, y_2), \cdots, (x_n, y_n)\}$，其中 x_i 为输入，y_i 为期望的输出。在输入层输入某个训练样本 x 时，即 $o_0 = x$，依次计算各层的神经元，到输出层时的输出为 o_L，由此定义误差函数为：

$$E = \frac{1}{2} \| o_L - y \|^2$$

神经网络的训练目标就是调整每个神经元的权重以使误差函数达到最小。最常用的算法就是利用梯度下降法来更新权重参数。函数永远是沿着梯度的方向变化最快，那么对每一个需要调整的参数求偏导数，如果偏导数 >0，则要按照偏导数相反的方向变化；如果偏导数 <0，则按照此方向变化即可。于是可用 $-1 \times$ 偏导数，则可以得到参数需要变化的值。同时设定一个学习速率 η，这个学习速率不能太快，也不能太慢。太快可能会导致越过最优解，太慢可能会降低算法的效率。

使用梯度下降法来更新第 l 层的神经元的参数的方法是：

$$\Delta W_l = -\eta \frac{\partial E}{\partial W_l}$$

先看输出层，即第 L 层：

$$\Delta W_L = -\eta \frac{\partial E}{\partial W_L} = -\eta \frac{\partial E}{\partial o_L} \frac{\partial o_L}{\partial a_L} \frac{\partial a_L}{\partial W_L} = -\eta \left[(o_L - y) \cdot f'(a_L) \right] o_{L-1}^{\mathrm{T}}$$

设：

$$\delta_L = \frac{\partial E}{\partial o_L} \frac{\partial o_L}{\partial a_L} = (o_L - y) \cdot f'(a_L)$$

则有:

$$\Delta W_L = -\eta \boldsymbol{\delta}_L \boldsymbol{o}_{L-1}^\mathrm{T}$$

再看第 l 层，则有：

$$\boldsymbol{\delta}_l = \frac{\partial E}{\partial \boldsymbol{o}_l} \frac{\partial \boldsymbol{o}_l}{\partial \boldsymbol{a}_l} = \frac{\partial E}{\partial \boldsymbol{a}_{l+1}} \frac{\partial \boldsymbol{a}_{l+1}}{\partial \boldsymbol{o}_l} \frac{\partial \boldsymbol{o}_l}{\partial \boldsymbol{a}_l} = \left(W_{l+1}^\mathrm{T} \boldsymbol{\delta}_{l+1} \right) \cdot f'(\boldsymbol{a}_l)$$

$$\Delta W_l = -\eta \boldsymbol{\delta}_l \boldsymbol{o}_{l-1}^\mathrm{T}$$

因此，从第 L 层开始，可以一层一层反向来修改各层的神经元的权重参数。

对于 n 个训练样本，其误差函数定义为：

$$E = \frac{1}{n} \sum_{i=1}^{n} \frac{1}{2} \| \boldsymbol{o}_L^{(i)} - \boldsymbol{y}_i \|^2$$

可以使用权重修正值的平均值来修改权重参数。

更实用的方法是，把训练集随机均匀地分成 m 份，相当于获得了 m 个整体样本的无偏估计子集。用每个子集去训练神经网络，然后求出平均梯度值，更新一次权重。这样重复直到用完所有的子集。如此计算速度就明显会更加快，因为每次只需要用到一小部分来进行更新。

9.8.3　自组织特征映射神经网络（SOFM）

自组织特征映射（Self-Organizing Feature Map，SOFM）神经网络属于非监督学习，可以用于聚类、保序映射、特征提取、降维和压缩等。

自组织特征映射神经网络共有两层，输入层 n 个神经元通过权重矢量将外界信息汇集到输出层的 m 个神经元。输入层的神经元数与样本维数相等。输出层为竞争网络中的竞争层。神经元的排列有多种形式，如一维线阵、二维平面阵和三维栅格阵，常见的是一维和二维。一维是最简单的，每个竞争层的神经元之间都有侧向连接。输出按照二维平面组织是 SOFM 网最典型的组织方式，如图 9.4，更具有大脑皮层形象，输出层每个神经元同它周围的其他神经元侧向连接，排列成棋盘状平面。

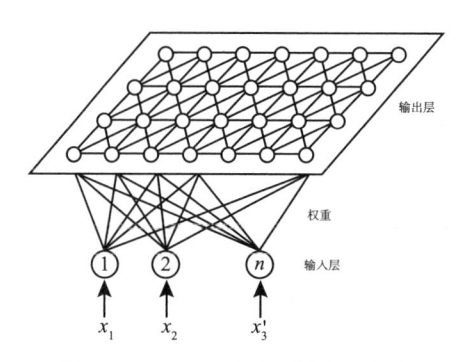

图 9.4　SOFM 网最典型的组织方式

自组织特征映射神经网络的训练一般采用 Kohonen 算法，即：

（1）初始化：对输出层各权重矢量赋值小随机数，并进行归一化处理。建立初始优胜邻域；学习率赋值初始值。

（2）接受输入：从训练集中随机选取一个输入模式并进行归一化处理。

（3）寻找获胜神经元：计算输入矢量与权重矢量的点积，从中选出点积最大的获胜神经元。

（4）定义优胜邻域：以获胜神经元为中心确定 t 时刻的权值调整域，一般初始邻域 N 较大，训练过程中 N 随着训练时间逐渐收缩。

（5）调整权值：对优胜邻域内所有神经元调整权值。

（6）检查：训练何时结束时以学习速率是否衰减到 0 或某个预定的正小数为条件，不满足结束条件则回到步骤（2）。一般随着学习的进展而减小，即调整的程度越来越小，神经元（权重）趋于聚类中心。

Kohonen 算法的基本思想是获胜神经元对其邻近神经元的影响是由近及远，对附近神经元产生兴奋影响逐渐变为抑制。在训练时，不仅获胜神经元要训练调整权值，它周围的神经元也要不同程度调整权重矢量。常见的调整方式如使用墨西哥草帽函数等。

9.8.4 卷积神经网络（CNN）

卷积神经网络（Convolutional Neural Network, CNN）是一种深度学习的算法，是对人工神经网络针对图像处理的一种改进，属于有监督学习。

卷积神经网络的各层中的神经元是三维排列的：宽度、高度和深度。其中的宽度和高度是很好理解的，因为本身卷积就是一个二维模板；在卷积神经网络中的深度指的是激活数据体的第三个维度，而不是整个网络的深度，整个网络的深度指的是网络的层数。某些层中的神经元将只与前一层中的一小块区域连接，而不是采取全连接方式。

卷积神经网络的层级结构一般分为：数据输入层、卷积计算层、ReLU激励层、池化层、全连接层（图9.5）。

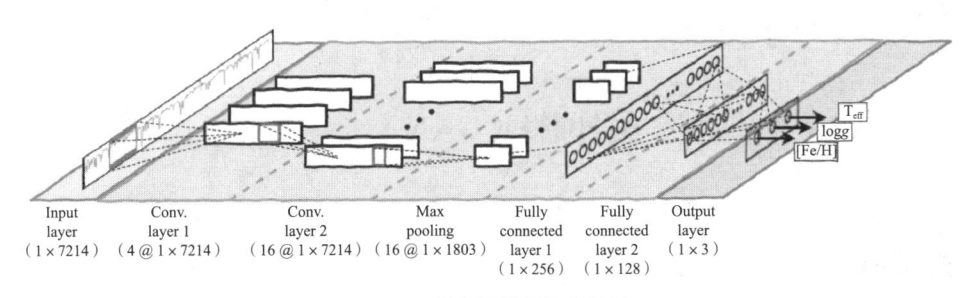

图9.5 卷积神经网络的结构

（1）数据输入层要做的处理主要是对原始图像数据进行预处理，其中包括：去均值、归一化、降维、白化等。

（2）卷积计算层就卷积神经网络最重要的一个层次，也是"卷积神经网络"的名字来源。在这个卷积层，有两个关键操作：①局部关联，将每个神经元看作一个滤波器。②窗口滑动，滤波器计算局部数据。在卷积层中每个神经元连接数据窗的权重是固定的，每个神经元只关注一个特性。神经元就是图像处理中的滤波器，比如边缘检测专用的Sobel滤波器，即卷积层的每个滤波器都会有自己所关注一个图像特征，比如垂直边缘、水平边缘、颜色、纹理等，这些所有神经元加起来就好比就是整张图像的特征提取器集合。

（3）激励层是把卷积层输出结果做非线性映射，一般采用 ReLU 激活函数。

（4）池化层处在不同的卷积层中间，用于压缩数据和参数的量，减小过拟合。如果输入是图像的话，那么池化层的最主要作用就是压缩图像。

（5）全连接层中各层之间所有神经元都有权重连接，也就是跟传统的神经网络神经元的连接方式是一样的，通常全连接层在卷积神经网络尾部。

卷积神经网络的训练也是采用反向传播算法（BP 算法），最终学习出来的特征：第一层都是一些填充的块状物和边界等特征；中间层学习一些纹理特征，更高层接近于分类器的层级，可以明显地看到物体的形状特征；最后一层是分类层，完全是物体的不同的姿态，根据不同的物体展现出不同姿态的特征了。所以，学习过程就是：边缘 → 部分 → 整体。

9.8.5 生成对抗神经网络（GAN）

生成对抗神经网络（Generative Adversarial Network, GAN）是深度学习的一种算法，属于非监督学习，也可用于半监督学习。

生成对抗神经网络通过对抗训练的方式来使得生成网络产生的样本服从真实数据分布。在生成对抗网络中，有两个网络进行对抗训练。一个是判别网络，目标是尽量准确地判断一个样本是来自真实数据还是生成网络产生的；另一个是生成网络，目标是尽量生成判别网络无法区分来源的样本。这两个目标相反的网络不断地进行交替训练。当最后收敛时，如果判别网络再也无法判断出一个样本的来源，那么也就等价于生成网络可以生成符合真实数据分布的样本。

生成对抗神经网络由两个重要的部分构成：①生成器（Generator）：通过机器生成数据（大部分情况下是图像），目的是"骗过"判别器。②判别器（Discriminator）：判断这张图像是真实的还是机器生成的，目的是找出生成器做的"假数据"。

生成对抗神经网络的训练分两个阶段：

（1）固定判别器 D，训练生成器 G。使用一个判别器，让一个生成器 G 不断生成"假数据"，然后给这个判别器 D 去判断。开始时生成器 G 还很弱，所以很容易被判定为假。但是随着不断的训练，生成器 G 技能不断提升，最终可通过判别器 D。此时，判别器 D 基本属于瞎猜的状态，判断是否为假数据的概率为 50%。

（2）固定生成器 G，训练判别器 D。当通过了第一阶段，继续训练生成器 G 就没有意义了。这个时候固定生成器 G，然后开始训练判别器 D。判别器 D 通过不断训练，提高了自己的鉴别能力，最终可以准确地判断出所有的假数据。到了这个时候，生成器 G 已经无法骗过判别器 D。

重复两个阶段，通过不断的循环，生成器 G 和判别器 D 的能力都越来越强。最终可以得到了一个效果非常好的生成器 G，就可以用它来生成想要的数据了。

第二部分 虚拟天文台

第10章 虚拟天文台的推手
第11章 虚拟天文台的架构和技术标准
第12章 虚拟天文台工具与服务
第13章 中国虚拟天文台
第14章 前景与展望

第 10 章

虚拟天文台的推手

虚拟天文台是"科学驱动，技术使能"的产物。20 世纪后半叶特别是 21 世纪新发展起来的多波段天文学、多信使天文学、时域天文学等新研究方向对多源异构海量数据融合提出了前所未有的需求和挑战。同时，科学数据的爆炸式增长促进了对科学研究模式革新的思考。不断涌现的新兴信息科技让虚拟天文台和科研范式革新从技术上成为可能。

10.1 多波段和多信使天文学

10.1.1 多波段天文学

现代天文学的一个显著的发展特点是突破传统思维、引入新的研究方法和观测手段来进一步认识宇宙，发现新天体、新现象，甚至开拓新的研究领域。

多波段天文学是指在两个及以上不同波段观测与研究天体和其他宇宙物质的天文学分支。天体通常在许多波段都有强度不一的辐射，因此在不同波段对天体进行观测，便可揭示单一波段无法获取的信息。20 世纪中叶，归功于射电望远镜的发明以及火箭、高空气球和卫星等突破了地球大气对天体红外、紫外和高能辐射的遮蔽，多波段天文观测得以诞生起步，现已实现了对天体电磁波辐射的全波段覆盖，发展成为天文学研究的主流技术手段之一。

多波段天文学通常需要数个天文台址的不同天文仪器，以及地面望远镜与空间观测设备协同工作。为研究早期宇宙中的星系形成与演化，"大型天文台起源深空巡天"（GOODS）项目针对以哈勃深场和钱德拉南天深场为中心的两块小天区，在光学、近红外及红外波段分别采用哈勃空间望远镜、甚大望远镜等地基望远镜、斯皮策空间望远镜开展深度巡天观测，并与钱德拉 X 射线天文台和 XMM 牛顿望远镜的已有 X 射线数据相结合，后期又有工作于远红外和亚毫米波段的赫歇尔空间天文台加入，取得了非常丰硕的研究成果。

天文学家们在红外和亚毫米波段看到了可见光波段难以看到的分子云；在 X 射线波段看到了黑洞吸积物质的过程；在伽马射线波段发现了伽马射线暴。通过不同波段的观测研究了活动星系核，了解了星系中心大质量黑洞的活动规律。多个波段的观测极大地增强了天文学家获取宇宙天体信息的能力。

在特定电磁波段观测到的、特别是通过巡天批量发现的新的源，通常需要用其他波段的观测信息或对应候选天体来证认源的具体身份或类型。用于证认的波段往往具有更成熟的观测技术，从而能获得更丰富深入的观测信息和更好的定位精度，例如：针对待证认源在原波段的定位误差范围，采用光学波段对所对应天区内的全部候选天体开展天体测量、天体测光和光谱观测，再综合多波段数据来分析验证物理上的对应关系。2000 年前后依巴谷星表（Hipparcos）是多波段证认在光学波段的主要参考星表，进入 20 世纪 20 年代，盖亚星表（Gaia）成为天体证认的主要参考星表。

除电磁辐射之外，天体也能通过引力波、中微子、宇宙线等形式向外传播物理信息，随着对引力波、中微子等的探测能力的突破，多波段天文观测正向多信使天文观测扩展。

多波段、多信使的观测蓬勃发展，积累了来自不同天文设备的海量异构数据。多波段数据融合、交叉证认分析是揭示天体对象内禀特征规律的关键，可以一定程度上规避盲人摸象式的研究，是重要的多波段天文学研究方法。然而，同一天体对象在不同观测设备中可能无法被观测到，也可能作为一个斑点出现（点源），或者呈现为一块大片的区域（展源），观测数据经处理后在科学产品中通常只有位置信息有直接可比性；而位置测量在不同的设备间也同样存在着迥异的精度及误差，如 LiGO 引力波探测的误差天区达数百平方度，而 Gaia 卫星的位置精度优于角秒量级。如何通过发展算法更好地利用空间位置信息，在多波段观测数据中匹配相同天体目标，充分挖掘海量天文数据的科学收益，是集海量天文数据处理与复杂计算于一体、天体物理与计算机技术学科交叉融合的前沿探索领域。

10.1.2 多信使天文学

引力波事件源（GW170817A）和极高能中微子（IceCube-170922A）的电磁对应体的发现和后继研究实现了天文学家和物理学家长期以来的梦想，即通过电磁手段以外的方式对宇宙源进行常规观测，从而开启了多信使天文学（MMA）时代。

多信使天文学采用电磁波和引力波、中微子、宇宙线等非电磁手段来研究包括黑洞和中子星在内的致密天体的性质，丈量宇宙时空，追踪剧烈天体物理过程，检验基本物理规律。多信使天文学包含引力波天文学、中微子天文学和宇宙线天文学三个子方向。新兴信使的出现和使用已经改变了天文学研究的方式，并将深刻影响人类对宇宙运行规律的认知。

引力波能提供大量关于包括黑洞和中子星在内的致密天体的形成演化、宇宙的起源、引力本质等重要信息，同时也提供了一种丈量宇宙的新方法。中微子作为一种基本粒子，只参与弱相互作用和引力相互作用，可产生于宇宙大爆炸、恒星核聚变、超新星爆发等，探测不同能量的中微子可获得遥远天体源（甚至到可观测宇宙的边缘）剧烈的天体物理过程以及中微子本身及相关基本物理的信息。高能宇宙线粒子则携带着宇宙线的起源、传播和加速机制等重要信息，是间接测量暗物质粒子、检验洛伦兹不变性破缺等基本物理的一种重要手段。

根据探测频段，可将引力波探测分为：①高频引力波，频率范围为 1~10^4 Hz，主要由地基引力波天文台探测；②低频和中频引力波，分别在 10^{-4}~1Hz 和 0.1~10Hz，在未来可由空间引力波探测器实现探测；③甚低频引力波，10^{-7}~10^{-9} Hz，由脉冲星测时阵列探测；④极低频引力波，10^{-14}~10^{-16} Hz，通过宇宙微波背景辐射（CMB）的 B 模极化来探测。

中微子天文学起始于 1960 年，当时苏联物理学家马科夫提出利用由中微子反应所产生的带电粒子的切伦科夫辐射来研究天文学。实验物理学家们在 60~80 年代在世界范围内建立了数个中微子探测器，不但成功探测到了太阳和地球大气中微子，并且在 1998 年发现了中微子震荡的现象（获 2015 年诺贝尔物理学奖）。现代探测器技术可以观测到的天体中微子主要是：太阳中微子/超新星中微子（MeV）、宇宙加速器中微子（TeV~PeV）和超高能宇宙成因中微子（由极高能宇宙线与宇宙微波背景辐射光子碰撞产生，能量在 10 PeV 以上）。前两者已被观测到，而超高能的宇宙成因中微子则尚待发现。

宇宙线主要来自宇宙中爆炸的恒星、快速自转的中子星、吸积中的黑洞等天体，它们将一些带电粒子加速到很高的能量。广义的宇宙线还包括高能粒子与周围物质作用所产生的高能伽马射线、中微子甚至极高能中子。超高能区的观测将为探索天体源加速能力上限和认证宇宙线源提供关键证据。我国自主的空间高能粒子探测实验起步较晚，首个项目是紫金山天文台提出的暗物质粒子探测卫星（后被命名为"悟空"号），于 2015 年 12 月 17 日成功发射。高山宇宙线实验能够充分利用大气作为探测介质，在地面进行观测，探测器规模可远大于大气层外的天基探测器。中国的高山宇宙线实验研究经历了三个阶段。1954 年，中国第一个高山宇宙线实验室在海拔 3180 米的云南东川落雪山建成。1989 年，在海拔 4300 米的西藏羊八井启动了中日合作的宇宙线实验。位于四川省稻城县海子山的高海拔宇宙线观测站（LHAASO）是第三代高山宇宙线实验室，2021 年 7 月完成了全阵列建设并投入运行。

LHAASO 占地面积约 1.36 平方公里,是一个由地面簇射粒子阵列、水切伦科夫探测器、广角切伦科夫望远镜交错排布组成的复合阵列。基于 2020 年内 11 个月的观测数据,2021 年 5 月,LHAASO 宣布在银河系内发现大量超高能宇宙加速器,并记录到能量达 1.4PeV 的伽马光子,突破了人类对银河系粒子加速的传统认知,开启了"超高能伽马天文学"时代。

多信使天文学在带来对宇宙的非凡物理洞察力的同时,也带来了新的挑战。这些挑战包括:如何处理高度异构、海量的观测数据;如何组织全球范围的跨学科研究团队开展合作研究;如何提供对观测进行预测、建模和解释所需的特定领域知识和计算资源;如何开展自适应、分布式、快速反应的观测活动,从而充分挖掘每个探测源的科学潜力。

要把握好多信使天文学时代的机遇,需要将天体物理理论、观测、计算机科学、统计学和数据科学进行更好地融合。多信使数据集具有海量、异构、分布式的特点,需要大量的计算资源来对其进行快速分析和解释。数据科学领域的创新至关重要,包括将现有算法稳定地扩展到对大型、高吞吐量数据集的实时处理;从多维异构、多噪声的稀疏数据中进行能谱分布的时序学习等。此外,天体物理学家通常不熟悉计算和统计方法的最新进展,而在多信使时代,这种能力对于天文学研究非常重要。

多波段多信使天文台为计算机科学和数据科学在天文学上的应用提供了前所未有的机遇。在现有算法、数据和新问题之间存在令人兴奋的跨学科空白,现有的硬件、软件和分析方法无法解决多波段多信使天文学面临的问题。利用 MMA 的数据革命需要与来自不同学科的研究人员(包括计算机科学家、数据科学家和统计学家)进行深入合作,通过发明新方法来推进 MMA 的科学目标,并为受新计算和数据方法启发的未来 MMA 科学目标提供灵感。

参考文献

[1] Allen G., Anderson W., Blaufuss E., et al. Multi-Messenger Astrophysics:

Harnessing the Data Revolution. arXiv e-prints, 2018. doi:10.48550/arXiv.1807.04780.

［2］Ayala Solares H. A., Coutu S., Cowen D. F., et al. The Astrophysical Multimessenger Observatory Network (AMON): Performance and science program. Astroparticle Physics, 2020, 114:68. doi:10.1016/j.astropartphys.2019.06.007.

［3］Burns E., Tohuvavohu A., Bellovary J. M., et al. Opportunities for Multimessenger Astronomy in the 2020s. Bulletin of the American Astronomical Society, 2019, 51:250. doi:10.48550/arXiv.1903.04461.

［4］Ness J.-U., Sánchez Fernández C., Ibarra A., et al. Towards a better coordination of Multimessenger observations: VO and future developments. arXiv e-prints, 2019. doi:10.48550/arXiv.1903.10732

10.2 时域天文学

与多波段和多信使天文学一样，时域天文学也是在天文科学发现的需求驱动下由技术进步带来的新兴研究领域。

天文学的发展，持久的动力来自观测，特别是突破性的新发现。在望远镜设计制造、探测器、自动控制、数据采集处理、信息技术等科技发展的促进下，天文观测设备在覆盖天区、灵敏度和时间采样频率方面的性能不断提升，观测天文学目前已经从刻画静态宇宙发展到认识动态宇宙，通过持续监测来揭示宇宙中各类天体的变化并发现和探索各类新天体、新现象。

时域天文学要研究的是目标天体随时间推移而变化的特征，因此要求对同一目标天体在一定时间尺度内进行足够多次数的观测，对所获得的时间序列数据进行拟合，形成光变曲线，定量分析变化规律，从而获知目标天体的具体信息。

随着天文观测设备能力的提升以及由此带来的参数空间的大幅拓展，时域天文观测不仅能够提供已知暂现源和变源的大样本以便开展统计研究，同时也提供巨大的潜力搜寻尚未被发现的理论预期事件，揭示未知的新天文现象。

时域天文学业已成为天文学和相关物理研究的重大突破方向，产出了一大批重大科学发现。未来10年至20年，时域天文学将成为国际天文学引领性、"金矿"型的重大前沿科学领域。

10.2.1　代表性研究对象

时域天文学以暂现源和变源为重点研究对象，覆盖从太阳系小天体、系外行星，到恒星、星系等不同层次的天体，探索和研究引力波、超新星、伽马暴、黑洞潮汐瓦解等大量高能爆发事件和极短周期的系外行星、密近的简并双星、流浪行星、孤立黑洞、褐矮星等小尺度的天体活动。下面是几个有代表性的时域天文学研究对象。

（1）引力波暴电磁对应体。引力波暴电磁对应体的理论预言始于1998年，直到2017年人类才首次探测到引力波暴电磁对应体（GW170817）。理论预言的引力波源的电磁信号特征为利用空间天文卫星和地面望远镜开展巡天或者引力波事件触发后的机遇观测提供了指引。电磁对应体观测一方面可以用来甄别理论模型，并对并合中心天体性质和爆发物理机制进行限制，另一方面发现新的观测特征也可以推动理论模型的发展。

（2）超新星。超新星不仅用于测量宇宙学参数，还能为恒星演化理论补上最后一个关键环节。其光度上升很快（一般在几天到两周），而越是接近爆发时刻的数据，越能反映恒星演化最后时刻的空间结构和物理性质，从而对目前尚未明确的各类型超新星的前身星爆发模型提供更加严格的限制。

（3）伽马射线暴。伽马射线暴是宇宙中最为剧烈的恒星尺度爆发现象，起源于大质量恒星的核心坍缩（长暴）和双致密星的并合（短暴），其能源引擎机制、喷流的形成和能量耗散过程、高能粒子的加速和辐射机制、前身星和暴周环境等都是现阶段高能天体物理的前沿研究课题。

（4）黑洞潮汐撕裂恒星事件。当黑洞周围的恒星受到扰动，导致与黑洞的距离小于潮汐撕裂恒星的半径，恒星将被黑洞的潮汐力瓦解，称为潮汐撕裂事件。这一过程将产生峰值从软 X 射线到紫外的闪耀，光度衰减过程可以持续几个月甚至几年。黑洞潮汐撕裂恒星事件在短时间内经历了吸积盘的形成和消失、喷流/外流的产生和消失，是研究吸积物理的实验室。

（5）快速射电暴（FRB）。FRB 指具有高色散量的毫秒级别的脉冲式射电爆发现象。2007 年发现首例，是全新的天体物理现象。FRB 是多波段的探测对象，从射电到高能伽马射线甚至涉及中微子和引力波，但辐射集中在 GHz 附近的射电波段。毫秒级的持续时间和宇宙学距离使得 FRB 可以作为研究宇宙学和基础物理学的探针，在观测上对望远镜的灵敏度、时间和空间分辨率均有很高要求。

（6）近地天体。发现和监测近地天体对规避其对地球和人类生存环境安全威胁具有重要意义。开展近地天体，尤其是 100 米及以下小天体的搜寻、监测和精确定轨，是时域天文研究的一项重点内容。同时，开展柯伊伯带天体（KBO）掩食观测，由此发现未知天体，获得该天体的轨道、形状、大小等信息，可描绘人类星际航海时代的航路图。

（7）系外行星。对太阳系外行星的观测与研究，将帮助我们建立起完善的行星形成与演化理论，是回答"地球的形成"和"生命的起源"等人类最关心的问题所不可或缺的理论基础。时域天文所关注的动态宇宙的监视与刻画，将能够在行星科学方面提供更加丰富的研究机会。

（8）微引力透镜。引力场能够使光线偏折，从而使得大质量天体可像凸透镜那样汇聚光线，这就是引力透镜。根据尺度规模的不同，引力透镜现象分为强引力透镜、弱引力透镜和微引力透镜。当银河系中一个暗天体正好在一个较远恒星前面经过时，由于引力透镜效应短暂增亮。这种由恒星或者大质量行星产生的引力透镜称为微引力透镜，可以用来搜寻银河系中大质量致密天体，探测系外行星。

（9）恒星光变。恒星光变研究是恒星物理的传统研究方向，一直保持有持续的成果和产出，尤其是 SDSS、LAMOST、Kepler、GAIA 等望远镜运行以来，更是获得了巨大进展。光变数据在星震研究等领域有着重要贡献，对于我们理解恒星的结构和演化有十分重要的作用。

利用大视场多波段望远镜，优化巡天观测策略和数据处理流程，可以发现更多处于爆发极早期的信号并随后触发多波段测光和光谱观测。时域天文学的预期成果将是激动人心的：对超新星和伽马射线暴完整的电磁信号的研究，能够区分不同超新星前身星模型，改善测距误差；捕捉极早期激波突围信号，可以验证恒星演化和超新星爆炸理论；发现未知的快速演化的超新星爆发；理解伽马暴前身星、探索新生黑洞或中子星、揭示极端相对论喷流；确定 FRB 起源，探索起爆发机制；解决光子质量、重子丢失疑难等物理、天文基本问题。

10.2.2　观测模式

得益于空间、地面天文观测设备的巨大进步，时域天文学大多采用"发现 – 后随"的观测模式。这种新的观测模式促生了一批新的研究方向和领域，如前文提到的引力波暴电磁对应体、快速射电暴等，也使得一些传统研究方向的研究水平得以迅速提升，如超新星、伽马射线暴等。时域天文学有其自身鲜明的特点，需要充分考虑巡天面积、深度和周期三个要素的制约和制衡。

时域天文观测设备的发展主要有两个方向，一个方向是大视场单口径巡天望远镜系统；另一个方向是小型望远镜阵列。专门设计的时域巡天项目主要包括三大类：

（1）面积优先型。例如全天自动超新星搜索项目（All-Sky Automated Survey for Supernovae，ASAS-SN）。该类项目的主要特点在于巡天面积足够大，保持有较高的重复巡天频率和足够长的时间跨度，但望远镜口径小、观测深度不够，仅能用于搜寻和发现亮超新星等暂现源，对更多时域目标探索能力不足。

（2）深度优先型。例如鲁宾天文台时空遗珍巡天（Legacy Survey of Space

and Time，LSST），作为时域巡天最为知名的国际项目，其主要特点在于巡天面积大、探测能力强，能够将其所观测天区的变源一网打尽。但美中不足之处在于巡天周期长，无法得到1周以内发生光变的暂现源或变源的完整时间演化。同时，探测能力超群，当前大多数望远镜不能与之匹配来进行后随光谱观测。

（3）均衡型。例如茨威基暂现源设施（The Zwicky Transient Facility，ZTF），它结合了上述两种类型项目的优缺点，进行巡天面积、探测深度和巡天间隔的优化配置。在拥有一定的巡天面积和探测极限的情况下，保证了更短的巡天间隔，有利于更快更及时地发现新的变源和暂现源。

从概率上讲，覆盖面积越大，探测深度越深，扫描次数越多、间隔越短，越有机会收获诸如引力波暴电磁对应体等重大天文发现。如何兼顾这些影响因素，是时域天文计划设计时需要仔细考虑的方面。

10.2.3　需求和挑战

时域天文学是一个典型的"科学驱动，技术使能"的新兴分支学科，信息技术对它的支撑作用至关重要。时域天文学研究开展所需的硬件、软件、数据分析处理和科学研究都强烈依赖信息技术。

对于时域天文学研究，需充分考虑如何构建覆盖天体多样性的动态监测数据集。即：①多波段、多手段联合观测，用以从不同的侧面获得不同类型天体更加全面的信息；②深度的大天区面积巡天观测，用以覆盖尽可能多的天体类型和数量；③长期的高采样频率持续监测，用来探索暂现源和变源的长期/短时标的变化特点。

地基、空基时域天文观测设施的联合观测将极大提升时域天文学数据的获取和时空覆盖能力。现有和在建的大型天文观测设备的陆续投入使用，以及时域天文所要求的大巡天面积、足够的巡天深度、巡天间隔周期和长时间的巡天时间跨度，均带来海量的数据。多种观测设备的协同配合需要建设多波段天地一体化的观测网络。就我国而言，将以现有和即将发射的天文卫星，配合地面巡天/专用设备组成发现网；以光谱观测望远镜、测光望远镜、射电望远镜作为后随证认设备组成地面后随观测网络；通过研发统一的资源调配、预警触发、数据共享等技术，建设时域天文多波段天地一体化观测网络。

时域天文的发展依赖一系列的核心技术、其中最核心的部分就包括海量数据处理分析技术、网络化设备智能控制技术、大数据和人工智能技术等。具体说来，例如先进的海量多源异构数据融合处理技术、候选体搜寻和筛选的人工智能技术、瞬变源快速搜寻和精确定位技术、基于瞬变源的实时探测事件终端触发技术、基于空间和时域特征的信号优化筛选技术、观测策略优化和资源调度技术、警报分发与智能过滤传输技术等。

参考文献

［1］Bellm E. C., Kulkarni S. R., Graham M. J., et al. The Zwicky Transient Facility: System Overview, Performance, and First Results. Publications of the Astronomical Society of the Pacific, 2019, 131:018002. doi:10.1088/1538-3873/aaecbe.

［2］Hawley S. L., Angus R., Buzasi D., et al. Maximizing Science in the Era of LSST, Stars Study Group Report: Rotation and Magnetic Activity in the Galactic Field Population and in Open Star Clusters. arXiv e-prints, 2016. doi:10.48550/arXiv.1607.04302.

［3］Seaman R., Williams R., Graham M., et al. Using the VO to Study the Time Domain. New Horizons in Time Domain Astronomy, 2012, 285:221. doi:10.1017/S1743921312000634.

10.3 科学研究的第四范式：数据密集型科学

步入 21 世纪，在信息技术持续快速发展的推动下，一个大规模生产数据的时代已经开启。人们通过观测、计算、模拟等科研活动产生了大量的数据，而且通过各种智能终端和互联网应用不间断地产生着海量的数据，形成了"大数据"。

数据是科学发现和知识产生的源泉。大数据标志着过去不能够测量和记录的很多事物都被数据化了，这就使得科学家们有机会去更深入地探索世界，做很多以前无法进行的研究，解决很多以前难以解决的问题，产生很多突破性的或意料不到的科学发现。大数据为科学研究带来了机遇。然而，随着数据规模、复杂度和产生速度的增加，数据获取、管理、分析和应用的难度必然增大。如何保证数据的流动性和可获取性，如何有效管理大数据并保证其可被高效访问，如何集成和融合多种来源的复杂海量数据，如何快速处理大数据以及如何高效地从大数据中分析和挖掘出信息和知识等，只有解决了这些关键问题，科研人员才能真正掌控大数据。解决这些问题不仅依赖于研发和应用新的技术，而且依赖于强大的数据基础设施，配套科技政策的建立健全，以及科研体制的转变和新型人才的培养。

10.3.1 数据密集型科学

"数据密集型科学"的新型研究范式，也被称为科学研究第四范式，由图灵奖获得者金·格雷（Jim Gray）于 2007 年提出。他在美国国家研究理事会计算机科学和通信委员会（NRC-CSTB）会议上的演讲报告中明确指出，仪器设备和模拟方法正在生产大量的数据，科学的世界发生了变化，继实验科学（Experimental Science）、理论科学（Theoretical Science）和计算科学（Computational Science）之后出现了第四种科研范式（Data-intensive Science）。

这一范式以数据为中心来思考、设计和实施科学研究，科学发现依赖于对海量数据的收集和分析处理。

第一范式可追溯到几千年前，以观测和实验为主，偏重于经验事实的描述，观测和实验多带盲目性。第二范式产生于几百年前，即现代科学诞生之时，偏重理论总结和理性概括，理论形成的过程是假说提出与验证的过程，实验和观测大多数是为验证假说有计划地设计和进行。第三范式是以模拟为主的计算，产生于几十年前，很多问题在用理论模型进行分析解决时变得太复杂，开始借助计算机进行模拟。第四范式的出现依赖于人类能够获取到大量的数据，它的基本特征是以数据为中心和驱动，基于对海量数据的处理和分析去发现新的知识。

第四范式与第三范式都是利用计算机来进行计算，二者的区别在于第三范式先提出可能的理论，再搜集数据，然后通过计算来验证。第四范式则是从数据入手，通过计算对庞大的数据库进行挖掘，寻找出关系和相关性。维克托·迈尔-舍恩伯格撰写的《大数据时代》明确指出，大数据时代最大的转变，就是放弃对因果关系的渴求，取而代之的是关注相关关系。第三范式是"人脑+电脑"，人脑是主角，而第四范式是"电脑+人脑"，电脑是主角。第四范式本质上是通过计算来发现规则，强调了数据作为科学方法的特征，这种新方法与实验、理论、计算平起平坐，共同成为现代科学方法的统一体。

2009 年，由托尼·海伊（Tony Hey）博士等编撰的 *The Fourth Paradigm: Data-Intensive Scientific Discovery* 一书出版（中文版《第四范式：数据密集型科学发现》于 2021 年出版）。该书系统阐述了数据密集型科研的思想，打开了通向新的科学研究范式的大门，提高了人类对数字科研和信息网络革命的巨大影响的认识，促进了科研人员站在新的高度认识和思考科技革命的机制与方式的能力。

10.3.2　科研信息化

除了大数据，数据密集型科学研究范式的兴起还得益于"科研信息化"（e-Science）的发展。Jim Gray 注意到科学研究领域的大数据趋势，开始与天文等学科领域的科学家一起去理解他们在处理大数据集时遇到的问题以及需要什么样的工具来帮助解决这些问题。与此同时，约翰·泰勒（John Taylor）认识到信息技术必须在 21 世纪的全球合作和跨学科研究中扮演更为重要的角色，于 1999 年提出了 e-Science 的概念（又称 cyberinfrastructure，网络基础设施）。e-Science 的实质就是"科学研究的信息化"，不仅包括采用最新的信息技术建设起来的新一代信息基础设施，还包括在此基础上开发的科学研究应用以及科学家们在这样一个环境中进行的科学研究活动。不过，在 21 世纪前 20 年的大部分时间里，各国科研信息化计划的内容主要还是基础设施层面的，即通过信息技术实现互联网上计算资源、数据资源和服务资源的有效聚合和广泛共享，建立起能够实现区域或者全球合作的虚拟科研和实验环境。

可以说，科研信息化的发展为第四范式的兴起提供了支撑环境，数据密集型科学研究的开展离不开科研信息化基础设施的支撑。同时，数据密集型科学研究作为科研信息化的一个组成部分，又对其基础设施层面的建设提出了更高的要求。

10.3.3　数据科学和数据科学家

数据科学（Data Science）是从数据中提取知识的科学研究活动。数据科学集成了多个领域的不同元素，包括信号处理、数学、概率模型技术和理论、机器学习、计算机编程、统计学、数据工程、模式识别、可视化、不确定性建模、数据仓库、复杂系统，以及从数据中析取规律和产品的高性能计算。虽然数据科学并不局限于大数据，但数据量的快速增加使得数据科学的地位越发重要。数据科学是综合了统计学、数据分析、信息学及其相关方法的一个概念，它使用了数学、统计学、计算机科学、信息科学等各领域知识。数据科学往往专注于从通常很大的数据集中提取知识，并应用数据中的知识和可操作的见解来解决应用领域中的实际问题。

数据科学家是大数据的开矿人，收集和分析大量的结构化和非结构化数据，将计算机科学、统计学、数学结合在一起，分析、处理和建模数据，然后解释结果，并提出下一步行动计划。如果从广义的角度讲，从事数据处理、加工、分析等工作的数据科学家、数据架构师和数据工程师都可以笼统地称为数据科学家；而从狭义的角度讲，那些具有数据分析能力，精通各类算法，直接处理数据的人员才可以称为数据科学家。

数据问题通常是依赖于领域的。不同的科学领域需要具有不同技能及专业知识的数据科学家。数据科学家通过精深的专业知识设计程序代码，并将其与统计学知识结合起来，在某些科学学科解决复杂的数据问题，从数据中得出新知识和新发现。数据科学家是能运用他们在技术和科学方面的技能来发现趋势和管理数据的分析专家。

参考文献

[1] Chang P., Allen G., Anderson W., et al. Cyberinfrastructure Requirements to Enhance Multi-messenger Astrophysics. Bulletin of the American Astronomical Society, 2019, 51:436. doi:10.48550/arXiv.1903.04590.

[2] Kremer J., Stensbo-Smidt K., Gieseke F., et al. Big Universe, Big Data: Machine Learning and Image Analysis for Astronomy. arXiv e-prints, 2017. doi:10.48550/arXiv.1704.04650.

[3] Siemiginowska A., Eadie G., Czekala I., et al. The Next Decade of Astroinformatics and Astrostatistics. Bulletin of the American Astronomical Society, 2019, 51:355. doi:10.48550/arXiv.1903.06796.

10.4 虚拟天文台发展简史

为了满足多波段、多信使、时域天文学等新兴天文学发展方向的需求，突破大数据时代天文学研究面临的数据和科研范式等方面的技术挑战，虚拟天文台的设想应运而生。虚拟天文台是通过先进的信息技术将全球范围内的研究资源无缝透明连接在一起形成的数据密集型网络化天文研究与科普教育平台。

1999年，美国国家科学院召集全美优秀的天文学家完成了一本名为《新千年的天文学和天体物理学》的科学发展规划。在这个十年发展规划中，他们把建立国家虚拟天文台作为最优先推荐的中小型发展项目。此后，世界各国的天文学家迅速响应，纷纷提出了各自的虚拟天文台计划，在全球掀起了一场虚拟天文台浪潮。

2000年6月，在美国加州理工学院召开了"面向未来的虚拟天文台（Virtual Observatories of the Future）"国际学术研讨会，从虚拟天文台（VO）的科学、发展路线，可依赖的计算机与统计科学，美国国家虚拟天文台（NVO）计划等方面进行了深入研讨。2001年4月，美国17个数据中心、天文台和计算机科研机构自发地联合起来，向美国科学基金会（NSF）提交了建议书，计划建设NVO的基础环境。NVO成为世界上第一个国家级虚拟天文台项目（彩图1）。

为了将各国在虚拟天文台方面的努力联合在一起，2002年6月在德国召开国际研讨会"走向国际虚拟天文台"。会上成立了国际虚拟天文台联盟（简称IVOA）[①]。

截至2021年年底，IVOA联盟包括22个成员项目，分别来自中国、阿根廷、爱美尼亚、英国、澳大利亚、智利、巴西、加拿大、德国、匈牙利、日本、荷兰、法国、俄罗斯、南非、西班牙、乌克兰、意大利、美国、印度20个国家以及欧盟和欧洲空间局两个国际组织。

---

① http://www.ivoa.net/

IVOA 成立的 20 年间，各国的虚拟天文台项目都在不断的演变之中。例如，最早的虚拟天文台项目美国国家虚拟天文台 NVO 曾更名为 VAO（Virtual Astronomical Observatory），当前的名称为 USVOA（US Virtual Observatory Alliance）。英国虚拟天文台项目 AstroGrid 早年依靠雄厚的资金和队伍实力按照理想的 VO 架构打造出最早一套完整的虚拟天文台软件系统，但随着项目资助期结束已经多年处于休眠状态。韩国虚拟天文台自提出的第一天起基本就只停留在概念层面，最终被 IVOA 除名。2002 年，以国家天文台为首的中国天文界提出中国虚拟天文台（China-VO）计划后在各方关注、支持和一个强有力的核心团队的带领下一直稳步发展，是 IVOA 众成员中一个非常成功的例子（参看本书后续相关章节）。

　　IVOA 的核心工作是为全球天文界制订互操作标准并推动这些标准的实施。为了实现分布式异构数据集和服务的互操作，IVOA 已经制定了数十项相关的标准和规范。下一章将会做进一步介绍。

　　为了加强和天文学家群体的联系，针对天文学家群体的需求把各个工作组联合起来进行开发，IVOA 专门成立了科学遴选委员会（Committee for Science Priorities，CSP）。通过与世界范围内天文学家的广泛接触确定联盟优先部署研发的标准和开展的工作。2021 年，国际天文学联合会设立了虚拟天文台功能工作组，IVOA 整体作为这个工作组的依托组织，进一步加强了 VO 群体与天文学大群体的联系。

　　IVOA 互操作会议是 IVOA 主办的虚拟天文台技术领域专门会议，由各工作组交流、讨论、协商虚拟天文台各方面标准的相关工作。IVOA 互操作会议是 IVOA 最高规格的会议，每年举行两次。按照惯例，春季会议规模较大，单独举行。秋季会议规模较小，一般与天文数据分析软件和系统国际研讨会（ADASS）、IVOA 小项目会议等其他会议共同举行。这些研讨会为 IVOA 的各个工作组、兴趣组以及相关人员提供了面对面讨论和交流的机会，有效地推动了标准的制订实施和各种问题的及时解决。

自 2002 年 IVOA 成立以来，每年两次的互操作会议从未间断。遗憾的是，新冠疫情彻底改变了国际学术合作交流的模式，2020 年 5 月至 2022 年 10 月的 6 次互操作会议被迫改为线上召开。随着疫情防控措施的放开，2023 年 5 月才又恢复线下的正常交流。

China-VO 积极参与 IVOA 的各项工作，主动组织承担学术交流任务。2003 年夏季，China-VO 提出召开 IVOA 小项目会议的提议，得到 IVOA 的积极响应和支持，并于 2003 年在北京成功举办了第一届 IVOA 小项目会议。此后，IVOA 小项目会议成为联盟的系列会，第二届会议于 2004 年 10 月在印度召开，第三届于 2006 年 10 月在俄罗斯召开。2007 年春季的 IVOA 互操作会议由 China-VO 承办，于 2007 年 5 月 14 日至 18 日在北京举行。10 年后，IVOA 春季互操作会再次在华召开，于 2017 年 5 月 15 日至 19 日在上海举行。

参考文献

［1］Graham M. J., Fitzpatrick M. J., McGlynn T. A. The National Virtual Observatory: Tools and Techniques for Astronomical Research. 2007, ISBN:978-1-58381-327-0, eISBN: 978-1-58381-328-7.

［2］National Research Council Astronomy and Astrophysics Survey Committee. Astronomy and Astrophysics in the New Millennium. National Academy Press, 2001. ISBN-10. 030907312X.

10.5　技术成就梦想

虚拟天文台是"科学驱动，技术使能"的产物。先进的信息技术让虚拟天文台的科学目标具备实现的可能。在虚拟天文台概念提出之初，信息技术领域一个当红概念叫做"网格"，有着与虚拟天文台异曲同工的目标。2007 年，

《虚拟天文台：天文学研究的工具与技术》一书出版时把 XML、SQL 和 Web 服务列为支撑虚拟天文台的基础技术。随着 ICT 技术快速的演化发展，站在 2022 年的时间节点上看虚拟天文台主要的支撑技术有云计算、容器、Python、JSON、微服务等。

10.5.1　XML、SQL 和 Web 服务

这里先回顾一下《虚拟天文台：天文学研究的工具与技术》一书中列出的三大基础技术。

（1）可扩展标记语言 XML（eXtensible Markup Language）是一个简单的、非常灵活的文本格式，它源自 SGML（ISO 8879）。其最初设计时是用来迎合大规模电子出版的需要，目前 XML 在网络以及很多领域中各式各样的数据交换方面扮演着越来越重要的角色。和 HTML（超文本标记语言）类似，XML 也是一种基于文本的标记语言，但它可以比 HTML 更好地描述数据。把 XML 作为一种信息交换的媒介来使用具有很多的优势，例如：

——可扩展性：在 HTML 中只有一个有限的标记集可供使用。在 XML 中，用户可以定义自己特有的标记，这就是创建一个所谓的扩展。

——可读性：所有的 XML 文档都是普通文本，可人读。编辑 / 查看 XML 文档，任何简单的文本编辑器都可以胜任。

——层次性：XML 文档采用树状结构，它强大的足以用来表述复杂的数据，又简单地足以被读懂。

——语言独立性：XML 文档是语言中立的，比如：一个 Java 程序生成的 XML 可以被 C++ 或 Python 程序来解析。

——操作系统独立性：XML 文件不受操作系统约束，函数的定义不会因为所采用的硬件平台的不同而有任何变化。

XML 最常见的一个用途就是消息传递、应用程序或者组织间的数据交换。

在面向服务的架构 SOA（Service Oriented Architecture）设计中，XML 为服务间发送和接收数据提供了一种中性而通用的格式。XML 是 VO 体系框架中数据格式和数据交换的基础。它在数据模型、数据访问、资源注册，以及其他很多方面的开发中都是关键的架构组件。

（2）结构化查询语言 SQL（Structured Query Language）是一种介于关系代数和关系演算之间的关系查询语言，它是一种关系数据库领域定制的、用于数据库查询和程序设计的语言，用于存取数据以及查询、更新和管理关系数据库系统。

SQL 是高级的非过程化编程语言，允许用户在高层数据结构上设计查询任务，SQL 向用户屏蔽了数据存储方法和数据访问方式，从而使具有不同底层结构的数据库可以使用相同的 SQL 语言作为数据输入与管理的接口。SQL 以集合为操作对象，即 SQL 语句的输入与输出都是集合，SQL 语言支持嵌套功能，可以实现一条 SQL 语句的输入作为另一条 SQL 语言的输出，从而支持复杂的嵌套查询语义。

SQL 主要包含 5 类语言：①数据定义语言（DDL, Data Definition Language）：用于描述数据库中要存储的现实世界实体的语言，语句动词包括 CREATE 和 DROP，用于创建与删除关系数据库对象。②数据操作语言（DML, Data Manipulation Language）：用于描述对数据库中的数据进行操作的语言，语句动词包括 INSERT、UPDATE 和 DELETE，用于添加、修改和删除表中的记录。③事务处理语言（TPL, Transaction Processing Language）：用于描述管理事务的语言，以确保数据库中 DML 语句所影响的表的所有行能够可靠地得到更新，语句包括 START TRANSACTION、SAVEPOINT、COMMIT 和 ROLLBACK，用于设置启动事务、定义保存点、提交事务及事务回滚操作。④数据查询语言（DQL, Data Query Language）：用于描述从数据库中检索数据的语言，语句动词为 SELECT，还包括 WHERE、ORDER BY、GROUP BY 和 HAVING 等保留字，用于从表或视图等数据对象中获得数据并进行处理。⑤数据控制语言

（DCL，Data Control Language）：用来描述设置数据库用户或角色权限的语言，语句动词包括 GRANT 和 REVOKE，用于对用户或角色赋予或取消对数据库对象的访问权限。

表，在一个关系型数据库中可以想象成：有一个给定的名称和一些列，每一列有一个类型——这些类型是整数或者浮点数或者字符串。表中的每一行将为某个实体提供信息。

除了定义数据库表的机制，关系型数据库还提供了用户"query（查询）"表的机制。20 世纪八九十年代，数据库开始在天文学领域应用。在过去的几十年里，天文学上发布了很多非常大的表，包含的对象达数亿甚至更多。SQL 自然成为挖掘这些资源的基础框架。

要使用关系型数据库，需要理解表以及组成表的字段的含义。设计数据库需要认真地理解表之间的角色和关系。表的联合如何进行？如何在表中定义一个唯一的行？应该使用哪种数据类型？建立数据库是一门真正的艺术。对于不断涌现的大型天文数据库来说，为空间查询建立高效的索引是一个主要课题。

（3）Web 服务（Web Service）是构建 VO 分布式计算架构的基石，但对初学者而言它似乎又是一种魔术。遍及 Web 服务领域各个角落的技术名词经常弄的最终用户摸不着头脑。

Web Service 是一个平台独立的、低耦合的、自包含的、基于可编程的 Web 应用程序，使用 XML 标准来描述、发布、发现、协调和配置这些应用程序，用于开发分布式的交互操作的应用程序。

一个 Web 服务是可以通过网络获得的软件"块"，它带有计算机能够理解的对它如何被调用以及调用后返回什么内容的标准描述。注意，诸如 Web 服务器、ftp 服务器和数据服务器这些实体通常不能作为 Web 服务，因为它们缺少对输入和输出的标准描述。有一些早期的技术，诸如 RMI、CORBA 和 DCOM，已经使用了类似的方法，但 Web 服务的成功主要是依赖于它使用标准的 XML 来提供语言中立的数据表示。

VO 中的许多功能都可以通过一些简单的服务实现，往往只需调用 CGI 脚本或者 Java servlet 的 HTTP GET，例如锥形检索（Cone Search）和 SIAP。然而，在 VO 中还有一些不能只靠简单服务完成的情况。例如，当一个服务的输入数据不只是像数值对那样几个简单的关键字，而是更复杂的结构（如数组或分层数据）时；或者需要对输入数据和输出数据（代码绑定）进行程序化呈现的情况。在这些情况下，Web 服务便成了理想的选择。

大量的 VO 基础组件是以 Web 服务的形式存在的。比如 Registry Interface（注册接口）规范定义了两种 Web 服务接口：一个用来检索，一个用来获取。用于数据存储的 VOSpace 规范也接受 Web 服务接口。

10.5.2　网格和云计算

网格（Grid）是 20 世纪 90 年代中期发展起来的一项互联网技术。网格技术的开创者伊恩·福斯特（Ian Foster）将之定义为"在动态、多机构参与的虚拟组织中协同共享资源和求解问题"。网格是在网络基础之上，基于 SOA，使用互操作、按需集成等技术手段，将分散在不同地理位置的资源虚拟成为一个有机整体，实现计算、存储、数据、软件和设备等资源的共享，从而大幅提高资源的利用率，使用户获得前所未有的计算和信息能力。

国际网格界致力于网格中间件、网格平台和网格应用建设。就网格中间件而言，知名的网格中间件有 Globus Toolkit、UNICORE、Condor、gLite 等。就网格平台而言，知名的网格平台有 TeraGrid、EGEE、CoreGRID、D-Grid、ApGrid、Grid3、GIG 等。就网格应用而言，知名的网格应用系统数以百计，应用领域包括大气科学、林学、海洋科学、环境科学、生物信息学、医学、物理学、天体物理、地球科学、天文学、工程学、社会行为学等。

我国在"十五"期间有"863"计划支持的中国国家网格（CNGrid）和中国空间信息网格（SIG），教育部支持的中国教育科研网格（ChinaGrid），上海市支持的上海网格（ShanghaiGrid）等。"十一五"期间，国家通过"973"计划和"863"计划、自然科学基金等途径对网格技术给予了进一步大力支持。"973"计划有"语义网格的基础理论、模型与方法研究"等，"863"计划有"高效能计算机及网格服务环境""网格地理信息系统软件及其重大应用"等，国家自然科学基金重大研究计划有"网络计算应用支撑中间件"等项目。

云计算（Cloud Computing）是继1980年代大型计算机到客户端-服务器的大转变之后的又一种巨变，是分布式计算（Distributed Computing）、并行计算（Parallel Computing）、效用计算（Utility Computing）、网络存储（Network Storage Technologies）、虚拟化（Virtualization）、负载均衡（Load Balance）、热备份冗余（High Available）等传统计算机和网络技术发展融合的产物。

云计算是一种计算资源的交付模型，集成了各种服务器、应用程序、数据和其他资源，并通过互联网为用户提供计算资源的服务。对云计算的定义有多种说法，现阶段广为接受的是美国国家标准与技术研究院（NIST）定义：云计算是一种按使用量付费的模式，这种模式提供可用、便捷、按需的网络访问，进入可配置的计算资源共享池（资源包括网络、服务器、存储、应用软件、服务），快速获得资源，只需投入很少的管理工作，与服务供应商进行很少的交互。

云计算包括以下几个层次的服务：基础设施即服务（IaaS）、平台即服务（PaaS）和软件即服务（SaaS）。

云计算通过互联网（"云"）提供计算服务——服务器、存储、数据库、网络、软件、分析、智能等来提供更快的创新、灵活的资源和规模经济。主要有三种不同的运营类型：公共云、私有云和混合云。公共云由第三方云服务提供商拥有和运营，通过互联网为其他公司或者个体提供服务器和存储等计算资源。私有云是在私有网络上维护服务和基础设施的云。混合云将公共云和私有云结合在一起，通过允许数据和应用程序在它们之间共享的技术将它们绑定在一起。混合云为业务提供了更大的灵活性和更多的部署选项。

很多人对网格的认识存在一种误解，认为只有使用 Globus Toolkit 等知名网格中间件的应用才是网格。其实，只要是遵照网格理念，将一定范围内分布的异构资源集成为有机整体，提供资源共享和协同工作服务的平台，均可以认为是网格。这是因为，由于网格技术非常复杂，必然有一个从不规范到规范化的过程，应该承认差异存在的客观性。虽然网格界从一开始就致力于构造能够实现全面互操作的环境，但由于网格处于信息技术前沿、许多领域尚未定型、已发布的个别规范过于复杂造成易用性差等原因，现有网格系统多针对具体应用采用适用的、个性化的框架设计和实现技术等，造成网格系统之间互操作困难。从另一个角度看，虽然建立全球统一的网格平台还有很长的路要走，但并不妨碍网格技术在各种具体的应用系统中发挥重要的作用。

网格计算与云计算的关系，就像是 OSI 与 TCP/IP 之间的关系：国际标准化组织（ISO）制定的 OSI（开放系统互联）网络标准，考虑得非常周到，却也异常复杂。例如，在很早之前就考虑到了会话层和表示层的问题。虽然很有远见，但过于理想，实现的难度和代价非常大。当 OSI 的一个简化版——TCP/IP 诞生之后，将七层协议简化为四层，内容也大大精简，因而迅速取得了成功。在 TCP/IP 一统天下之后多年，语义网等问题才被提上议事日程，开始为 TCP/IP 补课，增加其会话和表示的能力。因此，可以说 OSI 是学院派，TCP/IP 是现实派；OSI 是 TCP/IP 的基础，TCP/IP 又推动了 OSI 的发展。两者不是"成者为王，败者为寇"，而是滚动发展。

没有网格计算打下的基础，云计算也不会这么快到来。通常意义的网格是指以前实现的以科学研究为主的网格，非常重视标准规范，也非常复杂，但缺乏成功的商业模式。网格不仅要集成异构资源，还要解决许多非技术的协调问题，也不像云计算有成功的商业模式推动，所以实现起来要比云计算难度大很多。云计算是网格计算的一种简化实用版，云计算的成功也是网格的成功。

网格计算兴起的时间与虚拟天文台概念提出的时间吻合得非常好，两者希望解决的挑战也很类似，在某种程度上说虚拟天文台就类似网格计算在天文学领域的具体应用。英国虚拟天文台计划起名为"AstroGrid"也是这个原因。中科院"十二五"信息化专项中支持的China-VO项目名称是"天文科学云（AstroCloud）"，也进一步验证了网格计算与云计算的联系和演进。

10.5.3 微服务、RESTFUL 和 JSON

微服务是一种软件开发技术，是 SOA 架构样式的一种变体，它提倡将单一应用程序划分成一组小的服务，服务之间松散耦合、互相协调、互相配合，为用户提供最终价值。每个服务运行在其独立的进程中，服务与服务间采用轻量级的通信机制互相沟通（通常是基于 HTTP 的 RESTful API）。每个服务都围绕着具体业务进行构建并且能够独立地部署。微服务是一种云原生架构方法，采用微服务架构可以更轻松地更新代码，团队可以为不同的组件使用不同的堆栈，组件可以彼此独立地进行缩放，从而减少了因必须缩放整个应用程序而产生的浪费和成本。

RESTFUL 是一种网络应用程序的设计风格和开发方式，基于 HTTP，可以使用 XML 格式定义或 JSON 格式定义。REST（Representational State Transfer，REST）描述了一个架构样式的网络系统，比如 Web 应用程序。在目前主流的三种 Web 服务交互方案中，REST 相比于 SOAP（Simple Object Access protocol，简单对象访问协议）以及 XML-RPC 更加简单明了。无论是对 URL 的处理还是对 Payload 的编码，REST 都倾向于用更加简单轻量的方法设计和实现。REST 没有一个明确的标准，更像是一种设计的风格。REST 指的是一组架构约束条件和原则，满足这些约束条件和原则的应用程序或设计就是 RESTFUL。

另外一个让 RESTFUL 服务备受关注的原因是 AJAX 现象。AJAX（异步 JavaScript 和 XML）是一个技术集，它通过在 Web 浏览器中放入一个中间件层（用 JavaScript 写的一个 AJAX 引擎），来提升网页和应用程序的响应效果。它支持在应用与服务器间进行独立于用户动作的数据交换（通常是 XML，但也支持 JSON 等其他格式的应用）。这样，数据就可以被预装载并在后台进行处理。谷歌地图很可能是最出名的 AJAX 应用。利用浏览器内置的 XML 处理功能（DOM 和 XSLT），通过 AJAX 去调用 RESTFUL 服务，这样无须新的技术或架构就能够将浏览器转换成一个 Web 服务客户端。当请求的功能类型类似于 WWW 提供的功能时，即将浏览器指向一个资源然后获取它，REST 方式的服务最适用。

XML 基于文本，与平台无关，并且具有表现通用数据结构的能力。这也是在 Web 服务中把它作为数据交换的主要技术的原因。然而，它的句法冗长，导致处理时需要大量的额外开销。JSON（JavaScript Object Notation, JS 对象简谱）是一种越来越流行的轻量级数据格式。它是 JavaScript 中对象文字符号的一个子集，但是不需要 JavaScript 就能使用。JSON 采用完全独立于编程语言的文本格式来存储和表示数据。简洁和清晰的层次结构使得 JSON 成为理想的数据交换语言。易于人阅读和编写，同时也易于机器解析和生成。

JSON 表示数据的基本数据类型有：数字、字符串、布尔、数组、对象和空值，已被许多编程语言支持。JSON 简单的语法格式和清晰的层次结构比 XML 容易阅读，并且在数据交换方面，所使用的字符要比 XML 少得多，可以大大地节约传输数据所占用的带宽，提升传输效率。

10.5.4 Python

Python 是一种解释型、面向对象、动态数据类型的高级程序设计语言，由吉多·范罗苏姆（Guido van Rossum）于 1989 年发明，第一个公开发行版发行于 1991 年。Python 本身也是由诸多其他语言发展而来的，包括 ABC、Modula-3、C、C++、Algol-68、SmallTalk、Unix shell 和其他的脚本语言等。

Python 是一个高层次地结合了解释性、编译性、互动性和面向对象的脚本语言。Python 非常鲜明的一些特点包括：Python 是一种解释型语言，开发过程中没有了编译这个环节，类似于 PHP 和 Perl 语言；Python 是交互式语言，可以在一个 Python 提示符 >>> 后直接执行代码；Python 是面向对象语言，支持面向对象的风格和编程技术。Python 是初学者的语言，它支持广泛的应用程序开发，从简单的文字处理到 WWW 浏览器再到游戏和科学计算等。

越来越多的天文科研人员将数据分析处理等任务从原来的语言环境迁移到 Python，或者直接在 Python 环境下开发新的应用服务和代码库。AstroPy 就是一个著名的天文开发者用户社区，越来越多的虚拟天文台服务也支持 Python 语言的访问接口。本书后文将做进一步介绍。

10.5.5　容器

容器是一种沙盒技术，主要目的是将应用运行在其中，与外界隔离，相互之间不会有任何接口；同时方便将这个沙盒转移到其他宿主机器。本质上，容器是一个特殊的进程，通过名称空间（Namespace）、控制组（Control groups）、切根（chroot）技术把资源、文件、设备、状态和配置划分到一个独立的空间。通俗点的理解就是一个装应用软件的箱子，箱子里面有软件运行所需的依赖库和配置。开发人员可以把这个箱子搬到任何机器上，且不影响里面软件的运行。

虚拟机通常包括整个操作系统和应用程序，里面运行的是一个真实的操作系统。虚拟机是在虚拟化出来的硬件上安装不同的操作系统，而容器是在宿主机上运行的不同进程。从用户体验上来看，虚拟机是重量级的，占用物理资源多，启动时间长。容器则占用物理资源少，启动迅速。另外，虚拟机隔离的更彻底，容器则要差一些。

容器技术的主要应用场景有：Web 应用的自动化打包和发布，自动化测试和持续集成、发布，在服务型环境中部署和调整数据库或其他的后台应用，从头编译或者扩展现有的平台来搭建自己的 PaaS 环境等。借助容器技术，用户可以用管理应用程序的方式来管理基础架构，实现快速交付、测试和代码部署。容器可以在开发人员的本机上、数据中心的物理或虚拟机上、云服务或混合环境中运行。

容器有多种具体的实现。Docker 是一个开源的应用容器引擎，基于 Go 语言开发，遵从 Apache2.0 协议。Docker 可以让开发者打包他们的应用以及依赖包到一个轻量级、可移植的容器中，然后发布到任何流行的 Linux 机器上。

参考文献

Graham M., Fitzpatrick M., McGlynn T. 编著, 崔辰州等译. 虚拟天文台：天文学研究的工具与技术. 中国科学技术出版社, 2010.

第 11 章

虚拟天文台的架构和技术标准

曾几何时,在国际虚拟天文台联盟的互操作会议上人们常说"虚拟天文台是一种理念和工作方式",这不无道理。虚拟天文台代表了一种充分利用各种网络资源,在网络平台下进行天文学研究的理念,具体的技术实现方式可能有很多种。虚拟天文台得以实现的精髓是数据与服务的互操作。

11.1 虚拟天文台的体系架构

在 IVOA 的成立宣言中,IVOA 对自己的使命进行了定义,归结起来主要有两点:第一,协调不同 VO 项目间的研发活动;第二,保证 VO 各系统间的互操作性。互操作性对 IVOA 而言是至关重要的。没有互操作性,各个项目的开发成果就不可能形成一个统一、协调的系统,国际虚拟天文台(简称 IVO)的实现就只是一句空话。为了保证互操作性的实现,IVOA 成立了多个工作组,为互操作涉及的各个方面研究制定相关的标准。

2010 年,IVOA 一项重要的成果是为虚拟天文台重新定义了体系架构。在春季互操作会议开幕之前,IVOA 的技术协调工作组通过两天的激烈探讨为 IVOA 体系架构找到了一条"not perfect, but good enough(不能堪称完美但已经足够好)"的阐述思路。这句话成为以后 IVOA 内部进行工作点评时的常用语,被戏称为 VO 模式。

架构采用了分级的描述方法。0 级是一个通俗方式的描述，让任何人都可以明白 IVOA 的工作原理。1 级提供了稍多的组成元素和功能细节，但还没有深入到具体的技术细节。2 级把 IVOA 的各项标准融入其中，阐述了这些标准如何在这个架构中发挥作用及其相互的依赖关系。

2021 年，在这个架构提出 10 年后，IVOA 对其进行了修订完善，指导数据提供者能更好地实现 FAIR 原则。

图 11.1 是 IVOA 的 0 级体系架构。天文学产生了海量的异构多源数据，它们来源于不同的方式：地面望远镜、空间探测任务、理论模型、计算结果等。这些数据通常由大型的数据中心或者小型的研究团队来管理。数据提供者通过互联网为科学用户提供数据和相关的计算服务，形成资源层。数据和计算服务的"消费者"，可以是个体的研究者、研究团队或者计算机系统，直接与用户层进行交互。虚拟天文台是那个必不可少的"中间层"架构，它以一种无缝透明的方式把资源层和用户层联结起来。虚拟天文台为提供者准备了一套技术架构，让用户能够发现这些数据集和服务（Findable），并使用它们进行科学研

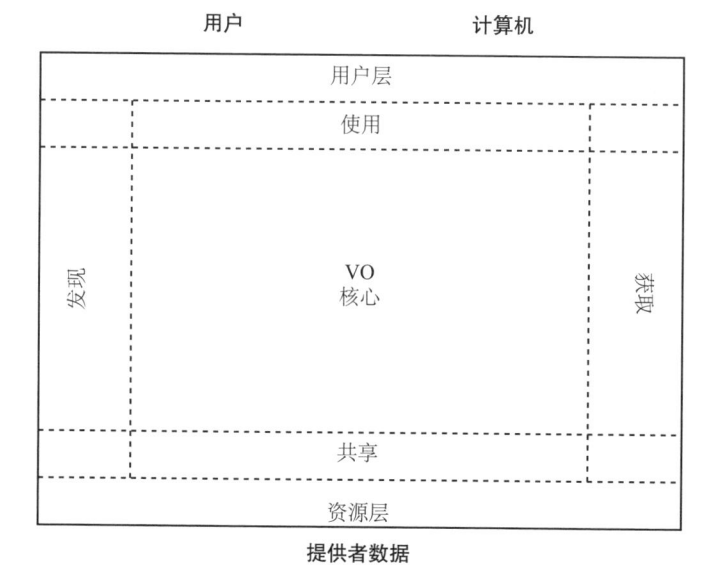

图 11.1 IVOA 0 级架构

究和科普教育等工作（Accessible）。为了持久地支持这些功能，IVOA 定义了一套面向天文学科领域的核心标准，这样来自不同提供者的数据就可以组合起来（Interoperable），以支持新的科学发现（Reusable）。

在 IVOA 的架构中使用了"发现（Finding）""获取（Getting）""使用（Using）"和"共享（Sharing）"的词语，它们基本等同于"Findable""Accessible""Interoperable"和"Reusable"。可以看出，FAIR 原则在被正式提出前（Wilkinson and Dumontier et al., 2016）就已经成了 IVOA 架构的基本理念。

世界范围内的天文学群体长期以来一直支持数据的共享和可重用性（例如通过 FITS 等标准）。在 IVOA 社区中，互操作性一直是标准开发的基石，可重用性和互操作性的概念超越了元数据和数据，因为它们还指导了用于研究、教育和科学传播的应用程序、服务和基础设施的标准开发。

图 11.2 是 IVOA 的 1 级体系架构，是对第 0 级的扩展，显示出不同层中功能和构建模块的更多细节。资源提供者通过网络向用户提供数据和计算服务。这些资源可以是：

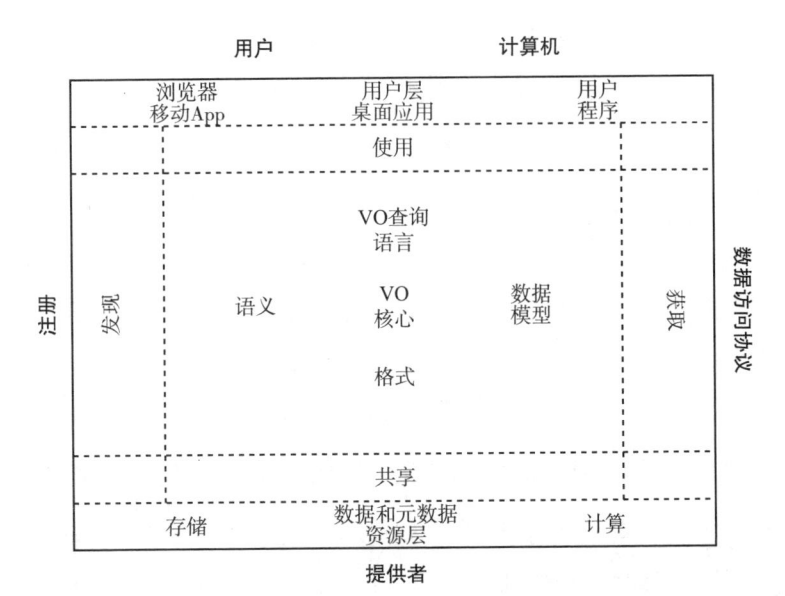

图 11.2 IVOA 1 级架构

——数据集（图像、光谱、星表、时序数据、理论模型等）及其相关的描述元数据和访问服务。

——为用户和程序提供的存储服务。

——为处理从数据集或者用户处取得的数据所需要的计算服务。

这就是资源层。这些数据和计算服务的"消费者"——个体研究者、研究团队或者计算机系统——与 IVOA 架构中的用户层进行交互。这些交互可以是用户在网络浏览器中执行的面向网络浏览器的程序、独立的桌面应用程序、移动应用程序或者可以被计算机自动执行的脚本程序。

虚拟天文台就是以无缝透明方式把资源层和用户层联结起来的那个必需的"中间层"。互联网让终端用户和机器可以透明地访问以各种方式存储在世界各地的文档和服务。与此类似，虚拟天文台可以让用户访问各种天文资源，无论它们被天文数据和服务的提供者存储在什么地方、以什么方式存储。

虚拟天文台为资源提供者和消费者提供了一套技术框架，让他们能共享数据和服务（Sharing）。注册（Registry）功能类似于 VO 中的"黄页"，把数据资源和信息服务的元数据收集成一个可检索的数据库。和 VO 的资源和服务一样，注册也是分布式的。数据和元数据信息的访问通过数据访问协议（Data Access Protocols）完成。数据访问协议为从各种不同的提供者处获取数据和元数据定义了统一的接口。为了实现这些功能，定义一套面向天文学科的核心标准（VO Core）是必需的。特别是，为了让天文数据集有一个统一的描述，定义通用的格式和数据模型，使用共同的语义，是必要的措施。这样，数据集之间才能有互操作性，才可能使用标准的查询语言来访问并进行跨数据集的联合处理和分析。

在用户层也需要一些标准，来保证用户对特定数据集和存储资源的授权访问以及各种 VO 应用之间的互操作（Using）。

IVOA 的 2 级体系架构（图 11.3）和 1 级体系架构很相似，只是把 IVOA 的标准和协议对应到了相应的位置上。有些标准已经完成制订并得到应用，有些则还在制订和讨论之中。可以肯定的是，这些标准将随着时间的推移得到不断完善。随着科学需求的不断出现，更多的标准也将会提出并添加到这张图中。下节将简单介绍部分重要的 IVOA 标准，这里不计划涉及过多的细节。关于每项 IVOA 标准的角色、用途及其与其他标准的关系不在这里赘述，有兴趣的读者可以访问 IVOA 的文档库① 去了解更多的细节。

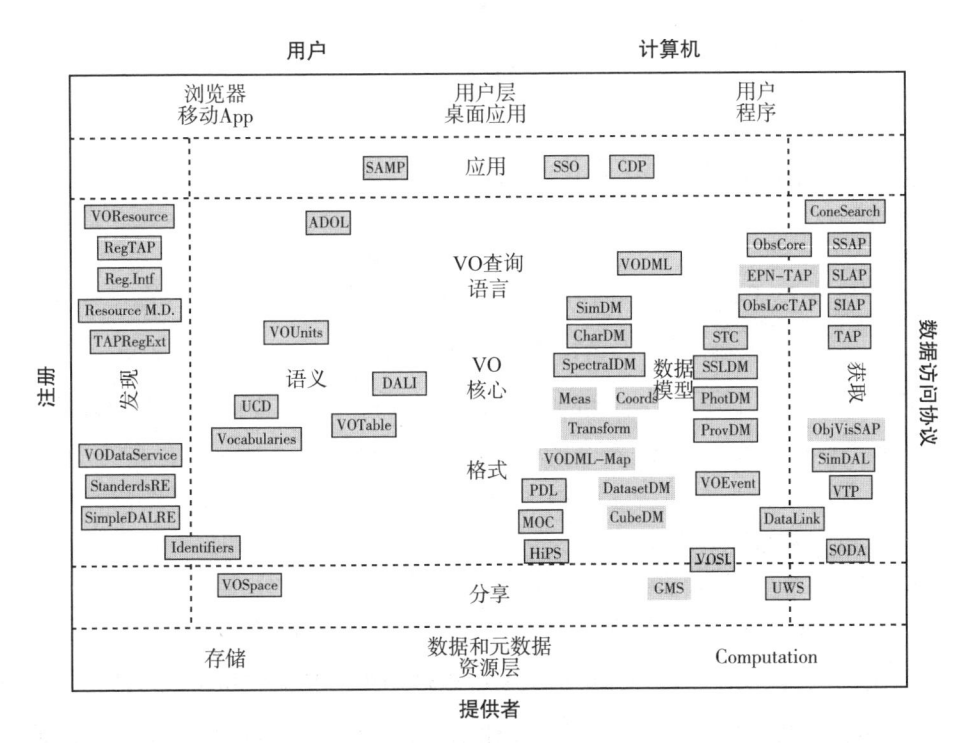

图 11.3　IVOA 2 级架构

参考文献

［1］Arviset C., Gaudet S., IVOA Technical Coordination Group IVOA Architecture Version 1.0. IVOA Note 23 November 2010. doi:10.5479/ADS/bib/2010ivoa.rept.1123A.

---

① https://ivoa.net/documents/index.html

［2］Dowler P., Evans J., Arviset C., Gaudet S., Technical Coordination Group IVOA Architecture Version 2.0. IVOA Endorsed Note 01 November 2021. doi:10.5479/ADS/bib/2021ivoa.spec.1101D.

［3］Wilkinson, M., Dumontier, M., Aalbersberg, I. et al. The FAIR Guiding Principles for scientific data management and stewardship. Scientific Data, 2016, 3:160018. https://doi.org/10.1038/sdata.2016.18.

11.2 IVOA 主要标准与规范

IVOA 在过去将近 20 年的时间内最大的贡献在于联合国际上的天文学家和技术专家们共同制定了一系列的数据和服务规范[①]。2010 年，IVOA 首次发布了"IVOA 架构体系"，并于 2021 年进行了修订完善。下面根据不同的组别和分类，对图 11.3 中 IVOA 的 2 级体系架构涉及的主要规范进行简述。

11.2.1 应用类

（1）简单应用消息协议（Simple Application Messaging Protocol，SAMP）是一个消息传递协议，可以使得虚拟天文台软件间进行互操作和通信。这在一些应用场景下可以提高工作效率，例如使用 Topcat 检索到的数据表格可以通过 SAMP 传递到 Aladin 中进行可视化。除桌面程序之间通信外，SAMP 也支持桌面和 Web 浏览器中的应用程序之间的通信。

（2）VOTable 格式是一种 XML 标准，主要用于虚拟天文台应用程序间的数据和信息交换。作为纯数据格式，VOTable 存储天文数据并非首选，但是作为程序间的信息交换，则是一个比较灵活方便的数据格式。VOTable 存储数据信息时，包含一系列的数据元信息及对数据体的定义。对于行列

---

① https://ivoa.net/documents/index.html

数据、包含行列的数据定义等。对于复杂的应用，VOTable 甚至支持内嵌 FITS 数据。

11.2.2　数据访问

数据访问层协议定义了一批针对数据检索和下载的规范。

（1）简单锥形检索协议（Simple Cone Search）：定义了如何在天球上检索一个小圆范围内的数据的接口。锥形指的是这个小圆与球心形成的锥形体。锥形检索的参数为小圆中心点的位置坐标以及小圆半径的弧度。

（2）简单图像访问协议（Simple Image Access）：定义了如何在数据集中检索、访问和获取图像数据的接口。图像数据可以是二维或者多维的。多于二维的数据一般还包含有其他物理参数，如光谱、时间等，这类数据也一般被称为数据立方体（data cube）数据。

（3）表格访问协议（Table Access Protocol，TAP）：表格访问协议是当前虚拟天文台中最重要的访问协议之一，由于大量的天文数据是以表格形式存储的。表格访问协议可以涵盖简单锥形检索访问协议、简单光谱访问协议等应用。表格访问协议设计了一套完整的表格元数据体系，通过其访问接口乃至虚拟天文台注册服务，可以对外提供完整的数据访问服务。鉴于数据检索结果可能较大、检索时间较长等问题，表格访问协议还支持两种访问模式：同步访问和异步访问。目前，已经有大量的数据集支持了表格访问协议。

（4）ADQL（The Astronomical Data Query Language）基于 SQL92 语法研发，可以沟通传统关系型数据库与天文数据的存取需求，在一些复杂的数据检索场景下，ADQL 的灵活性是其一大优势。一些虚拟天文台的数据访问服务，比如 TAP 检索服务，其内置支持以 ADQL 语言进行数据检索。

11.2.3　数据模型

数据模型定义了一系列不同类型天文数据的数据结构。这些模型的定义更好地规范了数据存储和应用中的一致性。为了提高模型定义的效率和实用型，IVOA 还定义了一种新的模型语言：虚拟天文台数据模型语言（VO-DML），它基于 UML 语言进行设计，用 XML 语言表述。IVOA 目前已经完成了多个具体的数据模型，下面列举其中 2 个。

（1）观测数据模型：定义了天文观测中涉及的一系列参数，如观测对象、观测时间、站点、数据类型、曝光时间等。模型中既包含了数据的元信息，也包含了大量观测设备等的信息，是一个全方位描述天文观测数据的模型。值得一提的是，观测数据模型与表格访问协议的协同，可以提供一个称为 ObsTAP 的服务，实现以 TAP 服务的模式访问观测数据信息。

（2）数据集元数据模型：这里的数据集一般指的是产品数据的数据集。数据集元数据记录了这个数据集的核心信息，包括观测的信息，数据处理创建、数据标识符、数据发布等的信息。这些信息也可以通过表格访问协议对外提供数据服务。

11.2.4　基础设施资源

基础设施资源规范定义了如何在网络上定位和获取天文数据。

（1）VOSpace 服务，也称为虚拟空间服务，可以帮助用户更好地组织和管理网络上的文件服务。这些文件都被赋予了一个唯一的标识符，类似于网络的 URL。VOSpace 作为一个接口中间件，连接起了用户与数据后台存储。作为用户来说，他不再关心数据具体存储在什么地方，而只需要以类似浏览网络的方式就可以获取到数据的信息。新一代的 VOSpace 接口采用了 RESTful 的服务模式。

（2）通用任务服务模式（Universal Worker Service Pattern，UWS）是一个编程的模型范式，它定义了如何管理异步作业服务，如提交作业、中止作业、查询作业状态等。例如，在表格访问协议 TAP 中，对异步作业的管理等工作就是通过 UWS 模型来完成的。在虚拟天文台中，凡涉及异步作业任务的情况都可以通过 UWS 进行编程，如 TAP、VOSpace 等。

11.2.5　注册服务

虚拟天文台注册服务定义了如何注册天文资源，如何在网络上查询和获取天文元数据，是天文数据互操作的重要一环。

（1）虚拟天文台注册接口：定义了虚拟天文台注册服务的运行机制、基础的元数据类型。它通过业界成熟的 OAI–PMH 2.0 模型对外提供服务。

（2）虚拟天文台标识符：定义了如何对虚拟天文台中的数据和服务进行标识。格式形如"ivo://<authority><path>?<query>#<fragment>"。在虚拟天文台中，数据和服务统称为资源。

（3）虚拟天文台资源元数据标准规范（VOResource）：定义了一般的资源元数据规范。通过对基础资源扩展可得到更详细、更广泛的元数据规范，所有的元数据资源都可以通过标准 XML 格式展示。

11.2.6　语义

在虚拟天文台中，需要对一些概念和单位标注，为使这些标注更加有通用性和适用性，定义了一些语义方面的规范。

（1）虚拟天文台单位（VOUnits），对物理学参数进行了统一的定义。在实际应用中主要体现在虚拟天文台表格（VOTable）的数据定义中。

（2）统一内容描述符（UCD），定义了一套参数描述符。应用场景也主要体现在虚拟天文台表格（VOTable）的数据定义以及表格访问协议（TAP）的数据定义中。例如，在不同的数据集描述中，即使它们之间的字段名称不同，如果 UCD 和 VOUnits 是一致的，就可以认为是同一类型数据，这非常有利于不同数据间的交互操作。

11.2.7 事件

虚拟天文台事件（VOEvent）是一个通用型的消息事件服务，主要针对天文学观测中的实时信号进行自动分发处理。例如，当发现一个特殊的天文现象时，可以通过VOEvent将信息广播出去，收到信息的其他望远镜可以根据需要进行随动观测。在时域天文学和多信使天文学时代，VOEvent将发挥越来越大的作用。

IVOA的技术规范和标准是随着天文学研究需求和技术的不断发展、丰富和完善的，建议读者访问IVOA网站查阅最新的完整列表。

第 12 章

虚拟天文台工具与服务

对于用户而言，虚拟天文台是资源和服务的提供者。这些资源包括但不限于数据、软件工具、应用服务，以及将资源和服务整合在一起形成的科学平台。这其中的黏合剂便是上一章介绍的虚拟天文台互操作标准。

12.1 VO 资源概述

虚拟天文台将数据、服务、工具、机构乃至于观测台站等信息资源统称为虚拟天文台资源（VO Resource）。在这样一个统一的体系下，各类信息可以进行体系化管理。图 12.1 是虚拟天文台资源的核心元数据信息。通过指定 xsi:type 的类型可以扩展为不同类型资源的元数据。

每个 VO 资源都有一个唯一的资源标识符，其参考设计类似于互联网的地址：

ivo://<authority><path>?<query>#<fragment>

在这里，<authority> 类似于域名，标识的是各个数据中心或者注册中心，后面的部分可以理解为路径信息。比如 LAMOST DR1 数据集在虚拟天文台上注册的资源标识符为：

ivo://China-VO/data/LAMOST/DR1

资源元数据是可以通过虚拟天文台注册服务（Registry）进行注册和收割，

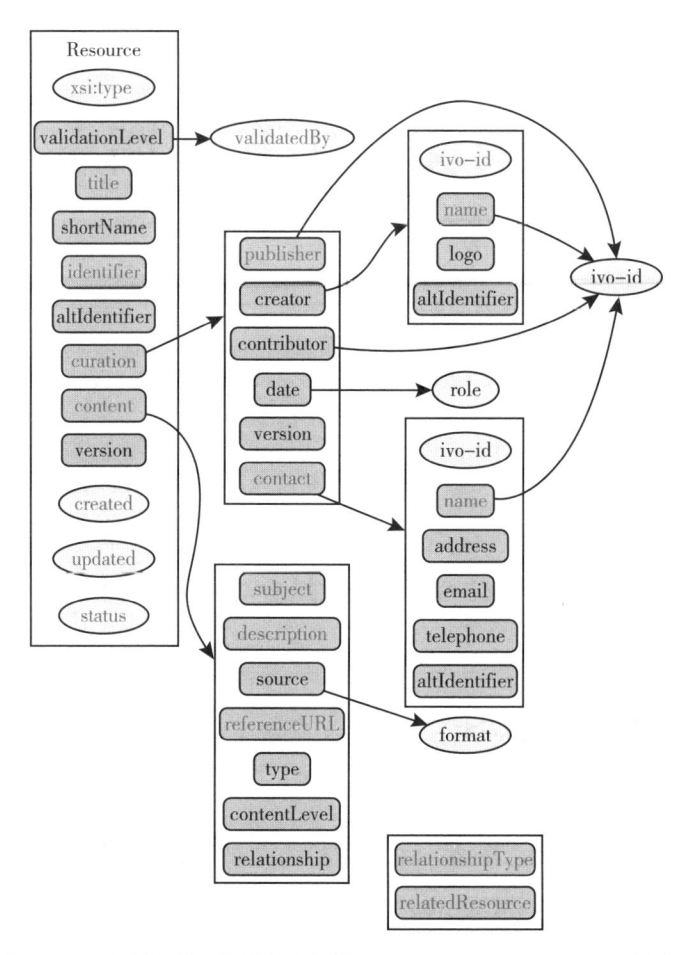

图 12.1 VO 资源核心元数据（根据 VO Resource XML Schema 绘制）

以实现资源的发现和访问。根据资源的类型，可以对其进一步分为几大类若干小类：

（1）基础类。①注册服务：标注该资源是一个虚拟天文台注册服务；②机构：机构是一个比较泛化的资源，诸如天文台站、数据中心、学术团体、网站都可以归入机构这一类。元数据内容都是一些最基础的信息，例如名称、联系方式、地址等。这些内容是可以被更复杂的资源关联的基础资源。

（2）数据类，这是虚拟天文台资源的核心部分。①基础元数据，描述了数据的一般性信息，比如观测范围、天区覆盖、统计信息、联系信息等；②扩展元数据，针对特定类型数据进行的扩展。例如表格类扩展了基础元数据，主要面向表格类数据，它不仅包含了基础的统计信息、联系信息等，还包括了表格的数据列元信息，如数据格式、名称、UCD、物理单位等。

（3）服务类，主要扩展自数据类。有些数据类型仅是描述数据，可以在其基础上扩充服务信息，例如描述数据可以通过什么样的接口进行访问和下载，并提供样例。①基础数据服务类，扩充自基础数据类；②表格数据服务类，扩充自表格数据类。

（4）其他类型。①科普教育资源类，描述一些科普教育资源类型；②其他等。

如图 12.2 所示，虚拟天文台资源是互操作的基石和对象，是连接虚拟天文台前端应用和后台资源的桥梁。在虚拟天文台的世界中，可以将后台理解为一系列的数据和服务，这些服务由各个数据中心自行构建，对外通过虚拟天文台注册服务暴露出去。可以将前台理解为一系列的用户端程序，用户端程序检索注册服务后获得对应数据资源的基本信息。如果是服务信息，则可获知该服

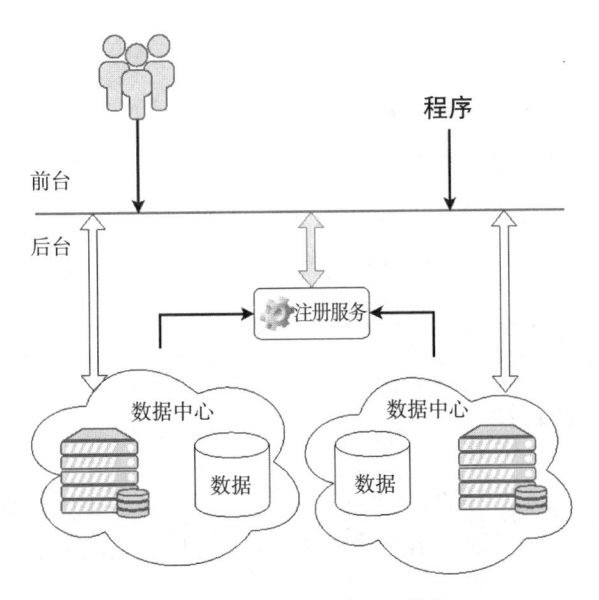

图 12.2　虚拟天文台资源注册服务

务的服务方式、参数要求等。根据这些信息便可以构建检索、计算、下载等灵活的应用。

本章后文将从桌面工具、数据服务、应用服务、科学平台几个角度介绍虚拟天文台代表性的资源和服务。

参考文献

[1] Hanisch R., IVOA Resource Registry Working Group, NVO Metadata Working Group. Resource Metadata for the Virtual Observatory Version 1.12. IVOA Recommendation 02 March 2007. doi:10.5479/ADS/bib/2007ivoa.spec.0302H.

[2] Plante R., Demleitner M., Benson K., et al. VOResource: an XML Encoding Schema for Resource Metadata Version 1.1. IVOA Recommendation 25 June 2018. doi:10.5479/ADS/bib/2018ivoa.spec.0625P.

12.2 桌面工具

桌面工具是国际虚拟天文台联盟（IVOA）工作成果的重要展示平台。它们在实现各自独特功能的同时融入了 IVOA 各类数据访问协议及互操作协议，使得天文工作者可以便利地获取数据的同时又无须掌握协议本身，真正实现了"百姓日用而不知"。以下对应用范围较广的几个软件进行使用说明，包括 Aladin、Topcat、VOSpec、DS9、WWT 及 China-VO WWT 等。

12.2.1 Aladin

Aladin 天图系统（Aladin Sky Atlas，Aladin）[①]，由法国斯特拉斯堡天文数据中心开发，是一个可交互的天图系统，提供了一系列的天文数据可视化

---

① Aladin 网页首页 http://aladin.u-strasbg.fr

功能。Aladin 有两种软件形式，一是计算机桌面客户端 Aladin Desktop，是 Aladin 的核心应用；二是运行于浏览器上的简化版 Aladin Lite。Aladin Desktop 与 Aladin Lite 底层所使用的数据均经多层步进巡天（Hierarchical Progressive Survey，HiPS）技术处理。该技术使得 Aladin 可对任意观测区域进行放大、缩小、平移。已有超过 550 套巡天观测数据经过 HiPS 技术处理后，发布到国际互联网上[①]，这也使 Aladin 的数据展示能力空前强大。

1. Aladin Desktop

Aladin Desktop 基于 Java 语言开发，可运行于 Windows、Mac、Linux 等具备 Java 虚拟机的操作系统。操作系统中没有 Java 虚拟机时，可以从 java.com 下载安装。Linux 环境下也可以安装 OpenJDK，它是 Java 的开发环境（JDK）的开源版本。CDS 也开放了 Aladin Desktop 的源代码下载[②]，需要注意的是，其代码使用了 GPL v3 开源协议。

Aladin Destop 整合了超过 20000 个天文星表或者图像数据集，知名数据集如 DSS、SDSS、PanSTARRS、Skymapper、Gaia 等都在其中。可放大缩小、旋转天区；支持多种投影方式（Sin、Tan、Aitoff、Mollweide 等）、多种坐标系统（FK4、FK5、ICRS、GAL、SGAL、ECL 等）；支持 ConeSearch、Simple Image Access、Simple Spectrum Access、Table Access Protocol、SAMP 等多种 IVOA 协议，在软件内即可在线查找数据集并可视化展示。

Aladin Destop 支持多种天文数据格式，例如，图像类有 HiPS、FITS、PDS、HEALPix map、JPEG、PNG；数据立方类有 HiPS、FITS；数据表类有 HiPS、FITS、VOTable、S-extractor、IPAC TBL、ASCII 等；天区信息类有 XML、STC、DS9、IDL。

对于天文图像，Aladin Desktop 提供了丰富的操作工具，如颜色图、轮廓

[①] HiPS 列表 https://aladin.cds.unistra.fr/hips/list

[②] 下载地址 https://aladin.cds.unistra.fr/java/AladinSrc.jar

生成、裁剪、重编码、颜色合成、像素计算、重采样、天体测量、马赛克、亮度测量等。

对于天文星表，Aladin Desktop 可根据数据中的坐标信息将其展示到天球上。由于图像或数据在 Aladin Desktop 均是以图层的方式存在，因而可以叠加显示多个数据集及图像，如彩图 2 所示。

由于 Aladin Desktop 已历经 20 余年开发与应用，积累了很多用户常见的问题。在使用中遇到问题可以先查看 Aladin FAQ 网页[1]，是否有相同或相近的问题已有解决方案。也可以参考软件使用说明获取更详细的信息[2]。

2. Aladin Lite

Aladin Lite 具备了 Aladin 的核心功能，即对数字化的天文图像或巡天观测数据进行可视化、叠加展示天文星表或数据库。虽然 Aladin Lite 相对于 Aladin Desktop 功能要少很多，但是它可以直接嵌入网页进行在线展示，从而提供了更多想象空间及可能性。

Aladin Lite 基于 Javascript 开发，并提供了扩展接口，非常便于网页开发人员进行二次开发，例如展示自己的图像或者数据。具体如何将其应用到自己的网站中，可参考其开发文档[3]。当前已经有 ESASky、ALMA、SETI 等多个有影响力的项目在其网站中使用了 Aladin Lite，实现了丰富的数据在线可视化。如彩图 3 展示了 ESASky 对 LAMOST 星表及光谱的在线可视化。该系统完全基于浏览器进行展示，可见 Aladin Lite 数据可视化能力之强大及功能扩展的无限可能。

Aladin Lite 还可以通过 ipyaladin[4] 嵌入 Jupyter Notebook 中，编写 Python 代码即可对 Aladin Lite 进行调用以实现自己数据的可视化，如图 12.3 所示。这也进一步扩展了 Aladin Lite 的应用范围。

---

[1] Aladin 常见问题网页 https://aladin.cds.unistra.fr/java/FAQ.htx
[2] Aladin Desktop 用户手册（英文）https://aladin.cds.unistra.fr/java/AladinManual.pdf
[3] Aladin Lite 开发文档 https://aladin.cds.unistra.fr/AladinLite/doc/
[4] Ipyaladin 代码及示例 https://github.com/cds-astro/ipyaladin

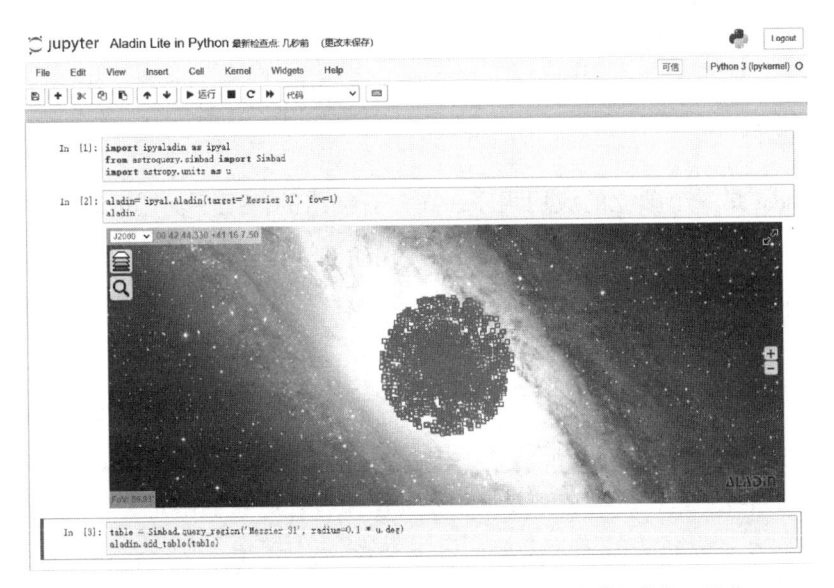

图 12.3　Python 代码调用 Aladin Lite 在 Jupyter 中进行数据可视化

12.2.2　Topcat

星表和表格操作工具（Tool for OPerations on Catalogues And Tables，Topcat）[①]，是一款交互式的表列数据查看和编辑器。它的目标是提供天文学家操作及分析星表或其他表格数据所需的大部分功能。Topcat 主要由英国布里斯托大学物理学院天体物理研究团组的 Mark Tayler 进行开发。自 2003 年以来，Topcat 一直在不断发展，并在 2017 年成为一个成熟的应用程序，拥有数千个活跃的用户群，遍布全球，其中包括学生、天文爱好者和科学家。

Topcat 以图形用户界面的形式通过丰富的功能来对源表和其他数据表进行分析和处理，包括浏览核心数据、表的原始信息和列的元数据、画图工具、统计计算以及不同星表交叉证认算法。尽管设计的初衷是处理天文数据，但也可用于非天文领域的表格数据。同样，除了可以处理天文数据的主要格式，如 FITS 和 VOTable，其他的格式可以根据需求进行增加。以强大

---

① Topcat 网页首页 http://www.star.bris.ac.uk/~mbt/topcat。

的可扩展的 Java 语言为基础的表达式可以建立新列，也可以选择行的子集进行独立分析。表中的数据和元数据可以编辑，修改后的内容可以以各种形式输出[①]。

Topcat 是一个独立的应用程序，在没有网络的情况下仍然可以正常工作。但是，由于它使用虚拟天文台（VO）数据访问协议，因此在联网状态下可以与其他工具、服务和数据集等进行更好的协作。

1. Topcat 的获取

Topcat 是在 Java 2 标准版本 8 上用 Java 语言编写的，并且可以在 Java SE 8 及以上的系统上运行，这意味着只需要确保拥有合适的 Java 运行环境（JRE），就可以在众多平台上运行，而无须重新编译。如果没有安装 Java，或者没有合适的版本，可以从 Oracle 的网站获取适用于 Linux、Mac OS X、Windows 和 Solaris 的 Java SE。其他平台的 Java SE 运行环境可从操作系统供应商处获得。Topcat 软件包提供了多种发行方式供用户选择。

独立的 Jar 文件：分为完整包和轻便包两种选择，对于大部分用户而言，轻便包提供的功能完全可以满足要求。完整包中提供的额外功能包括：树状资源浏览 Treeview、SoG 图像查看、MySpace 和 SRB 支持（实现远程文件的载入和保存）等。

完整 Starjava 安装：如果用户希望进行最完整的安装操作，可以下载 Starjava 形式的 Topcat 压缩包。除了 Topcat 程序外，还收录了 SPLAT、SoG、Treeview 等相关应用程序。解压后，通过运行"starjava/bin/topcat"脚本或者"java-jar starjava/lib/topcat/topcat.jar"命令启动 Topcat。

2. 功能

Topcat 能成为天文学界推崇的应用工具之一，归功于其在表格数据处理方面的出色功能。Topcat 可以对大数据集进行快速访问，可以处理高达 1000

[①] Topcat 输入输出格式 http://www.star.bris.ac.uk/~mbt/topcat/#features

第 12 章 虚拟天文台工具与服务 | 321

万行的数据表，当然其实际处理能力也取决于运行的机器。但在大多数情况下，如果星表过于庞大，用户可以通过限制给定的天区或天体类别来预先选择和下载感兴趣的子集，如图 12.4 所示。

Topcat 提供了丰富实用的数据可视化功能，其中绘图类有柱状图、二维散点图、曲线图、三维笛卡尔坐标系绘图、三维球坐标系绘图、三维密度图等。另外，在这些绘图的基础上还具有透明度、误差棒、点标记、依据密度为数据着色和等高线等辅助功能。图 12.5 展示了 Topcat v4 可视化功能的使用效果。

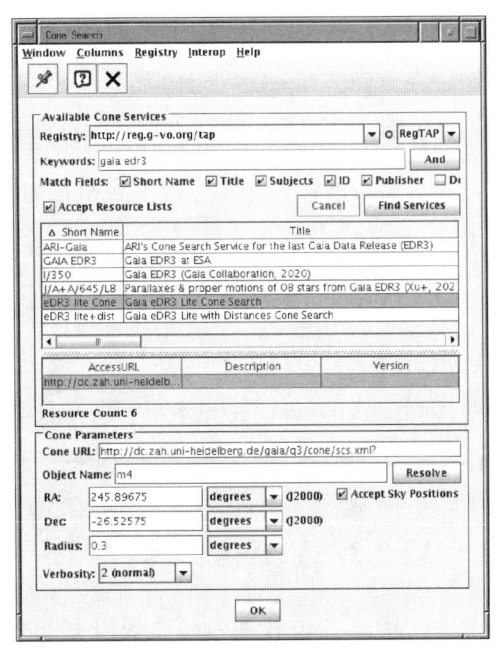

图 12.4 Gaia eDR3 数据子集选择和天区的限制

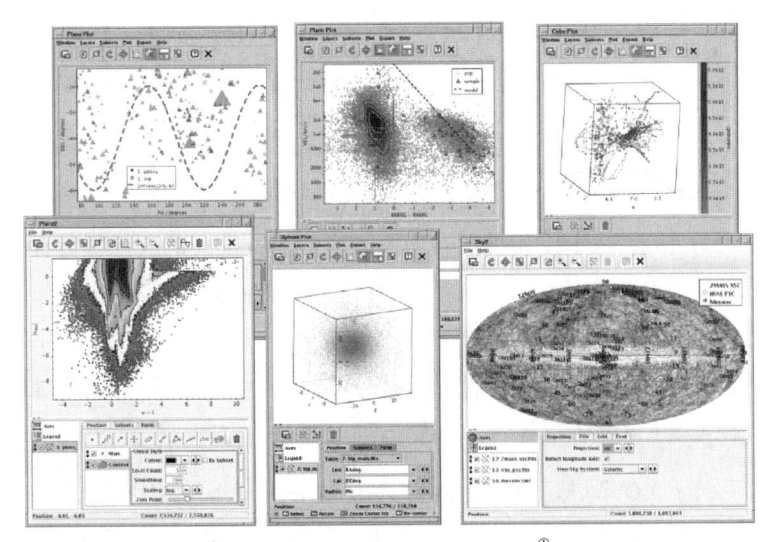

图 12.5 Topcat v4 可视化效果[1]

---

[1] Topcat v4 可视化效果第 14 页 http://andromeda.star.bris.ac.uk/topcat_gaiabds/tcvo.pdf

Topcat 能够使用 SAMP 消息传递协议与其他工具进行通信，即可以互操作。一方面，Topcat 可以向其他应用程序发送消息，从而通知它们作出反应；另一方面，Topcat 可以接收其他应用程序发送的消息并执行操作。可以以这种方式与 Topcat 进行互操作的工具包括图像分析工具（SAOImage DS9、Aladin）、表分析工具（VisIVO、STILTS、Topcat 正在运行中的其他实例）、光频分析工具（SPLAT、VOSpec）、天区可视化工具（Aladin、World Wide Telescope、VirGO）、脚本语言（Astropy）等。彩图 4 展示的是 Topcat 与 Aladin 的互操作。当 Aladin 与 Topcat 打开同一个数据表时，在 Aladin 中点选一个或多个天体，Topcat 中也将同时选中对应的数据行。

12.2.3　VOSpec

VOSpec 是由欧洲空间局虚拟天文台研发团队开发的一款多波段光谱分析工具，目前已经广泛用于天文研究。因为 VOSpec 支持国际虚拟天文台联盟的简单光谱获取协议 SSAP（Simple Spectral Access Protocol），所以具有强大的数据组织功能，使用户可以非常方便地通过天体名称或者坐标，从世界各地的光谱库中检索已有的光谱观测数据、理论模型数据和谱线等类型数据，并且提供了多种可视化形式。VOSpec 同样可以通过 SAMP 消息传递协议将光谱接收／发送到其他支持 SAMP 的 VO 工具，可以方便快捷地与其他虚拟天文台应用程序进行协同工作[1]，图 12.6 所示即为 VOSpec 与 Topcat 的互操作界面。

1. VOSpec 的获取

VOSpec 提供了两种主流使用方式，分别是 Webstart 和 Jar 包文件[2]，其中 jar 包最近一次更新在 2016 年 4 月 27 日，使用了全新的 RegTAP 注册接口。与 Topcat 一样，VOSpec 运行时也需要具备 Java 运行环境（JRE）。

---

[1] 涂洋，张彦霞，赵永恒，田海俊，袁海龙. 光谱分析软件在天文学研究中的应用 [J]. 天文研究与技术，2016,13(1):124–132.

[2] VOSpec 的获取方式 https://www.cosmos.esa.int/web/esdc/vospec

第 12 章 虚拟天文台工具与服务 | 323

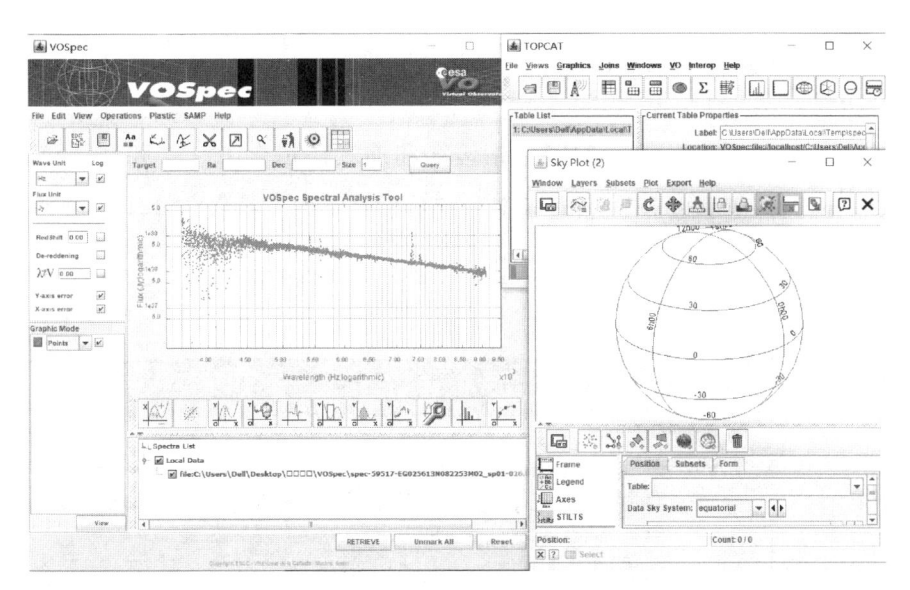

图 12.6 VOSpec 与 Topcat 的互操作界面

采用 webstart 方式时，通过点击 webstart 链接可下载 jnlp 文件，如果系统允许，直接打开 VOSpec.jnlp 文件即可运行，否则就需要通过使用 JRE 安装路径中 javaws 打开。特别需要注意的是，如果是 windows 系统，VOSpec 的下载链接 http://esavo.esac.esa.int/webstart/VOSpec.jnlp 需要添加到 Java 控制面板的例外站点列表中才可以正常使用，如图 12.7 所示。

VOSpec 的 Jar 包文件则非常轻便，基于 Java 语言开发，只要满足配置 JRE，无须花费更多的精力，打开即用。

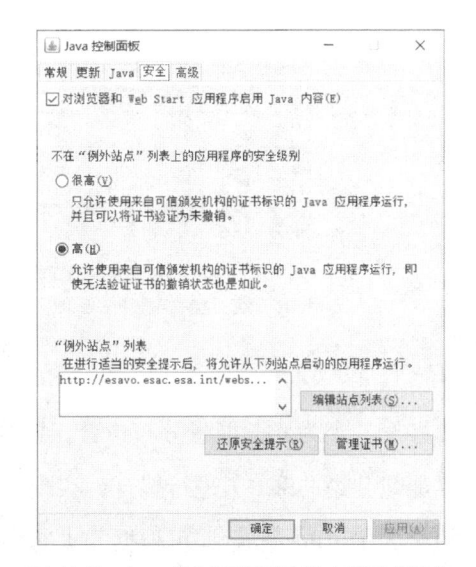

图 12.7 Java 控制面板例外站点列表的添加

2. VOSpec 功能

VOSpec 是在以往缺乏强大天文光谱处理工具的大背景下开发而成的，功能非常丰富。从使用角度基本可以分为两类，以下进行简要描述，具体功能可查阅用户手册[①]。

第一类为光谱分析，功能包括谱线和连续谱拟合、红移和红化校正、光谱之间的运算和卷积、等值宽度和流量的计算等，图 12.8 所示即光谱分析界面。

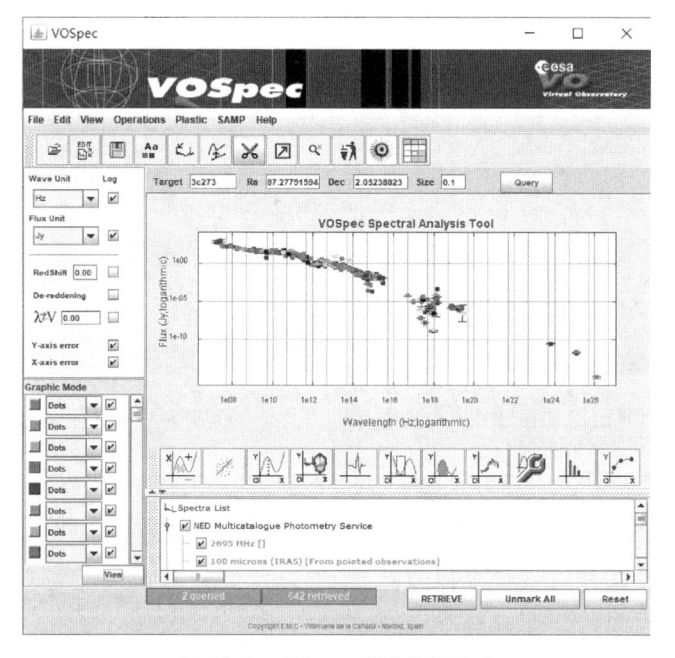

图 12.8　VOSpec 光谱分析界面

第二类为光谱能量分布拟合，即利用 TSAP 服务的最佳拟合算法对所选光谱能量分布（SED）进行拟合，实现光谱能量分布的拟合最优化。选择完需要拟合的 TSAP 服务后，可根据需求完成初始参数设置，最终用户可以选择加载和查看最佳拟合模型以及最佳拟合光谱，如图 12.9 所示。

---

① VOSpec 用户手册 http://esavo.esac.esa.int/VOSpecManual/

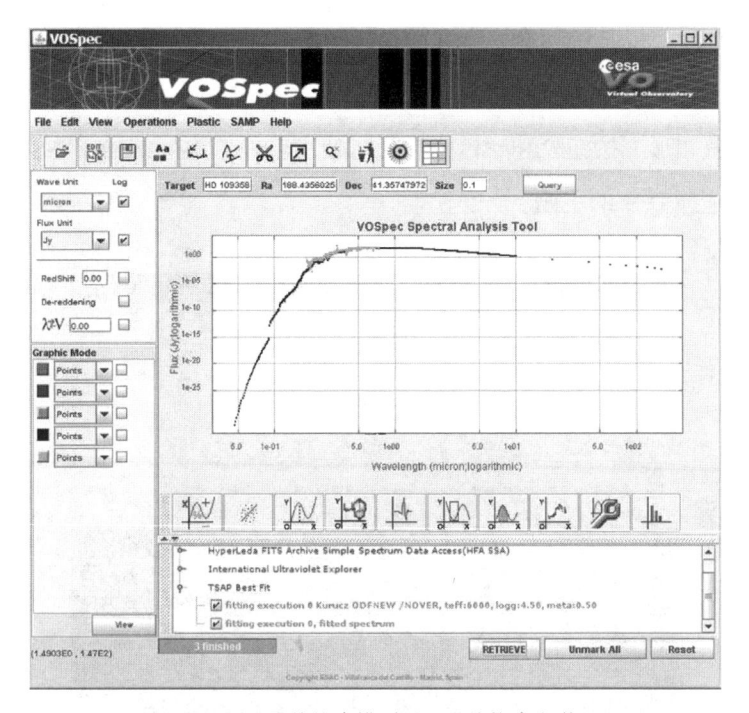

图 12.9　最佳拟合模型以及最佳拟合光谱

12.2.4　DS9

DS9 是一个天文成像和数据可视化应用程序，它的开发得益于钱德拉 X 射线科学中心（Chandra X-ray Science Center，CXC）和高能天体物理学科学档案中心（High Energy Astrophysics Science Archive Center，HEASARC）的资助，其 3D 数据可视化的能力也在美国空间望远镜研究所的詹姆斯·韦伯空间望远镜（JWST）任务办公室资助下有了大幅度提高。

DS9 是一个独立的应用程序，只需在网站入口下载[①]，对文件解压即可点击应用程序使用，不需要安装特定的环境或相关支持文件（例如 VOSpec 需要 JRE）。如果在 Ubuntu 系统中使用 DS9，则可以通过命令：sudo apt-get install saods9，完成软件安装。当然，在不同操作系统中，DS9 都具有相同的用户图

---

① DS9 下载地址 https://www.softpedia.com/get/Science-CAD/SAOImage-DS9.shtml#download

形界面（GUI）和应用功能，图 12.10 所示即为 DS9 在 Linux 中的 GUI。而且 GUI 可由用户通过菜单或命令行进行配置，例如坐标显示、平移器、放大镜、水平和垂直图形、按钮栏和颜色栏。为了使得软件有更好的操作体验，用户也可以自主选择 DS9 的主题。

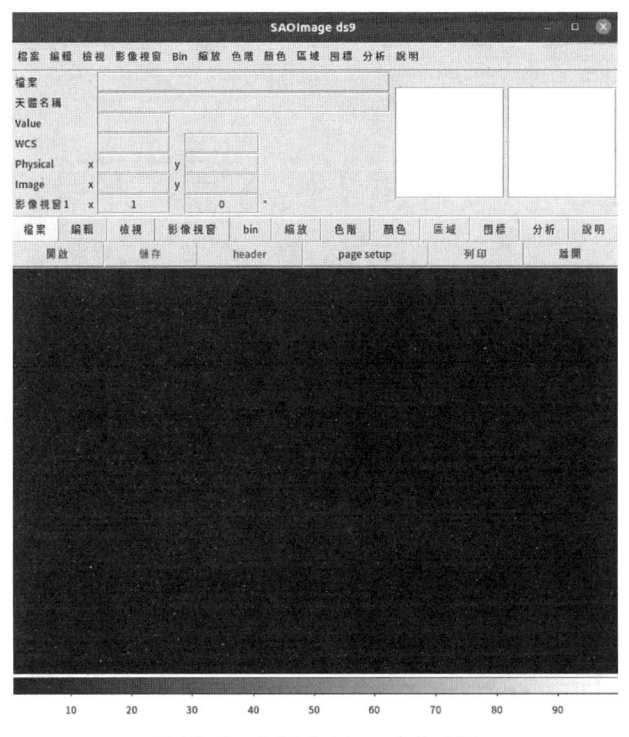

图 12.10　DS9 在 Linux 中的 GUI

DS9 具有诸多高级功能，例如支持 FITS 图像和二进制表读取、二维、三维和 RGB 帧缓冲区、马赛克图像、平铺、闪烁、几何标记、颜色图操作、缩放、任意缩放、裁剪、旋转、平移和各种坐标系。图 12.11 所示是本地 FITS 图像的加载完成界面。

DS9 支持创建 RGB 图像，可通过颜色和能量相关性对图像进行显示，并动态调整它的许多参数，以达到最佳的显示效果。要使用 DS9 的三色功能，必须把文件加载到 RGB 帧中，将它们堆叠在一起，形成不同的图层[①]。彩图 5 即是在 RGB 帧中创建真彩色图像。

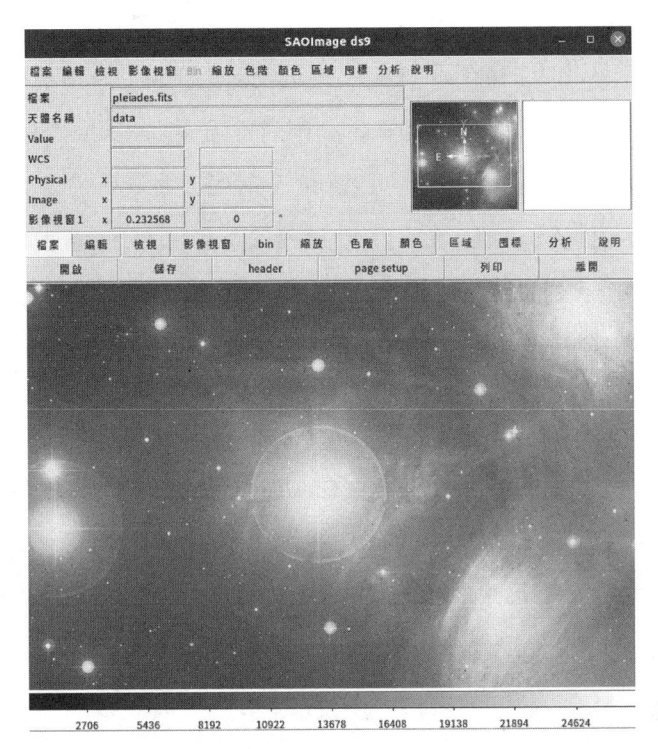

图 12.11　FITS 图像的加载完成界面

此外，与前面提到的软件相似，DS9 也能够实现与外部分析任务的互操作。除了 SAMP 通信协议，DS9 同时还支持 XPA 协议，具有高度可配置性和可扩展性。更多软件操作说明可参阅 DS9 用户手册[②]。

12.2.5　万维望远镜（WWT）

万维望远镜（WorldWide Telescope，WWT）的最初概念至少可以追溯到 2002 年。当时传奇的数据库研究员吉姆·格雷（Jim Gray）设想了一个系统来

---

① 在 RGB 帧中创建真彩色图像 http://ds9.si.edu/doc/user/rgb/index.html

② DS9 用户手册 http://ds9.si.edu/doc/user/index.html

组织世界各地的天文图像。吉姆于 2007 年在海上失踪。其微软研究院（MSR）的同事发起了一项将他的梦想变为现实的计划。2008 年 5 月 12 日，微软研究院正式发布了 WWT。软件一经发布，就得到了全世界各国天文学家以及天文爱好者的追捧。WWT 把全球各大天文望远镜、天文台、探测器的科学数据通过互联网集成在一起，其中数据来自美国航空航天局（NASA）、哈勃空间望远镜、斯隆数字化巡天（SDSS）、钱德拉 X 射线天文台等专业天文台站或机构[1]。丰富的数据资源、强大的可视化技术以及友好的用户界面（彩图 6），使得以往只有专业天文学家才敢问津的天文资源呈现在公众面前，也使得计算机能够像虚拟望远镜一样工作，从而逐渐成为公众科学教育的理想工具。

1. WWT 的获取

WWT 主要有两种形式，分别是 Windows 桌面版、网页版[2]。Windows 桌面版可在 Windows 7/8/8.1/10/11 上运行，支持 32 位或 64 位电脑。而网页版可以直接用浏览器访问，无须安装。这样用户通过非 Windows 平台也能够使用到 WWT，但软件功能相对较少。除此之外，也可以通过 pywwt（Python 包）借助 WWT 渲染引擎的强大功能，在 Jupyter 中使用 Python 对感兴趣的数据进行分析和可视化。

2. WWT 的功能

WWT 拥有丰富的多波段数据资源，除了可见光波段的宇宙图景，在万维望远镜中还可以领略红外、紫外、射电、X 射线、γ 射线等电磁波段下的星空景象。点击"探索"菜单，每一个缩略图表示一个数据文件夹，可以在此文件夹中迅速寻找到星座、太阳系、探测器以及其他大型望远镜的研究成果。用户还能像个太空探索者一样，对星空任意旋转、放大、缩小。彩图 7 为火星探路者号在火星表面拍摄的画面，彩图 8 为斯皮策空间望远镜文件夹中的

---

[1] 引自网页 https://nadc.china-vo.org/wwt/home.htm

[2] WWT 下载 http://worldwidetelescope.org/download/

部分数据。

WWT具有简易方便的漫游创作功能，互动性和探究性强，教师可以制作漫游课件进行教学，学生可以创作宇宙漫游与别人分享。漫游的制作过程和制作PPT非常类似，且用户可充分利用WWT上的数据资源，也可以加载自己的数据进行可视化，做出独有的漫游作品进行分享。"向导式漫游"菜单里可以看到由专业天文学者、业余天文爱好者、著名教育家、普通宇宙探索者制作的有关星云、星系、行星等各类漫游作品。

WWT有强大的天象模拟能力。可以实时计算天体轨道，通过对观测地点及时间轴的控制，模拟日食、金星凌日等天象，甚至是火星上某地的日出日落。彩图9是WWT模拟2009年发生在武汉的日全食天象。

WWT具有多样化的操作和互动手段，如安装ASCOM控制软件，可以实现与天文望远镜的互动；连接VR头盔Oculus Rift，可以体验三维立体宇宙；可以与Xbox、Kinect等先进设备完美兼容等。

WWT是虚拟天文台的集大成者，支持多种虚拟天文台协议，如ConeSearch、SAMP、VORegistry等。通过WWT可以获取到各种各样的数据进行展示、研究，并与其他天文软件进行互动。

与完整的WWT Windows桌面版相比，WWT网页版的功能较为简洁，聚焦于核心的可视化及漫游制作功能，删减了诸如球幕环境展示以及一些硬件设备（望远镜、Xbox、Kinect、Oculus Rift）的支持等功能。

3. WWT在中国

WWT在中国生根发芽再到普及离不开中国科学院国家天文台虚拟天文台团队的努力。2008年7月，《天文爱好者》第七期刊登了中国虚拟天文台（China-VO）崔辰州博士撰写的文章《天文学的GS-WWT时代》，把WWT正式介绍给国内读者。自此，China-VO WWT工作逐步展开。

中国虚拟天文台（China-VO）依托国家天文台雄厚的科研和技术实力，

以 WWT 可视化环境为平台，持续开展基于科学数据的教育和科学传播工作。

自 2010 年起，China-VO 每年都会举行"WWT 全国教师培训"。通过培训教师的形式，将 WWT 应用到学校课堂，把天文知识传授给学生。为了便于中国用户学习使用 WWT，China-VO 组织团队翻译了 WWT 用户手册，并公开提供下载。为了更好地激发大家进行 WWT 漫游制作的积极性，China-VO 团队还举办了多届"宇宙漫游制作大赛"，吸引了来自大中小学各年龄段的参赛者，创作出一大批精彩的漫游作品。

依托多年的科普教育经验，China-VO 组织编写了基于 WWT 的系列教材"互动式天文教学指导丛书"。当前已经完成《小学天文教学——教师用书》，中学版和其他版本及相关配套内容正在合力研发中。

如何将中国古代天文知识与现代观测数据相结合，也是中国虚拟台非常关注的课题。China-VO 团队将《漫步中国星空》一书中恢复的中国古代传统星空原貌数据和徐刚先生所绘中国古代传统星官艺术形象巧妙地整合在 WWT 的环境中，向全社会开放共享，体现了科学、文化、艺术、技术的深度结合，精彩展现出中国星空并实现与西方星空和最新科学数据的融合。彩图 10 展示的是中国星官苍龙星图。

依托于 WWT 平台，China-VO 还为多个学校的数字天象厅、天文教室提供了数据及可视化支持。北京师范大学、华南师范大学附属中学、北京史家小学等大中小学校，以及上海佘山天文博物馆、河北师范大学博物馆、重庆方全天文馆、拉萨藏域星球科技馆等科技场馆，都基于 China-VO 研发的平台开展了丰富多彩的教学科普活动，取得了良好的社会效益。

4. China-VO 版 WWT

2014 年，由于微软研究院内部重组，WWT 被转移到美国天文学会（AAS）管理运营，并被重新命名为 AAS WorldWide Telescope。同时，WWT 的源代码也在 GitHub 上开源。China-VO 基于自身的研发实力及多年的 WWT 应用经验，第一时间进行本土化开发，以便于中国用户更好地使用及中国数据在 WWT 上的展示。

China-VO 于 2017 年 1 月 17 日发布《万维望远镜个人版 v1.0》，即 China-VO 版 WWT，实现诸多改进：优化了软件启动，加载速度更快；优化界面布局、目录结构及功能，更符合国人使用习惯；优化目录结构及功能，去除了部分个人用户不需要的冗余功能；增加资源共享平台，支持用户通过平台分享及下载漫游、图片、音乐以及其他相关天文资源；接入中国虚拟天文台用户系统，支持用户登录及注册等。万维望远镜个人版同时也修复已知的若干漏洞[①]。

在后续的版本中，China-VO 开发团队更进一步实现了 HiPS 图像展示及 HiPS 星表数据可视化功能。这部分代码还被合并到了 AAS WWT 新版本中，实现了 China-VO 对 WWT 的反哺。不止于此，China-VO 还在 WWT 上开展了 LiGO 引力波观测天区可视化、StarLink 星链卫星过境模拟等前沿热点相关工作。未来，China-VO WWT 还将给大家带来更多惊喜。

12.3 数据服务

天文领域的专业数据服务至少可以追溯到 20 世纪 80 年代。以 NASA、法国斯特拉斯堡天文数据中心为代表的一些先行者在商业数据库管理系统（DBMS）出现和成熟之前便开始探索系统性、专业化的天文数据服务，为后来虚拟天文台概念的提出奠定了重要的基础。

12.3.1 SIMBAD

SIMBAD（the Set of Identifications, Measurements and Bibliography for

---

① 万维望远镜个人版可在 WWT 北京社区下载，网址为 https://nadc.china-vo.org/wwt/

Astronomical Data）天文数据库是一个太阳系外天体数据库，由法国斯特拉斯堡天文中心开发和维护。

SIMBAD 最初是由恒星证认星表（Catalog of Stellar Identifications，CSI）和恒星文献索引（Bibliographic Star Index）合并创建的，之后通过其他星表和文献的数据源进行了扩展。其可在线交互式版本（版本二）于 1981 年推出。1990 年，发布了用 C 语言开发且运行在斯特拉斯堡天文台 UNIX 站上的第三版。2006 年秋天，该数据库的第四版发布，该版本数据库的支持软件以 JAVA 语言编写，数据库管理系统采用了 PostgreSQL。

截至 2022 年 6 月，SIMBAD 包含了 1335 万颗天体、5299 万个 ID 标识符和 40.5 万参考文献的信息。SIMBAD 网站是其数据库的互联网接口，用户可以登录该网站检索天文数据。SIMBAD 提供了多种天体检索模式，如天体名称、坐标或星等，也可以通过提交天体列表或脚本查询。SIMBAD 网站具体提供的功能包括按标识符查询，指定半径和分点按坐标查询，按 bibcode 和部分 bibcode 查询，通过天体、坐标或 bibcodes 列表查询，显示坐标查询产生的对象列表的图表。

此外，SIMBAD 网站上还包含了一系列附加数据服务。用户可以通过 SIMBAD 与 VizieR 的链接，访问其 VizieR 的星表数据库和相关的 Aladin 图像、巡天和观测日志。用户也可通过 SIMBAD Basic 数据中的天体坐标进一步检索目标天体在特定半径范围内的其他天体。SIMBAD 中天体的标识符是直接链接到天文命名词典的，通过该链接可以得到该天体的完整描述，并能够直接访问 CDS 星表服务（VizieR 和 Bazaar）中相应的星表。SIMBAD 中 Bibcode 指向了 CDS、ADS 和其他可用期刊网站上的基础书目，大多数情况下都能够直接获取论文全文。对于 CDS 中的包含了星表的文章，其参考文献将提供指向该星表的链接。此外，当 SIMBAD 中的天体在高能星表中有标识符时，一般会包含到 Heasarc 数据库（NASA/GSFC）的链接。若条目包含 IUE 的测量值，则将指向存储在 INES 数据库中的光谱。

12.3.2　NED

NASA/IPAC 河外数据库（The NASA/IPAC Extragalactic Database，NED）是一个供天文学家使用的在线天文数据库，用于整理和交叉关联有关河外天体（星系、类星体、无线电、X 射线和红外源等）的天文信息。NED 由天文学家乔治·赫卢（George Helou）和巴里·马多尔（Barry F. Madore）在 20 世纪 80 年代后期创建。当前 NED 从 NASA 获得资助并由加州理工学院红外处理和分析中心 (IPAC) 运营。

NED 是一个全面的河外天体多波段数据库，提供系统、持续的数据融合，这些数据来自数百个大型巡天项目和数以万计的研究出版物。NED 提供的内容和服务涵盖从伽马射线到射电波段的整个电磁光谱，并随着新观测数据的发布而不断更新。多波段数据经过交叉证认及关联统计，集成到统一的数据库中，以提供便捷的查询和检索。此外，NED 还无缝连接 NASA 天体物理学领域的存档数据（IRSA、HEASARC、MAST）、ADS 的天体物理学文献以及世界各地的其他数据中心。

用户可以通过 NED 按天体名称、位置或参考代码中查询天体。通过天区、红移、流量密度（星等）、天体类型、巡天名称的参数约束可以获得星系样本，也可通过星系分类和属性构建样本。可以按作者和对象名称查询参考文献。NED 的 LEVEL 5 知识库通过直接链接查询文章中的天体名称和图形内容来扩充河外天体物理学和宇宙学的评论文章。

NED 数据库内容包括了各天体对象的多波段交叉证认、关联、位置、红移、与红移无关的距离、光度、直径、图像、光谱和详细说明的主索引。NED Holdings 提供 NED 中当前数据的统计和可视化（天体密度、参数分布等），并描述了数据如何集成到 NED 中，以及 NED 如何处理大型数据集的说明。NED 提供的增值数据产品包括银河消光、速度校正、哈勃流距离和尺度、宇宙学校正、光度快视和光谱能量分布 (SED)。

用户可以使用计算机程序和脚本自动访问 NED 的 Web 服务，但 NED 支持大数据量或高查询率的自动访问的能力有限，因此该服务会受到访问频次限制。

NED 的数据和参考资料在内部生产数据库中不断更新，并且每隔几个月会在网站上发布修订版本。新的或改进的科学功能也会定期发布。2021 年 7 月发布的 31.4.2 版本包含了 1,107,191,356 个不同天体、1,523,302,110 组多波段交叉证认结果、1,413,568 组天体关联结果、126,673 条参考文献、91,680 条出版物摘要、55,427,883 条天体至参考文献的关联链接。

12.3.3 CDS 门户

CDS 门户（CDS Portal）是由法国斯特拉斯堡天文中心开发和维护的综合应用系统，旨在提供单一入口来搜索和访问不同的 CDS 服务，打通各个服务之间的关联通道。

CDS 门户是一个 Web 应用程序，只需要一个启用了 Javascript 的最新 Web 浏览器，打开其网址（http://cdsportal.u-strasbg.fr/）即可使用。CDS 门户支持 Linux、MacOS X 和 Windows 操作系统下的 Firefox、Chrome、Safari、MicrosoftEdge 浏览器。

CDSPortal 提供了数据检索服务，在页面中的搜索框中输入位置或对象名称，并点击 GO 按钮即可。如果输入的是天体名称，程序会自动解析出其赤经赤纬。检索结果会在三个面板中进行展示，分别是 SIMBAD 面板、Aladin 面板、VizieR 面板，用于展示来自不同服务的数据，并提供指向这些服务的链接。

SIMBAD 面板展示了九部分内容。一是，引用了该天体的文献数量的直方图，按出版年份组织；二是，该天体的主要类别；三是，星系的形态类型，对于恒星将显示其光谱类型；四是，指向 SIMBAD 中该天体的页面；五是，该天体的参考文献数量，点击该条目会进入 SIMDAD 中该天体的参考文献总览页面；六是，该天体周围半径 2 角分内的 SIMBAD 天体的数量，点击该条目可以查看该结果的总览页面；七是，SIMBAD 可点击天图的链接；八是，指向一个交互式可视化工具（SimPlay）的链接；九是，一组相关天体的列表，该列表中列出了引用了检索对象天体的论文中包含的其他天体。

Aladin 面板将展示请求的位置/天体的预览缩略图，单击缩略图将打开全分辨率 JPEG 图像，点击下面的"显示彩色图像"链接将切换到彩色缩略图。此外，还将展示启动 Aladin 应用程序并加载以请求位置为中心的数据的链接，默认情况下，该链接将通过 Java Web Start 启动 Aladin 桌面版应用程序，这需要用户首先在操作系统中安装 Aladin 桌面版应用程序。面板中还列出了 Aladin 图像服务器中对于检索目标的可用图像列表，其中列出了巡天名称、光度波段、中心波长、历元和分辨率。用户可以通过这个列表直接下载 JPEG 或 FITS 格式的对应图像。

VizieR 面板由一个表格组成，该表格列出了 VizieR 中在检索目标 2 角分范围内存在数据的星表。具体显示的内容包括星表名称、指向该星表在 VizieR 中页面的链接、星表描述、星表的局部天体密度、星表中数据的波长，包括无线电波、红外线、可见光、紫外线、极紫外光、X 射线和 γ 射线、星表历史检索次数（反映其受欢迎程度）、星表录覆盖图的缩略图等。

CDS 门户的另外一个重要服务是为每个用户提供个人存储空间，用户可以在其中保存 SIMBAD 和 VizieR 的检索结果，注册用户可保存 500MB 的检索结果，非注册用户最多只能保存 100MB。用户可以多次重复访问保存的查询结果，但需要注意的是，非注册用户只能使用保存了该数据的计算机再次访问保存的数据。

12.3.4　ADS

天文数据系统（Astrophysics Data System，ADS）是一个用于收录天文和天体物理学、物理学及其他一般科学领域出版物的免费数据库，截至 2022 年包含了超过 1500 万篇天文学和物理学领域的论文。ADS 中几乎所有论文摘要都可在线免费获取，对一些较旧的文章则提供了扫描版，以图形交换格式 (GIF)

或可移植文档格式 (PDF) 发布。ADS 由美国航空航天局开发，由哈佛大学史密森天体物理中心管理。

ADS 是一个强大的研究工具，自 1992 年推出以来对天文学研究的效率产生了重大影响。以前需要数天或数周的文献搜索，现在可以通过 ADS 搜索引擎在几秒钟内完成。ADS 已在全球天文学家中普及，因此 ADS 的统计数据可用于分析天文学研究的全球趋势。

ADS 的初始版本（由 40 篇论文组成）于 1988 作为概念验证被创建，并于 1993 年与 SIMBAD 数据库连接。1994 年 ADS 服务连接到了新生的万维网。起初，通过 ADS 提供的期刊文章是从纸质期刊扫描得到，但从 1995 年开始，《天体物理学杂志》及其他主流期刊开始出版在线版，ADS 开始提供这些电子版本的链接。1995 年以来，ADS 用户的数量大约每两年翻一番。当前 ADS 与几乎所有提供摘要的天文期刊都有协议，早至 19 世纪初的扫描文章都可以通过 ADS 服务获取。ADS 服务分布在全球，在五大洲的 12 个国家/地区拥有 12 个镜像站点，通过使用 rsync 每周更新来同步数据库，所有更新都是集中触发的，它们会在镜像站点启动脚本，从主 ADS 服务器拉取更新数据。

ADS 中的论文数据通过其书目记录进行索引，其中包含它们发表的期刊的详细信息以及各种相关的元数据，例如作者列表、参考文献和引文。最初这些数据以 ASCII 格式存储，2000 年迁移到 XML（可扩展标记语言）格式。扫描的文章以 TIFF 格式存储，具有中分辨率和高分辨率。TIFF 文件可按需转换为 GIF 文件以供在线查看，以及 PDF 或 PostScript 文件以供打印。这些不同版本的数据会存储至缓存，以消除对热门文章不必要的频繁重新生成。

ADS 数据库最初仅包含天文学文献，但现在已发展为包含三个数据库，涵盖天文学（包括行星科学和太阳物理学）、物理学（包括仪器仪表和地球科学）以及来自 arXiv 的科学论文的预印本。天文学数据库的使用量约占 ADS 总使用量的 85%。文章根据主题而不是它们发表的期刊分配到不同的数据库，因此任何一个期刊的文章都可能出现在所有三个主题数据库中。数据库的分离允许对每个学科的搜索进行定制，以便被搜索的关键词可以在不同的数据库搜索中自动被赋予不同的权重函数，具体取决于关键词在相关领域的常见程度。

预印本档案中的数据每天从 arXiv 更新，arXiv 是物理学和天文学预印本的主要存储库。与 ADS 一样，预印本服务器的出现对天文学研究的速度产生了重大影响，因为论文通常在论文发表在期刊上几周或几个月之前就可以从预印本服务器获得。将来自 arXiv 的预印本纳入 ADS，意味着搜索引擎可以返回可用的最新研究，但需要注意的是，预印本可能没有经过同行评审或校对到主要期刊上发表所需的标准。ADS 的数据库尽可能将预印本与随后发表的文章联系起来，以便引文和参考文献搜索将返回指向预印本被引用的期刊文章的链接。

ADS 提供三种搜索模式：现代模式、经典模式、参考文献模式。现代模式的界面类似常规的搜索引擎，可以直接输入关键词检索。在经典模式中，根据作者、年份、标题、摘要、关键词等进行搜索。参考文献模式则是根据某篇文章的参考文献进行查找，输入期刊名、发表年份、卷册、页码，可以快速查询到对应的文章。

12.3.5 arXiv

arXiv 是一个可开放获取的电子预印本和后印本（e-prints）的在线数据库，其访问网址为 https://arxiv.org/。最初由 Paul Ginsparg 于 1991 年创立，现在由康纳尔大学维护和运营，并在全球有 5 个镜像。作为数字开放获取的先驱，arXiv.org 现在在八个主题领域托管了超过 200 万篇学术文章，由其志愿者版主负责管理和策划。arXiv 为研究人员提供广泛的服务，包括文章提交、编译、制作、检索和发现、网络分发、API 访问以及内容管理和保存。开放、协作和对学术的重视为 arXiv 的蓬勃发展奠定了坚实的基础。

arXiv 目前服务于物理学、数学、计算机科学、定量生物学、定量金融、统计学、电气工程和系统科学以及经济学等学科。在数学和物理的许多领域，几乎所有的科学论文在发表至同行评审期刊之前，都会在 arXiv 存储库中自行存档。一些出版商还授予作者存档同行评审后印本的权限。截至 2021 年 4 月，arXiv 的提交率约为每月 16,000 篇。

arXiv 主要通过 TeX 文件格式实现科学论文在互联网上的传输和呈现。1990 年左右，Joanne Cohn 开始将预印本以 TeX 文件的形式通过电子邮件发送给同事，但论文数量很快填满了邮箱。Paul Ginsparg 认识到中央存储的必要性，于 1991 年 8 月在洛斯阿拉莫斯国家实验室 (LANL) 创建了一个中央存储邮箱，并在之后的几年内为其添加了 FTP、Gopher（一种早期的文件传输协议）和互联网访问的模式。从此，eprint 这个词很快被用来描述这些在线传输的文章。

arXiv 最初是一个物理领域的档案库，称为 LANL 预印本档案，但很快扩展到天文学、数学、计算机科学、定量生物学以及统计学。它的原始域名是 xxx.lanl.gov。由于 LANL 对快速扩展的技术缺乏兴趣，2001 年 Ginsparg 将其转至康奈尔大学，并将数据库的域名更改为 arXiv.org。

arXiv 的治理由其领导团队负责，并在 arXiv 科学顾问委员会和成员顾问委员会的指导下进行。arXiv 是由康奈尔大学、西蒙斯基金会、成员机构和捐助者资助的社区支持资源。

arXiv 注册用户可以提交文章并公布，文章的提交不收取任何费用。向 arXiv 提交的内容需要经过审核，该过程将材料归类为主题领域的主题并检查学术价值。用户向 arXiv 提交的内容完全由提交者负责，并且按原样呈现。arXiv、康奈尔大学及其代理并不会为提交的内容进行背书。

12.3.6　Open SkyQuery

OpenSkyQuery 是一个星表交叉证认的工具，通过用户定义的约束条件进行基于位置的交叉匹配。OpenSkyQuery 通过门户网站提供服务（www.openskyquery.net），其核心是一个 SOAP WebServices 构建的 ASPX 应用程序。在此站点上执行的交叉工作均使用 SOAP 以编程方式完成。用户需要使用 SQL

（结构化查询语言）以及一些专门用于天文数据检索的扩展来实现星表的检索和交叉证认。SkyQuery.net 主要采用了 Microsoft.NET 技术，实现了运用 SOAP 服务执行分布式天文查询的概念。

OpenSkyQuery 的数据库是分布式的，这些位于不同计算机上的各个数据库节点通过 OpenSkyNode 网络服务互联。OpenSkyNode 同样是 SOAP 接口，它采用 ADQL（天文数据查询语言）执行并返回数据。各个节点通过虚拟天文台协议在 STScI/JHU 的注册表中进行注册，节点有 BASIC 和 FULL 两种类型，只有类型为 FULL 的节点参与交叉证认操作。

对于分布式查询，门户首先要求每个节点估计给定查询的数据，节点据此信息排序，数据最少的节点将是第一个执行的节点。接下来门户发送 ExecPlan 到计划中的第一个节点，亦即将最后执行的节点，该节点再以递归方式传递到其他节点，之后数据从每个节点传回并进行交叉，最终交叉的结果将返回至门户。

接下来以一个示例查询介绍 OpenSkyQuery 的查询功能。查询所用的 SQL 语句如下：

SELECT o.objId, o.ra,

    o.dec, o.r, o.type,

    t.objId, t.ra, t.dec

FROM

    SDSS:PhotoPrimary o, 2MASS:PhotoPrimary t

WHERE XMATCH(o, t) < 3.5 AND

    Region('CIRCLE J2000 181.3 –0.76 6.5') AND

    o.type = 3

中间部分 FROM 语句最容易理解。SQL FROM 语句指定要使用的数据库。这里选择两个数据库，SDSS（斯隆数字巡天）和 2MASS（两微米全天巡天）。这些数据库中有许多单独的表。FROM 语句表示将使用来自每个数据库的名为 PhotoPrimary（主光度数据）的表。而且，不必在每次想要引用此表时都键入 SDSS:PhotoPrimary，而是为其创建一个别名"o"，并类似地使用别名"t"来引用 TWOMASS:PhotoPrimary。

回到查询的第一部分，即 SELECT 语句。SELECT 语句告诉 OpenSkyQuery 要在结果中显示数据库中的哪些列。此语句表示要显示 SDSS:PhotoPrimary 表中的 objID（物体标识）、ra（赤经）、dec（赤纬）、r（r 波段幅度）和 type（物体类型代码），以及来自 2MASS:PhotoPrimary 表的 objID、ra、dec。这些表还有许多其他列，其中任何一个都可以添加到 SELECT 语句中。

最后是 WHERE 语句，它用于设置两个数据库之间比较的条件。子句 XMATCH 是 SQL 的 OpenSkyQuery 扩展，它比较天文物体的位置，同时考虑到每个位置的位置不确定性。子句 XMATCH（o,t）<3.5 指定将包括所有具有 3.5sigma 或更高置信度的位置重合的对象，位置重合概率较低的对象将被忽略。

WHERE 语句还使用 REGION 子句为天空中的位置设置条件，它将交叉匹配的区域限制为以赤经 181.3 度、赤纬 –0.76 度和半径 6.5 角分为中心的圆。最后，仅包含 SDSS 中类型 3 的对象。

通过单击中间面板底部的提交按钮运行查询。右侧面板显示查询处理的状态，平均需要 1~2 分钟完成查询。单击［查看］，会显示结果表格。该表格可以保存为 HTML、CSV（逗号分隔值）、VOTable 或 DataSet。点击结果面板上的［绘图］，表格将使用 VOPlot 工具绘制显示。

12.3.7　MAST

米库尔斯基空间望远镜数据库（Mikulski Archive for Space Telescopes, MAST）是一个汇集了来自可见光、紫外线和近红外波长范围天文数据的数据库。它由美国航空航天局的空间望远镜研究所（Space Telescope Science Institute, STScI）管理运作，是世界上最大的天文数据库之一。

1997 年国际紫外线探测器（International Ultraviolet Explorer, IUE）任务

结束时，美国航空航天局开始为其构建数据库存档。当时空间望远镜研究所已经在运行一个高效的数据库，用于分发哈勃太空望远镜（HST）的数据。基于 HST 和 IUE 在科学上的高度协同，两者的数据被合并归档和管理。此后不久，美国航空航天局将空间望远镜研究所设为存档中心，用于存储来自类似太空任务的数据，其中包含紫外线/光学/近红外范围内的数据。起初，MAST 的全称为 Multimission Archive at STScI（空间望远镜研究所多任务档案），2012 年 4 月 5 日改为现名，Mikulski 为美国国会历史上任职时间最长的女性。

MAST 包含了多种天文数据档案，如 Pan-Starrs、Kepler、TESS、HST、詹姆斯·韦伯空间望远镜（JWST）等，主要关注光学、紫外和近红外波段的科学数据集，归档中包含具有不同数据特征的光谱和图像数据。https://archive.stsci.edu/ 是 MAST 的网站入口，通过该网站可以查看使用 MAST 中的存档数据。MAST 网站基本上是按任务组织的，每个任务都有自己的主页。MAST 提供了强大的搜索功能，方便用户使用统一的入口进行数据检索，除了为各个任务提供定制搜索之外，MAST 还提供了跨任务搜索。

MAST 还存档了高级科学产品集(High-Level Science Products，HLSP)。用户可以使用 HLSP 搜索页面按目标或坐标搜索高级科学产品。这些数据一般由科学团队对存档的数据的进一步处理得到。

12.3.8　IPAC

红外处理和分析中心（Infrared Processing and Analysis Center，IPAC）是一个为天文学和行星科学任务提供科学操作、数据管理、数据归档和社区支持的科学中心。它位于美国加州理工学院校园内，主要关注红外亚毫米天文学和系外行星科学，为美国航空航天局、美国国家科学基金会等机构资助的项目和任务提供支持。

红外处理和分析中心成立于 1986 年，旨在为欧美联合轨道红外望远镜、红外天文卫星（IRAS）提供支持。IRAS 任务在 1983 年期间在 12μm、25μm、60μm 和 100μm 波段进行了全天巡天观测。任务结束后，将红外科学档案（IRSA）公开发布。后来，美国航空航天局将其指定为欧洲红外空间天文台（ISO）的美国科学支持中心，该中心于 1998 年停止运营。大约在同一时间，它又被指定为空间红外望远镜设施（SIRTF，发射后更名为斯皮策太空望远镜）的科学中心。红外处理和分析中心还在其他各种红外空间任务中发挥了主导作用，包括大视场红外探测器（WIRE）和太空中途红外实验（MSX）。还扩大了对地面任务的支持，并承担了两微米全天巡天（2MASS）的科学支持责任，这是一项由南北半球的天文台联合对整个天空进行的近红外勘测。1999 年，红外处理和分析中心成立了干涉测量科学中心，最初以干涉测量先驱迈克尔逊的名字命名为迈克尔逊科学中心（MSC），后于 2008 年更名为美国航空航天局系外行星科学研究所（NExScI）。

当前，红外处理和分析中心包括了斯皮策科学中心、系外行星科学研究所和赫歇尔科学中心。2014 年，美国航空航天局在红外处理和分析中心建立了 Euclid NASA（ENSCI）科学中心，以支持美国使用 Euclid 数据开展研究。红外处理和分析中心也是美国虚拟天文台的参与组织。

该中心对外提供服务的数据存档包括系外行星随动观测计划（ExoFOP）、红外科学档案（IRSA）、联合观测数据处理（JSP）、keck 天文观测存档（KOA）、NASA/IPAC 河外数据库（NED）、多普勒光谱系外行星研究数据（NEID）。这些数据存档可以通过 IPAC 的官网获得（www.ipac.caltech.edu）。还为许多天文数据集及数据服务（例如 NED）创建了数字对象标识符（Digital Object Identifier，DOI）。科研人员在撰写使用这些数据集或服务的论文时，可在其中引用相应数据的 DOI。

12.3.9 ESASky

ESASky（https://sky.esa.int/）是一个可以对全天进行全面探索的数据可视

化网站，由总部位于西班牙马德里的欧洲空间天文中心（ESAC）科学数据中心（ESDC）负责运行。基于互联网应用，用户可以随意放大他们感兴趣的任何天体。这个系统可查看从50多个空间探测任务和地基观测装置收集的覆盖整个电磁波段的海量天文数据。

ESASky中包含自1978年来收集的50多万幅图像和近950万条光谱和星表数据。这些数据对应着天上30多亿个源，包括太阳系中的行星、卫星、小行星、彗星、恒星、弥漫在银河系中的星际介质以及遥远的河外星系。ESASky正迅速成为访问空间探测任务和大型地基观测设备获取天文数据资源的重要渠道。

传统上天文学家的研究主要集中在个别波段，例如，专门研究射电天文学或X射线天文学。他们学习如何使用该领域的特定仪器收集数据，以及如何将原始观测数据处理成可使用的科学数据。然而，近年来的研究发现随着观测数据越来越多，越来越多的天文学家都在多个波段开展工作，所以需要尽可能综合全面的观测数据。于是，欧空局数据中心团队于2014年初步形成了ESASky的雏形。后续，他们根据用户反馈，不断对该系统进行开发和改造，于2016年首次正式发布。

除了受到专业天文学家的青睐，ESASky也很快成为业余天文爱好者和公众"浏览"宇宙奇观的重要渠道。在2019年，普通公众用户已占到了ESASky全部访客的三分之一以上，并且这个数字还在持续增长。团队投入了大量精力来满足移动设备上使用的需求，更好地迎合大众的访问习惯。

ESASky是一个对入门级用户极其友好的天文数据可视化平台，进入其界面，即使不阅读说明文档，也能通过其可视化界面快速上手，对其强大的功能有一个初步的体验。

ESASky的主界面设计简洁，把一些具体的功能与文字隐藏在了左上角的图标中，因而不会让人眼花缭乱。各个天区的多波段观测图像被马赛克拼接起来，并投影在了天球坐标上化为"天图"。通过简单的鼠标点击和滚轮滚动就能在界面上移动与放大缩小，右上角的搜算框可以使用户快速找到目标。

用户也可以切换来自不同波段、不同望远镜的数据可视化图像，包括射电、亚毫米波、近/中/远红外、光学、紫外、软/硬X射线、伽马射线等，对这些数据有一些直观的体验。

用户还可以查看不同数据的图像、星表、光谱，以光谱为例，点击光谱图标，界面会弹出标识着望远镜名字的方块，越大的方块代表其中的数据量越多，同时也可在界面中筛选数据的波段范围。选择某个望远镜后，可以在界面下方弹出的列表中查看当前界面所示天区中天体的光谱数据。点击具体的数据可以查看谱线。ESASky还能在jupyter-notebook上基于Python交互地使用，完成更多复杂的数据筛选工作。

2020年6月，ESASKY与中国虚拟天文台合作，发布了ESASky中文版并集成了LAMOST光谱数据。借助虚拟天文台技术，更多国内天文观测数据将可以被ESASky访问，提升我国天文观测数据的国际显示度。

12.4 应用服务

12.4.1 VisIVO

VisIVO（Visualisation Interface to the Virtual Observatory）[①]，即虚拟天文台的可视化接口，是一款免费的天文数据可视化和分析软件。VisIVO由意大利国立天体物理研究所（INAF）卡塔尼亚天文台主持开发，得到INAF、CINECA（意大利最大的学术超算中心）以及欧洲虚拟天文台计划的资助。VisIVO能够同时支持观测数据和数值模拟产生的理论数据，在处理多维数据集方面具有特别的优势。

VisIVO有桌面版（VisIVO Desktop，VisIVO-D）、服务器版（VisIVO Server，

---

① http://visivo.oact.inaf.it/index.php

VisIVO-S）以及 Web 版（VisIVOWeb，VisIVO-W）三种。它既可以作为独立的桌面应用程序来处理本地文件，也可作为虚拟天文台整体框架的一个用户界面。

1. VisIVO 桌面版

VisIVO 桌面版是一个独立运行的应用程序，可以在标准的个人电脑上进行交互式的可视化。VisIVO 的设计目标即实现大规模数据集的可视化和分析，力求满足天体物理大规模多维数据的处理和展示需求。VisIVO 遵循 VO 的相关标准同时支持大部分的天文数据格式，例如 FITS、HDF、VOTable 等。数据可以直接从特定的 VO 服务提取，比如 VizieR，然后加载到本地计算机的内存中从而更进一步地筛选、可视化和其他操作。VisIVO 同时支持观测数据和数值模拟数据，在处理多维数据集方面具有特别的优势。如彩图 11 所示，其前端界面互动性强，为科学家提供了深入理解海量、嘈杂和高维数据的机会。

2. VisIVO 服务器版

VisIVO 服务器版是 VisIVO 的一个分支产品，运行于服务器端，最大的好处是支持巨型数据的可视化，原则上对数据的体量和复杂性没有限制。和云计算的思想类似，VisIVO 服务器版以桌面版的功能为基础，充分发挥服务器后端平台强大的资源优势，比如内存、存储、计算能力等，来进一步加大 VisIVO 能支持的数据集的规模。对于非商业应用，VisIVO 服务器版采用 GPL 1.2 协议，可以从 SourceForge 网站上下载源代码。

位于英国朴次茅斯大学、意大利卡塔尼亚天文台等处的 VisIVO 服务系统为注册用户提供数据管理功能。用户可临时上传数据集到服务器端，然后通过 VisIVO 的服务器系统进行可视化和分析处理。上传到服务器端的数据集将以树状结构呈现给用户，分为文件（files）、表（tables）、体（volumes）和视图（visuals）四个层次。文件指的是一个或者几个数据表。表是 VisIVO 服务器内部一种高效的数据表示方式，通常是 VisIVO 导入器（Importer）对用户上传的数据集处理后的结果。体也是 VisIVO 服务器的内部数据表示方式，要么通过对用户上传的数据集直接处理得到，要么通过对已有的表进行操作后产生。视图是对体进行三维可视化后产生的图像结果。VisIVO 服务器包括 VisIVO 导入器（Importer）、VisIVO 过滤器（Filter）和 VisIVO 查看器（Viewer）三个核心组件构成。

3. VisIVO Web 版

VisIVOWeb 即 VisIVO Web 版于 2011 年发布，目标是在 Web 环境中为天体物理社区用户提供一个强大的可以处理大规模数据集的数据可视化工具，能够高效地处理现代数值模拟和观测数据。VisIVOWeb 于 sourceforge.net 开源，基于 GNU 许可发布，最新版本可通过开源版本控制系统 Subversion 获得。它由 VisIVOServer 加互联网用户界面外壳后生成，使得用户可以通过浏览器轻松使用 VisIVO 的功能，可以提供大规模天体物理数据集的三维视角定制渲染，将数据管理和多维可视化工具进行巧妙融合。在发布当时，此应用提供的功能及服务环境在虚拟天文台是独一无二的。由于采用了全 C++ 开发，其渲染计算效率较高，尤其在大规模多维数据处理方面与 TOPCAT 等基于 Java 开发的应用相比。常用浏览器如 IE、火狐、Chrome、Safari、Opera 等都支持 VisIVOWeb 的运行，需要支持 JavaScript、Java 及 cookies。

参考文献

Costa A., Becciani U., Massimino P., et al. VisIVOWeb: A WWW Environment for Large-Scale Astrophysical Visualization. Publications of the Astronomical Society of the Pacific, 2011, 123:503. doi:10.1086/659317.

12.4.2　Montage

Montage 是一种用于天体摄影处理的软件工具包（http://montage.ipac.caltech.edu/），它可以将普适图像传输系统 (FITS) 格式的天文图像处理成一系列拼接图像，并保留原始输入图像的校准和位置精度。

Montage 能够将单幅面的天文观测图像合成为大幅面的全天图像，还可以创建以不同波长和不同仪器观测的天空区域的融合图像，使之如同一台望远镜上的同一台仪器测量的。Montage 用户社区也提供了一系列相关软件，包括用于制作拼接图像的 Bash 和 C shell 脚本，以及作为 Astropy 项目一部分的 montage-wrapper Python 应用程序编程接口。

Montage 的科学价值源于其设计的三个特点：

（1）使用了保留输入图像的校准和位置（天体测量）精度的算法来生成用户指定投影、坐标和空间尺度参数的拼接图像集。Montage 支持天文学中使用的所有投影和坐标系。

（2）包含用于分析观测图像几何形状以及创建和管理拼接图像集的独立模块。这些模块功能强大，使 Montage 除了制作拼接数据集外还具有如数据验证等功能。

（3）采用 ANSI 标准 C 语言编写，具有可移植性和可扩展性，可以在基于 Unix 的通用操作系统的台式机、集群或超级计算机环境上运行。

Montage 制作拼接数据集主要包括以下几个步骤：首先从输入的 FITS 关键字中读取输入图像的几何形状，并使用它来计算在天球上输出拼接数据集的几何形状。之后将输入图像重新投影到相同的空间尺度、坐标系、WCS 投影和旋转角度。再对输入图像中的背景辐射进行建模，以实现拼接图像集中通用的通量尺度和背景水平，最后将重新投影的背景校正图像添加至输出数据集中。

以上每个步骤都可以脚本的方式独立运行，这种设计为用户提供了灵活性。例如，可以单独使用 Montage 作为重新投影工具，再另外单独部署自定义的背景校正算法。

Montage 支持符合 FITS 标准定义的二维图像。FITS 是天文界普遍采用的用于数据交换和档案存储的格式，旨在提供一种独立于平台的天文数据交换方式。图像中的像素坐标与物理单位之间的关系由世界坐标系（World Coordinate System，WCS）定义。FITS 格式中包含了 WCS 相关关键字，以定义天体坐标的投影形式。Montage 分析这些关键字以确定图像在天球上的覆盖区域，并计算输出拼接图像的覆盖区域。输出结果同样符合 FITS 标准，图像参数的规范作为关键字写入 FITS 头中。该工具包还包含一个实用程序 mJPEG，能够将 FITS 图像转换为 JPEG 格式的图像。

Montage 团队在 Linux 平台上使用 2 微米全天巡天（2MASS）全分辨率天图数据构建的拼接图像对 Montage 进行了测试。使用 Montage 客户端在 Unix 平台（包括 Linux、Solaris、Mac OSX 和 IBMAIX）上构建、测试和验证了输出的结果。Montage 已被用于从斯皮策太空望远镜、哈勃太空望远镜、红外天文卫星（IRAS）、中途太空实验（MSX）、斯隆数字巡天（SDSS）和美国国家光学天文台（NOAO）4 米望远镜和威廉赫歇尔 4 米望远镜等望远镜的图像拼接处理工作。

12.4.3　VO 光谱服务

滤光片服务[1]和光谱服务[2]是由简洁易用的 Web 应用和 Web 服务组成，它们可以用于检索、绘制以及处理大批光谱能量分布数据和滤光片数据，在统一框架下也可以对光谱进行各种科学操作。此外，这些服务能提供关键词检索、网页高级检索以及 SQL 查询的手段来选择光谱或波段范围曲线，查询结果会以 XML、VOTable 和 ASCII 等格式返回。

Web 服务旨在将科学功能转移到距离数据库物理上很近的位置，以便节省网络带宽。通过这样的方式，即使没有配置昂贵的硬件，也不需要花大量时间下载大量数据集或安装复杂的软件，科学家们就可以开展科研活动。

---

[1] 滤光片服务网址为 http://voservices.net/filter

[2] 光谱服务网址为 http://voservices.net/spectrum

1. 滤光片服务

滤光片服务（图 12.12 为滤光片服务主页面）是一个可查询式的光学仪器带通滤光片响应曲线的数据库。这个数据库包括大约 100 个最重要的天文仪器滤光器的响应曲线。

滤光片服务允许用户上传自己的带通响应曲线，并在虚拟天文台社区中共享它们，同时还可以用光谱服务共享它的数据库。比如在需要进行合成星等计算时，上传的滤光片将会出现在光谱服务中。注意，为了能上传自己的滤光片曲线，必须在网站上注册自己的账户。

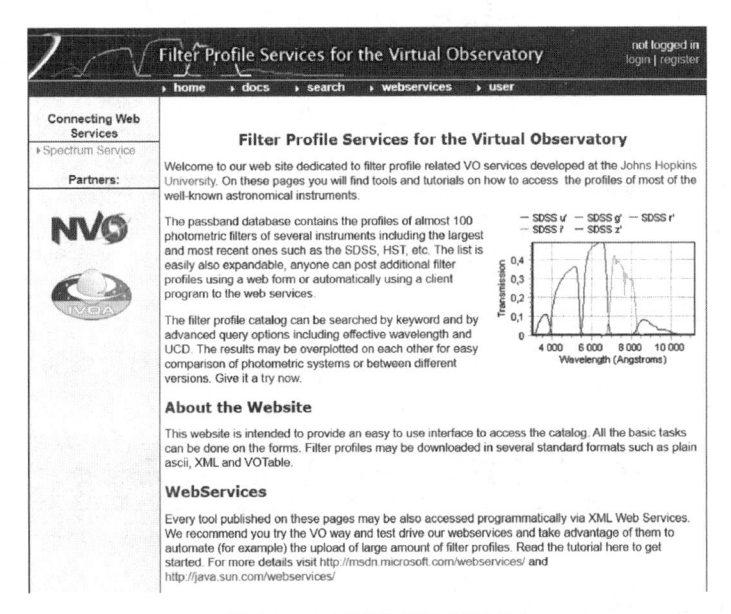

图 12.12　滤光片服务主页面

滤光片服务支持一种简单的查询方法，该查询通过滤光片描述中的关键词来实现。单击顶端导航栏中的"search"就可以获得查询表单。可以通过单击"List all filters"键来获取所有可用滤光片的列表，或者通过指定滤光片名称的一部分来获取一个子集，例如为了找到所有斯隆数字化巡天的滤光片，可以输入"SDSS"进行查询，如图 12.13 所示。

获得查询结果之后，通过勾选每个滤光片名称前的选项框，可以选择一个或多个滤光片。以像素为单位定义图像大小，并点击"Plot graph"按钮，就可以在一个绘图区绘制选定的滤光片的响应曲线，如图 12.14 所示。这时可以使用浏览器中最常用的右键菜单来保存图像。

可以前往网站详细了解更多的功能，包括上传滤光片响应曲线、利用滤光片的重新采样去匹配光谱网格、对它们进行归一化等。

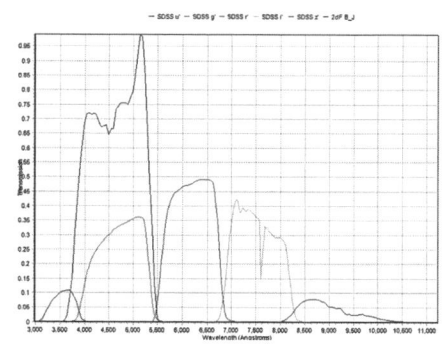

图 12.13　输入 SDSS 查询结果图　　　　图 12.14　滤光片的响应曲线

2. 光谱服务

光谱服务（图 12.15 为光谱服务主页面）整合了大量可检索的数据库，这

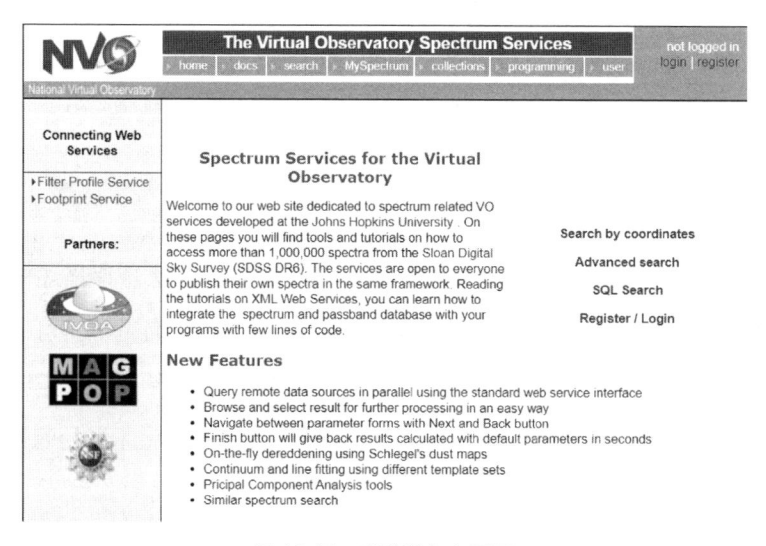

图 12.15　光谱服务主页面

些数据库包含了天体的观测和理论光谱。这些数据库总共包括了大约 100 万个天体的 200 万条光谱，它们大多来自 SDSS 和 2dF 巡天。由于绝大多数光谱经过定标，所以通过使用光学波段滤光片响应曲线来求光谱的卷积，可以确定天体的星等，或者通过这些光谱获取更多有用的科学信息。

不同的巡天按照不同的数据集组织起来，称为集合（collections）。每个集合都包含来自单个巡天的数据。集合可能被放置于不同的地理位置，中心服务可以对它们进行远距离的查询，并能把从不同的星表中取得的数据统一起来。

检索光谱数据库可以点击网站上方导航栏上的"search"。最常用的检索方式是"Cone search"，更多的检索选项可以在左边的菜单中选择，如图 12.16 所示。

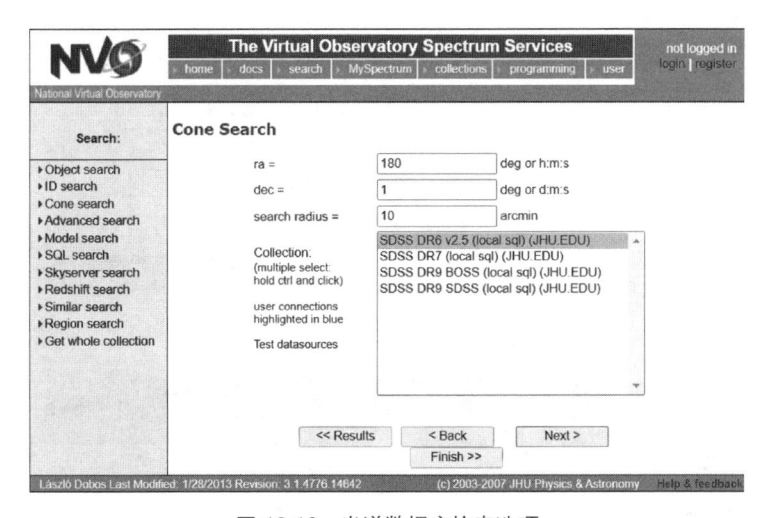

图 12.16　光谱数据库检索选项

通过填写和提交任何一种检索表单执行一次检索后，检索结果就会被显示出来，可以勾选每个光谱旁的选择框来选择单个光谱。可以从以下三种方式来查看最后结果（图 12.17）：

列表模式：列出光谱，每页 10 条，一行一个，仅包含基本信息。

图表模式：用表示光谱曲线的小图表来列出光谱。有经验的用户会发现这种模式在识别光谱类型时是很有用的。

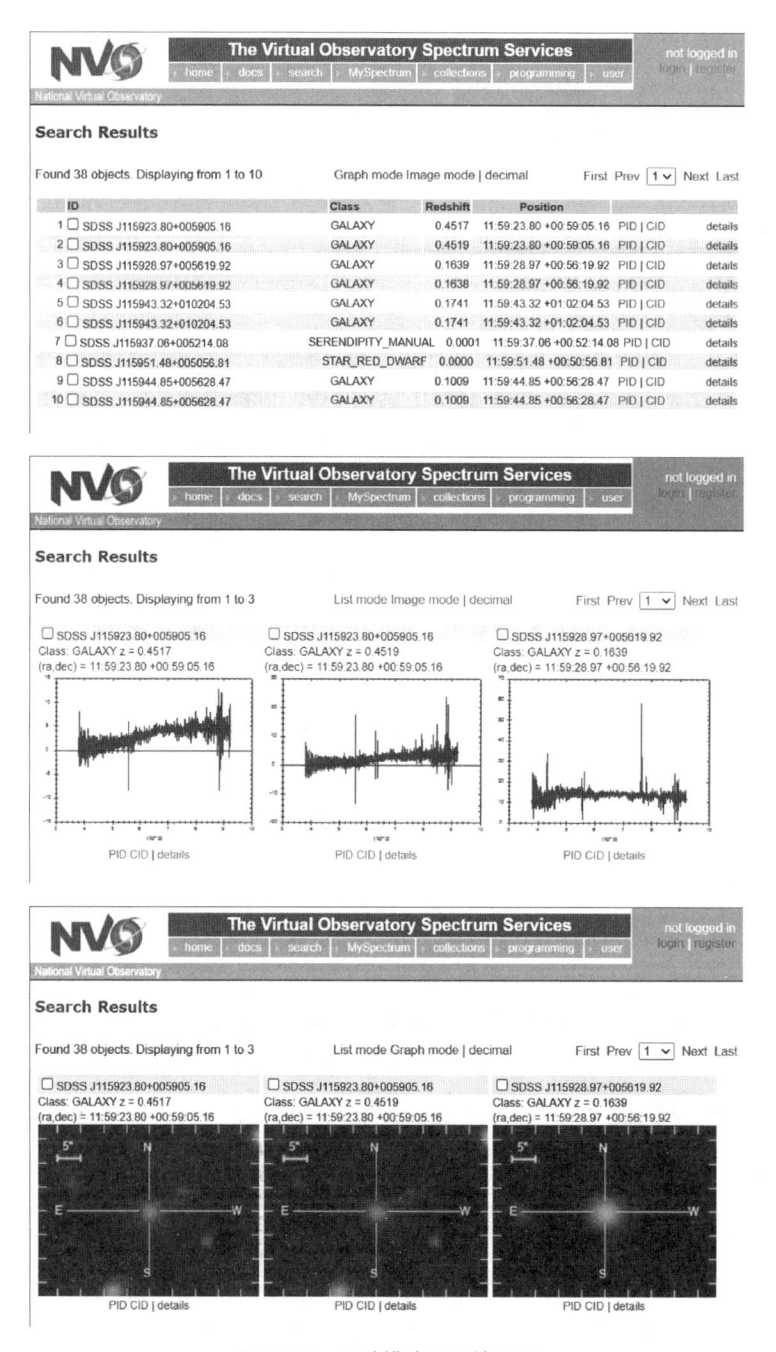

图 12.17　三种模式显示结果图

图像模式：用表示天体的小图像来列出光谱，就像在 SDSS 巡天中捕获的那样。

对于获得的结果列表，两个最基本的操作是"Download data"和"Plot on a graph"。选定操作后，可以点击"Finish"按钮来开始操作。

可以前往光谱服务网站详细了解更多操作，包括预处理光谱、连续谱和谱线拟合、合成星等计算、组合光谱以及将光谱存储到 My spectrum 等。

12.4.4 Astrometry.net

Astrometry.net 用来为天文图像标识符合天体测量标准的元数据，为天体测量提供校准服务支持，从而帮助人们组织标识天文图像中所有有用的天文信息。

你有一张天空的图像，但是却不知道其在天球坐标上的位置？Astrometry.net 项目就是为解决这个问题而发起的。输入一幅图像，系统就会返回图像的元数据信息，以及在其视野范围内的天体列表。

天体测量引擎通过将图像坐标和天空坐标进行非线性转换，通过匹配计算获取图像在天空中的坐标。引擎尽可能去获取图像的元数据，但为保证结果的正确性，有可能无法获取结果。

Astrometry.net 软件可以通过三种方式使用：网页方式、通过 flickr 小组和源码方式。可以通过访问 https://nova.astrometry.net 使用网页服务，用户提交图像到网站，网站返回处理结果。flickr 小组成员可以上传图片给 flickr 和天体测量团队获得处理结果。团队每隔一个小时检查一次上传的图片，通过程序进行结果解析。用户也可以下载代码（https://astrometry.net/use.html）到本地机器，编译运行代码。系统支持 Linux、Unix、Mac 以及 Windows。

项目解决了存档图像数据的天体测量信息获取的困难，可以将图像信息扩展到时间基线当中，大大增强了整个天空在时间上的采样。同时这种模式打开了业余和专业天文学家合作的渠道，使得专业和业余的数据具备互操作的可能。

另外，项目解决了计算机领域的几何散列问题，即当出现方向性、完整性或者污染问题时如何快速有效地搜索匹配。针对此匹配问题的解决算法也是算法模式匹配、数据分析及计算机视觉等领域的重要研究课题，Astrometry.net 项目的成功为基础研究领域提供了典型示范。

12.4.5　HiPS & MOC

层次渐进模式（Hierarchical Progressive Survey，HiPS）是一种海量天文数据管理的解决方案，它由 CDS 提出，并于 2017 年成为 IVOA 正式标准。HiPS 以天球划分作为文件组织方式，不同的是 HiPS 采用了 HEALPix 天球划分方式作为标准，通过将天文图像数据投影至 HEALPix 天球网格后再切片存储。HiPS 将切片后图片数据存储为不同的文件格式，并依照其 HEALPix 编号组织在不同的目录中，因此，可以将基于 HEALPix 空间索引的检索方法应用在 HiPS 文件的检索上。在 HiPS 标准中，数据存储在服务器端，客户端通过 HTTP/HTTPS 协议与服务端交互，这些客户端可以是网页，也可以是不同操作系统上的应用程序，这就使基于 HiPS 的应用有着非常好的可扩展性。HiPS 对图像数据可视化也有很好的支持。HiPS 对原始数据作数据切片时，可以基于 HEALPix 的层级划分实现多分辨率图层。在支持 HiPS 标准的客户端上，用户可以自由缩放浏览巡天数据，既能宏观地了解整个数据集的全貌，也可观察某一天体的细节，如图 12.18 所示。

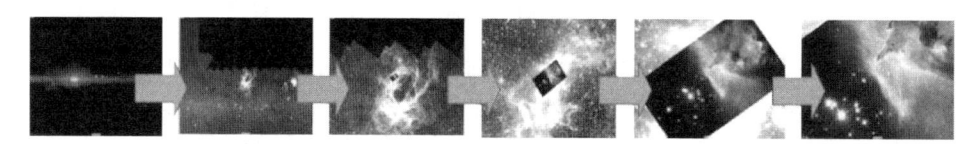

图 12.18　HiPS 的层次渐进可视化模式，通过缩放可以观测巡天数据的宏观尺度和天体细节

CDS 发布了专用的工具 HiPSGen 实现天文图像数据到 HiPS 标准数据的转换。HiPS 标准数据集的每块数据都与 HEALPix 天球划分的网格一一对应，原始图像数据需要通过数据投影转换至 HEALPix 投影后，再进行图像匹配和拼接，最后还要根据不同层级下的 HEALPix 网格进行切分，按照层级组织归档存储。

HiPSGen 主要采用了基于图像匹配和拼接的方法将图像文件转化为 HiPS 标准文件。其主要步骤为投影转换、图像拼接和图像裁剪。HiPSGen 只支持 FITS 文件作为输入。在读取文件时，会首先读取 FITS 头中 WCS 关键字以确认原始图像的投影。需要注意的是，WCS 关键字包括 25 种投影，但 HiPSGen 仅支持 SIN、TAN、ARC、AIT、ZEA、STG、CAR、NCP、ZPN、SOL、MOL、TAN-SIP、FIE、TPV、SIN-SIP，对于一些数据常用的 Mercator 投影则需要做中间投影转换，如转换至 STG，即 Polar Azimuth 投影。该转换可采用开源地理数据处理库 GDAL 实现。

之后进行图像所在 HEALPix 网格的计算。首先需要根据图像分辨率确定生成 HiPS 标准数据的最大层级。以最大层级 10 为例，将图像文件按照 1024×1024 的尺寸切分成为若干块，根据这些子图像块的四角坐标计算出其覆盖在 HEALPix 层级 10 的编号，再依次计算出这些子图像块的中心点 RA、Dec 坐标以及四个角的 RA、Dec 坐标，将这些信息写入中间文件中，用于进一步的图像切分。

根据计算出的 HEALPix 网格编号生成临时文件夹，文件夹以网格编号命名。对原始图像按照索引中间文件中的四角位置进行切分，并把切分后的子图像存入对应的编号名的文件夹中。之后对同一编号文件夹中的子图像进行图像匹配和拼接，叠加部分进行像素融合，最后得到该编号对应的 HiPS 标准数据。

除了天文观测图像外，HiPS 还支持星表的层次渐进式的组织和展示，基本原理和图像数据一致。已经有大量的巡天图像和星表通过 HiPS 标准进行数据的发布。CDS 维护了一个 HiPS 数据集列表，截至 2022 年 5 月已有 944 个巡天数据集、68 个行星表面遥感数据集、70 个星表数据集和 27 个 cubes 数据集。

支持 HiPS 数据可视化的客户端众多，除了 CDS 发布的 Aladin 软件系列外，Stellarium、MIZAR、hscMap、ESASSky、WorldWide Telescope 等软件均能够实现 HiPS 数据的加载和可视化。

MOC 全称为 HEALPix Multi-Order Coverage map，是由 CDS 开发的用于描

述任意天空区域的标准，于 2014 年成为 IVOA 正式标准。MOC 和 HiPS 一样基于 HEALPix 天球划分方法，将天球上的区域映射到分层分组的预定义单元中。MOC 的核心思想是采用不同层次的 HEALPix 网格组合式地近似出所描述的天区。如图 12.19 中示例所示，左图中天球上的区域可用右图的 8 块 HEALPix 网格拼接拟合得到，连成片的区域采用较低层次的网格，边缘则采用较高层次（面积较小）的网格近似。MOC 的数据格式是一组键值对，以 HEALPix 层级号为键，对应层级的 HEALPix 编号为值，图 12.19 所示例子的 MOC 表示即为：3:[73,74,75] 4:[291,384,1407] 5:[1226,5973]。

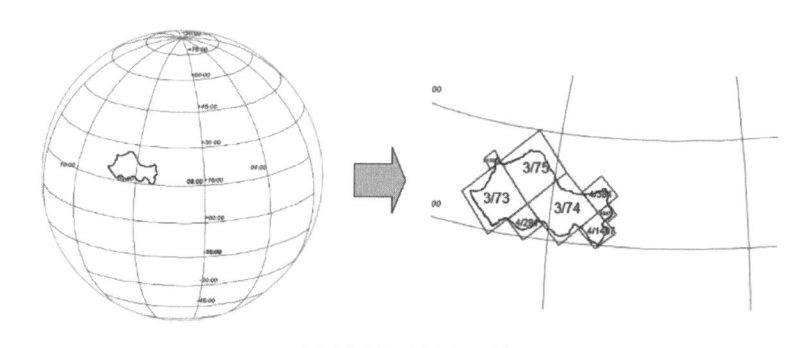

图 12.19 MOC 示例

MOC 特别适用于表示巡天的覆盖天区。图 12.20 所示是采用 MOC 描述 SDSS 覆盖天区的结果。它不适用于描述精确的天区范围，如望远镜的观测视场（FOV）。

在应用层面，除了用于描述和可视化数据的天区覆盖范围，MOC 还可以用于比较不同数据集间的覆盖天区范围。基于 HEALPix 的层级特性和 MOC 的键值对数据结构，

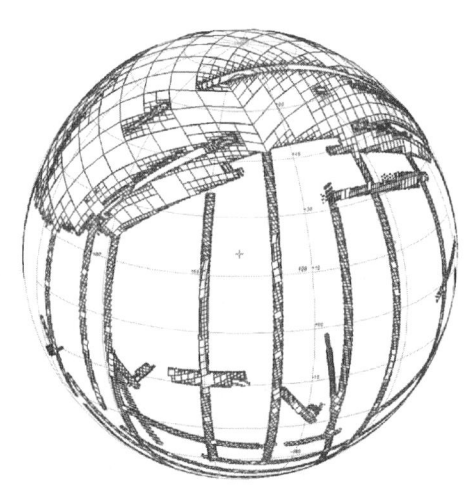

图 12.20 采用 MOC 描述 SDSS 的覆盖天区
（最大 HEALPix level 10，共计 22.5 万个网格）

MOC 具有高效的比较计算性能。因此还延伸出应用 MOC 进行星表的查询检索，通过对数据库构建索引或构造特定的文件系统结构来存储星表，再结合 MOC 的方式描述目标天区，从而实现对目标天区中天体的快速检索。

CDS 进一步将 MOC 扩展至时间维度上，发展了 STMOC。为了保持和原始 MOC 的数据结构一致，STMOC 采用了一维离散值进行时间表示，以儒略日为基础，分为 62 个层级，最高时间分辨率为 1μs。由于 STMOC 中存储的时间一般是与观测相关，为了统一，CDS 选用了质心坐标时 TCB 作为测时参考系统。STMOC 成功地将 MOC 的应用范围推广至时域天文数据和多信使天文观测中。

12.4.6 GAVO 平台

德国天体物理虚拟天文台服务平台是一个符合国际虚拟天文台联盟技术标准的在线数据与软件服务系统。平台由德国天体物理虚拟天文台（The German Astrophysical Virtual Observatory, GAVO）项目组开发维护，德国天体物理虚拟天文台是国际虚拟天文台联盟成员，主要致力于虚拟天文台数据相关标准与技术研发。GAVO 服务平台提供数据及天文软件相关的在线服务接口。

GAVO 数据服务包括数据注册及多样化的数据发现与检索服务。GAVO 数据中心归档了大量天文观测数据，包括 SDSS 光谱及图像、盖亚 DR2/eDR3、LAMOST DR5/6 等望远镜的公开数据及许多特定数据集。而且，基于 GAVO 数据中心服务接口，天文学家或天文机构可以将数据归档到 GAVO 的数据中心（海德堡或波茨坦），然后利用 GAVO 的数据发布软件建立专门的数据服务。GAVO 数据中心支持归档的数据类型包括图像、光谱、星表，不同类型的数据可以有不同的展示及查询页面。所有星表数据支持 TAP 服务及基于表单的 ADQL 数据服务的查询与访问，查询可以同步或异步执行，结果输出格式支持 HTML、FITS、VOTABLE、CSV、JSON 等。

GAVO 平台提供一些特定资源的在线数据访问服务，主要包括：

CosmoSim 模拟数据库：基于 WEB 接口，实现对来自不同项目的宇宙学模拟数据的直接 SQL 访问，是 MultiDark 数据库的继任者。

TheoSSA：热致密恒星的理论光谱数据访问接口。

MPA 模拟数据访问：支持对 Millennium 宇宙学模拟数据的高级查询。

PPMXL：是一个包括 9 亿颗恒星和星系的位置、自行、2MASS 和光学测光数据的完整星表，基本包括了全天的 V 星等在 20 以内的天体。

RAVE 数据访问：RAVE 巡天数据中 40 万颗恒星的径向速度数据的访问。

HDAP：实现对科尼施图尔国家天文台的大约 2 万张底片扫描图像数据的访问。

GAVO 软件服务是基于 Web 的形式提供的一些对数据进行在线处理的接口，主要有：

SP_ACE：基于中分辩光谱数据，计算恒星的参数及元素丰度的服务。

Crossmatcher: 数据交叉服务，支持本地数据及 GAVO 数据中心数据间的交叉证认。

VO Registry: 支持对 VO 服务的注册与发现。

此外，还提供一些客户端工具软件的下载，包括光谱分析工具（SPLAT）、多协议 VO 服务器软件（DaCHS）、命令行的 TAP 客户端（TAPSH）、命令行的 UWS 客户端（UWS-CLIENT）等。

GAVO 项目得到了德国研究部（German Ministry of Research，BMBF）、欧洲开放科学云 ESCAPE 项目以及盖亚数据处理和分析联盟（DPAC）的支持，平台服务在不断丰富与完善中。

12.4.7　AstroPy 与 AstroQuery

AstroPy 是近 10 年来在天文科学数据处理领域崛起的一个重要软件集，这套软件集包含了两个部分：astropy 包和 Astropy Project。前者是特指 AstroPy 核心包，后者则是一个宏大的计划，是基于 Astropy 规范的一系列外围软件集。

Astropy Project 项目[①] 自 2011 年开始发起，得到了许多国家研究机构的支持，以开源社区的模式运行，截至 2022 年 3 月最新版本为 v5.0。

1. AstroPy 的历史

2012 年 6 月 19 日，AstroPy 发布了第一个版本 0.1。经过 0.2、0.3、0.4 长达 3 年的不断迭代，在 2015 年 2 月 18 日发布了第一个正式版本 1.0。在 2013 年 0.2 版本时，在《天文与天体物理学》（A&A）杂志上发表了 AstroPy 项目的第一篇正式论文。

2017 年 7 月 7 日发布 2.0 版本。根据 2.0 的进展，AstroPy 团队在 2018 年基于 v2.0 版本在《天文学杂志》（AJ）上发表了 AstroPy 项目的第二篇正式论文。2018 年 2 月 2 日发布 3.0 版本。2019 年 12 月 16 日发布 4.0 版本。2021 年 11 月 15 日发布 5.0 版本。现在以大约 2 年为一个周期发布一个主版本，之后不定期发布次版本或修订版本。

2. AstroPy 核心包

AstroPy[②] 核心包由一系列的基础组件组：核心数据结构与算法、文件与数据 I/O、天文计算与工具以及软件开发配置等。

核心数据结构与算法：包含天文常数、天文单位与数量定义、N 维数据集、数据表格、时间与日期、时域序列、天文坐标系统、世界坐标系统、模型与拟合程序以及不确定性和分布计算等方面的操作。

文件与数据 I/O：包含通用文件读写接口、FITS 文件操作、ASCII 表格操作、VOTable 文件操作、I/O 杂项以及 SAMP 简单应用消息协议等内容。

天文计算与工具：包含宇宙学计算、卷积与滤波计算、数据可视化以及天文统计学工具等。

这些核心包基本涵盖了天文数据处理的基础部分，满足了天文学家最常使

---

① http://www.astropy.org

② https://docs.astropy.org

用场景的开发需求。在一些核心的功能上，AstroPy 直接封装了有着悠久历史或经过科学规划设计的软件，比如针对基础天文学计算，封装了基于 SOFA（基础天文学标准库，Standards of Fundamental Astronomy）库开发的 ERFA（基础天文学核心程序包，Essential Routines for Fundamental Astronomy）库，作为坐标、时间等计算的引擎。针对 FITS 文件操作，则封装了历史悠久的 cfitsio 库。

3. AstroPy 附属包

AstroPy 附属包是指遵循 AstroPy 开发、互操作和接口标准规范的一系列附属包，这些包有些是有一定历史的软件包，还有一些是在 AstroPy 基础上新开发出来的软件包，适合在不同场景下使用。这些包一般也使用 AstroPy 的核心库作为其数据结构和计算基础的库。在 AstroPython 项目网站上可以查阅完整的附属包目录[1]。

Astroquery[2]：Astroquery 集成了一系列访问天文数据库的工具组件，方便用户在获取天文数据时使用。Astroquery 支持对星表、数据集、模拟数据、原子分子谱线等不同数据类型的访问。Astroquery 支持的天文数据库或数据中心的访问获取服务有约 60 个，包括法国斯特拉斯堡数据中心、欧洲南方天文台数据中心、盖亚卫星数据、欧空局数据集、天体物理学数据系统（ADS）、加拿大天文数据中心等。

PyVO[3]：PyVO 是一个支持虚拟天文台数据访问协议的工具包。支持的协议包括：表格访问协议（TAP）、简单图像访问协议（SIA）、简单光谱访问协议（SSA）、简单锥形检索协议（SCS）、简单谱线访问协议（SLAP）等。这些协议也是 Astroquery 工具包的支持基础之一，在安装 Astroquery 时会自动安装 pyVO。

其他的附属包还有处理图像数据的 ccdproc、处理测光数据的 photutils、处理光谱数据的 specutils 以及机器学习包 astroML 等。

---

[1] http://www.astropy.org/affiliated/

[2] https://astroquery.readthedocs.io/en/latest/

[3] https://pyvo.readthedocs.io/en/latest/

参考文献

[1] Astropy Collaboration, Robitaille T. P., Tollerud E. J., et al. Astropy: A community Python package for astronomy. Astronomy and Astrophysics, 2013, 558:A33. doi:10.1051/0004-6361/201322068.

[2] Astropy Collaboration, Price-Whelan A. M., Sipőcz B. M., et al. The Astropy Project: Building an Open-science Project and Status of the v2.0 Core Package. The Astronomical Journal, 2018, 156:123. doi:10.3847/1538-3881/aabc4f.

第 13 章

中国虚拟天文台

13.1 发展简史

为了深入领会虚拟天文台的功能和含义，探讨和推动我国虚拟天文台的建设，第一次虚拟天文台研讨会于 2001 年 9 月 3 日至 4 日在国家天文台 LAMOST 会议室举行。

会议第一天由陈建生院士主持。来自国家天文台、北京大学天体物理中心、中国科学技术大学天体物理中心、南京大学天文系、清华大学天体物理中心的 30 多名专家参加了会议。

陈建生院士在先介绍了本次会议的召开背景和主要目的后，和赵永恒研究员以美国国家虚拟天文台白皮书为蓝本，分别从科学和技术两个方面度阐述了虚拟天文台的功能和含义。在接下来的报告中，北京大学刘晓为先生以欧洲的天文发展为主要内容介绍了国际虚拟天文台的进展情况；LAMOST 项目负责人之一褚耀泉介绍了 LAMOST 项目与虚拟天文台的密切关系；南京大学的黄介浩先生介绍了天文数据可视化在虚拟天文台中的重要作用；北京大学天体物理中心薛随建先生介绍了利用现有的天文研究工具进行天文研究的过程；LAMOST 项目博士研究生崔辰州介绍了国际上现有的大型天文数据系统和它们与未来虚拟天文台的关系；LAMOST 项目博士研究生张彦霞介绍了数据挖掘和知识发现在虚拟天文台中的应用；LAMOST 项目负责人之一赵永恒在系列报告的最后还向大家介绍了计算机技术的发展方向。

听了这些报告后，大家对虚拟天文台的认识得到了深化，对我国在国际天文学界的地位有了更清楚的认识。这些在会议第二天的讨论中得到了充分的体现。在讨论中，主要的议题有：

——虚拟天文台与现有的数据库有什么区别？

——虚拟天文台的技术优势与天文学家在其中的作用哪个更重要？

——虚拟天文台应该具有怎样的功能？

——在中国有无必要镜像世界上的大型天文数据？怎样镜像？

——在现有的条件下，中国如何切入到虚拟天文台中去？

——怎样去培养中国的下一代天文人才？

——是否必要，如何成立我国自己的虚拟天文台科学工作组？

由于这是首次研讨会，会议代表们对虚拟天文台的认识还不很一致。虽然经过热烈的讨论，但会议并没有形成最终统一的看法。不过大家都同意就虚拟天文台中的各方面问题再召开专题讨论会深入探讨。会议初步决定，下一次将请对各波段数据处理有经验的科研人员介绍与数据处理相关的问题。此后，还将就数据库的建设等问题进行探讨。

上面是我国第一次虚拟天文台研讨会的备忘录。专家学者们花了整整两天的时间来了解国际形势，探讨中国天文界的发展对策。与其说这是一次研讨会还不如说这是一次集体学习。因为那时虚拟天文台的概念在国际上也才刚刚提出，国内绝大多数天文学家都不清楚什么是虚拟天文台，甚至都没有听说过这个新生的名词术语。

2002 年初，我国天文界达成共识，提出要建设中国虚拟天文台（简称 China-VO）。中国虚拟天文台将"作为国际虚拟天文台不可或缺的一部分，完成它的中国部分，引领中国天文学进入数据密集型在线科学研究新时代。"

2002年6月，主题为"迈向国际虚拟天文台（Toward an International VO）"的研讨会在欧洲南方天文台总部召开。国际虚拟天文台联盟在会议期间正式成立。2002年10月17日，美国国家虚拟天文台计划高级成员、图灵奖获得者Jim Gray访问国家天文台，做了题为"Building the Worldwide Telescope"（建设覆盖全世界的望远镜）的学术报告并与国内学者就虚拟天文台的发展深入交换了意见。当月，中国虚拟天文台成为国际虚拟天文台联盟成员。

虚拟天文台的发展与天文数据和数据服务是密不可分的，无论是国内还是国际上基本都是由同样的人员队伍推进。我国天文数据服务开始于20世纪80年代。1988年9月，中国被正式接纳参加世界数据中心（WDC）。1989年4月，世界数据中心中国中心天文学科数据中心在原中国科学院北京天文台成立。30多年来，天文数据中心经历了从无到有的初创阶段，从单纯引进集成国外数据到向世界开放共享中国自产天文数据的发展阶段。2018年，天文数据中心通过世界数据系统CoreTrustSeal国际认证[①]，2019年升格为国家首批认定的20个国家科学数据中心之一。中国科学院科学数据中心于2019年启动建设。2021年，中科院印发了《中国科学院科学数据中心管理暂行办法》并启动了中国科学院科学数据中心认定工作。中国科学院天文科学数据中心顺利通过认定。自此，中国虚拟天文台、国家天文科学数据中心、中国科学院天文科学数据中心作为一项共同事业的三个名字存在。

国家自然科学基金委员会是管理国家自然科学基金的专业机构。中国虚拟天文台的发展离不开国家自然科学基金委员会的大力支持，基金委从2004年开始通过不同类别项目为虚拟天文台的发展提供支持（表13.1）。

---

① https://www.coretrustseal.org/

表 13.1　虚拟天文台领域获资助的部分国家自然科学基金项目

项目类别	项目编号	项目名称	起止年月
天文联合基金	U1731243	面向时域天文学的虚拟天文台核心能力建设与科学应用	2018.01—2021.12
天文联合基金	U1531125	新疆天文台脉冲星数据发布关键技术研究	2016/01—2018/12
天文联合基金	U1231108	无缝式天文数据访问关键技术研究	2013.1—2015.12
天文联合基金	U1231123	基于 GPU 实现射电干涉阵列信号实时处理的加速研究	2013.01—2015.12
科普专项	60920010	基于 WWT 平台的天文科普展览与 e-Science 理念普及教育	2010.1—2012.12
重大研究计划重点项目	90912005	以 LAMOST 网络化科研活动为核心的虚拟天文台实用化研究	2010.1—2010.12
青年科学基金	60603057	SkyMouse，智能天文信息集成访问系统研究开发	2007.1—2009.12
天文联合基金	10778623	虚拟天文台环境下的海量数据存储和共享系统研究	2007.1—2009.12
重大研究计划重点项目	90412016	中国虚拟天文台试验系统研究与开发	2004.07—2007.06

"中国虚拟天文台试验系统研究与开发"是"以网络为基础的科学活动环境研究"重大研究计划的一部分。这个计划开启了国内网格技术的研究探索，也为中国虚拟天文台的发展提供了第一推动。从 2004 年至 2007 年，项目组从系统平台建设、天文数据的统一访问、现有天文工具的虚拟天文台集成、天文设备的虚拟天文台集成、虚拟天文台基础上的公众教育五个方面开展了卓有成效的工作，为 China-VO 的角色定位（见下节内容）和后续发展奠定了坚实的基础。

中国科学院通过科研信息化专项和科学数据库项目，科技部通过科技基础性工作专项、科技基础条件平台建设项目等也为中国虚拟天文台的发展提供过宝贵的经费支持。

13.2 目标与定位

在国际虚拟天文台联盟成立之初，这个领域内通常将美国国家虚拟天文台（National Virtual Observatory，NVO）、英国虚拟天文台（AstroGrid，AG）和欧洲的虚拟天文台（Euro-VO），这三家得到资助较多、人员和开发实力较强的项目称为大型 VO 项目。其他项目，比如中国虚拟天文台（China-VO）、澳大利亚虚拟天文台（Australia-VO）、印度虚拟天文台（India-VO）、日本虚拟天文台（JVO）、俄罗斯虚拟天文台（RVO）等，称为小型 VO 项目。

基于不同的天文和技术背景，不同的虚拟天文台项目采取了不同的研究和开发策略。大型 VO 项目，由于在人力、物力和财力上占据优势，研发的重点通常放在虚拟天文台数据互操作标准的制订和虚拟天文台基础架构的设计开发等领域。IVOA 最主要的任务是开发互操作标准。谁掌握了标准，谁就掌握了技术的主动权。为此，IVOA 的三个创始成员，NVO、Euro-VO 和 AstroGrid 主动领命担任了 IVOA 大多数工作组的主席。IVOA 成立 20 年来这个局面也没有发生根本改变。小型 VO 项目情况比较复杂，根据各自的工作基础和资源条件采取了不同研发策略。

13.2.1 China-VO 研发思路

之所以称为小型项目就是因为这些项目与大型项目相比存在许多不利条件。首先，国家整体科学研究水平相对落后。三个大型 VO 项目来自美国、英国和欧盟，这都是国际天文研究的领头雁，在天文学和天体物理学上有整体优势。美国国家研究理事会每 10 年左右发布一版的天文学与天体物理学发展报告在某种意义上已成为学科发展的风向标。其次，天文资源相对匮乏。国际上大型的天文观测设备几乎都垄断在欧美天文强国的手中，成体系的天文数据也几乎都来自这些国家。再次，技术相对落后。虚拟天文台是天文技术和信息技术紧密结合的产物。美欧无疑也是信息技术的先导。最后，资金困难。虽说资金对所有 VO 项目都有困难，但对小型 VO 项目更是如此，因为这些项目大多来自发展中国家。

但另一方面，像 China-VO 这样的小型项目也有其优势。首先，天文界和 IT 界都寄厚望于 VO。正由于缺乏天文观测设备、天文数据等研究资源，所以国内的天文学家更希望 VO 梦想的早日实现，IT 界也希望以 VO 为试验床提升本国的 IT 技术水平。其次，没有历史包袱。这些小型项目所在的国家没有什么世界级的数据中心和服务项目，不用担心原有服务和技术的移植和兼容性问题，可以将 VO 从一开始就建立在最先进的 IT 技术之上。第三，VO 是个崭新的系统，各项目间没有太大的差距，其所依赖的 IT 技术也处于发展期，因此所有的 VO 项目都站在大致相同的起跑线上。

与美欧大型项目不同，China-VO 的研发重点是应用和平台，但同时在力所能及的范围内积极参加 IVOA 有关标准的讨论和制定。在 China-VO 项目的开展过程中遵循"有所为，有所不为"的原则，采取"以范例带技术，以技术促科学"的研发路线。从某些研究领域选取若干个科学上有代表性，技术上可行的选题作为范例。集中相关力量攻关，在若干技术上取得突破，并争取取得一定的科学成果。

科学上，China-VO 采用了与 LAMOST 项目等天文研究计划紧密结合的方式。发展的早期，充分挖掘 LAMOST 光学光谱数据中心的作用，建设"VO 赋能 LAMOST"（见图 13.1），使光谱数据及其相关处理技术成为 China-VO 的亮点与特色。

技术上，China-VO 必须最大限度地集中国内各天文研究机构、信息技术研究机构和数学等相关领域的人才资源，共同努力实现目标。建设过程中，尽可能多地采用开放源代码软件和自行搭建的硬件系统，使得系统开发有最大的自由度和开放度，减少对平台和系统的依赖性。

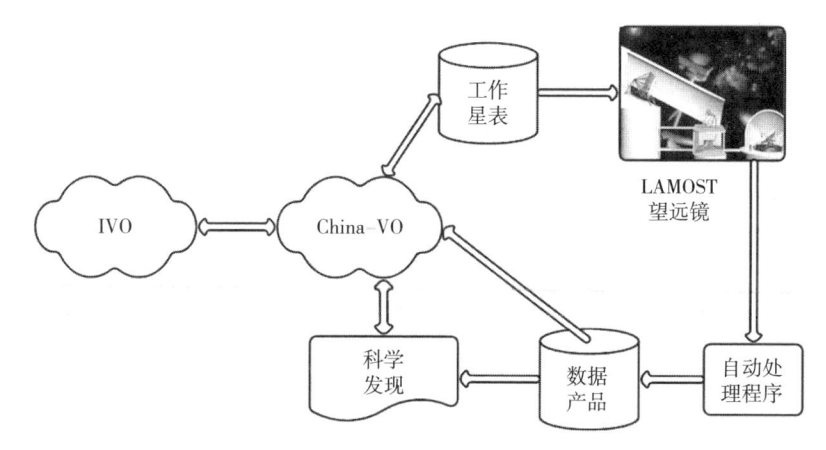

图 13.1　VO 赋能的 LAMOST 概念示意图

13.2.2　China-VO 研发重点

根据国内天文研究和 IT 技术的发展情况以及 China-VO 的自身条件，China-VO 将研发重点放在 IVOA 标准的应用和实用工具的开发等方面，定义了五个主要努力方向：

（1）中国虚拟天文台系统平台的开发。在先进的信息技术支撑下构建符合国际虚拟天文台联盟标准的 China-VO 系统平台，实现与国际上其他伙伴项目的信息和数据共享。

（2）国内外天文研究资源的统一访问。这是国际虚拟天文台联盟的基本目标，也同样是 China-VO 的基本目标，就是要以统一的标准和规范实现对世界范围内异构数据资源的无缝透明访问，为多波段、多信使和时域天文学等研究和教育活动创造条件。

（3）支持 VO 的项目与观测设备。与国内正在实施和计划中的研究计划和大型望远镜建设项目合作，尽可能早地介入其中，以便在这些项目产生科学数据的第一时间就能按照虚拟天文台的规范完成数据的管理、共享和发布。

（4）基于 VO 的天文研究示范。发挥自身对虚拟天文台资源和技术有更多了解的优势，与天文学家合作开展虚拟天文台环境下的科学研究课题，以真实的科学成果向天文学家群体以及公众展示虚拟天文台的能力和优势。

（5）基于 VO 的天文普及教育。充分利用虚拟天文台丰富的资源和先进的技术开展基于真实科学数据的天文教育、教学和科学普及活动，倡导 e-Science（网上科学）、STEM（科学、技术、工程与数学）、探究式学习、全民科学、数据驱动的科普教育等先进的科学教育理念。

13.2.3　VO 赋能的 LAMOST

2002 年，China-VO 提出 VO 赋能的 LAMOST（图 13.1），也就是基于 LAMOST 的虚拟天文台，当时 LAMOST（大天区面积多目标光纤光谱天文望远镜，也称郭守敬望远镜）是我国天文界唯一的大科学工程项目。中国虚拟天文台一直与 LAMOST 大科学工程紧密合作，努力把 LAMOST 建成为 VO 赋能的 LAMOST（VO-enabled LAMOST）。这包括两层含义：

第一层含义是指"VO-enabled LAMOST 数据"，即将 LAMOST 产生的数据产品通过虚拟天文台与全世界的天文学家共享。全世界的天文学家甚至公众都可以通过虚拟天文台访问和使用 LAMOST 观测得到的海量光谱数据。

第二层含义是"VO-enabled LAMOST 望远镜"，即实现 LAMOST 望远镜的 VO 化，让其成为虚拟天文台资源中的一个结点。虚拟天文台的用户可以通过系统实时了解到 LAMOST 望远镜的运行和观测情况。

基于 LAMOST 观测数据的科学研究过程如图 13.2 所示。要在网络环境下实现正常的工作程序，整个系统可以分为两大部分：数据存储与发布、协同工作环境。其中数据存储与发布要实现对巡天数据库的存储和管理，LAMOST 科学数据库的设计、开发和管理，LAMOST 数据使用政策的贯彻与执行；协同工作环境以"科学工作组"和"科研课题"为核心，实现用户管理、工作组管理、课题管理、文档管理、内部通信、协同工作等功能。

上述流程中，以前各个步骤的工作都是在天文学家本地的系统中进行的，效率很低，无法满足 LAMOST 大规模光谱巡天和众多科研课题的要求。中国

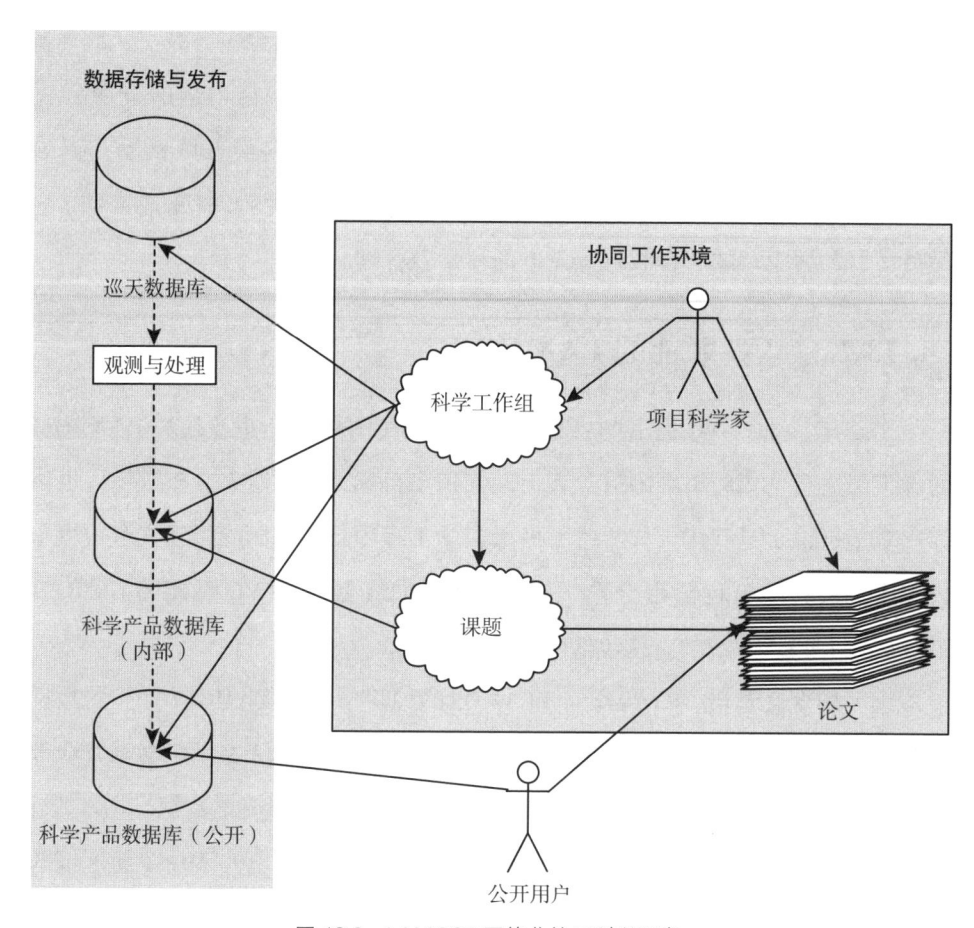

图 13.2　LAMOST 网络化协同科学研究

虚拟天文台在网络环境下实现上述工作程序，让不同地区、不同单位乃至不同国度的天文学家通过网络环境就可以了解 LAMOST 的当前及历史运行状况，并且参与讨论，进行科学研究，进而高效地产生科学成果。

这个虚拟的平台把国内外的天文学家、项目工程技术人员以及科研信息化网络环境建设人员紧密地组织在一起，让他们能够方便地组织研究课题，高效地使用 LAMOST 的科学数据，协同开展科学研究，最终让 LAMOST 的海量数据最大限度地发挥它的科学价值。

继 LAMOST 之后，500 米口径射电望远镜 FAST、宇宙第一缕曙光 21CMA

射电阵、南极施密特望远镜阵 AST3、中国 VLBI 观测网、云南天文台 2.4 米望远镜等地面观测设施，以及 CSST、EP、SVOM、HXMT、WSO 等空间天文台的建设将逐步把我国变为一个天文观测强国，为国内外天文学家贡献越来越丰富的观测资料。中国虚拟天文台将为这些项目提供高效实用的网络化科学研究环境。

中国虚拟天文台的研究和开发是一个长期的过程，不是一个简单的工程项目。在这个长期的研发过程中，China-VO 所处的天文与技术环境将会不断发生变化。首先，VO 依赖的 IT 技术处于快速发展中。底层技术的发展势必会影响上层系统的研究与开发。其次，国内的天文研究环境和国家的科技政策也在不断变化，这会直接影响到 China-VO 的发展策略。再次，IVOA 也是一个动态的合作环境，各 VO 项目在 IVOA 中的角色也不会是永远不变的。中国虚拟天文台会随着自身条件和所处环境的变化及时调整研发策略和重点。

中国虚拟天文台自提出之初就把自己定位为一个应用型研究计划，目标是在天文学和信息技术之间起到桥梁和纽带的作用，让先进的信息技术服务于天文学的研究。China-VO 在推进虚拟天文台研究和应用的同时，一直在发挥着天文信息学推动者的作用。

从 2005 年开始，每年的 VO 年会都会结合当年国内外的研究热点和发展趋势定义一个会议主题（表 13.2）。从这些主题可以看出，这个年会已经把自身定位成一个天文信息学交流和研讨的舞台。

表 13.2　历届虚拟天文台学术年会基本情况

年份	时间	地点	会议主题
2023	10 月 10 日至 14 日	仁怀	天文大模型需求和期待
2023	4 月 19 日至 22 日	桂林	二十年回顾与展望
2022	7 月 19 日至 22 日	丽江	AI 时代的数据和服务
2020	11 月 25 日至 29 日	厦门	"在线（Online）"
2019	11 月 27 日至 30 日	大庆	科学平台和开放科学
2018	11 月 21 日至 25 日	景德镇	天文学中的机器学习和人工智能

续表

年份	时间	地点	会议主题
2017	11月29日至12月3日	大理	数据融合和标准化
2016	9月26日至30日	乌鲁木齐	新一代射电天文学和虚拟天文台
2015	11月26日至30日	天水	开放的星空，开放的世界
2014	11月27日至29日	新昌	天文学的"大数据"
2013	11月13日至17日	雅安	从脚下到云端
2012	11月28日至12月1日	宜昌	虚拟天文台就在你身边
2011	11月9日至13日	贵阳	从虚拟到现实
2010	11月25日至28日	丽江	从虚拟天文台到天文信息技术
2009	11月26日至28日	重庆	VO的轮回
2008	11月27日至30日	太原	VO赋能的LAMOST
2007	11月20日至21日	广州	体验VO从现在开始
2006	11月29日至12月3日	桂林	天文学研究的信息化
2005	11月25日至27日	威海	VO，从技术到科学
2004	12月1日至5日	武汉	—
2003	9月25日至26日	北京	—
2001	9月3日至4日	北京	—

参考文献

崔辰州，赵永恒. 中国虚拟天文台研发策略与重点. 天文研究与技术，2004, 1:203–209.

13.3 研究与开发

中国虚拟天文台（China-VO）在天文科研信息化领域深耕多年，在多波段多信使数据融合、高性能检索、科研信息化等研究方向上进行了布局研究。在理论与算法研究基础上，依托网格计算、云计算、容器等先进IT技术，兼顾国际虚拟天文台联盟的数据访问协议，打造了天文科技领域云、LAMOST 数据发布系统、FAST 在线信息系统、公众超新星搜寻项目、SkyMouse、FITSManager 等应用，推动了国内天文科研工作及科学传播信息化。其中部分成果获得了省部级等奖励，也引起了公众和媒体的广泛关注。

13.3.1 数据融合研究

天文学的发展离不开观测的推动。当前，多信使多波段和时域观测蓬勃发展，积累了来自不同天文设备的海量多波段异构数据。多种数据融合、交叉证认分析是揭示天体对象内禀特征规律的关键，一定程度上规避盲人摸象式研究，是当前天文研究发展的迫切需要。但同一天体对象在不同观测设备中作为点源或面源，通常只有位置信息有可直接比较性。如何通过发展算法，准确利用空间位置信息，匹配出相同天体目标，充分发挥海量天文数据的科学收益，是集复杂计算与海量天文数据处理，融合天体物理与计算机技术双学科的前沿探索领域。

星表交叉证认当前主要集中于几个方面的研究：其中一些关注如何正确鉴别天体之间的联系，通过建立模型、假设检验等手段对复杂天体或天体组合进行鉴别；另外的一些则专注计算方面的研究，即如何提高证认速度以处理像 SDSS 星表这样达到 10 亿量级天体的大数据集合；也有对特定数据库进行扩展的基于位置搜索的交叉证认的底层实现，如 PostgreSQL 数据库就有 PGSphere、PostGIS、Q3C 等多个插件，通过函数调用的方式可直接在数据库上进行交叉证认工作。

China-VO 多年来深耕数据融合领域，针对不同数据特征、不同计算架构，也提出了多种交叉证认算法及优化、加速算法。其中一些算法已经融入 China-VO 平台中，帮助天文学家完成大规模星表交叉证认工作，进行研究课题早期的数据筛选、数据准备等工作。

国家天文台的高丹比较了多种索引算法，借鉴 B-tree 索引和 HTM 索引方法的优点，首次提出了 HTM 索引分区与 KD-tree 算法找最近邻结合的方案来快速地交叉证认多波段或不同星表的数据，解决了内存限制和算法复杂度高的问题，并保证了较高的证认精度。

天津大学赵青研究设计了面向多核环境的并行交叉证认方法，应用 HEALPix 伪二维球面索引方法，在加快数据查询速度的同时实现了数据的划分，并通过边缘数据冗余存储和基于位运算的快速邻域编码计算算法保证了边界漏源问题的高效解决。实验表明，此方法对交叉证认计算的效率提升明显，SDSS 4.7 亿条星表数据和 2MASS 1 亿条星表数据间的交叉证认只需要 25 分钟。

此后，赵青继续提出基于 MapReduce 分布式并行计算模型及 HDFS 分布式文件系统的交叉证认方法。算法设计上，依照 MapReduce 模型的特点，通过规划数据在各节点间的分布，尽量避免了交叉证认计算过程中的节点间通信，保证了接近线性的加速比。实验显示，在大规模数据集上此方法的性能优于基于关系数据库的并行交叉证认算法，64 台普通个人计算机机集群上运行 SDSS 4.7 亿条星表数据和 2MASS 1 亿条星表数据交叉证认仅需 25 秒。

交叉证认过程中，通常是遍历一个表，然后在另一个表中进行距离计算。如果两个表只有一小部分区域重叠，将有大量的无用检索。针对这一问题，国家天文台樊东卫等人另辟蹊径，将星表天区覆盖图信息带入交叉证认中。算法首先计算出两个星表的重叠区域，筛掉大量无关数据，只在区域内进行交叉证认，由此获得了 20% 的加速。在已获得重叠区域的情况下，还可以进行进一步数据挖掘，比如在重叠区域内，分析哪些源被一个星表观测了，而未被另一个星表观测。

射电展源数据与红外点源数据交叉证认方面，国家天文台樊东卫等人提出并实现了一种自动化交叉证认方法，可自动地从海量数据中识别活动星系核及其红外对应体。该方法使用了贝叶斯假设推断方法，结合几何模型对各个成分的组合进行似然度计算。在判定射电星表活动星系核的核心及其喷流瓣的同时，找到其在红外星表中的对应天体。同时还引入了整数线性规划方法

（integer linear programming，ILP），对所有组合的贝叶斯因子进行计算以取得全局最优结果。自动化的射电源成分查找及其对应天体证认将能够大大减轻人工压力，快速寻找到更多可研究的活动星系核。

山东大学杜鹏采用 HEALPix 和 HTM 索引相结合的方式来减少块边缘问题。即同时使用 HEALPix 和 HTM 索引进行交叉证认，只要在一个索引中被选中，即被选中进行下一步计算，这样可以在不扩展 HEALPix 分区的情况下，减少漏源问题。杜鹏还采用了线程池，通过多线程计算对交叉证认进行加速。

三峡大学徐洋等人针对实时寻找瞬变源的交叉证认需求，提出了一种基于等经纬分区的矩阵映射索引方法。该算法将二维数组与等经纬度间隔划分的天区建立一一对应关系，简化了交叉证认过程中的数据索引及邻近分区查找过程，实现了交叉证认过程的大幅提速。

香港科技大学贾晓莹等人研究了基于 GPU 加速 HEALPix 索引的计算，通过采用索引循环联接方法，利用 HEALPix 索引在 7 个节点的 CPU-GPU 集群上实现了 10 亿级星表的交叉证认。但是，这种方法通常会产生在群集中样本多次发送的问题。为了克服这些问题，贾晓莹采用多分配单联接（MASJ）方法进行了改进，执行效率是先前算法的 2.69 倍。

数据库方面，国家天文台万萌参与了列式存储数据库 MonetDB 的研发工作，以研究其在 GWAC 中的应用。测试发现，在数据加载方面，MonetDB 相对于 PostgreSQL 具有明显的优势，且载入时间随着载入数据量的增长缓慢线性增长。应用 Zones Algorithm 交叉证认算法，测试表明 MonetDB 相对 PostgreSQL 具有更快的处理速度。

天津大学李冰瑶等人针对多波段天文星表数据交叉证认计算性能的问题，提出了支持分布式计算与存储环境的 mcatCS 方法。该方法设计实现了专用的星表索引数据结构，其性能优于使用了 HEALPix 索引的 PostgreSQL 数据库，对数据规模扩展性的支持也优于 Q3C 以及 H3C。通过真实数据测试，mcatCS 在 2 亿数据量后与 Q3C 和 H3C 相比可以将时间分别减少 30.3% 和 30.7%。

国家天文台许允飞等人针对海量多波段星表的大范围天区检索存在效率瓶颈的问题，提出了多层级覆盖天区空间索引方法 MOC-Tree 及基于天球划分的星表分表分区策略。通过基于关系型数据库构建的多波段星表数据库，测试了该索引方法结合分表分区策略与其他主流星表检索方法间的效率对比。结果表明，该方法在大范围天区检索（检索半径大于 3°）时，平均查询时间比 HEALPix 及 Q3C 低 51%。将 MOC-Tree 索引应用到多波段星表交叉证认的位置匹配阶段中，由于 MOC-Tree 包含了不同层级的空间位置信息，能够免去了星表交叉时的一系列归并过程，从而提高位置匹配的效率。实验表明，将该方法应用在千万级星表间位置匹配上，平均处理速度提高了 37%。

这些算法上的研究，有一些尚属于研究性质，有一些经过工程化后已经应用到了 China-VO 平台及多个望远镜数据处理平台上，从不同角度解决了大规模星表数据处理及应用难题。当前，数据融合仍然是天文大数据处理的一个痛点和难点，未来 China-VO 还将在这一领域继续深一步研究，努力实现多信使多波段异构数据高效融合。

13.3.2　VO 平台研发

"天文学科技领域云"是中国虚拟天文台在中国科学院科研信息化专项和国家发改委高技术服务业研发及产业化专项的资助下，以国内核心天文观测设备的时间申请、审批，数据汇交、共享、使用，课题设计、开展为线索，融合天文观测和科研活动所需的科学数据、科技文献、高性能计算、软件和实用工具等资源，形成的一个物理上分散、逻辑上统一的网络化科学研究平台；是以中国天文数据中心（国家科技基础条件平台、地球系统科学数据共享平台、天文科学数据共享平台）的数据资源为基础，基于虚拟天文台技术和云计算技术，打造的一个全生命周期数据管理与开放共享平台（如图 13.3 所示）。

"科技领域云"要实现信息化基础设施及资源与科技活动的直接融合。在充分调研和深入探讨的基础上，天文科技领域云在初步设计中，拟定建设四个与天文研究密切相关的方面：存储、数据、计算、服务。根据项目特点，利用先进的云计算技术和虚拟化手段，整合各个参建单位的应用和硬软件资源，形成存储云、数据云、计算云和服务器，进而融合为统一的"天文学科技领域云"，最终纳入中国科学院科技云平台。天文学科技领域云的建设目标是能够形成实际应用的科研信息化环境。

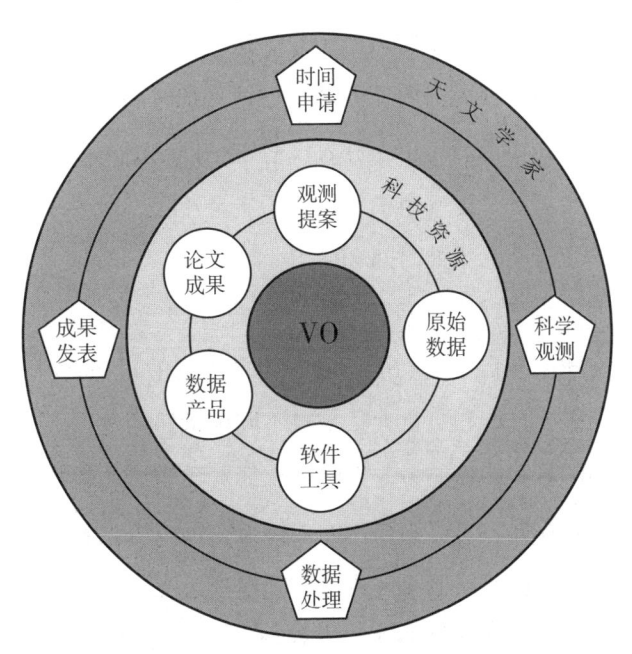

图 13.3　基于虚拟天文台技术和云计算技术，天文学科技领域云成为一个全生命周期数据管理与开放共享平台

如彩图 12 所示，中国虚拟天文台利用统一的网站平台作为入口和操作界面，共设立五个栏目：望远镜、科学数据、计算、软件工具、云资源。用户只要打开网站主页，使用科技网账号进行快速登录，就可以使用网站的大部分主要功能。

望远镜栏目中，包含丽江 2.4 米天文望远镜和兴隆 2.16 米天文望远镜的观测时间申请与分配功能，并可以浏览部分台站的气象信息。天文学家进行科学研究时，需要望远镜的实际观测数据，或进行直接分析，或与理论模型对比。不同的天文研究工作，需要天文望远镜指向不同的方向，进行不同的针对性观测。如何能更合理地利用时间，完成更多更成功的观测，就涉及望远镜使用时间分配。每过一段时间，国内各大天文望远镜都要为如何安排下一阶段的观测时间接受申请，而希望能使用望远镜的天文学家也要在这个时间段内制订好观测计划，提交申请。之后，专家评审组会对所有成功提交的申请进行审核，并安排好整个年度的观测工作。这个过程对于国内的大部分望远镜来讲都是通用的。但是在此之前，各个望远镜分配时间时，有的使用邮件申请，有的使用半网络化半纸质申请，并且没有统一网络平台能完整支持申请流程。中国虚拟天文台填补了这一空白，简化了申请流程，减少了烦琐的申请审核评分工作，节约了天文学家的时间和精力。

科学数据栏目提供科学数据在线检索、数据下载、直接保存虚拟天文台空间或网盘空间功能。随着天文数据的累积，科学家在进行观测和研究之前，都需要查询和对比大量来自不同望远镜的数据。而从前局限于个人电脑的数据存储量和计算能力，天文学家能对比研究的数据比较有限。如今，在网络技术和大数据、大存储技术的支持下，可以将观测数据分别存储在与天文学家距离很远的服务器上。再通过中国虚拟天文台这个网站平台的链接，天文学家就可以在有网络连接的条件下查询、使用这些数据（见图13.4）。目前，中国虚拟

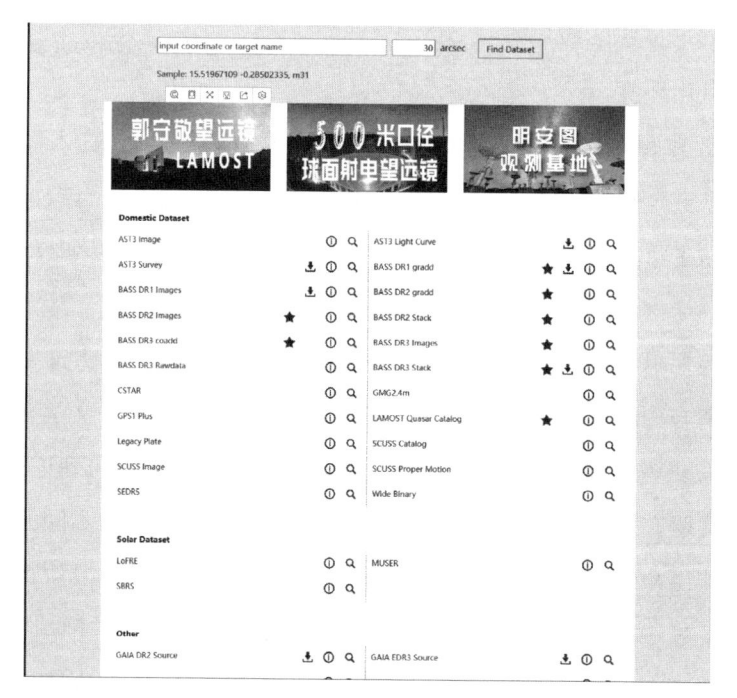

图 13.4 基于虚拟天文台技术和云计算技术，天文学科技领域云实现了"云内""云外"分布式异构数据资源的统一访问与使用

天文台网站提供丽江 2.4 米望远镜、BASS、CSTAR、兴隆 2.16 米望远镜等的科学数据集检索。

计算栏目提供中国虚拟天文台集成的计算资源概况展示。天文学家个人独立购买计算资源，会受到资金和存放空间等多方面限制。不可能每个天文团组都建设自己的机房和服务器集群，购买大量存储空间和快速的处理器。而且即便购买并建成了自己的服务器集群，日后管理和使用也十分麻烦。这些事情既不是天文学家可以做的，也不是他们应该考虑的。所以，一个相对统一集中的计算资源就显得十分必要。由中国虚拟天文台提供的集成计算资源——老虎集群有 24GB 内存，CPU 理论峰值 1.5 万亿次，可为天文学家带来更快速的计算能力。并且通过集中的调配和使用时间分配，达到对计算资源最合理使用。

在软件工具和云资源栏目中，将虚拟机技术与天文学家日常科研计算活动相结合。虚拟机技术，是指通过软件技术模拟计算机硬件，虚拟出一台完全不存在的虚拟计算机。对于使用者来讲，使用相同配置的物理计算机和虚拟计算机，进行同样的科学计算时，是不会感觉到有太大差别的。所以，如果科学家在云资源栏目中申请一台虚拟机，就相当于有了一台新的虚拟电脑。他可以通过网页浏览的方式操作这台新电脑，在需要时用这台电脑进行科学计算。当他关闭网页时，这台虚拟电脑仍然工作。而天文学家自己的电脑却不会受到任何影响。图 13.5 展示了云资源栏目的界面，目前，所有使用科技网账号登录中国虚拟天文台的使用者，都可以通过云资源栏目生成自己的虚拟机。

"虚拟天文台-天文学科技领域云"平台成功入选"2014 年度中国科学院科研信息化十大优秀案例"。2019 年，以领域云平台为核心成果，"中国虚拟天文台基础软件与系统"获得 2019 年度天津市科学技术进步奖二等奖。国家天文科学数据中心的主系统也是基于天文领域云的成功应用搭建起来的。

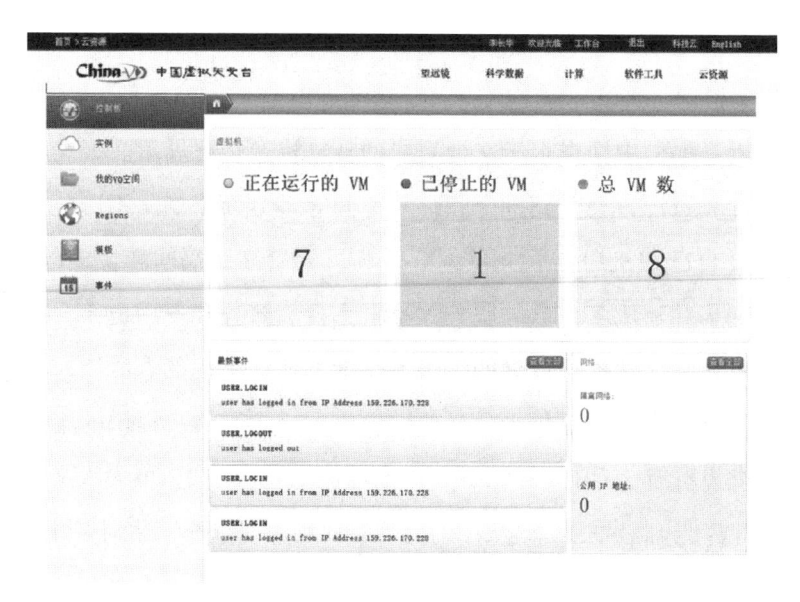

图 13.5　天文学科技领域云用户可方便地从不同地区的云节点生成虚拟机实例，实现数据的就近分析处理

13.3.3　LAMOST 数据发布系统

国家重大科技基础设施郭守敬望远镜 LAMOST 是世界上光谱获取率最高的望远镜，在大规模光学光谱观测和大视场天文学研究方面，居于国际领先的地位。LAMOST 发布的光谱数据库是世界上最大的天体光谱数据库。中国虚拟天文台为 LAMOST 设计开发了数据管理与发布系统，该系统在用户权限管理、开放应用接口、使用界面优化、云服务整合、数据检索、数据融合、在线数据分析、国际化开放共享等方面进行了全面创新，通过信息化手段大大推进了科研及项目管理工作，帮助天文学家产出了一批有国际影响力的重大科学成果。目前系统已经服务专业用户上千人，囊括了中国所有的天文研究、教学单位和很多国际合作者。

由中国虚拟天文台研发的郭守敬望远镜数据发布系统使用信息化技术手段对数据发布的全程进行管理。在用户界面优化、云服务整合、数据检索、数据融合、在线数据分析、用户权限管理、开放应用接口等方面进行了全面创新。

如图 13.6 所示，用户通过检索界面即可对数据库中所有项目进行查询，界面中每一单项都有对应帮助文档描述其功能，用户在不清楚其意义时点击标题即可查看。通过简单点击即可完成查询结果排序、文件下载等操作。

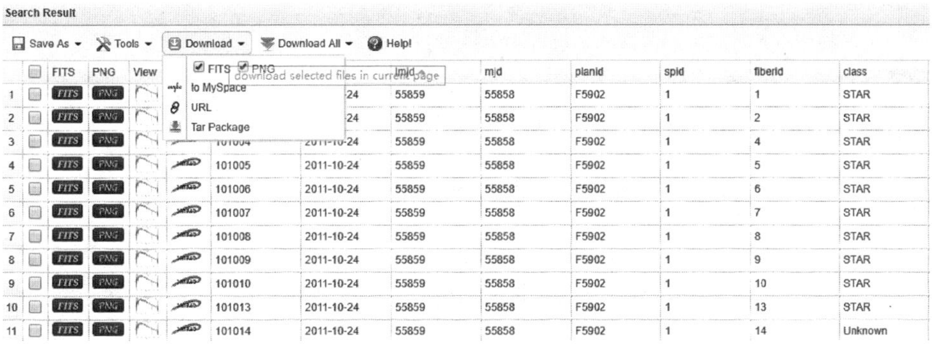

图 13.6　LAMOST 网页检索结果

系统打通了与云平台的通道。检索结果可直接导入到天文领域云存储，用户通过其在云平台上运行的虚拟机，即可使用自己刚检索到的数据，在线处理光谱文件及星表。

提供数据融合服务，获取天体更多信息。LAMOST 只有光谱数据，天文学家可以直接对光谱进行研究，但也需要获取天体在光学、红外、紫外、射电等其他类型数据，以了解其更多特性。这一数据对应过程即数据融合。为了方便天文学家的科研工作，提高工作效率，在每一版本数据释放前，数据发布系统都预先做好 40 余个常用星表与 LAMOST 数据的融合工作，提供检索服务。如 2018 年 4 月 25 日，欧空局发布了盖亚卫星第二版观测数据。数据发布系统先期主动做好准备，在数据释放的第一时间对数据进行镜像，并将 LAMOST 最新数据与其融合。这极大方便了天文学家的工作，协助产出一批成果并得到广泛好评。

LAMOST 光谱以普适图像传输系统（FITS）文件格式来存储，以往只能使用专门的天文软件或处理程序进行读取。为方便天文学家和其他用户快速查看选定目标光谱，发布系统提供了基于 HTML5 的在线光谱查看功能，实现在线数据分析，即使在手机上也可以方便地查看光谱曲线和数据。如图 13.7 所示，网页界面上除了可显示光谱的缩略图，还可以放大、缩小光谱曲线，查看光谱基本信息及分类、修改红移值、自定义光谱发射线及吸收线，寻找自己需要的光谱特征。

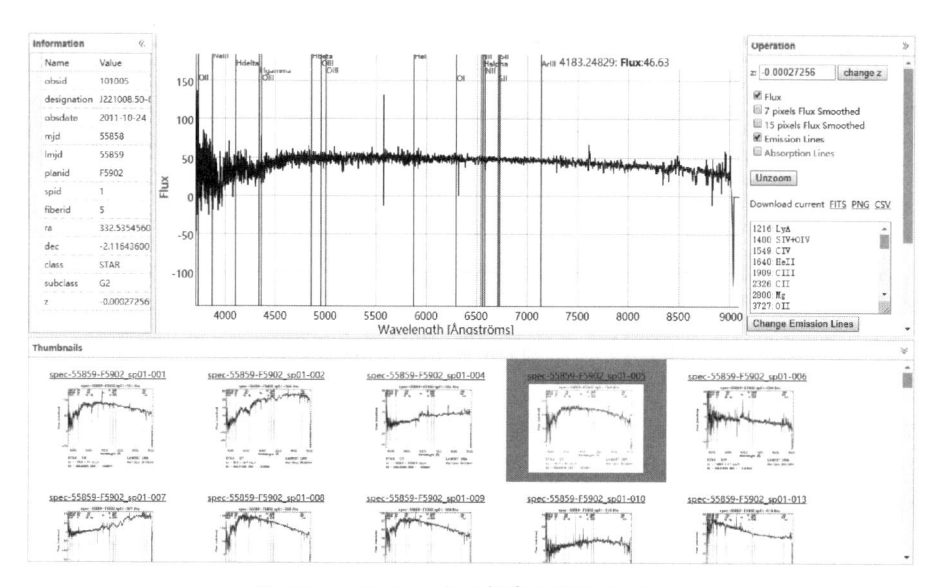

图 13.7　LAMOST 低分辨率光谱在线可视化

全新的权限管理及授权机制，实现数据可控开放。根据国际惯例，郭守敬望远镜数据根据批次和观测时间依次面向国内合作用户和国际公开释放。截至 2022 年 4 月，该数据发布系统已实现 7 个版本数据的国际公开（LAMOST DR1 至 DR7），并有 2 个版本数据（DR8、DR9）在面向国内释放中。

系统加入令牌（Token）机制，实现了应用接口的开放，更好地支持用户扩展功能。每个用户在获得授权之后，都会得到一个令牌。通过该令牌即可使用 Python、Java 等语言调用系统的服务，从而实现 LAMOST 数据系统与用户现有软件的无缝整合，方便科学家批量数据分析工作，大大提高科研效率。

国际化开放共享。数据发布系统实现了国际虚拟天文台联盟制定的锥形检索、光谱检索等数据访问协议。国际用户可在国际虚拟天文台联盟相关平台上搜索到 LAMOST 服务并访问已公开数据，也可方便地与其他遵守虚拟天文台协议的软件协同工作，拓宽了 LAMOST 数据的传播、使用渠道。

增值数据服务。部分使用 LAMOST 数据发表的工作会在 LAMOST 星表产品的基础进行进一步的处理，例如根据其他星表信息为 LAMOST 观测目标加上天体自行数据，这些数据最后会生成增值星表。LAMOST 产生的增值星表，也都统一在 LAMOST 数据发布网站上发布，以方便其他研究者参考及深化研究工作。

LAMOST 数据发布系统每年定期举行用户培训，对学生或年轻研究人员进行系统讲解，征求他们的反馈意见。团队据此不断优化系统，改进用户体验。

此项工作得到了中国科学院网络安全和信息化领导小组办公室的肯定，被评为"2018 年度中国科学院信息化优秀案例"。2020 年，作为"海量天体光谱数据分析与产品发布系统的研制与应用"项目核心成果之一，获得 2020 年度北京市科学技术进步奖二等奖。

13.3.4　FAST 在线信息系统

500 米口径球面射电望远镜（Five-hundred-meter Aperture Spherical radio Telescope，FAST）是国家"十一五"重大科技基础设施建设项目，位于贵州省黔南布依族苗族自治州境内。利用喀斯特地区的洼坑作为望远镜台址，拥有 30 个标准足球场大的接收面积，是目前世界上面积最大、最灵敏的单口径射电望远镜。全新的设计思路，加之得天独厚的台址优势，使其突破了射电望远镜的百米工程极限，开创了建造巨型射电望远镜的新模式，极大扩展了人类视野，并将在未来 20~30 年保持世界一流地位。FAST 于 2011 年 3 月 25 日动工建设，2016 年 9 月 25 日落成进入运行调试阶段，2020 年 1 月 11 日通过国家验收，正式开放运行。FAST 将在中性氢观测重现宇宙早期图像、搜寻脉冲星、VLBI、高分辨率微波巡视及地外文明搜寻等方面展开突破。

FAST 每年有数千小时用于科学观测，千余小时供来自全世界的科学家申请使用，对外提供优质的观测服务成为必须解决的关键需求，而服务流程的信息化，从而实现科学观测项目的高效管理也成为必然。为方便科研人员更好地使用 FAST，获取宝贵的科研数据，国家天文科学数据中心团队基于多年天文数据管理服务经验，对接虚拟天文台国际理念与标准，设计开发了 FAST 在线信息系统。

该系统选择采用 Flask 作为后端的开发框架，并结合 Bootstrap 与 JavaScript 实现前端 UI、操作控制和基于 B/S 框架的访问控制与业务流程。该在线信息系统首页如图 13.8 所示。

图 13.8　FAST 在线信息系统主页

FAST 在线信息系统主要包括用户管理、内容管理、观测申请评审、项目管理、数据中心五大核心模块及辅助模块，通过信息整合为科研用户和管理员提供在线管理和分析功能，为科学观测提供全生命周期信息化支撑。系统采用基于角色的访问控制（Role-Based Access Control，简称 RBAC）方案，即用户、角色、权限关系绑定，实现角色的自定义和权限管理，从而快速实现不同科研用户的权限需求和个性化设计。内容管理用于定义功能模块入口、发布与观测和数据相关的公告、发布望远镜基本状态信息和帮助文档、发布科研成果等，实现科研信息的及时共享，方便科研人员及时获取信息。数据中心模块主要帮助科研用户便捷使用观测数据，完善体验。由于数据量较大，用户可通过数据中心模块提交相关文件供管理员查看，以分配计算集群账号在线进行数据处理，也可申请数据对外传输，在本地环境开展数据处理等工作。

观测申请评审是本信息系统最为核心的模块之一，是科研人员进入观测业务流程的起点，观测评审结果决定了每个提案对应的观测项目是否会被创建。项目管理模块向前与观测申请评审模块关联，向后与望远镜观测对接，前后关系如图 13.9 所示，是整个系统最复杂的核心功能模块，数据流在各个子功能模块间相互流转，最终为望远镜观测提供观测参数。主要工作流程如下：

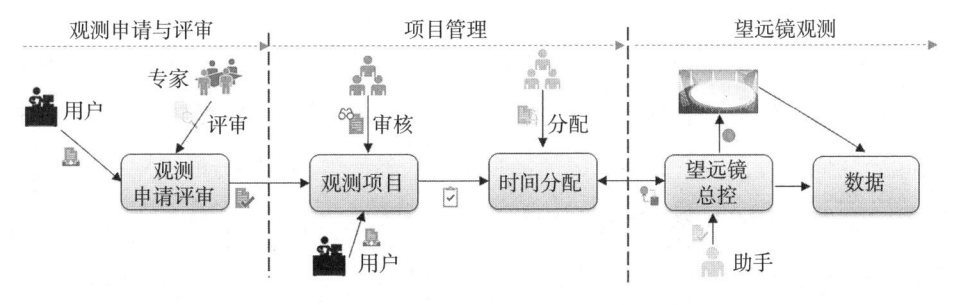

图 13.9 观测申请评审与项目管理

观测提案征集。科研人员根据自己的研究方向提出科学研究内容，论述研究方法、目标及技术可行性，形成观测申请提案，通过观测申请系统提交到系统管理后台。

评审阶段。望远镜运行团队对提案进行技术评审形成技术可行性意见，然后科学委员会根据观测提案类别对提案进行在线分类，在线将不同类别的观测提案分配给相关领域的评审专家给出评审意见。

评审结果开放。时间分配委员会根据汇总的意见，评定项目的优先级及观测时长，在线反馈给科研用户最终结果。

观测评审结束后，业务流进入到项目管理模块，管理员根据评审结果在线为提案申请人创建观测项目。项目创建后，项目负责人即可在系统中访问该项目的功能模块，并可以授权或更改项目成员的权限，如是否可查看、可修改等，成员具备相应权限后即可访问对应的项目模块。在项目中，每颗观测目标都会经历观测参数、暂存区、待分配、观测计划、历史提交、观测日志六个功能模块。每个模块不但具备独立的管理功能，而且相互间可以进行转换。在整个流程中，观测阶段也将与下一次的提案征集和评审交叉进行，形成征集、评审、观测、数据开放、数据处理的循环。

系统辅助模块虽然不是观测流程的核心功能，但在用户体验的改善上起到非常重要的作用。该模块主要包括邮件推送、留言模块、信息检索、操作日志、项目权限控制模块、工具算法模块等，辅助用户更好地使用信息系统。

FAST在线信息系统采用流水线方式实现观测项目的管理，由科研用户与望远镜观测人员进行信息交互变更为在线协同办公环境，平均占用时间由数小时减少到分钟级，极大提高了望远镜观测信息确认与项目执行的效率。该信息系统囊括了中国所有的天文研究、教学单位与部分国际合作者，并先后支撑了FAST望远镜优先和重大项目的启动与首次国际开放。来自世界各地的天文学家通过该系统提交观测申请并获取天文数据。

本信息系统一站式打通了观测申请评审、观测参数提交、望远镜观测、数据获取处理等关键环节，并经历了长时间的运行考验，可为未来其他射电望远镜的观测管理提供参考与示范。2021年3月，本信息系统被评为"2020年度中国科学院信息化应用优秀案例"。

13.3.5 数据访问服务

为解决异地、异构、海量天文数据无缝透明地统一访问问题，国际虚拟天文台联盟（IVOA）不断制定、完善各种相关标准协议。China-VO研发团队基于这些协议实现了 VO-DAS、NADC 数据检索系统、VO 注册等数据访问服务，解决了国际数据获取、国产数据发布、数据服务注册及同步等问题。

1. VO-DAS

虚拟天文台数据访问服务（VO-DAS）是一种典型的网格计算应用[①]。该系统利用开放网格服务体系结构——数据访问与集成 OGSA-DAI 中间件，实现了异地异构的星表数据、图像数据和光谱数据的统一封装；通过天文数据查询语言 ADQL 完成了对任务的统一描述；基于 WSRF 框架完善了对数据资源、计算资源以及存储资源任务的统一调度；借助 IVOA Registry 服务实现全球数据资源的统一描述和发现。这使得天文数据源的多波段交叉证认、海量数据分析及可视化等成为可能。VO-DAS 支持国际虚拟天文台联盟的多项协议，具有良好的互操作性。其对外接口简单实用，可以针对不同需求的天文数据用户开发出多种网格应用产品。

VO-DAS 全系统分成两个部分：VO-DAS 主系统和 DataNode。如图 13.10 所示，上部框图是 VO-DAS 主系统部分的设计示意图，下部框图是 DataNode 部分的设计示意图。

VO-DAS 主系统的核心是 Task Queue 和 ADQL Parser。Task Queue 负责任务调度和管理任务，ADQL Parser 负责对查询请示进行解析和产生执行计划。

DataNode 是独立的网格服务，通过网格服务接口和 VO-DAS 主系统服务联系。DataNode 中实现了数据格式转换、天文星表查询、天文图像数据查询、天文光谱查询、交叉证认、数据分发等功能供 VO-DAS 主系统调用。

VO-DAS 服务提供了获取元数据、查询、任务等简单、直观的访问接口。为便于使用 VO-DAS 服务，China-VO 开发团队基于这些接口研发了配套的客户端，包括 GUI 客户端和命令行客户端，它们分别以不同的方式响应用户对 VO-DAS 的请求，完成对分布存放异构数据资源的访问。其中图 13.11 展示了

---

① http://www.china-vo.org/vodas.html

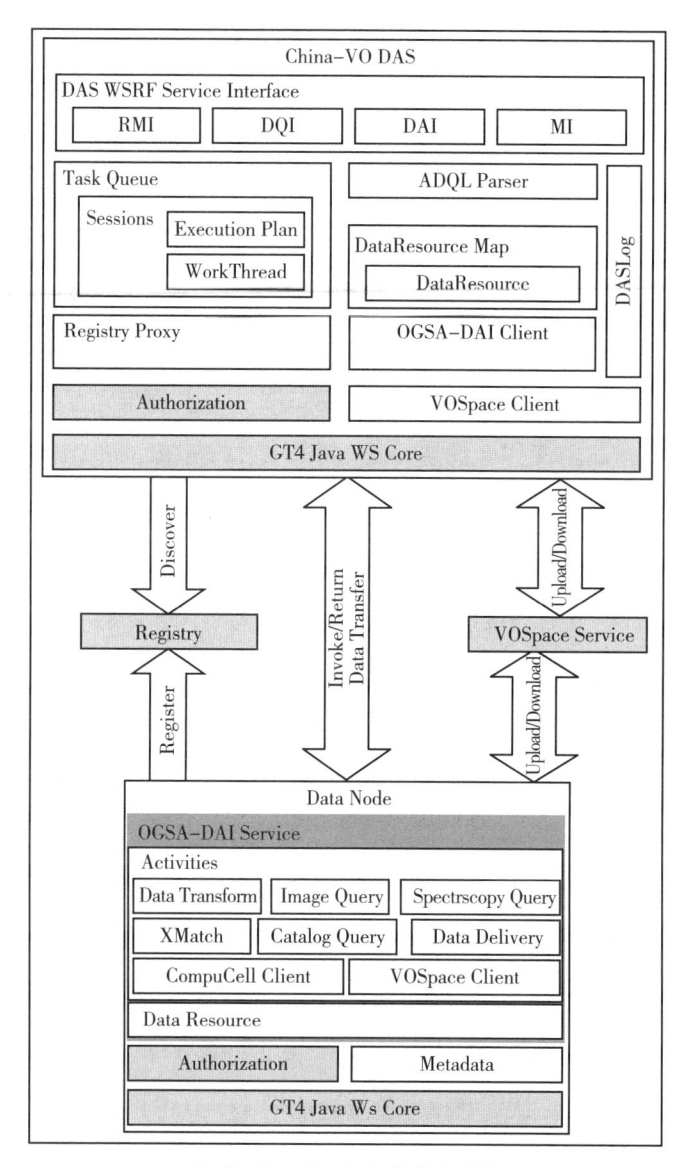

图 13.10　VO-DAS 的总体设计

GUI 客户端图形界面交互方式，它易学易用，适合数据访问频率不是很大的初级数据用户；命令行客户端以命令行来处理数据用户的查询，命令行还可集成到用户自己的程序中，它能满足高级用户频繁的数据访问需求。

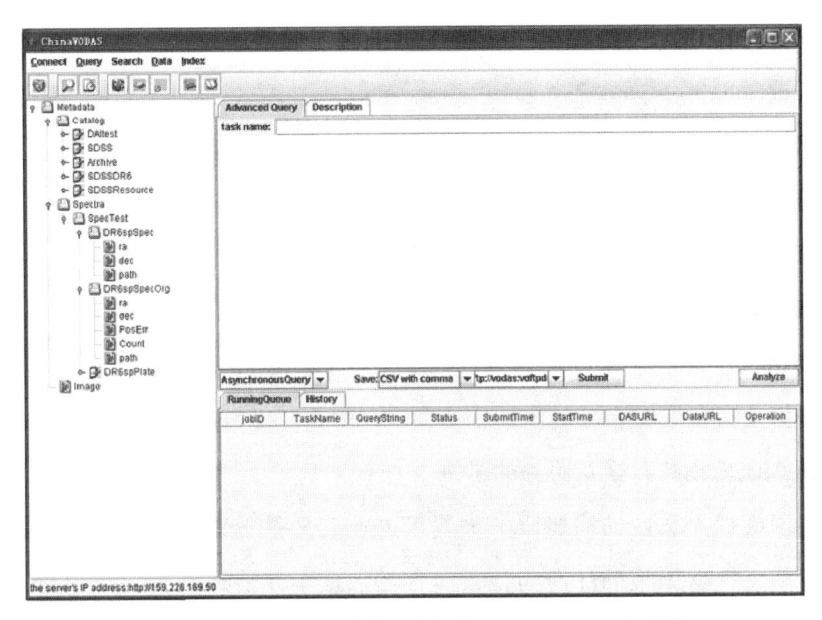

图 13.11　支持了光谱数据查询的 VO-DAS GUI 客户端

2. VO 注册

在虚拟天文台体系中，数据和服务统称为资源，可通过资源元数据来描述资源。元数据经注册表维护和管理，而后通过注册服务接口提供访问和收割服务，就是 VORegistry 机制。在 VORegistry 上搜索，用户就可以取得自己需要的数据或 VO 服务列表，进行数据获取或服务调用。

资源元数据是通过元数据模型进行规范定义的。虚拟天文台定义了机构、数据（集）、服务等一般的资源元数据规范（VO Resource），更详细和广泛的元数据规范可以扩展基础资源，所有的元数据资源都可以通过标准 XML 格式展示。

每个资源元数据都被赋予一个唯一标识符，这个标识符的定义由《IVOA 标识符》规范定义，格式如：

ivo://<authority><path>?<query>#<fragment>

其中 <authority> 为标识符的命名机构，由注册中心指定，比如中国虚拟天文台的命名机构就是 china-vo。国家天文科学数据中心的资源标识符形如：

ivo://china-vo/<path>?<query>#<fragment>

虚拟天文台注册表的第二代标准搜索接口为 RegTAP，该接口基于资源描述中关键字段的关系表示和 IVOA 表访问协议。

注册服务的接口通过成熟的 OAI-PMH 2.0 接口实现。这是一个应用多年的元数据获取标准，有标准的应用接口，虚拟天文台注册服务信息作为 OAI 的内部信息被 OAI 协议包装。在 IVOA 的 http://rofr.ivoa.net 网站可以查询到所有支持虚拟天文台注册服务的注册中心。图 13.12 为在 Topcat 中调用 VORegistry 查询 LAMOST 相关数据及服务的示例。

中国虚拟天文台的注册服务隶属于国家天文科学数据中心的资源服务部分，目前支持数据集的注册与检索。各类数据集在上线发布之时，其注册信息、数据集展示信息也都在国家天文科学数据中心的数据页面展示。

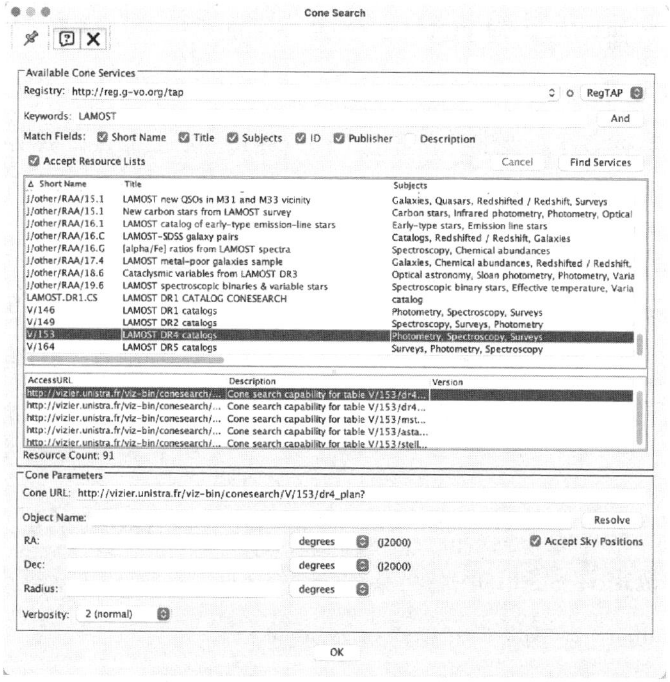

图 13.12　在 Topcat 中调用 VORegistry 查询 LAMOST 相关数据及服务

3. 天文数据检索系统

China-VO 天文数据检索系统是为 China-VO 归档、镜像数据提供在线检索服务的门户系统[①]。截至 2022 年 3 月，该系统已为 30 余套中国国产数据集或国际重要数据提供了数据发布平台。诸如 AST3、SCUSS、BASS、SkyMapper、GAIA、WISE、UCAC 等有影响力的数据都可以在系统中找到并检索。

用户可通过主界面最上方的输入框来查找与自己感兴趣目标相关的数据，并对这些数据集逐个检索。图 13.13 为 BASS DR3 Coadded 星表的检索界面。

检索结果可通过网页展示，或者直接保存为 csv、VOTable 等格式。网页一般包含更多信息，例如相关星表文件、图片文件下载等。网页还支持通过

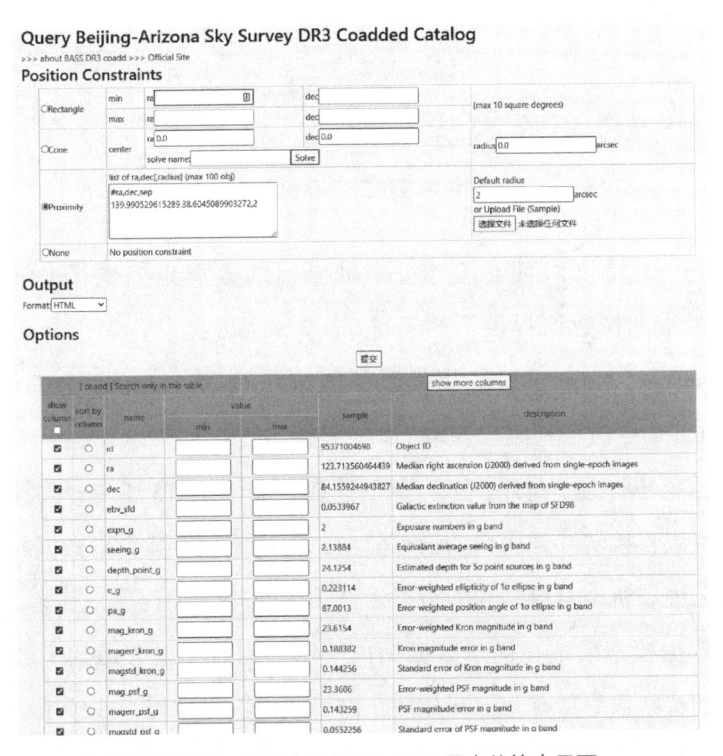

图 13.13　BASS DR3 Coadded 星表的检索界面

---

① https://nadc.china-vo.org/data/

web SAMP 将检索结果发送给 Topcat 等支持 VOTable 表格数据的 SAMP 客户端，如图 13.14 所示。

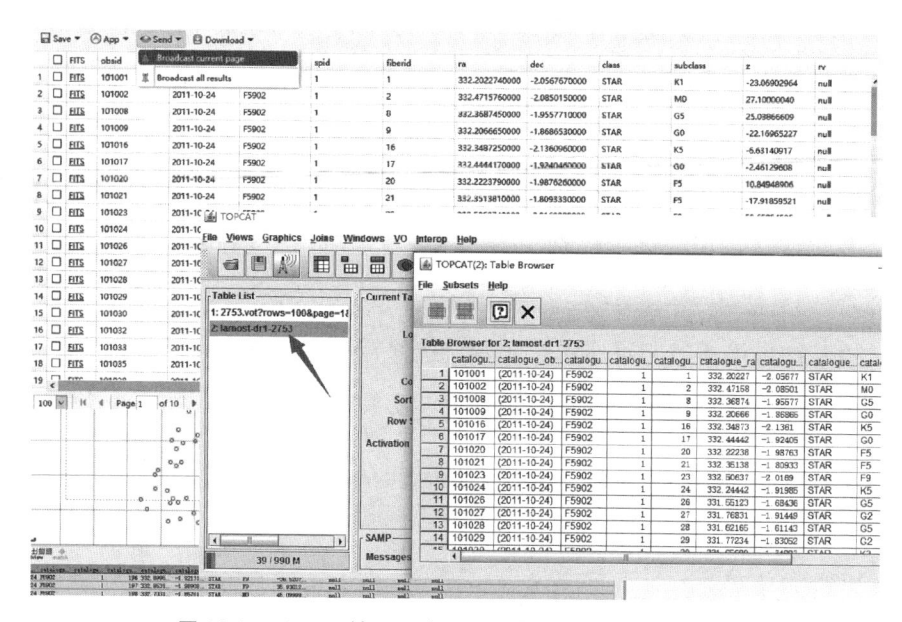

图 13.14 SAMP 结果通过 SAMP 发送给 Topcat、Aladin

除了 SAMP 协议，系统还为每个带坐标的数据集提供了 ConeSearch 服务接口，为带图像数据提供了 Simple Image Search 接口，为带光谱数据提供 Simple Spectrum Access 接口。相关服务接口在 IVOA Registry 中进行了注册，可以在 VO 注册中进行检索、获取。

检索系统还打通了与用户云存储的连接，如图 13.15 所示，与检索结果相关的文件可以直接转移到用户的云存储中，用户无须下载大量数据就可以直接在自己的云虚拟机中对检索到的数据做进一步处理。

天文数据检索系统在便于数据用户使用的同时，也考虑到了数据提供者需求。比如有些数据是有条件开放的，需要用户进行申请，或须由数据提供者进行授权，系统均为此提供了相应的解决方案，实现了不同约束下的数据发布与共享。

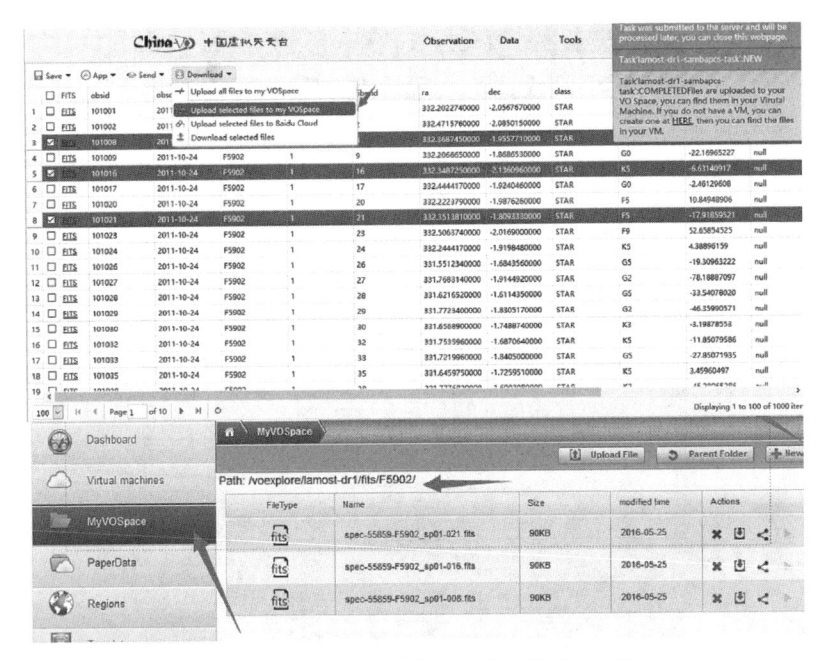

图 13.15　检索结果中的相关文件上传到云存储中

13.3.6　桌面应用

网络应用与桌面应用各有其使用场景，互为补充。中国虚拟天文台在多年发展中也从数据管理、数据应用等不同角度出发，开发了多款桌面应用软件，本节主要介绍其中几个比较有代表性的软件：SkyMouse、FitHAS 和 Astronomical File Manager。

1. SkyMouse

SkyMouse 是中国虚拟天文台研发的一款信息整合工具[①]，于 2008 年发布，包括桌面屏幕取词软件及在线查询系统两部分。如图 13.16 所示，SkyMouse 可以通过屏幕取词的方式取得用户当前正在阅读的文本，然后一键调用在线查询系统取得文本对应的信息。如果文本是中文，还将调用天文学名词词典将其翻

---

① http://skymouse.china-vo.org/

图 13.16 SkyMouse 桌面端及屏幕取词功能

译为英文，再到国际数据库中查询。

SkyMouse 的在线查询系统整合了 SIMBAD、VizieR、ADS、Arxiv 等服务。如图 13.17 所示，SkyMouse 在线检索系统的初始界面上，用户可以选择要搜索哪些数据库。由于早期这些服务尚未提供系统调用接口。SkyMouse 通过分析各个服务的网页提交方式及返回格式，在系统后台对各个服务发送请求并解析返回结果以展示给用户使用。对于访问较慢的服务，SkyMouse 采用了缓存策略，将结果暂存在自己的服务器上，可加快下一次的结果展示。

SkyMouse 是中国虚拟天文台在天文信息整合方法上的一次尝试。将当时流行的屏幕取词方式与用户文献阅读过程做了较为深入的整合。但受限于数据库及服务系统不是自有的，其数据展示方式、访问速度和最终使用的便利性都受到了极大的限制。

图 13.17　SkyMouse 的在线检索界面，用户需要点选自己需要的数据库进行搜索

2. FitHAS

FITS 头归档入库系统（FITS Header Archiving System，FitHAS）[①] 是中国虚拟天文台专门为 FITS 头信息批量入库，实现 FITS 文件的数据库化管理而开发的应用软件，旨在提供一个功能实用、操作简单、界面友好的 FITS 文件管理辅助工具。

普适图像传输系统（Flexible Image Transport System，FITS）是天文学领域的数据格式标准（图 13.18）。当前，大量的天文数据以 FITS 文件的形式保存在计算机系统中。大型巡天项目释放的 FITS 数据文件的数目可以达到百万、千万甚至数亿量级。在文件系统中查找包含满足一定条件的数据资料的 FITS 文件越来越困难。即使有很好的目

图 13.18　FitHAS 主界面

---

① http://www.china-vo.org/fithas.html

录结构和文件命名规则，要从如此海量的文件中寻找满足一定条件，比如特定观测日期、特定观测目标等的文件也非常困难。相对于文件系统，数据库在数据检索和查询方面有着天生的优势。

FitHAS 通过友好的图形界面向导方式实现 FITS 文件头信息浏览，将单个或者多个 FITS 文件的头信息导入数据库的功能。整个系统的研发宗旨是简单实用，用户不需要任何编程背景，只需要对 FITS 文件结构和数据库知识有基本了解。

FitHAS 最核心的功能是将 FITS 文件主 FITS 头中的关键字及其值导入数据库，并为每个 FITS 文件记录添加文件保存路径等必要信息，以便利用数据库进行 FITS 文件的管理和检索。FitHAS 具体的功能包括如下几个方面：

——查看指定 FITS 文件的头信息；

——根据 FITS 文件头中关键词的布局结构创建数据表；

——将符合入库条件的 FITS 文件的主 FITS 头信息导入数据库；

——查看被导入数据库的 FITS 头信息。

这四种基本操作非常醒目地排列在 FitHAS 的主界面上。在把 FITS 头导入数据库的过程中允许用户指定某个目录下的单个文件、多个文件，或者某个目录及其子目录下的所有文件。这三种情况基本涵盖了绝大多数用户的文件操作习惯。

用户可能需要对现有的数据进行更新，或是增加新数据，或是修正现有数据。FitHAS 在导入数据时，针对已经有数据存在于数据表中的情况提供了三种处理策略：

——重新导入模式，把已有数据记录清空后导入；

——忽略导入模式，对已有数据记录不做改动，仅导入新增文件数据；

——更新导入模式，以现有文件信息更新数据库中已有记录并导入新数据。

FITS 头信息入库之后，用户就可以基于数据库进行进一步的应用。比如提供公开的在线检索服务，用于数据发布；用于管理个人数据，快速查找自己需要的文件；等等。

3. FITS Manager

FITS 文件管理器（FITS Manager）是一款为天文学家设计的功能强大且易用的 FITS 文件管理软件（彩图 13）[①]。FITS 文件管理器着眼于对中小规模数量的 FITS 文件的管理，实现对 FITS 文件的快速查找、预览以及相关处理。在不改变天文学家现有工作习惯的前提下融入虚拟天文台先进的技术和功能。FITS Manager 采用日趋流行的插件式软件开发模式，在完成软件跨平台的同时极大地增强了软件的可扩展性。

FITS Manager 类似于操作系统的文件资源管理器。天文学家可以像使用自己操作系统所提供的文件管理器那样浏览他们的文件夹和文件树。当一个 FITS 文件被选中时，一些特定的功能将可用。对于其他格式的文件，导航过程类似于使用操作系统文件管理器。FITS Manager 着眼于在天文学家个人计算机上对中小规模数量的 FITS 文件进行管理，提供索引、搜索、预览和扩展功能。

FITS Manager 的文件搜索是基于文件名、FITS 文件头关键字和其他的元数据进行的。可对文件列表中的 FITS 文件头内容和文件名进行对比。或者将给定的文件夹或是整个文件系统中的 FITS 文件头的关键信息导入到数据库后，对数据库进行搜索。FITS Manager 为 FITS 文件头归档和 FITS 文件搜索提供了图形用户界面（图 13.19）。

FITS Manager 提供了多种浏览方式，包括缩略图、图标等。在图标模式下，FITS 文件管理器为不同文件类型提供不同的图标以区别。在缩略图模式下，软件为几种典型的 FITS 文件自动生成并展示缩略图。FITS Manager 支持的文件类型有表格、2D 的图像以及 1D 的光谱文件。这项功能有助于对包含图像和光谱数据的 FITS 文件的快速检查和定位。

FITS Manager 还支持 IVOA 的 VOTable 数据格式以及 SAMP 通信协议。在 FITS Manager 中选中的文件可以发送给 ALadin、Topcat、SAOImage DS9、

---

① https://nadc.china-vo.org/fm/

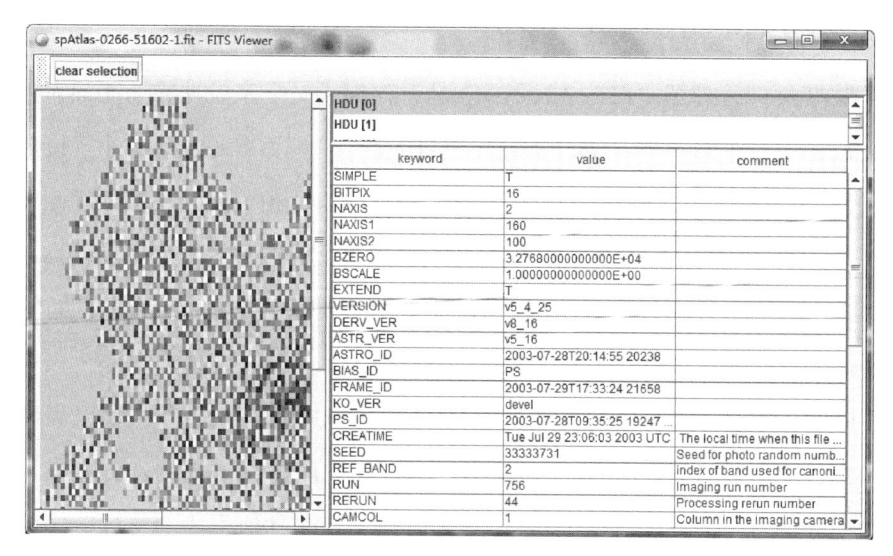

图 13.19　查看 FITS 文件的详细信息

Worldwide Telescope（WWT）等支持 SAMP 协议的应用程序。

13.3.7　其他特色工具和服务

虚拟天文台还为天文爱好者、天文工作者提供了一些别具特色的工具和服务，丰富了平台的功能，也吸引到了更多的用户。

1. 公众超新星搜寻项目

由星明天文台和中国虚拟天文台合作开展的公众超新星搜寻项目（Popular Supernova Project，PSP）[①]，是国内首个天文全民科学项目。项目基于国内业余天文观测数据，提供全民可参与的网络平台，并与专业天文学家、天文团队合作，共同寻找超新星。该项目自 2015 年 7 月 29 日正式上线以来，平台注册人数超过 2 万。截至 2022 年 3 月，项目累计发现超新星、（河外）新星、变星等候选体 85 颗，其中 21 颗超新星、12 颗（河外）新星、1 颗激变变星获得证认，另有 31 颗其他各类变星被收录。

---

① https://nadc.china-vo.org/psp/

许多天文发现，比如寻找超新星的过程并不需要太多科学知识和学术背景，只是需要耐心和细心。公众参与超新星搜索，既可以提高超新星发现的概率，还能增加普通人对天文的兴趣。中国虚拟天文台正是提供了这样一条参与科学发现，了解天文学的渠道。

2015年，星明天文台与中国虚拟天文台展开合作，正式启动公众超新星搜寻项目。中国虚拟天文台的专业团队完成了星明天文台观测数据的汇总并以简单的网页形式提供给所有注册平台的用户查看（图13.20）。

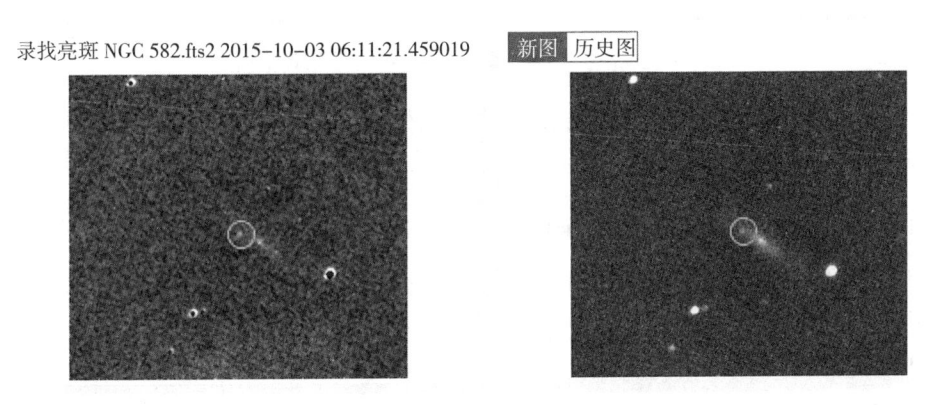

图 13.20　PSP 首次发现超新星页面截图

用户打开中国虚拟天文台的公众频道，进入超新星搜寻项目页面后，点击"开始搜寻"。如果当时有还未被用户查看对比过的新图，就可以看到屏幕上出现了两张黑白图片。进行简单对比，观察图片上的亮点变化，判断是否有超新星出现。用户提交判断结果，系统将结果发送给高级管理员，由他们进行进一步判断。如果确认确实可能是超新星，就会将详细测量数据上报国际天文学联合会所属的专门机构，同时联络国内外专业天文台拍摄光谱进行确认。图 13.21 显示的是国际天文学联合会议（IAU）发布页面。

通过中国虚拟天文台，超新星搜寻项目将最普通最广泛的爱好者与专业的天文学家联系在一起。平台一端是天文爱好者，由他们参与数据的最初筛选和挖掘工作，不但快速直接，而且提高了公民对天文学的兴趣，降低了成为天

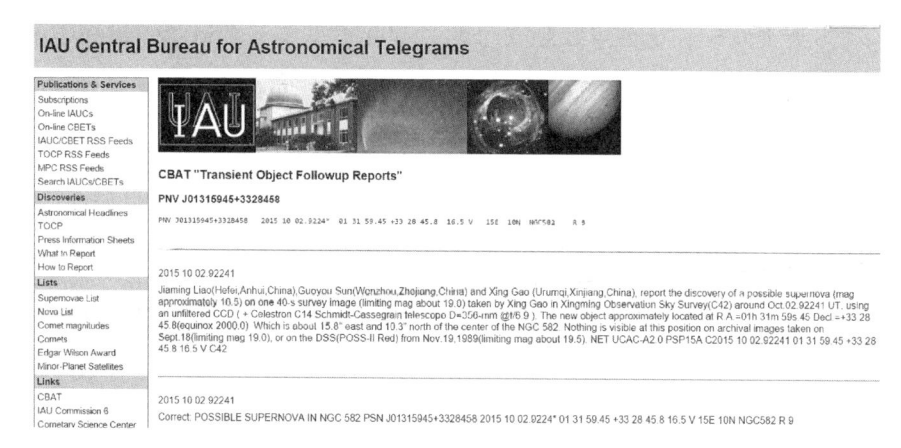

图 13.21　国际天文学联合会议（IAU）发布页面

文爱好者的门槛；另一端，则是能使用大型望远镜，准确判断目标类型的天文学家和天文研究团队。爱好者发现并提供的坐标等数据，为天文研究节约了宝贵的夜晚时间，并使得科学发现的效率大大提升。10 岁的廖家铭通过该平台发现超新星，正是项目成功最直接的证明。

2. 日食计算器

日食计算器网站（Eclipse Calculator）可以便捷地查询某一地点日食发生的时间（见彩图 14）。该网站集合了上下 3000 年的日食信息。用户可在任意日期范围内查询，最多可提供 100 条搜索结果数据。此外，网站还可以获取日食带的详细地图，用户可在日食带范围内查询某一个观测点的观测信息。

3. 天文会议信息系统

长久以来，天文学家们获取天文会议信息，特别是国内会议信息，主要靠实体海报、科研机构网站、电子邮件和口口相传。也出现过未能及时获取会议信息、错过报名时间、来不及安排行程等遗憾。为了解决这一问题，在多方建议下，国家天文科学数据中心（NADC）和中国天文学会信息化工作委员会联合推出了天文会议信息系统，希望为国内外的天文学家们提供一个分享、获取天文会议信息的平台。

图 13.22 展示了天文会议信息系统的用户界面，系统支持会议信息的提交、更新、浏览和检索，操作简便。欢迎会议组织者和相关科研人员提交会议信息，经管理员确认后对外发布。该系统可为会议设置订阅提醒功能，如图 13.23 所示，点击订阅后，该会议相关信息可添加到本地日历。系统还支持中英文自由切换，更方便学术交流与合作。

图 13.22　天文会议信息系统页面

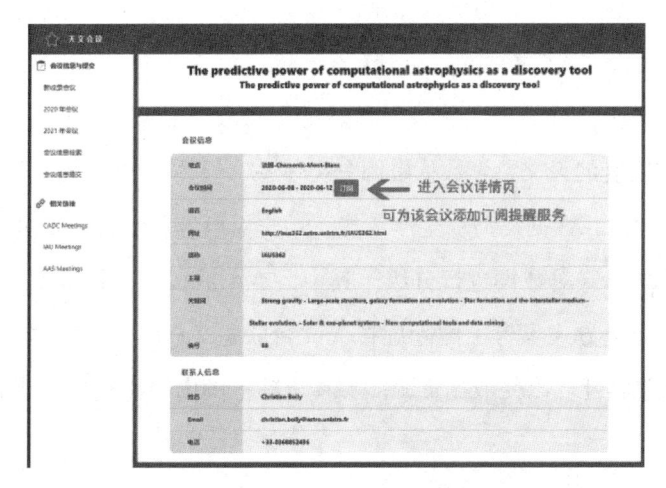

图 13.23　该系统支持订阅提醒服务

13.4 资源与服务

中国虚拟天文台多年来一直致力于打造一个汇集天文数据、计算资源及软件工具的平台，以实现全球天文数据的互操作。2019年，国家天文科学数据中心正式成立，中心沿承了中国虚拟天文台近20年的资源积累，继续致力于为天文领域提供更多数据资源与服务。

13.4.1 核心数据资源

国家天文科学数据中心持续整合天文领域重要和稀缺的数据，支撑天文学重点研究方向，由郭守敬望远镜（LAMOST）、中国天眼望远镜（FAST）等国家重大科技基础设施产生的观测数据及产品数据作为中心核心资源，汇集了中国科学院各天文台站、国家授时中心及部分高校核心天文设备的观测数据。除了国内天文领域核心观测设备产生的观测数据，中心还汇聚整合了通过计算机软件等方式模拟产生的数值模拟数据、科研项目产出的有价值的科学数据及软件、科研论文相关科学数据及代码、面向公众和爱好者的科普数据资源等。同时，为了方便国内学者访问高质量的国际天文数据，中心持续引进和镜像国际知名的常用天文科学数据集。

中心根据所汇聚的天文领域科学数据资源及其特点，建立了数据资源目录[①]以及多维度的天文科学数据资源分类体系。该体系以观测波段、观测装置和计划、子学科、数据类型、生产年代、用户对象等属性对数据进行分类，并根据数据共享方式对数据进行分级。其中，观测波段、数据类型、生产年代、用户对象等分类方式参考了国际虚拟天文台联盟（IVOA）相关标准和数据模型，保证了兼容性，以便数据资源能够在全球范围内快速查找和获取。

---

① https://nadc.china-vo.org/res/resource/

以下对中心的精选核心数据资源进行简要介绍。

1. LAMOST 光谱巡天数据集

大天区面积多目标光纤光谱天文望远镜（LAMOST）是中国天文界第一个国家重大科技基础设施，是世界上光谱获取率最高的天文望远镜，其收集的天体光谱数量远超过全世界其他望远镜获取的光谱数总和。LAMOST 光谱数据库是世界上最大的天体光谱数据库。中心对 LAMOST 光谱巡天数据集提供了归档、管理及发布等覆盖全生命周期的数据服务，并为每次数据发布搭建专门的网站平台。目前，LAMOST 光谱巡天数据集包括了从 DR1–DR10 的数据发布，覆盖了 2011—2021 年的观测数据及星表。通过此平台，科学用户可以更便捷地查询、使用 LAMOST 数据。每个数据集均按照国际虚拟天文台的标准提供接口和检索方式访问，提供光谱可视化功能。

2. FAST 观测数据集

500 米口径球面射电望远镜（FAST）是国家"十一五"重大科技基础设施建设项目，由中国科学院国家天文台主导建设，具有我国自主知识产权，是世界最大单口径、最灵敏的射电望远镜，被誉为"中国天眼"。FAST 于 2016 年 9 月 25 日落成，2020 年 1 月通过国家验收，正式开放运行。自 2020 年 5 月起，数据中心根据 FAST 数据政策，定期开放共享过保护期项目的数据，以供查询，包含观测项目列表、每个项目的任务书、开放数据的观测源表。这部分数据是面向全国开放的，开放的数据仍然按照项目编号（PID）分类存储在 FAST 观测基地存储集群中，只是不再限制数据访问权限，任何有集群账户的用户都可以访问开放的数据。同时提供开放数据拷贝服务，用户提出申请，经数据中心审批通过之后，即可通过自带或是邮寄硬盘的方式将数据拷走。

3. 北京–亚利桑那巡天（BASS）数据集

北京–亚利桑那巡天是国家天文台和美国亚利桑那大学合作开展的为期

4年的巡天项目，巡天利用基特峰2.3米博克望远镜开展北银冠区域（5400平方度）宽场两波段（g和r）测光巡天，目的是为暗能量光谱巡天项目（DESI）提供输入星表。北京-亚利桑那巡天（BASS）数据集包括了EDR、DR1、DR2、DR3四次发布数据，包括原始数据、单次曝光图像、单次曝光星表、合并图像和合并星表。包含了从2015年1月到2019年3月的所有BASS和MzLS测光数据，至此巡天覆盖已完备。相对于盖亚卫星，本巡天的天体测量精度中位数约为17mas；相对于Pan-STARRS1测光巡天，测光误差的中位数在5mmag以内。在g、r和z波段，点源的5σ AB极限星等值分别为24.2mag、23.6mag和23.0mag。在巡天范围内测光深度高度均匀，20%与80%深度之差小于0.3mag。基于该巡天数据，国内外天文学家可以开展类星体、超弥散星系、低面亮度星系、AGN、强引力透镜、星系团和恒星形成星系等多方面的研究。

BASS的数据政策采取全公开形式，不设置保护期。原始数据可以在国家天文科学数据中心网站以及美国国家光学天文台科学数据网站查询。处理后的科学数据也不设保护期，即刻释放。国家天文科学数据中心与BASS项目开展合作，开发了在线星空浏览工具和数据检索服务。专业天文学家和业余天文爱好者可以很方便地浏览实际观测的星空和检索相关的数据。

4. 天文数字底片数据库

宇宙中所有天体都处于不断运动和变化中，天文学研究的目的就是破译天体运动变化的规律，这依赖于长期积累的观测资料。在20世纪90年代之前，天文学家利用照相底片记录了100多年来天体的位置和活动信息，它们是当时所在天区不可再现的唯一观测记录，在科学上是珍贵的数据遗产，也是当代天文学研究的重要基础数据来源。受保存条件的限制，随着时间推移，底片质量逐渐退化（表层涂膜逐渐变色、发霉甚至脱落报废）。同时，天文底片只有通过扫描变成数字化资料后，才能更充分地用于科学研究。天文底片的数字化及其数据库的建设对珍贵天文历史观测资料的"抢救""永久保存"和"充分应用"具有重要意义。

在科技部科技基础性工作专项重点项目的支持下，上海底片数字化实验室在 2018 年完成了 29314 张底片的扫描和归档工作。在此基础上，上海天文台研究团队对数字化的天文底片进行了进一步的高精度天体测量定标工作，将初始版本的数字底片转换为了标准 FITS 格式的天文数字图片，以满足相关专业天文学家的研究工作。国内天文底片信息库和扫描数据已纳入国家天文科学数据中心平台。该数据集目前包含扫描存档的数字化底片（FITS 文件和底片缩略图）、经扫描后生成的星表、底片的纸质信息袋扫描图片近 40 万张，总计数据量达 27.3TB。中心提供了基于天区、台址和观测历元等基础观测数据的检索和标准 FITS 天文图片的下载功能。目前释放的数据包含了国家天文台、上海天文台、紫金山天文台、云南天文台、青岛观象台五个中国天文台站的多个观测望远镜的观测数据，时间跨度从 1904 年到 1998 年，观测目标主要为太阳系外天体，解算后天体测量精度达 0.2 角秒。

基于上海底片数字化实验室设施，当前正在开展乌兹别克斯坦兀鲁伯天文研究所和意大利都灵天文台的历史天文底片的试验扫描，并已与上述两家天文研究机构签署合作协议，商定在近两年内完成约 2 万张天文底片的高精度数字化扫描，建立共享的天文底片数据库。

5. 13.7 米毫米波射电望远镜观测数据集

紫金山天文台 13.7 米毫米波射电望远镜是我国唯一的毫米波段射电天文观测设备，目前配备了 3×3 多波束接收机 +OTF 观测模式，可同时观测得到 12CO、13CO 及 C18O 三条谱线（共计 27 条谱线）。13.7 米毫米波射电望远镜观测产出的毫米波分子谱线数据，有三种观测数据。第一种是按观测者需求，采用单点观测模式观测的数据，每条谱线对应一个一维 fits 文件，数据库表中一条记录对应一个文件的头信息，自 2003 年至今（2021 年 6 月，下同）共观

测 306 万多条谱线。第二种是按观测者需求采用 OTF 模式观测的数据，基于每天对同一个区域成图扫描结果，合并叠加后生成 2 个 fits cube 文件，数据库表中一条记录对应 2 个文件的头信息。扫描区域从 10′×10′ 到 30′×30′ 不等，自 2011 年至今共观测 5900 多个区域。第三种是"银河画卷"巡天计划观测数据，是对银道面的 12CO(1–0)、13CO(1–0) 和 C18O(1–0) 分子进行大规模系统巡天数据。该计划覆盖北天银道面天区范围 $10° ⩽ l ⩽ 250°$，$|b| ⩽ 5°$，以及一些感兴趣的区域，按照银道坐标划分为一个个基本的天区单元（CELL，天区名称）逐个观测，每个 CELL 大小为 30′×30′，每个 CELL 有 3 个 fits cube 文件，从 2011 年开始至今已观测 10188 个天区。该巡天数据具有多谱线、适度高的空间分辨率、完整的空间取样以及大的天区覆盖等方面的优势，将帮助天文学家在大尺度分子云、恒星形成区、银河系结构等重要方面取得突破性成果。

6. 南极昆仑站天文望远镜数据集

南极昆仑站天文望远镜的观测数据来自中国之星小望远镜阵 CSTAR 和南极巡天望远镜 AST3。中心向国内外公开发布了 AST3 的图像、星表、光变曲线等观测处理数据。此外，中心还汇总了国家天文台研制的台址测量设备所获取的台址数据，包括气象数据、全天相机图像和 DIMM 视宁度测量原始数据。这些数据在全球都是唯一的，对研究气象、大气物理等也有重要价值，也为南极科考综合后勤保障、昆仑站后续建设提供了宝贵资料。

目前归档保存的南极天文数据有：中国之星小望远镜阵 CSTAR 2008—2010 年南极观测数据；南极巡天望远镜 AST3 2012、2015—2017 年观测数据，2013—2014 年国内测试数据；昆仑站自动气象站 2011、2015—2017 年数据；昆仑站云量极光监测仪 2017—2018 年全天图像数据。

7. 丽江 2.4 米望远镜数据集

丽江 2.4 米光学天文望远镜隶属于中国科学院云南天文台丽江天文观测站，目前是我国及东亚地区口径最大的通用型光学天文望远镜，是一架地平式反射望远镜，具有卡塞格林焦点和耐氏焦点，主镜直径 2.4 米。坐落在云南丽江高美古，地理位置：东经 100° 01′51″，北纬 26° 42′32″，海拔 3193 米。得益于丽江观测站良好的天文观测条件和望远镜良好的光学质量，该望远镜可观测的暗弱天体的极限星等达 25 等。观测对象主要包括太阳系外行星、银河系内恒星、邻近星系及其恒星和星团、遥远的类星体、伽马射线暴、宇宙大尺度结构等。丽江 2.4 米望远镜数据集包含其自 2010 年 9 月起的原始观测数据，以月为单位进行目录存储，并提供下载和检索服务。

8. 南山 25 米射电望远镜

新疆天文台南山观测站 25 米射电望远镜（简称 NSRT）承担着重要的国际合作及国内重大课题的天文观测任务，目前是欧洲甚长基线干涉网（EVN）、国际动力测地网（IVS）、俄罗斯低频 VLBI 网（LFVN）、东亚 VLBI 网四个国际合作组织的正式成员。该望远镜是我国探月工程测控系统 VLBI 分系统中的四个站点之一，并与东部望远镜构成了国内最长的基线，为提高测轨精度作出了非常重要的贡献。数据集包括脉冲星、分子谱线和日变源观测数据。从 2010 年 1 月开始使用 18 厘米制冷接收机和 DFB 对近 300 颗脉冲星进行测时观测，DFB 数据产生于 2010 年，每年的原始数据 20TB 左右。

9. 南山 1 米大视场光学望远镜数据集

南山 1 米大视场望远镜建成于 2013 年，2014—2015 年完成了探测器的升级改造和试观测等工作，2016 年开放运行并进行科学观测，主要围绕光学时域天文学开展变星多色测光、疏散星团观测、暂现源搜寻和太阳系小天体监测等。南山 1 米大视场光学望远镜数据集覆盖了 2013 年起产生的观测数据。

10. 激光测距数据集

长春人卫站 SLR 测距系统探测能力达到 4 万千米，单次测量精度小于 1.5cm，并实现对所有的国际联测卫星进行二十四小时的跟踪观测，年观测数据最多超过1.9万圈（2014年、2015年），观测成绩位居世界第二位，被国际激光测距服务组织公认为国际上性能最强的四个台站之一。激光测距数据集包括103颗卫星的观测数据。

11. 时频数据集

时频数据集整合了国际权度局BIPM的数据，地球自转服务机构IERS的A、B、C、D报文数据，国家授时中心NTSC产生的数据。数据收集整合依据《时频科学数据质量控制规程》实现数据采集质量控制。国际权度局、地球自转服务机构以及国家授时中心均是专业的服务机构，其产生的数据具有权威性。数据更新情况依据数据更新特性计定，其中原子钟权重、速率、时频公报每月更新一次，地球自转公报A、B、C报时周期分别是每周、每月、每半年，地球自转公报D报不规则发布。2020年度新增速率、权重、时频公报、地球自传公报数据近百条。

13.4.2 数据汇交

《科学数据管理办法》明确提出科学数据"开放为常态，不开放为例外"的原则，要求政府预算资金资助的各级科技计划（专项、基金等）项目所形成的科学数据，应由项目牵头单位汇交到相关科学数据中心。并要求各级科技计划（专项、基金等）管理部门应建立先汇交科学数据、再验收科技计划（专项、基金等）项目的机制，项目/课题验收后产生的科学数据也应进行汇交。同时鼓励社会资金资助形成的其他科学数据向相关科学数据中心汇交。

为了支撑好天文领域科研项目数据汇交，结合天文领域的具体情况，国家天文科学数据中心形成了天文领域科学数据汇交流程，并根据该流程研发了项目数据在线汇交系统(汇交系统入口如图13.24所示)，为承接科技计划项目实施所形成的科技资源，包括通过观测、处理、数值模拟等方式取得并可用于科学研究活动的原始数据、衍生数据以及相关辅助科学数据和工具软件等的汇交提供规范、技术和资源服务。数据汇交系统主要用于各级科技计划（专项、基金等）项目所形成的科学数据的汇交，同时鼓励社会资金资助形成的其他科学数据向相关科学数据中心汇交。

图 13.24　汇交系统入口

数据汇交的具体流程包括：制订汇交计划→汇交计划审核→提交元数据信息→元数据审核→提交实体数据→实体数据审核→数据汇总→数据发布与共享。根据汇交操作流程，汇交系统用户端主要包括创建项目、提交元数据信息、提交数据等功能，汇交系统管理员端主要包括项目审核管理、元数据审核管理以及数据管理等功能。管理员可以通过系统对用户汇交的项目和相关元数据及数据资源进行审核和管理。项目承担单位根据主管单位要求，完成科学数据汇交方案的制定和本项目科学数据的整理工作，在正式提出结题验收申请前向科学数据管理机构汇交数据。图 13.25 为数据汇交大体流程示意图。

首先向中心提交汇交申请，申请内容包括：项目名称、内容、负责人、汇交方案、数据格式等数据元数据信息，并选择数据汇交的方式，比如在线传输、邮寄硬盘等。项目数据汇交方案应根据项目任务书、申请书及实际执行情况制定，内容包括：项目基本信息、科学数据集（库）名称及主要内容、科学数据类型、科学数据格式、保密级别、保护期限、共享方式、数据质量承诺书、相关软件工具等。

项目汇交的科学数据内容应包括：

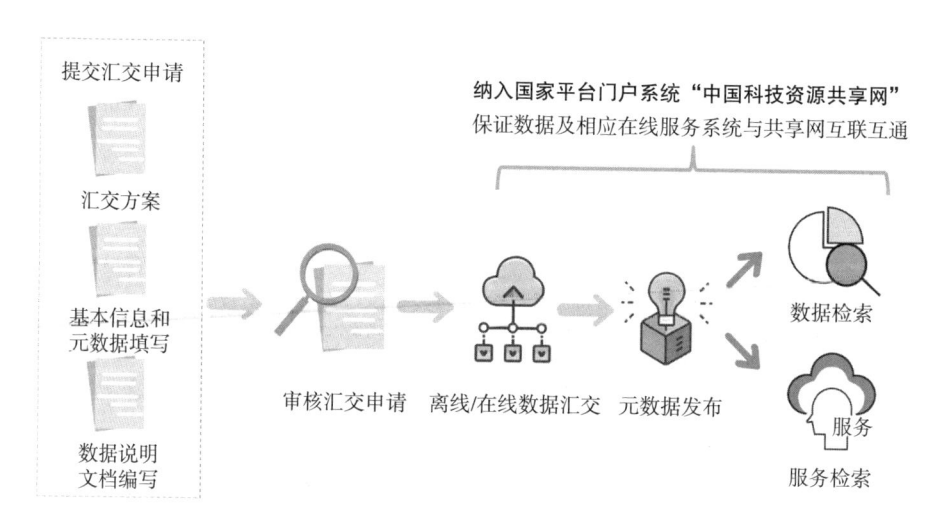

图 13.25　天文科技计划数据汇交流程简图

（1）项目产生的科学数据，项目数据在汇交过程中需要严格按照数据规范汇交。

（2）科学数据元数据，基于中心制定的元数据规范格式编制。

（3）科学数据说明文档，包含数据格式说明文档、应用说明、应用案例等。

（4）其他辅助数据，指辅助、支持数据使用的元数据、数据说明文档。

（5）数据共享方案，包括数据如何共享和发布。

（6）必要的辅助工具软件或者算法、模型描述。

中心在收到汇交申请后，在一个半月内组织完成数据审查工作。主要包括审核汇交的申请信息和元数据信息。审核不通过的需将不符合项反馈给申请者并请其重新填写申请。

审核通过后将元数据信息记录入库，按照项目方选择的汇交方式通知项目方提交实体数据，同时请项目方提供数据质量报告，包括对数据观测和处理过程的质量控制措施、误差分析等。

在收到项目汇交的实体科学数据后，数据中心需要检查汇交数据的完整性与规范性，核对汇交方案、原数据表、数据实体及数据文档中数据一致性，并检查数据质量。数据汇交的质量控制包含两个方面的控制：科学性和安全性，前者在汇交申请时提供保障，后者由数据中心通过技术手段控制。需确认数据能否正确读取，数据内容是否有重大缺失，数据的准确性与精度是否符合要求，数据是否满足相关的质量规范。

平台提供数据存储空间及数据的提交权限，各项目需指派数据管理员按时提交有效数据，中心按时收集、整理、归档上传数据，之后将其导入数据库中。所有项目人员可通过中心获取相关数据

在完成实体数据审核后，中心将对汇交的科学数据分类、分级存储和管理，完成数据的汇总整理、编制和备份工作，确保数据的物理安全，不会擅自修改和删除汇交的科学数据。

中心将在保护项目承担单位合法权益的基础上，做好汇交科学数据的共享和服务工作。项目承担单位可对汇交的科学数据申请保护期，保护期根据上级主管单位要求制定，特殊情况需要延长的，须报上级主管单位批准。保护期满的天文科学数据将由中心对外公开并提供共享与服务。

中心将在数据审查验收后及时公布项目汇交科学数据的元数据，并经项目上级主管单位批准后公开和共享数据。

对于满足公开和共享条件的数据，中心将按照数据发布流程对数据入库，完成 DOI 及 CSTR 标识的标识分配，将元数据通过国家平台门户系统"中国科技资源共享网"公布科技资源目录及相关服务信息，同时在中心的在线服务平台中提供数据的基本信息浏览、数据检索、交叉证认、在线可视化及数据下载/离线获取等服务。

13.4.3　VOSpace 与 Paperdata

数据是虚拟天文台的核心，为了在虚拟天文台中管理大量的数据，我们需要一个分布式的存储机制来方便地定位数据。VOSpace 是虚拟天文台定义的一个分布式数据存储接口规范，是一个基于 SOAP 的 Web 服务。它指定了 VO 代理和应用程序如何使用网络附加数据存储并以标准方式进行持久化和交换数

据。VOSpace 的一个典型应用是将本地数据文件上传到远程 VOSpace 服务。整个过程分为两步：在 VOSpace 中创建数据文件的描述，包括想要与之关联的任何元数据（例如 MIME 类型），然后定义实际将上传到 VOSpace 服务的数据文件。中国虚拟天文台实现了 VOSpace 协议，为用户提供存储空间，并分别与数据检索系统和云平台虚拟机相连，用户能够轻松完成本地文件与虚拟机系统的文件互传，并通过虚拟机访问使用自己目录下的文件。

论文数据贮藏库（China-VO Paper Data Repository，简称 PaperData）是国家天文科学数据中心/中国虚拟天文台基于 VOSpace 为科研人员提供的一项科研论文相关数据资料存储和开放的免费服务，可以保证资源地址的长期有效与数据安全。该服务于 2015 年上线。用户在平台上注册并审核通过后，即可获得一个可以个性化定制的永久网络访问地址，科研论文中涉及的图表、数据、动画、电影、模型、代码、软件等都可以寄存在这个平台上，并可以随时直接通过他们的虚拟机进行访问。平台为每一个实体对象提供一个永久的网络访问地址（统一资源定位符，URL），以解决临时网址经常失效的问题。这个地址可以由用户个性化定制并维护，国家天文科学数据中心保证地址的长期有效与数据安全。存储在平台上全部资料的所有权仍归论文作者所有。用户存储的每个数据实体都支持 DOI、IVOID、CSTR 等多种唯一标识符。根据惯例，在许多国际期刊上发表论文，都要求将相关数据上传到权威数据库并提供链接。平台有效解决了过往只能将论文中的数据资料链接到临时位置造成失效或出现被盗用的风险问题。确保文件在网络世界中被安全储存、精准提取，有效提升科学成果的传播力度与知名度，增加引用率。

2019 年，国家天文科学数据中心完成了对 PaperData 的升级。新版本的 PaperData 在为科研论文以及相关数据资料免费提供存储空间并开放访问的基础上，还可以为存储在这里的科学数据和研究成果提供全方位的 DOI 服务，进一步完善对科学数据全生命周期的管理。为了更好地管理科学数据，为用户提供便利的服务，国家天文科学数据中心为该系统的使用指定了完备的提交流程。首先，用户在登录中心网站后需将科学数据上传至 PaperData；该数据如需 DOI 标识，可在系统中填写相关信息后提交申请；管理员会在 24 小时内响应，对提交数据进行审核；若审核通过，则会为其分配 DOI 编码。

中国虚拟天文台的论文数据贮藏库服务已获得美国天文学会主办的各期刊和《天文与天体物理研究》（RAA）的认可，科研人员如需在 AJ、ApJ、ApJL、ApJS、RNAAS、RAA 等期刊发表论文，只要将论文及相关科学数据上传至 PaperData 即可被直接引用。

13.5　学科发展和人才培养

13.5.1　天文信息学与虚拟天文台年会

为了更好地应对数据密集型天文学研究在方法、工具和科研模式等方面的挑战，中国虚拟天文台于 2002 年成立后，在国家天文台举办了第一届中国虚拟天文台研讨班，此次研讨可以看作是中国虚拟天文台年会的开端。

前三届年会均以"中国虚拟天文台（技术）研讨会"的形式召开，会议规模小，参会人员较少，内容主要聚焦中国虚拟天文台建设与未来发展的探讨。经过初步实践，中国虚拟天文台建设不断完善，会议自 2005 年起更名为"中国虚拟天文台（学术）年会"。从这一年起，会议基本固定在每年 11 月下旬召开，采取学术报告与嘉宾论坛相结合的形式进行，每年围绕当前研究热点和研究趋势拟定一个主题展开，与会学者、嘉宾在该主题框架下展开讨论。为了促进天文信息学学科建设，会议自 2011 年起改名为"中国虚拟天文台暨（与）天文信息学年会"。这一阶段的年会主要围绕天文信息学、大数据、海量数据处理、数值模拟方法等问题展开探讨，同时对相关学科建设、人才培养等议题也有所涉猎。经过中国虚拟天文台团队与相关科研人员的不懈努力，天文信息学逐渐成为天文学领域的重要组成部分，为顺应时代的发展，会议名称自 2021 年起改为"天文信息学与虚拟天文台学术年会",但受新冠疫情影响,2021 年度会议暂缓举办。

自天文信息学与虚拟天文台学术年会举办以来,历年参与人数一直呈现稳定攀升态势。2013 年以前,参会人数均在百人以下。随着天文信息技术应用场景在科研、教育以及公众科普等领域影响力的提升,年会参加人数在 2014 年首次突破百人,后续增速同比以往也有了大幅提升。这一变化既体现了年会的重要性和成功,也说明了天文信息学领域的蓬勃发展,以及研究人员对了解相关技术的需求与渴望。随着对数据存储、共享等需求的增加,更多科研人员开始关注天文信息学的发展,2020 年年会的参与人数达到 217 人,达历届参会人数之最。

在团队的坚持与努力下,天文信息学与虚拟天文台年会迄今已成功举办 19 届,是中国虚拟天文台发展历程中不可忽视的重要组成部分。目前,天文信息学与虚拟天文台年会由中国天文学会信息化工作委员会主办,是全国性二级学科会议,也是国内天文信息学领域最重要的学术会议。历经十余年的发展,虚拟天文台年会已经成为一个天文信息学交流和研讨的舞台,它为国内天文学家、信息技术专家、教师、研究生、产业界专家、天文爱好者乃至公众提供了持续稳定的交流平台和场景,帮助他们展示成果,拓宽视野,互通有无。会议对促进国内天文信息学的发展,推动我国天文技术与方法研究等方面起到了巨大的作用。

历届年会的主题设置体现了当时的热点和发展形势,下面做个简单汇总以飨读者。

历届年会主题列表

- 2023:天文大模型需求和期待

以天文大科学工程及其所产生的数据为基础,深入研讨国内外天文大模型及相关下游任务的最新研究进展;以天文大模型为核心,为整合国内的数据、计算资源以及智力资本，系统性地构建天文研究方阵奠定坚实的基础。

- 2022：二十年回顾与展望[①]（Twenty years review and prospect）

2002年11月13日，中国虚拟天文台正式被国际虚拟天文台联盟接纳为新成员。本次会议全面回顾了20年来虚拟天文台在国内的发展历程，展望后面10年到20年的天文科学与技术发展趋势。

- 2021：面向AI赋能科学发现的数据与服务[②]（Making your data and services ready for AI-enabled science discovery）

探讨如何提升数据与服务的形式与内涵，更好地应用AI/ML，激发新的科学发现。

- 2020：在线（Online）

探讨特殊背景下通过将各种研究要素在线，推动天文学研究和科技创新的持续发展。

- 2019：科学平台和开放科学（Science Platform and Open Science）

聚焦正在兴起的科学平台和开放科学理念及其对天文学研究带来的便利和影响。

- 2018：天文学中的机器学习和人工智能（ML and AI in Astronomy）

聚焦机器学习和人工智能技术在天文学中的最新和潜在应用。

- 2017：数据融合和标准化（Data Fusion and Standardization）

聚焦覆盖科学数据全生命周期的标准、规范的制定和实施。

- 2016：新一代射电天文学和虚拟天文台（New Radio Astronomy and Virtual Observatory）

聚焦新一代射电天文观测设施和研究计划及其对虚拟天文台的需求和应用。

- 2015：开放的星空，开放的世界（Open Sky, Open World）

聚焦天文数据的开放共享和开放式的研究合作。

---

① 因疫情原因推迟到2023年举行。

② 因疫情原因推迟到2022年举行。

- **2014：天文学的"大数据"（Big Data in Astronomy）**

以"大数据"为核心，探讨云计算和大数据给我们带来哪些变化，天文学研究和科普教育对云计算、大数据有哪些需求，如何实现产学研的合作互赢。

- **2013：从脚下到云端（From the Ground to the Cloud）**

聚焦如何让天文信息学发展更加迅速，让科学家和技术工作者紧密顺利地结合在一起。

- **2012：虚拟天文台就在你身边（The VO is near you）**

十年来的研究成果已经渗透到了天文学研究的诸多方面，发挥着越来越显著的作用。从数据处理和发布系统开发到数据发布……越来越多的青年天文学家开始使用虚拟天文台工具。VO，就在您的身边。

- **2011：从虚拟到现实（From virtual to reality）**

把自主观测和望远镜智能控制技术列为专题进行重点研讨，提出了"中国程控自主天文台网络（China-RAON）"计划。

- **2010：从虚拟天文台到天文信息技术（From VO to AstroInformatics）**

热议虚拟天文台和天文信息学在学科发展中的定位和作用，深入讨论如何在国内把以虚拟天文台为基本内容的天文信息学逐步发展成为能在新世纪天文学发展中起到重要支撑和促进作用的一门体系健全的跨领域二级学科。

- **2009：VO 的轮回（Transmigration of VO）**

经过数年对 VO 新技术的跟踪和摸索，China-VO 开始了新一轮的旨在为国内外用户提供"设施级数据基础架构（facility class data infrastructure）"的"基础建设"。如何夯实基础，开拓未来，是此次会议讨论的重点话题。

- **2008：VO 赋能的 LAMOST（VO-enabled LAMOST）**

2008 年 10 月 16 日，LAMOST 落成典礼在国家天文台兴隆观测基地隆重举行，标志着 LAMOST 大科学工程的工作重点已经从"硬"到"软"，从硬件的设计、制造、安装转移到系统调试、软件集成、数据处理和使用。本次年会重点研讨 LAMOST 以及国内其他重大天文项目如何与 VO 结合进而促使自身科学价值的最大化。

- 2007：体验 VO 从现在开始（Experience VO from now on）

旨在为天文学家介绍虚拟天文台工具和服务的使用，同时阐明目前虚拟天文台的资源和服务已经可以为提高天文学家的科研效率做出贡献。

- 2006：天文学研究信息化（Information of astronomy research）

旨在探讨信息化给天文学研究带来的影响与变革，以及国内天文研究如何进入信息化时代。

- 2005：从技术到科学（From technology to science）

经过数年的发展，虚拟天文台(VO)正在从设想变成现实。VO从技术开发到科学应用的序幕已经拉开，这正是我们总结经验、整合力量、展望未来的好时机。

13.5.2 天文信息学学科发展

天文信息学本质上是应用于天文相关领域研究（包括天文学、天体物理学、宇宙学、行星科学等）的数据科学，是天文学研究基于其他领域理论、实验和应用的必不可少的方法论之一。信息学是把数字化的数据、信息和相关服务应用于科学研究活动知识产生的过程，是对不同来源的数据进行组织、访问、整合与挖掘从而取得发现和决策支持的学科。而天文信息学则将信息学的手段与技术应用到天文领域的研究中，以信息学研究成果支撑天文学研究发展，以天文学研究需求引领信息学技术进步。

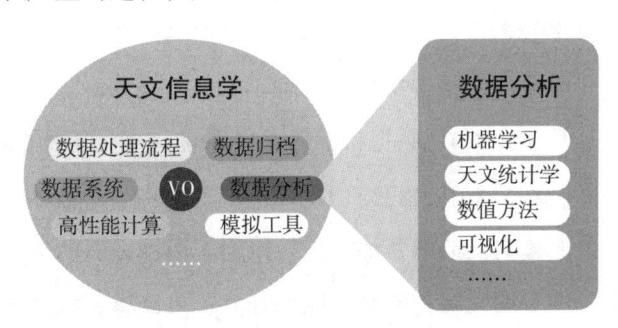

图 13.26　天文信息学的组成（来源：IAIA）

在天文观测设备向大型化、联网化发展，天文观测活动获取的数据量不断增长的今天，天文学研究越发演变为数据驱动和数据密集型科研活动。天文信息学的出现和兴起本身，就是对数据和计算能力指数增长带来的机遇与挑战的回应。起源于 2000 年的网络基础设施运动，带来了虚拟天文台框架和数据科学在天文学背景下的发展。天文信息学涵盖内容广泛，其组成如图 13.26 所示。

2010 年 6 月，国际上第一次天文信息学研讨会（Astroinformatics 2010）在美国加州理工学院召开，由国际天文信息学协会组织（International AstroInformatics Association, IAIA）[①]。大会的主旨是为数据密集、计算使能的 21 世纪天文学定义一个新学科。会议以邀请报告和自由讨论的形式探讨了虚拟天文台技术、跨学科研究、计算技术发展趋势、知识发现和提取、下一代科学软件系统、协同工作环境和工具、下一代面向天文信息学的科学家的培养、科普教育新技术、全民科学、实用天文语义技术等话题。此后，天文信息学国际研讨会成为每年一次的系列研讨会。

2021 年，美国科学院发布了《21 世纪 20 年代天文学与天体物理学的发现之路》，为美国未来十年天文发展描绘了清晰蓝图，其中 4.5 节和附录 H 的小组报告有很大一部分关于天文信息学的内容。该报告指出，天文学正上演第二次数据革命，极大地改变了天文学的研究方式——望远镜设施主要致力于生产档案数据，天文学家利用公开数据集进行科学研究。为了助力研究转型，提高科学产出，报告从数据管理、软件开发和维护、高性能计算（HPC）和高吞吐计算（HTC）、数据科学等几个角度分析了天文信息学与相关天文研究的当前状况和未来发展趋势，并给出了政策建议，包括建立联合的数据中心、提高软件开发人员待遇、加大软件持续可用性方面的投入，与其他部门开展合作，以及在天文社区投资开展软件开发、云计算、机器学习方面的培训等。

普遍认为，虚拟天文台和天文信息学研究的长期发展对推动天文学整体发展及天文学与其他领域交叉学科建设，并进一步推进人类社会发展、科技

---

① IAIA 组织官方网站 http://astroinformatics.info/astroinfo

进步有着不可取代的重要作用。天文信息学的使命，是在虚拟天文台实现对全球天文信息资源的发现、访问和互操作基础上，把计算和分析的科学工具应用到天文学领域，从海量的数据中甄别出新的模式和新的发现。天文信息学也渐渐成为天文学研究不可或缺的一个分支学科，将为天文学的发展提供强大动力。

目前在我国国内，相关领域的发展及学科建设取得了一定的成绩。2006年，国家自然科学基金委员会与中国科学院开始共同设立天文联合基金，把"海量天文数据存储、计算、共享及虚拟天文台技术"列为重点支持的5个研究领域之一，为国内虚拟天文台和天文信息学的稳步发展提供了关键支持；2011年，"天文信息技术"作为"天文技术与方法"专业的一个研究方向被列入中国科学院国家天文台硕士和博士招生专业目录；2018年10月，中国天文学会信息化工作委员会成立；2019年，国家天文科学数据中心建立，该中心以成为优秀的国家科学数据中心和国际知名的天文科学数据中心，引领天文学进入数据密集型科学发现新时代的重要资源平台和技术力量为目标，将成为中国天文信息学领域的重要组成部分。

必须认识到的是，我国虚拟天文台和天文信息学研究还处于初级阶段，学科建设刚刚起步，与国际先进水平还有一定的差距，需要长期投入建设和发展。同时，由于该学科交叉学科的属性，及在天文科普教育、全民科学领域的可扩展性，具有相当的重要性和基础性，发展前景巨大，应用场景广阔多样。为了天文信息学相关研究能积极稳健发展，不断迈进，与世界一流水平看齐，必须保持稳定的交流平台，加大对相关领域科研学者、项目团队的投入，持续培养领域科研人才和技术人才，形成教育教学体系和人才梯队，积极参与国际交流，进行技术接轨与创新发展。

参考文献

陶一寒，崔辰州. 中国虚拟天文台与天文信息学. 大学科普，2016，4: 47–48.

13.5.3 数据驱动的天文科普教育

随着天文学进入大数据时代，天文信息学的诞生与发展不仅对天文学研究起到推进作用，也在一定程度上改变着天文科普教育活动的开展，在包括科普教育技术、知识的传播方式、传播内容和受众群体等各个方面影响深远，也促进了数据驱动的天文科普教育（Data-driven Astronomy Education and Public Outreach, DAEPO）这个新兴的概念诞生，及相关团体、组织的茁壮成长。在这一概念及框架下，所有天文学研究所获得并使用的数据都可以通过一定的方式和组织形式，成为天文科普教育的资源和内容。比如最常见的哈勃望远镜拍摄的壮观的宇宙深空图景，使用事件视界望远镜（EHT）数据获得的首张黑洞照片，以及我国 500 米口径球面射电望远镜获得的脉冲星信号等，都被制作成图片、音频等格式，在互联网上广泛传播，引起了强烈的公众反响和讨论，起到良好的科普教育效果。

随着天文数据相关的活动类型的丰富及相关技术的发展，中国虚拟天文台首席科学家、国家天文台崔辰州博士于 2016 年第一次使用数据驱动的天文科普教育（简称"数驱科教"）来概括描述此类项目。数驱科教活动形式多样，内容广泛，主要包括数据驱动的全民科学项目、互动天文数据平台、天文数据可视化平台、跨学科数据竞赛、基于望远镜的科普教育专题活动、校园科普联盟、科技节活动、科普教育讲座、在线慕课等。

1999 年由美国加州大学伯克利分校地外文明搜寻（Search for Extraterrestrial Intelligence, SETI）中心开发，空间科学实验室支撑运行的 SETI@home 项目也许是最有名也是最早的数驱科教项目。它诞生于天文学家获取数据大量增加，但处理速度远远跟不上的时代背景，将大量数据分发至安装了终端程序的天文爱好者的个人计算机，并利用这些计算机的空闲机时进行数据处理。由于其科学目标是寻找地外智慧生命，项目引起了较大的社会反响和参与度，闻名全球。虽然目前该项目已经停止运行，并且没有发现任何外星智慧生命的迹象，但还是成功地展现了天文科普项目与数据相结合可能爆发出怎样惊人的影响力。

启动于 2007 年的星系动物园可能是目前最具影响力也最为重要的数驱科教项目。区别于 SETI@home 一类项目只利用参与公众的计算机设备，星系动物园需要参与者切实浏览天文望远镜（斯隆数字巡天项目、哈勃空间望远镜等）拍摄的星系图片，并判断其形态，为其进行星系归类。这意味着参与者需要为项目贡献自己的时间、智慧和判断力，更加深入天文学研究的内容，也能使其有更多的机会学习星系相关的天文知识，领略天文学的魅力和精彩。星系动物园之后，运行项目的宇宙动物园（Zooniverse）组织陆续推出了数十个涉及天文、动物、植物、历史、艺术等领域的项目，在全世界影响较大，并已经发表了近 70 篇基于星系动物园系列项目的论文。

启动于 2015 年的公众超新星搜寻项目（Popular Supernova Project，PSP），是由星明天文台和中国虚拟天文台合作开展的面向普通大众的宇宙新天体搜寻项目之一，是首次基于国内业余天文观测数据策划实施的全民科学项目，也是一个较为典型的数驱科教项目。迄今为止，已有超过 2 万人注册参与了该项目，发现了 33 颗超新星及河外新星。最小的发现者年仅 10 岁。做到了利用网络和数据处理技术，真正让学生和普通公众参与到天文学新发现中，体验前所未有的学习方式。

除了全民科学项目外，数据可视化有声化及相关的互动平台应用也是数驱科教的重要组成部分。使用大量望远镜数据生成的"天文美图""天文影片"已被广泛应用于互联网平台的科普教育活动中，然而大数据和天文学结合能够带给公众的不仅是简单传统的科教形式。专业的可视化与天文信息学相关技术结合，诞生了包括万维望远镜（WorldWide Telescope, WWT）、ESASky、Data2Dome 等相关平台和概念。其中万维望远镜作为虚拟天文台技术在科普教育领域的延伸，基于先进的天文信息学相关规范及理念，将全世界各大天文望远镜、天文台站、探测器采集的科学数据结合在一起进行多种形式的可视化呈现，使得小学生也可以通过平台快速获取最真实的天文数据，进行交互学习。同时，借助大数据技术的不断发展，此类平台表现出良好的可扩展性和可移植性，如万维望远镜平台可支持普通个人计算机、天象厅、虚拟现实设备（VR），借助不同媒体平台和场景进行天文数据的互动式呈现，使天文知识得到更高效准确的传播。2021年7月，全球最大的天文馆——上海天文馆正式对外开放，馆内建成全国第一座专门反映天文数字化研究及数据可视化应用的教育空间"天文数字实验室"，将海量天文大数据及大规模数值模拟数据可视化技术与跨终端协同人机交互技术紧密结合，向公众展示当前天文学前沿领域的研究内容和可视化研究方法。

除了平台、数据、技术和规范等客观存在，在具体实践中，如何进行活动的组织设计也是数驱科教的重要内容。如上述提到的全民科学项目，就通过精巧的流程设计将原本复杂的科学发现简化为人人能参与的低门槛科普教育活动。此外，如还有一些成功的案例是基于某一望远镜数据和校园合作开展的。如英国利物浦约翰摩尔大学基于利物浦望远镜与学校合作开展的全国学校观测（national schools' observatory，NSO）活动，使得超过1.6万名学生在老师的指导下远程使用专业望远镜获取天文数据。类似的活动还有基于绿岸射电望远镜脉冲星搜寻合作项目（Pulsar Search Collaboratory，PSC），帮助天文学家分析了超过30TB的科学数据。

竞赛也是常见的组织形式。从2010年开始，中国虚拟天文台团队举办了五届基于天文数据可视化平台万维望远镜的宇宙漫游创作大赛，参赛人数逐年递增，影响力不断扩大。围绕其展开的教师培训、在线课程、分区赛事陆续涌现，超过2000名科普教育工作者通过相关活动，学习了如何使用真实天文数据丰富课堂内外，进行STEAM（科学、技术、工程、艺术、数学）教育教学，传播科学知识。海量天文数据经过一定程度的规范化处理，形成标准数据集后，还可以发挥跨学科应用。如2013年，由宇宙动物园和Kaggle联合主办的星系动物园挑战，将海量星系图片开放给数据科学家使用，326个小组参与比赛并研究星系图像分类算法。2018年，中国虚拟天文台团队与阿里云合作开展了"天文数据挖掘大赛·天体光谱智能分类"活动，组织参赛选手利用郭守敬望远镜观测获取的光谱数据，进行智能识别分类算法的研究，吸引了近1000人参加。类似的比赛还有2019年基于PSP项目获取的超新星数据图片，中国虚拟天文台与睡前科技、Kaggle合作举办了两次AI算法大赛，483支来自不同高校学院的队伍参与其中，社会影响广泛。

2017年4月，国际天文学联合会（简称IAU）跨委员会联合工作组数据驱动的天文科普教育工作组完成组建并通过IAU审核。工作组的成立意味着这一理念在国际上已经得到了广泛的认同。相信随着天文信息学与相关技术的进一步发展，数驱科教将成为未来天文科普教育的重要发展方向之一。

第 14 章

前景与展望

科学在不断发展，技术在不断进步。科学与技术的相互促进、相互影响在未来 20 年将变得更加显著。本章对当前能够看到的几个重要发展方向进行简单探讨。

14.1 联合巡天处理（JSP）

我们经常说"一加一大于二"，或者"整体大于部分之和"。多波段天文学、多信使天文学、天地一体化观测都是要通过资源融合达到这样的目的。

未来 20 年将有多个地基和空基的旗舰观测设备站在天文学研究的最前沿，按照核心工作波长从长到短代表性的例子包括 SKA 及其先导项目（比如 FAST）、ROMAN/Euclid/JWST（红外 – 近红外）、多架特大望远镜（ELT）/LSST/CSST（光学）、AstroSAT（涵盖紫外）、ATHENA / XRISM（X 射线）、CTA 切伦科夫望远镜阵 / 高海拔宇宙线观测站 LHAASO（γ 射线）、LIGO/VIRGO/ 天琴 /LISA 引力波探测器等。

以将在未来 10 年进行的旗舰级光学 / 近红外巡天观测项目为例，CSST、Euclid、LSST、Roman 等，以亚角秒的分辨率覆盖数千到上万平方度的天区。这些项目将探测到数百亿个源，使天文学界能够开展广泛的天体物理学研究，并对暗能量和暗物质的性质提供前所未有的约束。

这些任务引发的终极宇宙学、天体物理学和时域科学需要像素级的联合巡天处理（JSP）功能，这是单一巡天项目无法完成的。JSP 首先将完成一套超精确的多波段融合图像和星表，完整覆盖这些旗舰巡天项目的重叠天区。同时需要提供一个科学平台来让用户能分析这些融合后的数据产品，能够针对各种前沿天文学课题展开研究。为了实现这些目标，需要完成以下几项基本任务：

（1）对各巡天项目的数据产品和相关元数据的天体测量和光度测量进行协调和标准化。

（2）利用这些标准化的产品，在像素级别上联合分析，生成超级精确、无歧义、消光改正的融合测光星表。

（3）建立和维护一个科学平台，部署在不同的计算环境中，提供数据访问和分析处理工具。

具备了这些能力，天文学家们才可以操纵这些旗舰数据集，进行创新的前沿科学研究，包括太阳系天体特征刻画、系外行星探测、紧邻星系旋转速率和暗物质属性、再电离时代的探索等。JSP 还将为宇宙学参数和暗能量本质带来终极约束，比仅仅使用单个巡天项目的数据大大减小不确定性。

要将这些功能集成为一个有机而鲁棒的服务，最经济有效的途径是基于各大巡天项目已有资源和基础，通过与专门的一个 JSP 核心团队紧密合作来完成。在中国，虚拟天文台和国家天文科学数据中心正在承担起这样一个 JSP 核心团队的使命。

14.2 面向 EB 量级数据的天文科学平台

天文学是典型的大数据学科。中国天眼 FAST 每年 20PB 的观测数据，在经费有限的前提下，网络带宽无法满足数据分发的需求。科学家只好到观测现场背硬盘或者打包快递，严重影响了科研效率和科学成果产出。FAST 和 FAST 阵列、中国空间站望远镜 CSST、平方公里阵 SKA 等一批国家和我国深度参与的国际重大科技基础设施将在未来一二十年内把天文数据的规模从目前的 PB 量级提升到 EB 量级。

当前，一个 FAST 已让数据的分发使用面临重重困难。未来，多波段、多信使、时域天文学研究将面临多源海量数据融合分析和更大规模的联合巡天处理。如何能让天文学家联合分析 FAST 阵列和 SKA 的数据？当处理分析的数据达到 EB 量级时课题该如何进行？此时，传统的"远程数据检索—网络数据传输—本地分析处理"的科研模式就将失效。如果不能对数据、存储、计算、软件等科研要素进行深度融合和治理，科研效率将受到严重制约，重大科技基础设施的科学潜力将难以发挥。

将海量存储、高效能计算、人工智能分析等要素深度融合集成的科学研究平台（Science Platform）有望为下一代天文学前沿课题的开展提供技术方案。下一代天文前沿课题面对的数据量是巨大的，需要的计算量也是十分庞大的，以个人和小团队之力难以解决，必须依赖国家级甚至国际级的科研基础设施。

科研信息化的发展为第四范式的兴起提供了支撑环境，数据密集型科学研究的开展离不开科研信息化基础设施的支撑。同时，数据密集型科学研究作为科研信息化的一个组成部分，又对其基础设施层面的建设提出了更高的要求。e-Science 与科研第四范式的关系可以类比于虚拟天文台与天文信息学的关系。虚拟天文台旨在实现资源的互操作，天文信息学则侧重于数据分析和新知识的挖掘。

虚拟天文台为数据融合和服务的互操作提供了技术解决方案，天文信息学为数据分析挖掘提供了方法论的指导，国家天文科学数据中心积累了丰富的数据资源。将三者的优势结合起来，同时突破天文大数据科学平台关键技术，实现数据、计算、分析的深度融合，为用户提供原地数据融合和分析挖掘服务，可为下一代天文学前沿研究开展提供环境和资源。

一个面向 EB 量级数据的天文科学平台将可以为用户提供下列服务：

（1）访问和使用旗舰级巡天数据和经过 JSP 融合后的数据产品。

（2）与更多其他的数据集交叉证认生成进一步的融合星表。

（3）将高精度、高分辨率的融合数据产品与其他较低分辨率的全天数据产品融合。

（4）开展学科层面的分析处理，例如形状拟合、漫射辐射提取、多波段模型拟合等。

（5）提供便于访问高性能计算的网络环境，支持对上述数据的操作和分析，以及配合这些分析开展的数值模拟。

国家级的科学数据中心可以或者必须提供超越具体科技项目生命周期的数据保存和共享服务。当前大多的数据中心主要精力还是放在提供数据下载上而不是在线使用，很少能提供对数据进行就地分析处理的计算服务。随着数据量的增长，从多个互不协同的数据中心手动下载数据集的做法变得非常笨拙。科学平台需要关注数据与计算的共位问题以及多个数据/计算中心之间的智能协同。无论从部门、国家，还是国际层面都建设有大规模的数据中心和计算中心，但两者间普遍缺乏有效而智能的协调，从而很难开展跨中心的数据联合处理和分析计算。未来的科学平台需要同时提供站内服务（数据中心节点内部的服务）和站间服务（跨数据中心计算中心的联合服务）。

目前的 VO 接口可以完成特定天体或者小区域的数据检索和交叉证认，但还不足以应对两个甚至多个大型巡天数据集完整交叉融合的任务需求。同时，VO 数据服务接口的实现门槛仍然比较高。联合巡天处理是一项 I/O 密集型的任务，依赖于从各数据集原本所在的数据中心在线下载是完全不可行的。数据共位、数据与计算共位是大规模联合分析顺利开展的前提。

可以畅想这样一个多站点的天文学 EB 级科学平台蓝图，其中每个计算中心都有常用数据集的一个备份。访问频率较低的数据由主归档中心提供，在另外站点有自动维护的副本以保持数据安全，并根据需要随时在其他地方同步。真正很少被访问的数据采用磁带存储或者冷存储来节约成本。尽管所有这些操作目前都可以手工实现，但缺乏自动化和对用户的透明性。一个理想的科学平台需要的恰恰是这种自动化和透明性。这样的一个科学平台不仅需要充足的存储、算力、网络等硬件资源，同时需要人力来开发并维护实现跨域数据融合共享的技术，另外还需要数据管理和维护的人员。在我国，如果有这样的一个科学平台，它将和 FAST 一样成为重大科技基础设施，带来科学研究的转型。

14.3　变革型科学

研究基础设施（Research Infrastructure, RI）在我国又称为重大科技基础设施，在国家研究投资中占据越来越大的份额。虽然这些设施主要是为了支持科学研究需要而设计的，但它们的影响往往都超出了科学成果和知识的产生。它们的概念、建造和运行几乎总是与独特的技术发展、数据管理系统和高素质的人员队伍联系在一起。

大型设施提供了难得和特有的研究工具，可以提出新的科学问题，增加突破性成果的可能性，进而带来深远的社会效益。同时，重大科技基础设施为广泛的用户提供了使用独特装备、数据或服务的机会，并可能把科学家、工程师、高科技企业等各类群体聚合在一起。

研究基础设施对人才和知识密集型机构和企业来说是一块磁石。通过在新技术上与科学界合作，工业界可以扩展和改善其现有的专门知识，将新技术引入现有市场或开拓新的市场。因此，投资 RI 也意味着投资新的关键技术，为社会解决未来的挑战，创造新的繁荣。

天文望远镜及其仪器在技术上具有挑战性，通常采用其他领域的解决方案来进一步提高技术。另外，天文学也提供了可以转移到社会其他领域的解决方案和技术。天文学家有通过开放的平台来分享知识和技术的悠久传统。例如，天文学中使用的技术已经产生了许多副产品，包括 Wi-Fi 通信、医疗成像、空间导航参考系统和全球定位系统等。这些创新成果为日常生活、全球经济和社会福利做出了巨大贡献。

LAMOST 和 FAST 是我国天文学领域两大国家重大科技基础设施。两个大科学装置在产出大批高水平科学成果的同时，也促进了其他领域科学技术的发展。例如，LAMOST 发展出来的高精度大口径天文镜面磨制技术和大口径主动光学实验望远镜装置都荣获了国家科技进步奖。FAST 圈梁及索网工程荣获中国钢结构协会科学技术奖特等奖。FAST 用大芯数、超稳定、弯曲可动光缆具有长期耐反复弯曲性能，疲劳寿命刷新了世界纪录。该成果将光缆的静态使用推向运动应用这一个全新领域，带动了光通信整个产业链发展。

作为未来几十年国际射电天文学的旗舰项目，SKA 项目将进一步推动技术进步，并有可能影响与射电天文学相距甚远的社会领域。SKA 项目的合作伙伴从一开始就将其对社会的影响视为其使命的核心。SKA 的影响既有直接的，也有间接的。除了对学术研究的重大贡献，还将在以下四个核心领域产生影响：经济、社会、可持续发展和文化。

SKA 项目将推动电子、通信、计算和数据科学领域的创新，有助于业界在天线、接收器、高性能计算、信号处理、数据传输和低功耗电子等领域的突破。LAMOST 的科学数据让我国天文科学数据管理与国际接轨，走上了规范化管理和开放共享的道路。FAST 是目前数据生产率最高的天文观测设施。SKA 大数据的挑战本身就将成就一个知识和能力转移生态系统，为社会其他领域带来可切身感受的影响。

可持续发展是 SKA 天文台遵循的一个基本价值准则，是所有其他活动的基础。SKA 旨在提供至少 50 年的转型式科学。天文台的目标是建立和运作一个可持续发展的基础设施，并在望远镜的整个使用周期内，努力将建造和运作对环境和其他方面的负面影响降至最低。

"变革型研究（transformative research）[①]"是 21 世纪初在科学界越来越常见的一个术语，指的是改变或打破现有科学范式的研究，美国国家科学基金会 (NSF) 经常使用这个词。欧洲研究委员会 (European Research Council) 的用词是"前沿研究（frontier research）"。NSF 国家科学委员会将变革性研究定义为"有能力变革现有领域、创造新的子领域、引发范式转变、支持发现、引领新技术的一类研究"。2012 年 3 月，NSF 在其总部举办了一场关于"变革型研究：伦理和社会维度"的研讨会。研讨会探讨了这个术语的历史和各种不同的理解。计算技术的快速发展就引发科学研究的变革，科学研究和学术活动越来越依赖于计算，让不同领域的专家走到一起。2009 年，微软研究院出版了一本名为 *Transform Science: Computational Education for Scientists* 的会议文集，探讨了变革型科学的思维模式和所需的人才培养方式问题。

天文学的历史充满了意想不到的发现。天文学不是在实验室里进行的，这是一门观测的科学。在这个领域中，具有强大能力的观测设施产生的巨大科学成果往往是其设计建造时无法预期的。天文学中许多最重要的发现都属于这一类探索性科学。

SKA 对"变革性研究"转型科学的理解是指"将在多个领域产生广泛影响的科学"。SKA 将在许多方面彻底改变我们对宇宙的理解，让我们对黑洞等致密天体、暗物质暗能量的性质、宇宙的磁场和引力有更深入的了解，提高我们对物理学本身的理解。SKA 项目还将致力于回答宇宙中其他地方是否存在生命。如果它回答了这个问题，它将在科学、宗教和哲学领域产生巨大的反响。同时，SKA 还可能做出更多意想不到的发现。SKA 能从根本上影响许多领域的这种能力，使其成为一个变革型的科学机器。SKA 项目的规模和技术挑战会使得它将对经济、文化和社会带来重要影响。SKA 项目的发展将创造知识、

[①] https://en.wikipedia.org/wiki/Transformative_research

就业机会、提供灵感、提升人类的技能水平和发展工业能力。

SKA 项目将产生重大影响的关键领域之一是大数据领域。SKA 项目将传输、处理、存储和分发给全球天文学家社区海量的数据，这使其成为大数据领域的主要挑战者，成为数据科学新挑战的放大器。鉴于向全球终端用户传输、处理、存储和分发的数据量之巨大，SKA 项目被许多人认为是大数据的终极挑战。SKA 望远镜平均每秒将汇聚 8Tb 的数据到台址的中央处理设施。每年获取存档 710PB 的数据。SKA 区域中心将作为一个完全集成的网络运行，以确保所有 SKA 用户能够访问数据产品和工具，以便完成数据分析的任务。像 SKA 这样的大型科学项目在大数据和高性能计算方面的强烈需求正在推动一场革命，促进科学与工业的联系，创造就业机会，并在全球范围内促进增长。我们必须克服前所未有的技术挑战，特别是在网络、大数据和高性能计算领域。新技术的发展，云计算、数据分析和可视化工具等，很可能在日常生活中产生重要应用。

SKA 同时也是开放科学和开放数据的积极推动者。开放研究数据和方法会带来更好的科学。它使进行新的、创新的研究成为可能，有时会带来意想不到的收获。这有助于该领域更快地向前发展，防止重复劳动，增加研究的透明度和可见性，使得研究结果可复制，这是科学方法的核心。此外，开放数据、开放源代码促进了创新，为政府、企业等各界提供了利用它实现更多经济、社会和科学收益的机会。

当今世界正经历着百年未有之大变局，科学研究对人类可持续发展的促进和影响越来越受到人们的关注。2022 年，国际科学理事会（ISC）策划了科学故事系列（Compelling and transformational science stories），旨在讲述来自不同学科和国家地区的科学研究故事，展示科学创新和进步的变革力量，揭示科学在解决人类最复杂的挑战中的作用，促进公众理解科学研究和实践，加强公众对科学的信任。

参考文献

[1] Alvarez M., Bailey S., Bard D., et al. Data Preservation for Cosmology. arXiv e-prints, 2022. doi:10.48550/arXiv.2203.08113.

[2] Chary R., Helou G., Brammer G., et al. Joint Survey Processing of Euclid, Rubin and Roman: Final Report. arXiv e-prints, 2020. doi:10.48550/arXiv.2008.10663.

[3] The SKA Observatory. Delivering a Mega-Science Project for the World. https://docslib.org/doc/4601803/delivering-a-mega-science-project-for-the-world.